御厨秘笈

帝王宴上的招牌菜

肃慎◎著

ZHEJIANG UNIVERSITY PRESS
浙江大学出版社

图书在版编目(CIP)数据

御厨秘笈：帝王宴上的招牌菜/肃慎著. —杭州：浙江
大学出版社，2011.4
ISBN 978-7-308-08471-0

Ⅰ.①御… Ⅱ.①肃… Ⅲ.①菜谱—中国 Ⅳ.①TS972.182

中国版本图书馆 CIP 数据核字（2011）第 035185 号

御厨秘笈

——帝王宴上的招牌菜

肃　慎　著

责任编辑	宋旭华
文字编辑	谢　焕
出版发行	浙江大学出版社
	（杭州市天目山路 148 号　邮政编码 310007）
	（网址：http://www.zjupress.com）
排　版	杭州大漠照排印刷有限公司
印　刷	杭州丰源印刷有限公司
开　本	787mm×1092mm　1/16
印　张	23.75
字　数	408 千
版 印 次	2011 年 4 月第 1 版　2011 年 4 月第 1 次印刷
书　号	ISBN 978-7-308-08471-0
定　价	48.00 元

食色性也。吃饱饭与绵延后代是人类生存和发展的根本底线。

孔子曾曰:"食不厌精,脍不厌细。"而古代的那些大权在握的帝王,可谓钟鸣鼎食,餍享群鲜。每日御膳皆山珍海味,飞潜动植,水陆八珍。御厨们绞尽脑汁,其所烹制出的菜肴无不造型优美、脍炙人口,足以令人闻香下马,知味停车。

凭着一手响当当的招牌菜及过人的智慧,有的御厨鲤鱼跃龙门,出人头地,甚至官至权倾天下的宰相。

但俗话说:伴君如伴虎。宫廷内更是权欲纷争的生死场,御厨们有的心怀异志,或是发动宫廷政变,或是忍无可忍,拔刀向主,一失足成千古恨;也有的因此被扫地出门,甚至走上奈何桥:商纣王因为吃煮熊掌硌了门牙,就砍了御厨的头;晋灵公因为熊掌煮得未到火候,便把厨师杀头示众;出现在嘉庆皇帝饭碗中的一粒稻壳悄然索走了御厨的性命;至于在慈禧太后手里,仅因一粥一饭的小错而遭殃的御厨更是让人唏吁不已。

本当"君子远庖厨",但这些烹调界的白领一旦步入宫廷,其人生命运便注定要与荣耀及悲怆狭路相逢!

目 录

常言道:"民以食为天",天下的黎民百姓无不把"食"视作头等大事。即使那些"普天之下,莫非王土"的帝王们,虽说饮食无忧,也一样把吃作为非常重要的事。他们不再为如何果腹而忧虑,更多的是对色香味的苛求和对养生长寿的强调。帝王的餐桌上动则百八十道大菜,但却只能一人独享。可以说,这些"天下第一美食家"吃的不是美味佳肴,而是寂寞。

俗话说,巧妇难为无米之炊。帝王的筵席上集五湖四海之精粹,融天地万物之精华,可谓是山珍海味,无所不有,"美食家"们尽管饕餮大嚼。只是有了山珍海味,也总得等有人将其烹制出来后才能端上餐桌。

在中国古代,曾将以烹调为职业的人称为庖人,也就是现在我们所说的厨师。

自古有君必有臣,就像帝王这种有身份的人吃饭时也一定必然有大腕厨师侍候着,来制作食物,烹调美味。如诸代帝王喜食珍爱的"天鹅羹"、"煮熊掌"、"炙鹿肚"、"鲦鲯"、"鲈鱼鲙"、"项脔"、"金齑玉脍"、"牡丹燕菜"、"驼蹄羹"、"西施舌"、"清蒸鲥鱼"、"笋鸡脯"、"蟠龙菜"、"鸡枞"、"燕窝羹"、"清蒸细鳞鱼"、"炊鸡"、"鸡米锁双龙"、"百鸟朝凤"等精美肴馔。

那么,帝王们的庖人或者说御厨们是

怎样创造中国古代宫廷饮食文化的呢？

现代人都喜欢刨根问底，讲究万事得从根源上说起。

在当今世界，中国的烹调技术堪称世界翘楚，与西方大大有名的法国菜和土耳其菜并称世界三大菜系。孙中山先生早年曾说过："烹调之术本于文明而生，非深厚乎文明之种族，则辨味不精，辨味不精则烹调之术不妙。中国烹调之妙，亦足表明进化之深也。"

细说起来，烹调的起因与人类的文明大有干系，中国的烹调之术也和中华民族的悠久文化一样，代代相传，生生不息。

离开了火，食物只能生吞。而认识火的功能及用火熟食那可是人区别于动物的分水岭，是野蛮与文明区别的分界线。对于火的认识，中西方各有英雄略见。西方人使劲赞美着神话中的普罗米修斯，认为他把天上的火偷出来给了大地上的人类，算得上是西方世界的第一大侠。中国人则把敬仰的目光投向古代传说中的科研劳模燧人氏！

在人类的远古时代，那会儿的人们不懂人工取火和熟食，每日昼拾橡栗、暮栖木上。除了摘野果子吃吃，即使逮到些个什么野兔子也只能跟其他猛兽动物一样茹毛饮血，与人类的饮食文化根本扯不上一毛钱的关系。

燧人氏的出现，掀开了中华文明进程的篇章。

火的现象很早就存在于自然界中，像火山爆发、打雷闪电，附近的树林里也会因此燃起大火。原始人偶尔捡到被火烧死的野兽，拿来一尝，结果不吃不知道，一吃吓一跳，味道真的是好极了！

可那时的人类还没法子将火种保存下来，使它常年不灭。

在先秦的古籍中有这样的记载：那时在中原大地，也就是今天的河南省商丘一带，是一片茂密无边的大山林。在山林中居住的人们手持粗糙的石器，经常捕食野兽。一日，当击打野兽的石块与山石相碰迸发出一串串火花时，燧人氏眼前一亮，他从中受到启发，就以石击石搞起了人类的第一次科研实践，用产生的火花引燃火绒，生出火来。而这种通过火镰和火绒的取火法在几十年前的商丘农村仍在使用。

但在当时，这种能够取火的燧石并不是遍地都是。世上无难事，只怕有心人。一日，有位善于思考的先哲从鸟啄燧木出现火花受到启发，就折下干燥的木枝，钻木取火。

钻木取火是根据摩擦生热的原理产生的。木质材料在摩擦时，摩擦力很快产生热量，加之木材本身就是易燃物，所以就会生出火来。

据《韩非子·五蠹》记载："上古之世，

人民少而禽兽众，人民不胜禽兽虫蛇；……民食果蓏蚌蛤，腥臊恶臭而伤害腹胃，民多疾病。有圣人作，钻燧取火，以化腥臊，而民说（悦）之，使王天下，号之曰燧人氏。"东晋王嘉的《拾遗记》中有云："遂明国有大树名遂，屈盘万顷。后有圣人，游至其国，有鸟啄树，粲然火出，圣人感焉，因用小枝钻火，号燧人氏。"三国谯周所作的《古史考》也云："太古之初，人吮露精，食草木实，山居则食鸟兽，衣其羽皮，近水则食鱼鳖蚌蛤，未有火化，腥臊多，害肠胃。于使（是）有圣人出，以火德王，造作钻燧出火，教人熟食，铸金作刃，民人大悦，号曰燧人。"

燧人中的这位圣贤把这种"钻木取火"的方法教给了人们，人类从此学会了人工取火，用火烤制食物、照明、取暖等，人类的生活从此进入了石烹的饮食阶段如用石臼盛水、盛食，用烧红的石子烫熟食物；把石片烧热，再把植物种子放在上面焙炒后食用。

另外，有了火之后，人类也才有了操练冶炼技术的可能。这位圣人的功绩称得上是古往今来第一人，功莫大焉，于是人们奉他为"三皇"之首。

接下来，"三皇"中老二伏羲氏和老三神农氏继续将饮食文化发扬光大。伏羲氏"结网罟以教佃渔，养牺牲以充庖厨"。也就是说撒网捕鱼，将驯服的牲口宰杀烧烤后摆上厨房餐桌。神农氏"耕而陶"，他

老人家不仅发明了农耕器具，教民稼穑，引领人类进入农耕文明时代，还研发出诸多炊具和容器。如鼎是最早的炊具之一，也就是今天的锅，因为当时没锅灶，神农氏发明的鼎有爪儿。此外还有鬲，其爪是空心的，而甗是用来煮酒的。其他的陶具也为制作发酵性食品提供了可能，如酒、醢、醯（醋）、酪、酢、醴等。

这些陶器在很大程度上是为烹饪谷物发明的，是以黏土为原料，塑形后经高温焙烧而成的。据专家考证，人类最初的陶器制品中的炊器掺和有沙粒或谷壳、蚌壳末等，具有耐火、不易烧裂和传热快等优点；而制食器的陶土经过淘洗，由于不直接接触火源，所以一般不加沙粒，表面较为光滑。有了陶器，火食之道才开始完善起来，陶烹时代也就到来了。

在人类的烹饪发展史上，也将永远镂刻下"三皇"——燧人氏、伏羲氏与神农氏的大名。

说完"三皇"，下面再说说"五帝"中的老大——黄帝。

黄帝、颛顼、帝喾、尧帝、舜帝被称为中国传说中"五帝"。这种说法起源于春秋战国时期。

黄帝是华夏民族公认的始祖。大概正是这个原因，后人把许多发明创造都传作是黄帝的功绩。古史相传，中国的蚕桑、医药品、舟车、宫室、文字等，都是黄帝

时代所创始的。中国饮食文明的历史在这一时期，也有了新的发展。《古史考》中说，"黄帝始蒸谷为饭，烹谷为粥"，即改灶坑为炉灶，这样可以集中火力，大大地节省燃料，使食物速熟。《古史考》中还说"黄帝作釜甑"，是按照蒸气加热的原理制造出一种最早的蒸锅——陶甑。

《说文》中称：甑，甗也。这个陶甑就是底部有许多透蒸气的孔格，置于鬲上蒸煮食物。

有了陶甑，就可以蒸饭煮粥了，饭和粥是蒸煮熟了的谷物食品，打这儿开始也就有了"吃饭"一词。古籍《大戴礼记》上说的"稷食菜羹"，就是指稷食（主食）加菜汤（副食）组成的一餐饭。黄帝时期的"蒸谷为饭"，以饭食为主，给中华民族的饮食结构带来了新变化，而这种饮食构成，从五千年前一直延续到现在。

想蒸饭煮粥，当然离不开各种谷物。《史记·五帝本纪》中这样说道："黄帝艺五种，抚万民。"黄帝倡导的"艺五种"，就是刀耕火耨，广种黍、稷、菽、麦、稻五种谷物，而其躬行的"抚万民"，首先是关心民食，解决人们的吃饭问题。

黄帝一下子解决了这么多人的吃饭问题，大家当然不能忘记他的恩德，于是，《淮南子》有了"黄帝作灶，死为灶神"之语。

灶者，就是人们蒸饭煮粥和烹调美味的锅灶！

每个行当都有个祖师爷。

伏羲氏和黄帝被后人奉为烹饪行的鼻祖。不过，说到御厨就得首推长寿之星彭祖了。

厨字作名词讲，就是庖屋、厨房，也是它的本义；作动词时，即烹饪、烹调的意思。

厨房为烹制菜肴饭食之处，厨师是以烹调为职业的人。

而御厨可是厨师行中的白领，在古代是专门给皇帝做饭的人，现在则是指专为国家的元首、王室、高层领导人，或者国家礼宾部门服务的厨师。

要想当御厨绝不是谁想干就干得了的事情。

第一，他必须身怀绝技。或擅长煲汤，或烹调肉类最为拿手，或精于制作素食，或会制作精美的糕点、馅饼。

第二，个人简历要求完美无瑕，没有犯罪前科，另外还要定期检查身体和做各种化验，患有甲肝等传染病的绝不能问津御厨行当。

第三，经过严格筛选后，要到指定的地方实习若干年，最后才能到御膳房掌勺。

第四，决不能透露有关国家机密和领导人的任何隐私。

第五，除了关心如何提供一个能够使

国家元首保持身体健康的菜单之外，还要防止元首在日常就餐时和国宴上中毒。

在古今中外的历史上，倒霉的御厨也比比皆是。如法国路易十四的御厨瓦泰尔，就是因为在国王大摆宴席的时候第一道菜没能按时端上去，羞愤之下，横剑自杀。曾横扫欧洲的拿破仑大帝何等荣耀，他的御膳房总厨吉皮埃也因此感到面子有光。可就在吉皮埃跟随主子远征俄国时，拿破仑被俄国战神库图佐夫击败，不得不从莫斯科狼狈撤退，吉皮埃不愿弃皇帝独自逃亡，结果被活活冻死。

2005 年 2 月，美国白宫的"第一御厨"沃尔特·斯盖布遭遇下岗。由于斯盖布的厨艺难合第一夫人劳拉·布什的口味，这位曾为两任美国总统尽心尽职服务了 11 年的老御厨接到了要他"辞职"的通知。在白宫当厨师年薪 10 万美元，可事实上工作非常辛苦，家宴国宴都得操劳，事必躬亲。尽管斯盖布对总统夫妇鞠躬尽瘁，可到头来还是落了个被扫地出门的下场。

能为第一家庭服务绝对是一件足以荣宗耀祖的事情，这更是世间所有厨师心驰神往的目标。

不过，中国的御厨第一人彭祖当属传说中的神仙人物。

史书多说彭祖姓篯讳铿，是上古大帝颛顼之玄孙。按有关记载，彭祖性情温和豁达，一生"述而不作，信而好古"，与道家的始祖老子齐名。屈原在《楚辞·天问》中曾问："彭铿斟雉帝何飨，受寿永多夫何久长？"晋人葛洪在《神仙传》中称，彭祖"善养性，能调鼎，进雉羹于尧"。

几乎所有关于彭祖的记载都异口同声地说彭祖活了七八百岁，在《神仙传》里甚至具体落实到活了七百六十七岁。

《神仙传》这样形容彭祖："殷末已七百六十七岁，而不衰老。少好恬静，不恤世务，不营名誉，不饰车服，唯以养生活身为事。王闻之，以为大夫，常称疾闲居，不与政事，善于补导之术，服水桂、云母粉、麋角散……丧妻四十九，失五十四子……"此外，他也经常独自云游，不乘车马，并有"或数百日，或数十日，不持资粮"的能耐，且深得养性之方，是以"年二百七十岁，视之如五六十岁"。

长寿是谁都羡慕的一件事，不过，即便是老寿星再"善导引行气"，也不可能活到七八百岁的！但彭祖作为御厨行当的鼻祖，的确做到了流芳百世、永垂不朽。

彭祖的招牌菜，也就是献给尧帝的那道味道鲜美的"雉羹"，即野鸡汤也！

尧是个不错的国家领导人，深受天下百姓的爱戴。这一年，彭祖将精心烹制的雉羹献给尧帝食用，治愈了尧帝缠身多年的厌食症，尧帝大喜，便把彭城封赏给了他。彭城，即今日江苏省的徐州市。

据《大彭烹事录》记载："雉羹"被历代皇帝视为珍品，至今仍是高级宴席上的珍馐美味。雉羹初以稷米、野鸡为主料，后演变为薏米、乌鸡。

"雉羹"是世界历史典籍中记载最早的名馔，被誉为"天下第一羹"。《中国烹饪史略》中称彭祖"是我国第一位著名的职业厨师"，而且是"寿命最长的厨师"，至今一些江苏人还强烈建议要将彭祖的生日农历六月六日作为中国厨师节。

那么这道开胃健脾的"雉羹"到底是个啥样子？

"雉羹"其实就是将野鸡煮烂，与稷米同熬而成的一种汤羹类，具有鲜香醇厚、易消化等特点。

李时珍在《本草纲目》中称稷米有"益气、补不足、作饭食，安中利胃宜脾，凉血解毒"之功效。雉具有"补中、益气力、止泄痢、除蚁瘘"等功效。两者合二为一，对人体的作用可窥见一斑。

"天下第一羹"打问世之后，就受到后人的追捧。清人张玉书在所撰《扈从赐游记》中云：清朝皇帝每年"秋狝大典"，都要在澹泊城殿特赐五公大臣"野鸡汤"一馔，概因野鸡汤是古代圣君唐尧食用过的，王公大臣皆以能品尝到皇帝所赐的野鸡汤为荣。

今天徐州所盛行的"天下第一羹"的主配料业已改良，野鸡改用乌鸡代替。没有乌鸡，母鸡也可。

说来也是，现在再上哪儿去找那么多的野鸡啊？

在不断翻新的食谱中，稷米改为薏米，后又被换成麦仁。

可彭祖并不是仅凭一道菜就名扬天下的幸运之辈，他同时传下的招牌菜还有"羊方藏鱼"、"糜角鸡"、"云母羹"和"坨汤"等。

彭祖的"羊方藏鱼"是将煮得半熟的羊肉剖开，将鱼藏在肉中，等到羊烧熟后，鲜香非凡，正应了鱼羊的"鲜"字！此菜现已成为徐州传统名馔，与徽菜中的"鱼咬羊"及京菜中的"潘鱼"齐名，号称鱼羊合烹的三大美味。

雉羹

主辅料：猪元骨750克、猪蹄膀500克、光母鸡500克、麦仁250克、元茴10克、花椒10克、桂皮10克、陈皮10克、胡椒粉10克、葱白250克、生姜100克、香油25克、精面粉50克、精盐适量。

制法：将猪元骨、肘子、母鸡、麦仁、大葱（拍松）、生姜（拍松）洗净后放入大汤锅中，旺火烧开后续煮数小时改用文火再煮数小时至鸡、肘子酥烂，捞出猪元骨、鸡骨，加入精盐、胡椒、味精，用料酒、精面粉（调成稀糊）勾芡，装碗时淋香油即成。

特点：鲜香醇厚，味美爽口。

功效：营养丰富，滋补作用非常明显，尤其适合作为早点饮用，可使人精力充沛。

除"羊方藏鱼"外,彭祖的其他菜谱都跟食疗养生走得很近。如"麋角鸡"是采用麋鹿头上的角,与母鸡同炖而成。《本草纲目》云"麋茸功力胜鹿茸",并言具有"治风痹、止血、益气力、补虚劳、添精益髓、益血脉、暖腰膝、壮阳悦色、疗风气、偏治丈夫"之功效。

再看看另一道"云母羹"也是如此。云母是云母族矿物的总称,具有很广泛的工业用途,但彭祖选用云母作为食养原料,说明当时的彭祖已对食物的食性有了一定的经验。在《本草纲目》中,云母有"治身皮死肌、中风寒热、除邪气、安五脏、益子精、明目、久服轻身延年。下气坚肌,续绝补中,永五劳七伤,虚损少气、止痢,久服悦泽不老,耐寒暑"等功效。可见这道"云母羹"对延年益寿确实有着一定的作用。

徐州古称彭城,为华夏九州之一,其地处要地,四通八达,历史上发生过多次大战、血战,实乃交通要害之地。彭祖的烹调技艺也由此地野草般向四方蔓延疯长,直接左右了苏、鲁、豫、皖四大菜系的诞生和变化发展。

如今每年农历的六月十五日,苏、鲁、豫、皖各地的厨师们,都相约如期赶到徐州彭祖祠(庙)祭奠彭祖,并打擂献艺。那场面可真是相当的热闹。

【夏商周时代】

当黄帝在中原大地独领风骚后，华夏部落大联盟的 CEO 们开始实行父子相传的领导管理制度。

到了帝尧时才改为禅让制，也就是把权力交给有德行、有声威的贤者。

司马迁在《史记》中曾用绚丽的语言赞美尧帝说："其仁如天，其知如神，就之如日，望之如云。"尧在位七十年，命羲氏、和氏测定推求历法，为百姓颁授农耕时令，并测定出了春分、夏至、秋分、冬至。

尧还设置谏言之鼓，让天下百姓尽其言；立诽谤之木，让天下百姓批评他的过错。为了了解自己治理天下的好坏、百姓是否爱戴自己，尧亲自微服私访民间。有一位老人敲着土地，唱着歌这样回答帝尧："日出而作，日入而息，凿井而饮，耕田而食，帝力于我何有哉。"这首古诗歌就是有名的《击壤歌》。歌词大意是：太阳出来就开始干活，太阳落下就回家休息，开凿井泉就有水饮，耕种田地就有饭吃，这样的生活多么惬意，帝王和我这个庄稼汉有什么关系啊？

尧帝也有儿子，可他认为儿子丹朱不成器，决定从民间选用贤良之才。于是品德出众的舜脱颖而出，被评为全国十佳杰出青年之首。

于是舜成为了天下执政，而他在暮年

之际又把 CEO 职位禅让给了治水有功的大禹。

大禹虽然功绩很大，却未能进入"三皇五帝"的光荣榜，这完全是他的私心给搞砸了。

大禹原本也指定了一位继承人，叫伯益。

伯益为东夷（今山东淮河地区）人，曾是大禹治水的一名主要助手，老有才了。他发明过一种凿井的新方法，另外还擅长畜牧和狩猎，曾教会人们用火烧的办法来驱赶林中的野兽。所以当时在人们的心目中，伯益是知名度仅次于大禹的一位公众人物。

但大禹却只给了伯益一个继承人的名义，而让儿子启参与治理国事。启也算是个聪明的年轻人，才华横溢，协助大禹把国事处理得很好，几年后很快红遍天下，在民众心目中的地位也高了起来。这样，人们就渐渐淡忘了伯益还是个继承人，也记不得他过去办的那些好事了。

大禹死后，启立刻将王权的印把子紧紧抓在手中。当时多数部族的首领，也都表示愿意效忠于启："启是禹的儿子，我们愿意效忠于他。"

伯益勃然大怒，大骂大禹父子言而无信，便召集东夷部族率军杀向中原。不料启早有防备，利用伯益劳师远征、立足未稳之际，发起猛烈的反击。经过一场大战，打败了伯益的军队。

启为了庆祝胜利，在钧台（今河南禹县）汇集天下诸侯，举行了盛大的庆功宴会，并找来很多新闻媒体的记者，公开宣布自己是夏朝的第二代国君。史称"钧台之亨"，这就是中国最早的宴会。

对于启这种改变禅让传统的做法，西北有一个部族首领叫做有扈氏的表示了强烈的反对。他认为夏启这样做是篡权夺位，就站出来要求夏启必须按照部落会议的决定，将部落联盟领导人的位子还给伯益。

夏启此刻已是骑虎难下，就率军攻打有扈氏的地盘甘泽地方（今陕西户县一带），却不想碰了个头破血流。

为了赢得天下民心，打了败仗的夏启励精图治，严于律己，天天过着粗茶淡饭的俭朴生活；还尊老爱幼，任用贤能。很快，夏启的民众支持率节节攀升，于是他集结起更多的部队，再次出兵讨伐有扈氏。

这一次，有扈氏寡不敌众，被打得落花流水，夏启把俘获的有扈部落成员全部罚做奴隶。

就这样，夏启终于坐稳了王位。

"王"字在甲骨文中为斧钺之形，斧钺为礼器，象征王者之权威。从夏启开始，"王"成了天子、君主以及统治者、主宰者的同义词。

从此，中国第一个王朝——夏王朝诞生了，王位传子而不再传贤，实行"家天下"的世袭制度。这标志着中国若干万年的原始社会基本结束，任人唯贤的"公天下"氏族公社制度彻底下课，数千年的阶级社会从此开始。

既为王朝，必有王室；既有王室，必有御厨。

夏朝宫廷首先设有"庖正"，这是中国史上最早专门负责宫廷帝王膳食的官员。

成语"庖丁解牛"被喻为具有神妙的庖宰技艺。庖，就是围绕厨房出现的一切事物。如庖鼎指的是厨房里烹调的器具；庖突指的是厨房的烟囱；庖廪指的是厨房和仓库；庖阍指的是厨工和守门人；庖丁和庖人被用来泛指所有的厨师；而庖正就是掌理宫廷御膳的长官，是御厨中的金领人物。

灭掉有扈氏后，夏启又一反以往的作风，生活变得腐化起来，整日饮酒作乐，歌舞游猎。中国人的玩命追求吃喝之风就是打夏启那儿起传开的。据说名为《九韶》的大型古典歌舞剧的歌舞设计及导演就是人家夏启担纲的。

春光明媚，草长莺飞，正是踏青郊游的大好时光。现代的年轻人多喜欢到郊外度周末，特别在桃花灿烂的季节里，或三五成群，或一家数口，到郊外寻一山清水秀的地方，优哉游哉，边吃边玩，恣意尽欢。

有人说，中国野餐的兴起是受西方影响。其实，夏启才是史上野餐的第一人！

不过，夏启的昔日之举与当今普通游乐的野餐大有不同。人家夏启搞的是野外狩猎，带有军事训练性质，即将宫廷卫队围猎捕获到的动物就地宰杀，烹炙而食，载歌载舞，这实际上就是今日野餐的滥觞所在。

夏朝宫廷御膳的特点是以乐侑食，就是御膳时要有歌舞助兴才行。

墨子在《非乐》中说："启乃淫溢康乐，野于饮食，将将铭苋磬以力，湛浊于酒，渝食于野，万舞翼翼，章闻于天，天用弗式。"

大概意思就是，夏启纵乐放荡，在野外大肆吃喝，万人起舞的场面壮观宏大，喧嚣的歌咏之声传到天穹上，可天并不把它当做严肃的音乐来看待。

墨子的批评之声，夏启是无论如何也听不到的。

估计这夏启吃腻了宫廷的肉蔬，倒觉得到郊外野餐别有滋味，心旷神怡。

而吃上现场宰杀烧烤的野兽和刚采撷烹制的野菜更能让人大快朵颐，乐趣无穷！

在春季生长并可供食用的野菜约有百余种之多，这些应时野菜不仅味道好，而且有一定的防病保健功能。

↓ 野菜谱

荠菜： 又名芨芨菜、靡草、护生草、羊菜、鸡心菜、香荠、净肠草、菱角菜、清明菜、香田芥、枕头草、地米菜、鸡脚菜、假水菜、地地菜、烟盒草等，可炒食、凉拌、做菜馅、制菜羹，食用方法多样，风味特殊。荠菜性凉，味甘淡，气清香，无毒性。它既有丰富的多种营养成分，又有良好的治病功效。荠菜含有蛋白质、胡萝卜素和多种维生素，此外，还含有钙、铁、脂肪及大量的粗纤维等。荠菜对于高血压、乳糜尿、尿血、鼻出血等有较好的防治作用。

蒲公英： 又名黄花地丁、乳浆草、苦菜花、婆婆丁、古古丁等，可洗净蘸豆酱直接作菜佐餐。其味苦，微甘，无毒。功能清热解毒，强壮筋骨。对肝炎转氨酶升高、胆囊炎、赤眼（急性结膜炎）、乳痛（急性乳腺炎）等有良好的治疗作用。

枸杞头： 为茄科植物枸杞的嫩茎叶，又名地仙苗、天精草和枸杞菜等，凉拌、热炒和煮汤均可。枸杞头性凉，味甘微苦。有补肝肾、益精气、清热除渴、明目的功能。对高血压、糖尿病、性功能衰退、视力减退等，都有一定的防治效果。

马兰头： 又名马兰、马莱、马郎头、红梗菜、鸡儿菜、路边菊、田边菊、紫菊、鸡儿肠、泥鳅串、红梗菜、螃蜞头等，可凉拌或晒干后烧肉，亦可做馅包饺子。马兰头有白梗、红梗之分，以红梗为佳。马兰头味甘，性平，微寒。功能包括养肝血，清肝火，清热解毒，还有良好的补血和明目作用。此外肝炎、高血压、眼底出血、青光眼、目赤胀痛等患者均可服用。尤其对青光眼、目赤胀痛效果较好。

菊花脑： 又名菊花郎、花头，即野菊的嫩苗，凉拌、热炒和煮汤均可。其性平，味甘微苦，煮沸后则不苦。有清肝明目和良好的解毒作用。对高血压、大便秘结、目赤肿痛有较好的防治作用，对疗疮有极佳的治疗作用。

清明草： 又名佛耳草、猫耳朵、茸母草，可炒食，也可做包子馅料，或捣烂取汁与米粉搅匀制饼。其性平，味甘，无毒。功能补气和胃，养肝明目，止咳化痰。对患有高血压、夜盲、迎风流泪、慢性气管炎、痰多、胃痛、十二指肠溃疡者也有较好的功效。

鱼腥草： 叶有腥味，古谓之"蕺菜"，属三白草科植物，名见《名医别录》，又名色腥草、岑草、蕺菜、紫背鱼腥草、紫蕺、蒩子、臭猪巢、侧耳根、猪鼻拱、九节莲、折耳根、肺形草、臭腥草、狗腥草等。新鲜的鱼腥草洗净，可凉拌或炒肉吃，越王勾践"卧薪尝胆"时，举国上下曾用此充饥。味辛，寒凉。有利尿、解毒、消炎、排毒、祛痰的作用。对肺脓疡、痈疖等化脓性炎症有特效。

在几千年前,人类的食物缺乏,有这些野菜果腹,功同食疗,一举两得!

"瀹食于野"的"瀹"字是水煮的意思。

想必当年,夏启在野炊时,王室御厨的釜甑中少不了以上诸般野味。

跟着领导去野餐,一定很惬意!

第二章
治大国若烹小鲜

夏王朝立国五百年,传了十四代,十七个王,国家以中原为政治、经济和文化中心,疆域东至东海、西连西河、北及燕山、南逾江淮。当时夏朝已经能冶炼形制古拙的青铜器,出现了作战用的甲胄和长矛。此外,中国传统的干支纪年纪日法在当时开始普遍使用,还有依据北斗星旋转斗柄所指的方位来确定一年十二个月的夏代历法,也在一定程度上反映出其农业生产发展的水平。

夏代末代帝王是履癸,也就是夏桀,这家伙可是历史上有名的暴君,历史书上形容夏桀的没一个好词:不务修德,奢侈无度,暴虐成性,杀人无数,四处征伐,搞

得劳民伤财,国人怨声载道。但在吃的方面,夏桀勇超古人先贤。《帝王世纪》中说:"桀有昏德,为酒池,一鼓而牛饮者三千人。"《太平御览·尸子》里也是铁证如山:"桀,欲长乐以苦百姓,珍怪远味,必南海之辈、北海之盐、西海之菁、东海之鲸。"

国内形势日趋动荡不安,百姓当然思慕有个仁德的明主能够出来主事。

这时,帝喾之子契的十四世孙子履吸引了不少有识之士的目光。

子履又名"天乙",也被后人称为成汤或商汤,他是夏朝亳地(山东曹县)的方伯。方伯是古代诸侯中的领袖之称,上马管军,下马管民,谓一方之长。

他的谋士伊尹不仅是个有识之士，更是位有志有为的年轻人。

伊尹原名伊挚，相传伊尹生于伊水边，成年后流落到有莘氏。但这会儿伊尹尽管心忧天下，却还只能靠经营餐馆糊口为生，地位卑下，且相貌不雅。在《荀子·非相篇》中，写有"伊尹之状，面无须麋"八个字。另外还有其他书中关于伊尹"黑而短"的记载。身材矮小，皮肤较黑，脸上没留胡子，眉毛不多，可见这个伊尹是一个貌不出众的人。

但伊尹却是个内秀十足的人物。

经过二三十年的缜密观察，伊尹终于发现，只有亳地的方伯子履有贤德、有才干，于是自愿沦为奴隶，借着莘国君嫁女给子履的机会，充当陪嫁来到子履身边，做起了厨师。

从此，伊尹这块埋在沙土里的金子终于发光了！

《吕氏春秋》的第十四卷《本味篇》如是写道：

汤得伊尹，祓之于庙，爝以爟，衅以牺豭。明日设朝而见之，说汤以至味。汤曰："可对而为乎？"对曰："君之国小，不足以具之，为天子然后可具。夫三群之虫，水居者腥，肉玃者臊，草食者膻。恶臭犹美，皆有所以。凡味之本，水最为始。五味三材，九沸九变，火为之纪。时疾时徐，灭腥去臊除膻，必以其胜，无失其理。调

合之事，必以甘、酸、苦、辛、咸。先后多少，其齐甚微，皆有自起。鼎中之变，精妙微纤，口弗能言，志不能喻。若射御之微，阴阳之化，四时之数。故久而不弊，熟而不烂，甘而不哝，酸而不酷，咸而不减，辛而不烈，淡而不薄，肥而不腻。"

翻译成白话就是：成汤得到了伊尹，在宗庙亲自点燃苇草，杀牲涂血，为伊尹举行解除灾难和祛邪的仪式。第二天上朝君臣相见，伊尹与成汤说起天下最好的美食味道。成汤说："可有什么方法来制作吗？"伊尹回答说："君的国家小，不可能都拥有；如果得到天下当了天子就可以了。说到天下三类动物，水里的动物味腥；食肉的动物味臊；吃草的动物味膻。无论恶臭还是美味，都是有来由的。味道的根本在于水。甜、酸、苦、辣、咸五味和水、木、火三材都决定了味道，烧煮九次，味道也会随之改变九次，火候很关键。时而火大时而火小，通过疾徐不同的火势可以灭腥去臊除膻，只有这样才不会丧失食物的品质。调和味道离不开甜、酸、苦、辛、咸。具体先放什么，用多少，全根据自己的口味来将这些调料调配在一起。至于锅中的变化，那就更加精妙细微了，不是三言两语就能表达出来、说得明白的。若要准确地掌握食物精微的变化规律，还要考虑阴阳转化和四季更变对食物的影响。这样制作出来的食物才能久放而不

腐败,煮熟了又不过烂,甘而不过于甜,酸又不太倒牙,咸又不咸得发苦,辣又不辣得浓烈,清淡却不寡薄,肥而不太腻。"

伊尹借烹调"至味"为引子,说明任用贤才、推行仁义之道可得天下的道理,而得天下者才能享用人间所有的美味佳肴。接下来伊尹又分析了天下大势,并劝成汤施仁政,承担灭夏大任。

子履即刻任命伊尹为右相,成为自己身边的最高执政臣僚。

可以说,伊尹是中国第一个哲学家厨师,他创造性地将最高深莫测的统治哲学讲成惹人垂涎的烹调技艺。

凡事物的至理,大都暗合于道。即使是最普通不过的煮东西吃,也深深蕴涵着治国安邦的大学问。饮食虽然只是小道,一旦达到极致,却也包含了天下的至理。

而怀才未遇的伊尹正是利用其最擅长的烹饪之道来造势,巧妙地把自己推销给了雄才大略的子履。

在伊尹的眼里,整个人世间好比是做菜的厨房,而这个观念一直渗透了中国古代的政治意识,所以自从《尚书·顾命》起,就把做宰相比为"和羹调鼎",老子也说"治大国如烹小鲜"。亚圣孟子也称赞伊尹为"圣之任者"。

子履对伊尹言听计从,暗中积极做灭夏的准备。为使灭夏有更大的把握,掌握夏桀目前的真实情况,伊尹只身来到夏王朝的都城(河南巩义)从事情报工作。他无疑是中国历史上的第一个特工"007"。

伊尹凭借自己的大厨手艺和百变的计谋,成功地渗透到夏桀宫廷。夏桀宠爱的妃子叫妹喜,美貌绝伦,好着男装。她喜欢听裂缯之声,夏桀就给她找来大匹绸缎,撕成一条条地听。好色的夏桀爱她爱得发狂,两人日夜欢乐,须臾不能分离。夏桀还常置妹喜于膝上,对其言听计从,以致昏政失道。

伊尹又到民间走访,发现伊水、洛水几近干涸,庄稼受到影响,老百姓得不到政府的任何抚恤,怨声一片。恨透了夏桀的百姓就这样诅咒说:"这个太阳什么时候才会灭亡,我们宁愿跟你同归于尽!"

伊尹回来后把在夏都收集到的情报汇报给子履:"我观察了夏桀的厨房,粮食堆积成山,多得吃不了,于是酿成整池的美酒。而他的农夫,在田里干活使用石铲、石镰、石斧、石刀,根本打不出多少粮食。但夏桀的府库里却有如此多的粮食,这不是他的国家富有,只能说明他征敛过度。百姓已不堪其苦,势必民怨沸腾。"

公元前 1600 年,子履发动了推翻夏朝的"商汤革命",挥师西征。诸侯纷纷响应,四方人民犹如大旱之盼甘雨,期待子履的仁义之师出征。子履大军在鸣条(今河南洛阳附近)一带与夏桀的主力部队展开战略大决战,一战定乾坤。

子履将活捉的夏桀流放到南巢,不久,夏桀就病死在那里,夏王朝彻底灭亡。

子履在西亳(今河南偃师西)召开了众多诸侯参加的"景亳之命"大会,得到三千诸侯的拥护,取得了天下共主的地位。就这样,在夏王朝的废墟之上,一个新的奴隶制统治王朝——商建立了起来。历史上把子履伐夏称为"商汤革命",因为古代统治阶级把改朝换代说成是天命的变革,所以称为"革命"。这和现在所说的革命完全是两码事。

子履死后被谥为成汤。其后子孙中有一支以谥号命氏,成为汤氏。

伊尹不仅辅佐成汤建立了商朝,成汤在位三十年去世后,他又继续辅佐成汤的儿子外丙、仲壬。可这两人都是短命鬼。这时,开国元老伊尹做主拍板,让成汤的孙子太甲继承了王位。

谁知太甲继承王位后,自觉翅膀硬了,就想着扔掉伊尹这根拐杖,一手遮天:"一切应当由我说了算才行,否则便枉为一国之君了!"他无视祖宗留下来的法律制度,恣意妄为起来,连伊尹的规劝也成了耳旁风,后来还学起夏桀的样子,作风强霸,以暴虐的手段对付老百姓,百姓怨声载道。

伊尹一再规劝,希望太甲能悬崖勒马,收敛恶行。太甲不但屡教不改,而且愈发狂妄,伊尹勃然大怒,就把他赶下台,放逐到商汤的坟墓所在地桐宫(今河南郾师县)去。在太甲被放逐期间,伊尹亲自临政,代行处理国家事务。

太甲被放逐到了桐宫,与祖父成汤的坟墓朝夕相伴。成汤虽然是商朝的开国君主,坟墓却与普通人的墓差不多,墓地上只有一座低矮的宫室,供一年一度的祭祖之用。

太甲被下放到这里,终于悔过自新,痛改前非,并尽自己的能力帮助附近的老弱孤寡,做事情也变得雷厉风行。伊尹十分高兴,亲自带着文武大臣把太甲接回首都亳城,严肃而郑重地把政权交还给他,自己告老还乡。

太甲由此"修德,诸侯咸归殷,百姓以宁",造就太平盛世,变成了一位圣君。伊尹历事商代商汤、外丙、仲壬、太甲、沃丁五朝天子,辅政五十余年。沃丁八年(公元前1549年),伊尹辞世,享年百岁。沃丁以天子之礼举行国葬,把伊尹安葬在商汤陵寝旁,以彰扬他对商朝做出的伟大贡献。

另据《竹书纪年》记载,伊尹为在桐宫教养所潜伏七年之久的太甲所杀。

伊尹还有著作传世,除赫赫有名的专门写给太甲阅读的三篇"伊训"外,晋人皇甫谧《甲乙经序》等文献记载说,伊尹对本草的药性及食品卫生亦有相当研究,曾著有《汤液经》传世。看来，伊尹的立功、立德、立言三方面都做得极为出色，难怪连"智慧化身"的诸葛亮也强烈要求当伊尹的铁杆粉丝。

由御厨成为权倾天下的宰相，成为后人心目中的圣贤，亘古以来，千秋之下，唯伊尹一人！

据说，伊尹当年曾凭着亲手烹制的一份鹄鸟之羹，吃得成汤胃口大开，心花怒放。鹄鸟之羹也就是天鹅羹。天鹅羹食之益人气力，可利五脏六腑。只可惜斯人已去，鹄鸟杳然了！

古往今来,朝代更迭。帝王像割韭菜一样一茬又一茬更替不休,但人们往往只记得住开国帝王和亡国之君。

对于商朝来说,末代帝王商纣王的名气远远超过了老祖宗商汤!

纣王是商朝的第三十二位帝王,本人身份证上的真实姓名叫子辛,也称作"帝辛"。

其实,纣王绝非四体不勤、五谷不分,不读书、不看报的大流氓、大恶棍、大昏君。人家纣王首先有个中南海保镖的身板模样,能徒手与猛兽格斗,神勇冠绝天下,智商更是超过150!据正史所载,纣王不仅身材高大、膂力过人,而且博闻广见、思维敏捷。

如果再细细考究起来,纣王的历史地位也足以跟秦皇汉武以及隋文帝等人称兄论弟。纣王在执政期间,曾发动大军征服东夷,把国家疆土开拓到东南沿海一带,并成功开发了长江流域的广大地区。可以说他为古代中国的最终大统一奠定了坚实的物质和思想双基础,算得上是伟大的统一古代中国的先驱者。

当时地处大西北的周方国"西部大开发"搞得卓有成效,就顺手开始东扩,不断蚕食邻近的小国,国势迅速膨胀壮大,开辟的领土已"三分天下有其二",甚至公开跟大商朝叫板。纣王天生心气就高,刚愎自用，哪容周方国上蹿下跳，立刻发兵在山西黎城与周方国国主姬昌恶战一场，大败周军。姬昌，也就是后人所说的周文王战败被俘，随即又被纣王囚于羑里，勒令写检查深刻反省。

周方国在军师姜子牙的策划下，一面登报公开道歉认错，一面用重金贿赂纣王身旁的近臣。

见周方国彻底怂了，纣王才收起将周方国夷为平地的恶念，传令大军南下，征伐土地肥沃的人方部族（今日的淮河流域）。

纣王是个既懂得工作又懂得享受的主儿！

《史记》中关于商纣王的记述，一连用了两个"淫乱"词。爱江山更爱美人可是打夏桀那儿传下来的，沿着夏桀的足迹奋勇前进的亡国之君们也无一不被扣上"败家子"的帽子。

据《竹书纪年》记载，夏桀"筑倾宫、饰瑶台、作琼室、立玉门"。还从各地搜寻美女，酒池肉林，日夜与妹喜饮酒作乐。而且所修造的酒池大得可以驾舟行船，醉而溺死的事情时常发生。

堪称夏桀复制品的帝辛也喜欢这个调调，大力兴建离宫别馆，将奇兽俊鸟充盈宫室，丝竹管弦之声如同漫天飘飞的仙乐。纣王还以酒为池，悬肉为林，使男女裸体相逐其间，为长夜之饮。

帝辛的后宫佳丽虽说个个天生丽质，可他终生只爱"辛女郎"妲己一人，并且是听老婆话，跟着感觉走！

男人爱美女和听老婆话并无大过错，重要的是别忘了自身如山的责任和原则。

南方战事的捷报频频传来，商王朝拓地无算，国威远播。纣王愈加自我陶醉起来，于是尽情淫乐醉舞，荒芜朝政。臣子祖伊劝谏纣王，要他听取民生，了解天意。纣王此刻成就感十足，自我感觉好得简直没了边，就痛斥祖伊说："我生下来就是国君，这难道不是天命吗？"祖伊长叹而去。

接着贤臣商容被贬；王子微子苦谏不果，隐居起来；敢于劝谏的王子比干被剖心；王子箕子索性装疯卖傻；王廷的大师、少师见势不妙，干脆跳槽到周方国去打工了。

就在这时，表面无限忠于大商王朝的周方国突然出兵奇袭。

姬昌已亡，周军的军头是周武王姬发，大军兵锋直指商朝京都朝歌（今河南省淇县）。

商政府能征善战的大军远在东南，回防不及，纣王只得在仓促间将奴隶和囚徒临时武装起来抵抗周军。

姬发率领的可是精锐之师，在牧野（今河南省卫辉市）经过浴血厮杀，一战功成。

纣王已是年高六十岁，不复当年之

勇,见大势尽去,仓皇逃回朝歌,登上鹿台自焚而死。周军乘胜进击,攻占朝歌。武王接着分兵四出,征伐商朝各地诸侯,肃清殷商残余势力,建立起奴隶制礼乐文明全面兴盛的周王朝。

殷商时期的宫廷御膳也有了新发展。从成汤开始,宫廷的御厨序列中,有"庖正"、"内饔"、"宰夫"、"司鱼"等各类膳食官员,分别主管帝王的膳食和祭礼等。

商朝的宫廷御膳大都通名为"飨",有时也称"燕"或"食"。"飨"一般指气氛郑重,排场宏大的国宴,如《周礼·春官·大宗伯》有云:"以飨宴之礼,亲四方之宾客。""燕"宴则是与老婆孩子,以及近卫武臣凑在一起用公款吃吃喝喝,性质上比较接近现代的家庭便宴。而称作"食"的一类设飨赐饮如同今天的节假日里家族兄弟酒宴聚会,是典型的"私宴"。

时代在发展,商朝的帝王吃的也比夏朝的帝王更讲究。

据殷商甲骨文和殷墟出土文物中发现的动物骨骼证实,商朝宫廷用的珍贵之物有大龟、海蚌、鲸鱼、象骨等。

在中国古代烹饪史上,与商纣王挨上边的是筷子及更多的美味。

《韩非子·喻老》:"昔者纣为象箸而箕子怖。以为象箸必不加于土铏,必将犀玉之杯;象箸玉杯必不羹菽藿,则必旄、象、豹胎;旄、象、豹胎必不衣短褐而食于茅屋之下,则锦衣九重,广室高台。吾畏其卒,故怖其始。居五年,纣为肉圃,设炮烙,登糟丘,临酒池,纣遂以亡。故箕子见象箸以知天下之祸。故曰:见小曰明。"

"铏"是古代一种盛羹的鼎,"旄"指牦牛,在古代经常用牦牛尾装饰旗子,以示威武。

韩非子的这段话翻译过来就是:商纣王用象牙制作筷子,箕子感到十分恐怖。他认为如果使用象牙筷子就必然不会再用普通的陶罐子去装羹汤,而一定使用犀角美玉制作的杯盘。既然都使用象牙筷子和犀玉杯盘这般高档的餐具了,必定不再会吃什么粗劣的食品,而是要吃牦牛、大象、豹子的胎儿;既然吃牦牛、大象、豹子的胎儿,必定不会再穿粗布短衣,住在茅草屋里,必定要穿上层层华美的锦缎衣服,住进高大宽敞的豪宅。

筷子在古时候称为"箸",当代考古学家在安阳侯家庄 1005 号殷商墓中发掘出的钢箸,经考证其年代早于殷纣末期的纣王时代。可见早在公元前 11 世纪中国已出现象牙及钢制的精工制造出来的筷子。商王朝的政治、经济中心一直地处中原的河南,河南古称为"豫"。"豫"的本义为欢喜、快乐,在甲骨文中理解为一个牵着大象的人。商朝时,河南大象成群,当年纣王征伐东南的人方部族时,打先锋的就是象阵突击队。所以,纣王用象牙筷子夹菜也不足为奇了。

纣王本人最爱吃的一道菜，却是煮熊掌。有书为证！

周人所作的《缠子》记载说：纣王"熊蹯不孰而杀庖人"，意思就是纣王性急，着急吃煮熊掌，结果熊掌还没煮熟，差点硌掉门牙，暴怒之下，便杀了煮熊掌的那个御厨。

在古籍记载上，这是第一个被帝王杀死的御厨。

后来，因煮熊掌未熟而丧命的御厨还有好几位。《左传》记载，晋灵公在公元前607年，"宰夫胹熊蹯不熟，杀之，置诸畚，使妇人载以过朝"。

御厨们为啥一再被煮熊掌送上了黄泉路？现在就说说如何煮熊掌的事！

熊掌营养丰富，是一种上佳的滋补品，同时更是脍炙人口的天下第一名吃。孟子曾有言："鱼，我所欲也；熊掌，亦我所欲也。二者不可得兼，舍鱼而取熊掌也。"春秋时期的楚国太子商臣搞宫廷政变，造老爸楚成王的反，楚成王临死前就曾强烈要求吃上一顿煮熊掌才能瞑目。因为熊有冬眠的习惯，冬眠时以舔掌为生，掌中津液胶脂渗润于掌心，特别前右掌因为经常舔，故特别肥腴，有"左亚右玉"之称。熊掌有祛风除湿、健脾胃、御风寒、益气之功效，是中国古代烹调的珍品之一。

好吃的东西一向制作起来很麻烦。熊掌虽为佳品，但如果加工方法不当，就会令人难以下咽。

新割的熊掌，是不能立刻就吃的，最好等到第二年彻底干透，才能炖吃。

那么，新熊掌如何储存呢？

首先，要用草纸把新割的熊掌的血水擦干，切忌沾上水。然后用石灰铺撒在大口瓷坛，底部再铺上一层厚厚的炒米，放下熊掌后四周再用炒米塞严，上面再放石灰封口，放一到两年，才可以拿出来洗净烹调。

想把熊掌煮烂，则离不开蜂蜜。如果不先用蜜糖来炖，即使炖上个三天三夜，也会像纣王一样被硌到门牙的。古代一般做法是将熊掌收拾干净后，先抹上厚厚的一层蜂蜜，在文火上煮一个小时，然后再把蜂蜜洗去，放好佐料，一开始就用文火来炖，最好用炭火。炖上三个小时后，香味扑鼻，此时的熊掌也已酥烂可口了。

不知当年秦始皇的"焚书坑儒"究竟烧掉多少古籍,现在想查找原始的御厨身份等级档案,也只能到幸存下来的《周礼》中一窥了。

新成立的周王朝在举行开国大典之后,开始论功行赏,分定次序,分派各般职守,其中对天子及其王室的御膳设计出了一整套的管理机构。根据《周礼》的记载,总理政务的天官冢宰,下设五十九个部门,其中就有二十个部门是专为周天子以及王后、世子们的饮食生活服务的。

王室御厨定员为二千二百九十四人。御膳房的主任成了国家的五品公务员。

请看《周礼·天官冢宰第一》:

膳夫,上士二人、中士四人、下士八人、府二人、史四人、胥十有二人、徒百有二十人。

在周朝,掌管人事的官长叫做大宰,掌管民政的官长叫做大司徒,掌管礼仪的官长叫做大宗伯,掌管军事的官长叫做大司马,掌管刑法的官长叫做大司寇,掌管建设的官长叫做大司空。《大戴礼·保傅篇》中记载,西周建国之初,"召公为太保,周公为太傅,太公为太师","此三公之职也"。

三公在西周属于国家的政治局常委,三公之下,才是大宰一级的卿,上大夫级别,相当于今日的政治局委员。再往下,是小宰,中大夫级别;宰夫,下大夫级别;然后就是上士、中士和下士了。西周时的"士"为国家中级干部,足可与现在的局、处级相提并论。

膳夫的职责是"掌王之食饮、膳羞,以养王及后、世子。凡王之馈,食用六谷,膳用六牲,饮用六清,羞用百有二十品,珍用八物,酱用百有二十瓮。王日一举,鼎十有二物,皆有俎,以乐侑食。膳夫授祭,品尝食,王乃食。卒食,以乐彻于造。王齐,日三举。大丧,则不举。大荒,则不举。大札,则不举。天地有灾,则不举。邦有大故,则不举。王燕食,则奉膳,赞祭。凡王祭祀、宾客食,则彻王之胙俎。凡王之稍事,设荐脯醢。王燕饮酒,则为献主。掌后及世之膳羞,凡肉修之颁赐,皆掌之。凡祭祀之致福者,受而膳之。以挚见者,亦如之。岁终则会,唯王及后、世子之膳不会"。

这里的膳夫是国宴和周天子家宴的活儿一勺烩。但细分下去,分工明确,此外还有专门宰杀六畜、六兽、六禽的庖人;有掌王及后、世子膳羞之割、烹、煎、和之事的内饔;又有从事祭祀及外事活动宴席之割亨的外饔;有管鼎镬煮羹给水、火的亨人;有专掌祭祀用的萧茅(香艾)及果、瓜等的甸师;有专门负责驯养狩猎兽物的兽人;有主管宫廷渔业的鳖人;有专门侍养鳖、龟、蜃等产品的鳖人;有做酱腌干肉的腊人;有掌管水酒的浆人、掌管冰窖冷饮的凌人、掌管炊具食器的笾人;有专管制酱的醢人;有负责食品腌制的醯人;有盐业管理的盐人。

此外,还有专职的宫廷食医,"掌和王之六食,六饮、六膳、百羞、百酱、八珍之齐。凡食齐眡春时,羹齐眡夏时,酱齐眡秋时,饮齐眡冬时。凡和,春多酸,夏多苦,秋多辛,冬多咸,调以滑甘。凡会膳食之宜,牛宜稌,羊宜黍,豕宜稷,犬宜粱,雁宜麦,鱼宜菰。凡君子之食恒放焉"。这个食医其实相当于今天的膳食营养保健师。

那时候人们就具有保护生态平衡的意识。以食肉为例,御膳房的宰牲食肉要求应合四时之变,在春天杀小羊小猪,到夏天用干雉干鱼,秋天里用小牛和麋鹿,冬天时用鲜鱼和雁。这就是说在夏季里要禁渔,到了春天也绝不吃开江的鱼!

周朝宫廷御膳的规模已远远超过夏商时期,出现了许多著名的看馔。如为后人所熟知的"三羹五齑七菹八珍"。

"三羹"指太羹、和羹、铏羹。太羹是不加佐料的肉羹;和羹是用盐梅调味的肉羹;铏羹是用肉类加藿、薇等蔬菜及五味制成的鼎羹。

"五齑":齑就是经过切细腌制的蔬菜或鱼肉。"五齑"指昌本(蒲根)、脾析(牛百叶)、蜃(大蚌肉)、豚拍(猪肋)、深蒲(水中之蒲)。

"七菹":菹,即腌制的蔬菜或鱼肉。"七菹"为用韭、菁、茆、葵、芹、菭、笋制成的菹。

而"八珍"是专供周天子一家享用的食品,代表了当时烹饪的最高水平。

先说说那个时代的菜篮子。

《诗经》中所涉及的植物有一百三十二种,其中只有二十来种是可以作为蔬菜食用的。菜蔬是人类用以维持生存最早利用的植物。"菜"字的原意就有"采集"的含意。据《周礼·醢人》记载,天子及后、世子食用的蔬菜也只有韭、葵、菁、芹、菭、昌本、笋等数种。

韭,为某些葱属植物的通称,一般来说就是韭菜,叶和花都是蔬菜。现在冬季培植出来叶色浅黄的那种叫韭黄。

而芹是南北方通吃的一种蔬菜,即水芹。《尔雅·释草》中云:"芹,楚葵。"郭璞注说:"今水中芹菜。"《吕氏春秋·本味》:"菜之美者,云梦之芹。"《齐颂·泮水》:"思乐泮水,薄采其芹。"芹除鲜菜吃外,也用作菹,见《周礼·天官·醢人》所云:"加豆之实,芹菹免醢。"

葵菜茎大叶小,也叫葵菹,并非今天众所周知的向日葵,向日葵原产于北美洲,大约在明朝时才引入中国。菹即腌渍菜,如《周礼·天官·醢人》:"馈食之豆,

其实葵菹。"当时葵菜已有多种:冬葵、荆葵、菟葵、戎葵和蒸葵。

蔓菁,又名芜菁,亦叫葑。俗称大头菜,又叫九英菘、合掌菜、结头菜、芥蓝、擘蓝、茄连、撒蓝、玉蔓菁等。从中国古代第一部诗集《诗经》开始,关于蔓菁的诗词多得怕是十个手指也数不过来。

莼菜为多年生宿根草本水生植物,俗称水荷叶、湖菜、水菜,古名叫露葵、茆、马蹄草、锦菜、缺盆草、水葵、凫葵、屏风、蘖、淳菜、丝莼、马粟草、缺盆草等。莼菜不仅味道鲜美,而且还有很高的药用价值,可治疮毒。莼菜入馔,可汤可菜,可煮可炒,均有滑而不腻、清香爽口、味道鲜美的特点。特别是煮汤作羹,色香味俱佳。在西晋时,人们就把它与菰菜(茭白)、松江鲈相提并论。

昌,通"菖"。昌本就是菖蒲根。《周礼·天官·醢人》:"朝事之豆,其实韭菹、醓醢、昌本、麇臡、菁菹、鹿臡、茆菹、麇臡。"郑玄注:"昌本,昌蒲根,切之四寸为菹。"菖蒲本是药材,但古时人们视菖蒲为避邪物,有的还用菖蒲根泡酒,认为喝了能健康长寿。

菭,古人称之为"箭萌",就是小竹笋。

笋可是好吃的东西,就是竹子初从土里长出的嫩芽,味道鲜美,也叫"竹笋"。

周时由于蔬菜品种有限,没有暖窖大棚,更无冰箱保鲜,所以专由"醢人"将它

们制成酱菜,或由"醢人"把它们发酵成酸性食品,以供王室在冬季时食用。

那时的菜蔬可以说是一种奢侈品,特别在冬春季节。

而可怜的平民和奴隶则以大豆的嫩叶为食。《诗·小雅·白驹》:"皎皎白驹,食我场藿。"这个"藿"就是大豆的嫩叶,也就是平民百姓餐桌上的主打蔬菜。

《尚书·洪范》中曾这样说:"惟辟作福,惟辟作威,惟辟玉食。"就是说只有君主才能作威作福,才能有资格吃上玉食美味。

一时无法保鲜的肉类食品也要腌制储存起来。如"肉腥,细者为脍,大者为轩。或曰:麋鹿鱼为菹,麕为辟鸡,野豕为轩,兔为宛脾。切葱若薤,实诸醯以柔之。羹食,自诸侯以下至于庶人,无等"。

轩、菹、辟鸡、宛脾,都是腌制的方式。意思就是说,肉煮到半熟时,小块的进行细切精加工食用,大块的就再切些葱或是野蒜为佐料,用醋腌制窖藏起来了。

在那会儿,周王室的一些礼仪形式主要就是搞祭祀及庆典活动。《诗经》中的《小雅·楚茨》就对王室的"祭终筵席"进行了精彩的描述。由于篇幅所限,只摘取一段:

执爨踖踖,为俎孔硕,或燔或炙。
君妇莫莫,为豆孔庶,为宾为客。
献酬交错,礼仪卒度,笑语卒获。

神保是格,报以介福,万寿攸酢!

此段翻译成白话就是:

掌膳的厨师尽心尽力,硕大的牛羊摆满案俎,烧烤的美味人口脍炙。

高贵的主妇举止有仪,盘盏中珍馐数不胜数,席宴上则是宾客济济。

主客间敬酒来往酬谢,举止合规矩彬彬有礼,谈笑中充满深情厚谊。

祖宗的神祇保佑苗裔,感谢您的赐福和恩庇,愿国运长久寿与天齐!

御厨们除了要张罗"祭终筵席",还有"农事御膳"、"私旧御膳"、"竞射御膳"及"聘礼御膳"需要操劳。

自周朝开始,帝王就很重视农耕,并象征性地参加农业劳动,史称"王耕藉田"。

"王耕藉田"节活动都是在早春择吉日举行。天子、诸侯、公卿,大夫及各级农官都手持农具,跑到天子的庄园里推犁耕地。天子推三次,三公推五次,等而下之的卿大夫及诸侯要推九次。大家都操练完毕后,天子要招呼诸臣入筵席,开怀畅饮。

"私旧御膳",又称"燕饮",这里的"燕"字通"宴"。"燕饮"是指天子跟私交故旧以及族人的私宴,主要为了增进君臣间的感情,筵席的气氛也显得比较闲适随便。

"竞射御膳"是周天子通过举办射箭

锦标赛,同时大摆筵席,来观察臣属德行,甄选臣侯、明大礼乐的一项文体活动。谁若在此期间有上乘的表演和表现,就将成为冉冉升起的政坛明星。

"聘礼御膳","聘"是来访的意思,聘礼之宴即天子或国君为款待来访使臣而举办的筵席,周人又称之"享礼"。此类宴会都是在热烈而友好的气氛中进行的,钟鼓齐鸣,轻歌曼舞。参加者或吟诗,或放歌,这是因为诗、歌、舞、乐都要表达出筵席间的友好主题。如果对方跑了词,就意味着要打仗了。

"庆功御膳",是王师出征报捷后凯旋而开设的筵席。这类筵席规模隆重,场面宏大,有的甚至是犒劳三军,遍赏有功将士。这样的御膳,单凭几个宫廷里的御厨是无论如何都玩不转的,要靠军旅中的那些火头军当外援打下手了!

在中国神话传说中，道教中的元始天尊在"三清"之中位为最尊，也是道教神仙中的第一位神灵。供奉在道教三清大殿中的元始天尊，"顶负圆光，身披七十二色"，只能让凡人仰视。

《历世神仙体道通鉴》称："元者，本也；始者，初也，先天之气也。此气化为开辟世界之人，即为盘古；化为主持天界之祖，即为元始。"

晋朝葛洪的《枕中书》中记载："元始天王"居天中心之上，与太元玉女通气结精，生天皇西王母，天皇生地皇，地皇生人皇。其后的伏羲、神农都是"元始天王"的苗裔后代。而开天辟地的盘古大仙和为华夏民族撒下种子的元始天王就是元始天尊的前身。

元始天尊的地位如此崇高，寻常的神仙望尘莫及。

在中国的烹饪史上，也唯有周代"八珍"堪称帝王宴上的"元始天尊"！

《周礼·天官》中屡屡出现"八珍"的字样，"八珍"如此被重视，可见身价不菲。那么，"八珍"到底是啥呢？

其实，八珍是最早的八种珍贵食品的烹饪方法，直到后来才成为了珍贵食品的代名词。如《三国志·魏志·卫觊传》中的"饮食之肴，必有八珍之味"之句；南北朝时期第一文化牛人鲍照也有诗云："八珍盈雕俎，绮肴纷错重。"唐代大诗人杜甫《丽人行》中的"黄门飞鞍不动尘，御厨络绎送八珍"，宋代爱国者陆游的"乐超六欲界，美过八珍盘"，等等，指的可都是食品。

八珍的烹饪方法出自于《礼记·内则》，咱们边看边解释。

第一珍："淳熬：煎醢加于陆稻上，沃之以膏，曰淳熬。"醢就是肉酱。淳熬也就是将肉酱盖在糯米做的饭上，再浇入动物脂油。

第二珍："淳毋：煎醢，加于黍食上，沃之以膏曰淳毋。"这个做法跟淳熬差不多。只是淳毋是把熬好的肉酱浇于黄米饭上。而淳熬、淳毋就是今天盖浇饭的老祖宗。

第三珍："炮：取豚若将，刲之刳之，实枣于其腹中，编萑以苴之，涂之以谨涂。炮之，涂皆乾，擘之，濯手以摩之，去其皽，为稻粉蚤溲之以为酏，以付豚煎诸膏，膏必灭之，钜镬汤以小鼎芗脯于其中，使其汤毋灭鼎，三日三夜毋绝火，而后调以醯醢。"炮并非是炮仗和大炮，那时还没有发明火药。"炮"字始于殷代的炮刑，就是以炭加热使铜柱变烫，让罪人站于热柱之上。"将"当为"牂"，牂，就是小肥羊。炮烙用于烹饪，就是在急火上烘烤猪或羊。这"炮"的烹制法，手续很繁琐，首先将乳猪或肥羊宰杀后，去其脏器，填枣于肚中，用草绳捆扎，涂以黏泥在火中烧烤。烤干

黏泥后，掰去干泥，用清水冲洗干净，将表皮一层薄膜揭去。再用稻米粉调成糊状，敷在猪羊身上。然后，在小鼎内放油至完全没过猪或羊身，鼎内再放入香草煎熬，小鼎又放在装汤水的大鼎之中。大鼎内的汤与小鼎内的油同沸，但大鼎内的汤不能沸进小鼎。最后文火煮上三天三夜，待鼎内猪羊酥透，佐以醋和肉酱就大功告成了。

第四珍："擣珍：取牛、羊、麋、鹿、麕之肉必脄，每物与牛若一捶，反侧之，去其饵，孰出之，去其皽，柔其肉。"珍，就是取牛、羊、猪、麋鹿、鹿、獐等食草类动物的里脊肉，反复捶打，去其筋腱，捣成肉茸。"擣"字同"捣"。"擣珍"其实就是烧里脊肉，把这些动物的里脊肉反复捣捶，烧熟之后再除去皮肉上的薄膜，加醋和肉酱调和既可食用。

第五珍："渍：取牛肉必新杀者，薄切之，必绝其理，湛诸美酒，期朝，而食之以醢若醯意。""渍"是浸泡，用在食品制作上就是腌制。"渍"的做法像极了甜口的酒香牛羊肉，即将新鲜的牛肉，在案板上横肉纹切成薄片，放入上等的水酒中浸泡一天，用肉酱、梅浆、醋调和后就可以大快朵颐了。

第六珍："为熬：捶之，去其皽，编萑布牛肉焉，屑桂与姜，以洒诸上而盐之，干而食之。施羊亦如之，施麋施鹿施麕皆如牛

羊。欲濡肉，则释而煎之以醢，欲干肉，则捶而食之。"说白了，"熬"类似今天的五香牛肉干。操作程序为：将生肉捣捶，除去筋膜，摊放在芦草编的席子上，洒上一些姜末和桂皮，用盐腌后晒干。无论是鹿肉，还是牛羊肉，都是如法炮制。吃的时候，如果牙口不好，就用水把它润开，加肉酱煎一下。如果想不吃带汁的，就捣捶软后吃干肉。

第七珍："肝膋：取狗肝一，幪之以其膋，濡炙之，举燋其膋，不蓼。取稻米举糔溲之，小切狼臅膏，以与稻米为酏。""膋"是肠子上的脂肪，也泛指脂肪。"幪"是帐幕之类可以覆盖的网状东西。"肝膋"的具体做法就是取一个狗肝，用狗的网状脂肪油覆盖，润湿后架在火上烧烤，一直烤到脂肪油完全溶入狗肝，不需添加味道辛辣的"水蓼"来调味。再用水调和稻米，加入小块狼胸腔里的脂油，熬成稠粥吃，这样连菜带饭全有了。

第八珍："糁：取牛羊豕之肉，三如一，小切之，与稻米，稻米二，肉一，合以为饵煎之。"这个很像今天的煎肉饼。"糁"就是将牛、羊、猪肉按一比一比例切成小块。再以两份稻米粉加一份肉合成肉饼，入油锅煎熟。

必须指出的是，一些古汉语翻译家都把"糁"踢出《礼记·内则》中的"八珍"之外，硬是把炮乳猪叫"炮豚"，而把炮肥羊叫做"炮牂"。按照这种分法，"擣珍"中的"牛、羊、麋、鹿、麕"，还有"为熬"中的"施麋施鹿施麕皆如牛羊"，也该分解出来，如此一算，显然就成了"十六珍"！这般胡闹的翻译真是叫人笑掉大牙，幸亏没有进入义务教育的语文课本里，否则就真的要误人子弟了。

说过古汉语翻译家那些糗事，再说说周代八珍后来又成为了哪些珍贵食品的代名词。

最初的"珍用八物"是指：牛、羊、麋、鹿、豕（猪）、狗、狼。

元代陶宗仪著有的《辍耕录》提出八珍为：醍醐（高级奶油）、麆吭（小獐的颈项）、野驼蹄、鹿唇、乳麋（小麋鹿）、天鹅炙、紫玉浆、玄玉浆（马奶子）。

明代张九韶的《群书拾唾》认为八珍为：龙肝、凤髓、豹胎、鲤尾、鸮炙、猩唇、熊掌、酥酪蝉。其中龙肝很有可能是一种白马的肝；凤髓可能是锦鸡的脑髓，凤凰和龙都是传说中的灵物，在人间根本找不到它们的影子啊！豹胎为豹的胎盘；鲤尾却并非真的是鲤鱼尾，鲤鱼尾既非稀有珍贵，更没有什么特殊的味道。古时称穿山甲为"鲮鲤"，此处的"鲤尾"很可能是穿山甲的尾巴；鸮炙，就是烤猫头鹰，这种鸟也能吃？不得不敬佩古人的饮食精神啊！酥酪蝉，则是一种类似蝉腹的奶制品。见明朝人李日华《六研斋笔记》："乃今之抱螺酥也。其形与螺形不肖,而酷似蝉腹。"

真是一个时期一个标准。

到了清代,八珍开始遍地开花:

水陆八珍:燕窝、鱼翅、海参、鱼脆骨、鱼肚、熊掌、鹿筋、蛤士蟆;

山八珍:熊掌、鹿尾、犀鼻、驼峰、果子狸、豹胎、狮乳、猴脑;

水八珍:鱼翅、鱼唇、海参、鲍鱼、裙边、干贝、鱼脆骨、蛤士蟆。

清朝后期,烹饪界又有了上中下八珍之分:

上八珍:燕窝、猩唇、驼峰、猴头、熊掌、凫脯、鹿筋、黄唇胶;

中八珍:鱼翅、银耳、果子狸、广肚、鲥鱼、蛤士蟆、鱼唇、裙边;

下八珍:海参、龙须菜、大口蘑、川竹笋、赤鳞鱼、江瑶柱、蛎黄、乌鱼蛋。

民国期间又冒出了许多的上八珍、中八珍、下八珍,这里仅举北京城一例:

上八珍:燕窝、猩唇、驼峰、熊掌、猴头、豹胎、鹿筋、蛤士蟆;

中八珍:鱼翅、广肚、鱼骨、龙鱼肠、大乌参、鲥鱼、鲍鱼、干贝;

下八珍:川竹笋、乌鱼蛋、银耳、大口蘑、猴头(菌)、裙边、鱼唇、果子狸。

可以说,"八珍"一直是美食观的高层次追求,但现在的"八珍"宴上有很多野味美食已属于保护动物,禁止捕杀食用。只是人的欲望追求是难以遏止的,不被"口蹄疫"、"疯牛病"踢上一脚或咬上一口浪子是不肯回头的。

所以,建议现代版的"八珍"不妨向功德林素食学习学习。

如今素食越来越成为饮食时尚的标签。如果到饭馆叫上一桌子生猛海鲜只能证明您是个暴发户,而点上几碟清素小菜,这才算是位有品位的美食家。

毕竟,人吃出健康才是最重要的!

顾客是上帝。可以说,厨师是一个侍候上帝的工作,并不好干。

在现在的饭店里,饭菜味道不好,最多顾客不埋单。可在宫廷里,御厨却时刻战战兢兢,如果出现了纰漏,那可是脑袋搬家的事儿。打周王朝开始,"膳夫授祭,品尝食,王乃食"。做出的饭菜,得御厨先吃上几口,咽到肚子里,证明食物确实无毒无害,不含有"三聚氰胺",帝王才会放心咪西咪西。

清代美食家袁枚曾说:"大抵一席佳肴,司厨之功居其六,买办之功居其四。"宫廷御膳为确保帝王的生命安全,首先在原材料的选用上严把质量关。

那时还没有什么食品化验室和质检科,对于原材料的把关基本靠以往的饮食经验拿活儿。

在当时的宫廷御膳,就告诫八不吃:"不食雏鳖。狼去肠,狗去肾,狸去正脊,兔去尻,狐去首,豚去脑,鱼去乙,鳖去丑。"

不食雏鳖就是不吃刚出生不久的鳖;狼去掉肠子;狗去掉肾;狸猫去掉脊骨;兔子去掉屁股上的骶骨和尾骨;狐狸去掉头部;猪去脑髓;鱼去掉鱼鳃骨;鳖去丑是去肛门,就是割除鳖的腚尖。

都说"狼心狗肺"不可吃,看来那会儿周朝人还没这种说道。

《礼记·内则》接着又告诫多种有毒有害的禽兽，必须禁食。分别是："牛夜鸣则庮；羊泠毛而毳膻；狗赤股而躁臊；鸟麄色而沙鸣郁；豕望视而交睫腥；马黑脊而般臂漏。雏尾不盈握弗食。舒雁翠，鹄、鸮胖，舒凫翠，鸡肝，雁肾，鸨奥，鹿胃。亦皆为不利人也。"

以上说的即夜里叫而且身上散发臭味的牛；皮毛蓬乱而且膻气刺鼻的羊；尾毛脱光处于发情期的躁狗；羽毛更新变色时叫声干哑的鸟禽，两眼呆滞地望着远方而且屠宰后发现身上带米粒状息肉的猪；脊背发黑和腿上有溃烂散发臭气的病马；小鸟的尾巴不满一握的也不能吃。此外还有大鹅的腚尖、天鹅与猫头鹰的胁侧肌肉、家鸭的腚尖、鸡的肝脏、大雁的肾脏、鸨鸟的脾脏与小肠以及鹿的胃，都会对人的身体不利的。

至于什么样的禽畜可以作烹饪原料，《礼记·曲礼》中给出以下明细："凡祭宗庙之礼，牛曰一元大武；豕曰刚鬣；豚曰循肥；羊曰柔毛；鸡曰翰音；犬曰羹献；雉曰疏趾；兔曰明视……"就是说，牛要选健壮、蹄子大的；猪要选颈毛坚硬的；乳猪要选圆硕的；羊要选毛柔软而细密的；鸡要选善于鸣叫的；狗要选用肥壮的；野鸡要选脚趾分开的；兔子要选眼大明亮的……

给老祖宗搞祭祀都这般讲究，宫廷御膳的食料选材就更不在话下了。

周王朝非常重礼仪，强调"人无礼不生、事无礼不成、国无礼则不宁"，中国的"礼仪之邦"之说也就是打那时流传开来的。

"羹食"为饮食的礼数，也就是饮食上的尊卑等级区别。除天子之外，大家有啥就吃啥好了。

"大夫无秩膳，大夫七十而有阁。天子之阁，左达五，右达五，公、侯、伯于房中五，大夫于阁三，士于坫一。"

"国家干部"没有四菜一汤的待遇讲究，到了七十岁才有资格拥有专门的搁置食物的橱柜。而天子的食柜标准量是十个，公、侯、伯拥有的食柜是天子的一半，也就是五个，大夫可以有三个，至于"士"级的"国家公务员"，只允许他们有一个设于堂中供祭祀、宴会时放礼器和酒具的土台子。

即使在餐饮时，天子与所有人用的餐具数量也不一样。《礼记·礼器》曰："礼有以多为贵者，天子之豆二十有六，诸公十有六，诸侯十有二，上大夫八，下大夫六。"

豆是古代盛食物的器具，一种形状像带高座的餐盘。

而平民的饮食之礼则"乡饮酒之礼，六十者三豆，七十者四豆，八十者五豆，九十者六豆，所以明养老也"。在民间，只有受恭敬的长者才允许增添餐具的数量，寻常的草根平民能炒两盘子菜就不错了！

周天子的饮食不仅有着一定的礼数，而且在养生上也非常讲究，食用六谷者：稻、黍（黄米）、稷（谷子）、粱（高粱）、麦、菰（茭白）；饮用六清者：水、浆（醴，也就是浓汁）、醴（甜酒）、凉（水酒）、医（梅浆）、酏（稀粥）；膳用六牲者：牛、羊、豕、犬、雁（鹅）、鱼。珍味菜肴达一百二十款，酱品至一百二十瓮。

餐桌上的菜肴摆放也有一定的礼数，也就是规则。如《礼记·曲礼》中说："凡进食之礼，左肴右胾，食居人之左，羹居人之右。脍炙处外，醢酱处内，葱片处右，酒浆处右。以脯俗置者，左胊右末。"

翻译成白话就是说：所有进餐时的菜肴摆放规定，带骨的菜肴应放在左边，切的纯肉应放在右边。饭食靠着人的左手边，羹汤放在靠右手边。细切的和烧烤的肉类可以放远些，醋和酱类要放在近处。葱蒜等佐料与醋、酱为伍，酒浆等饮料须跟羹汤摆在同一方向。如果还有干肉、牛脯等物上席，则弯曲的放在左侧，挺直的摆在右侧。

礼数还意味着等级上的区别。帝王以食肥腴为贵，如《礼记·王制》："诸侯无故不杀牛，大夫无故不杀羊，士无故不杀豕，庶人无故不食珍，庶羞不逾牲。"由此可见只有周王室才能出现杀牛宰羊、罗列百味的大排场。

《周礼·地官·舍人》写有："凡祭祀，共簠。""簠"在古籍中多写作"簠"。"簠"是古代放置食物的食器或祭器。如簠廉是盛酒的瓦器，簠实则指置于簠器的黍稷。簠的造型形式多样，变化复杂，有圆体、方体，也有上圆下方者，可分木制的、竹制的、陶制的和铜制的几种。

《周礼》中有云："及天子八簠，诸侯六簠，大夫四簠，此等即尊卑亦有差降也。"

簠是商周时重要的礼器。如周厉王为祭祀先祖而铸的鈇簠，是迄今出土的最大一件西周青铜簠，其形体高大魁伟，可称簠中之王，内底铸铭文一百二十四字，制作于厉王十二年。簠是商周时期宴享和祭祀时必不可缺的东东，在规格上一定要以偶数与列鼎配合使用。天子用九鼎八簠，诸侯用七鼎六簠，卿大夫用五鼎四簠，士则用三鼎二簠。

簠一直在当时的上层贵族圈子里打转转，堪称名贵之物。可越是珍贵高贵的东东越叫人眼红心跳。

到了国破山河在的时候，高贵的簠辗转流落到民间，一些中原人因战乱迁徙到岭南之后，也把簠当宝贝似的带到了广东，至今广东的民间仍有"九大簠"之说。

广州人所说的"九大簋"，意思是指筵席之丰盛，只需有九个大簋就足以容纳下所有菜肴食物。

"九大簋"出自古人之语"造化之初，九大相争"。所谓的"九大"，即风、云、雷、雨、海、火、日、地、天之谓也，此乃万物之最。

前些年，在广东省三水县金本镇发现一座东汉前期之古墓，其中出土一件大"簋"，大的可装五至六斤米饭之"大碗"。想想看，这样的"九大簋"如果摆放在一起，确实可供上百人享用的。由此可知，"九大簋"是极言其饭菜之丰盛，夸耀其筵席规格之高。

至今的粤地及港、澳一带，人们都把盛宴惯称为"九大簋"，如为迎亲正日举办的筵席，每席菜肴为九式（碗），号称"喜酌九大簋"；新婚夫妇合卺交杯的喜宴，称为"暖堂九大簋"；生子翌年挂灯之开灯宴，每席菜肴九碗，叫做"开灯九大簋"；庆贺寿诞的喜宴，因"九"与"久"粤语同音，取其"长长久久"之吉兆，每席菜肴更要烹制九品，谓之"寿酌九大簋"。

遗憾的是这些大菜并非当年西汉南越王府传出的宫廷菜，所以也就不需笔者再饶舌，薄陈食谱了。

秘籍

九大簋

第一簋：乳猪拼盘或金猪成盘（或红烧乳鸽）。

第二簋：发菜扒鸭或发菜蚝豉（或发菜配猪腿猪舌，粤语称猪腿为猪手，猪舌为猪脷）。

第三簋：豉汁蟠龙蟮（或蒜子焖大蟮）。

第四簋：蜜饯（或白灼）大虾或白切鸡（或豉油鸡）。

第五簋：酥炸或清蒸鲜蚝（或带子）。

第六簋：香芋扣肉（或果仁鸡丁）。

第七簋：清蒸海鲜鱼。

第八簋：时菜炒杂。

第九簋：瑶柱粟米羹。

上了岁数的中国人都知道在 20 世纪 50 年代有个著名的爱国卫生运动，叫做除"四害"。

老鼠就是"四害"之一，俗称"耗子"。

1952 年，以美国为首的所谓联合国部队在朝鲜战争中陷入僵局，便恶毒地在朝鲜和中国东北、华北两地区撒下大量带有病菌、病毒的老鼠、苍蝇、蚊子等害虫害兽，企图通过细菌战争毒杀中朝人民。

人类生存的历史，也可以说是一部与各种各样病魔斗争的历史。疾病——特别是病毒和变异后的病毒传染性疾病，对人类的侵害不亚于一场毁灭性的战争！

可怕的病魔可以夺去不计其数的人的生命，犹如爆发一场世界大战一般。瘟疫、疟疾、麻疹、艾滋病、H1N1 流感……这些病毒像战争的导火索一样，危及人类的生存，给人类带来了巨大恐慌！

为粉碎美帝国主义的细菌战争，新中国掀起一场旷日持久的爱国卫生运动，消灭苍蝇、蚊子、老鼠、麻雀这"四害"。不久，"麻雀"被平反昭雪，又将"臭虫"揪出来，凑足"四害"之数，后来"臭虫"又被"蟑螂"取代。

现代人都知道"老鼠爱大米"这档子事，老鼠不仅爱吃粮食，据有关粮食部门报道，农民每年收获的粮食被老鼠糟蹋的占 18％。这家伙为防止门齿无休止生长，便常借啮物以磨牙，老鼠的这一习性危害牧场草地、损坏森林树木不说，它居然还敢带电作业，咬坏电缆、电线，破坏通讯线路和计算机系统。工业停电事故中有 15％～20％是老鼠造成；为了磨牙，它们连书籍、课本以及居民家庭的衣服和家具统统不放过，一律啃成碎片。

在人类还没出现之前，老鼠就在地球上生活了 4700 多万年，而且老鼠繁殖能力及适应环境的能力超强，据生物学家猜测，如果发生全球性灾难，老鼠将会是最后灭绝的哺乳类生物。

在中国，打远古开始就一直把老鼠当成佳肴来咪西。

考古学家从北京周口店龙骨山的猿人遗址就发现大量烤焦的鼠牙、鼠骨化石，显然那时猿人曾把烧烤鼠肉作为主要食物。另外在河南的安阳殷墟的地层中，也发现了大量的中华鼠分鼠、布氏田鼠、家鼠、竹鼠的遗骨和化石。由此推见，老鼠也已进入了夏商宫廷的食谱之中。

到了周代，帝王视鼠肉为珍宝，把鼠肉叫璞玉，而且御厨们还研制出了花样，进而腊制鼠肉干。如战国时期的《尹文子》一书中就记有："周人谓鼠未腊者为璞。周人遇郑贾人曰：'欲买璞乎？'郑贾人曰：'欲之。'出璞视之乃鼠也。"那时的人们把没有经过腊制的鼠肉称为"鼠璞"。没有腊制的鼠肉呈白色，半透明状，大有璞玉的模样，鼠肉的价值也就可以跟玉石相提并论了。

食鼠的遗风在中国代代相传，考古者在湖南长沙的汉代马王堆及河北中山靖王刘胜墓地中均挖出了若干坛封的鼠肉干。仅从随葬品就证明了鼠肉在当时宫廷肴馔中要比现在的"金华火腿"还要珍贵。

西晋大才子陆机的《七微》中曾有"奇膳玉食，穷滋致丰"之句，这里的"玉食"即指当时把鼠肉加工成的腊制鼠干或鼠肉罐头等美味。

鼠肉不仅在宫廷流行，民间百姓及军旅也把它当做充饥的食物。如唐代诗人高适在《李云南征蛮诗并序》中有"野食掘田鼠，晡餐兼獠獞"，再如唐代高彦休《唐阙史》下《军中生》："及大军加境，畅饮荐羞，不常厥味，猫脾鼠肝，亦登於俎。"《新唐书·张巡传》也有"至罗雀掘鼠，煮铠弩以食"的叙述。

宋人陆游在《述怀》诗中写有"玉非鼠朴何劳辨，鱼与熊蹯各自珍"，这里的"鼠朴"同"鼠璞"。古人总是把鼠肉与美玉类比，说明那时人们对鼠肉的味道绝对算得上垂涎三尺。

什么鼠肉最令帝王们神驰心往？

黄鼠也！

黄鼠肉

黄鼠肉的做法有三：

一种是蒸食法。将黄鼠剥皮、去掉内脏，洗干净，在腹腔中填充花椒面、姜面、盐面、葱、蒜等佐料，合紧，放在荞面饼中，蒸约40分钟，即可食用。其色青，油而不腻，其味醇香可口。

其二是干拦食法。即将黄鼠剥皮，去脏，洗净，切成五分大小的块，锅中放少许清油，待油烧至七八成热，置入花椒、姜面、葱丝、蒜瓣等佐料，出香味后再将黄鼠肉放在锅里，爆炒几分钟，等肉质呈白色时，加少许盐和水（水浸住肉块为宜），温火炖一小时左右，待锅中水基本炖干了，取出即可食用。

另一种是烧食法。将黄鼠去内脏、洗净，腹腔中填充佐料，用泥将黄鼠包住，放入烧红的火炕焖烧。

古代美食家曾如此评论黄鼠肉："味极肥美，如豚子而脆。"

黄鼠，俗称大眼贼，又名礼鼠、拱鼠、貔狸、地松鼠、蒙古黄鼠，主要分布在华北、东北、西北等地，其中尤以内蒙地区出产者为上品。

到了辽时，鼠肉再次成为帝王餐桌上的珍馐美馔。

贾铭《饮食须知》卷八中说黄鼠为上供。大约在辽时期，朝廷每逢盛宴，总要烹饪黄鼠。这种宫廷食风后来又被元朝当成了接力棒接了过去。

在元王朝的上京，有一道众口并誉的美食，那就是北方特产的黄鼠。元朝诗人许有壬写有"元统甲戌，分台上京，饮马酒而甘，尝为作诗，丁丑分省，日长多暇，因数土产可纪者尚多，又赋九题，并旧作为上京十咏云"。在其《上京十咏》中第四首诗写的就是黄鼠："北产推珍味，南来怯陋容。瓠肥宜不武，人拱若为恭。发掘怜禽獭，招来或水攻。君毋急盘馔，幸自不穿墉。"

元朝宫廷食医忽思慧还干脆将黄鼠作为一道美味食品列进了《饮膳正要》之中。黄鼠在《饮膳正要》的词条中为：多食发疮。意思也就是多吃鼠肉可解毒止痛去疮肿。

从食疗的角度看，可以说鼠浑身是宝，鼠头可"主治瘘疮鼻瘙、汤火伤疮"；鼠胆可"明目"；鼠脂可"主治耳聋、汤火伤"；鼠脊骨可"齿折多年不生者，研末日日揩之甚效"。食鼠脊骨可以萌发新牙，算得上奇闻了！

据现代医学研究，鼠的身体几乎全是低脂肪、高蛋白的瘦肉。黄鼠不仅肉味极佳，还具有驱风寒、医头痛的功效，并可润肺生津，是一种古代滋补品。身体病虚之人吃黄鼠肉补身体，效果甚好。从此，食疗两不误的黄鼠被当做贡品，送到皇家御厨，专供皇族享用。明代李时珍《本草纲目》称："辽、金、元时以羊乳饲之，用供上膳，以为珍馔，千里赠遗。"历辽、金、元、明及清初五朝,黄鼠因"其味极美"一直是宫廷名菜,等闲百姓难以吃到嘴去,以致黄鼠的身价倍增,一鼠可值白银一两。后来北方有些人就专以捕捉黄鼠为职业,养家糊口。

捕食黄鼠的最佳季节是秋末冬初之际,其时"肉质较细嫩,以秋季入蛰前为最肥美,无异味"。而春天的黄鼠有土腥味,味道差,不可食用。

第八章 毁誉参半的『厨神』易牙

西周的末代天子周幽王姬宫涅高唱着"爱江山更爱美人",玩起"烽火戏诸侯"的游戏,结果玩大了,将自己的性命搭了进去。

公元前770年,周王室从镐京(今西安)东迁到洛邑,也就是现在的洛阳,史上著名的"春秋战国"大时代由此揭开大幕。

虽说东周的一些诸侯国都自写"春秋"做国史,但"春秋"的得名更得益于"国际"当红明星孔老夫子及弟子们所编的一部记载当时以鲁国为核心的史书名称,时间跨度从公元前770年到公元前476年,基本上就是东周的前半期。而东周的后半期则是战火纷飞的战国了。

东周属于大伙抬轿子抬起来的。到后来轿夫们翅膀硬了就越发不把轿子里的东家放在眼里,谁不想当一当世界的老大?

说起春秋时期,老大可是多得扎堆!

那时东周的诸侯国多如牛毛,一个宗族或是一座城镇就是一个国家。当然,谁都想把自己的国家折腾成超级大国,一旦在兼并战争中获胜,就可以召开诸侯国会议,强迫大家承认自己的"霸主"地位,过上一把世界维和警察的瘾。

那会儿先后起来争当霸主的有:齐桓公、宋襄公、晋文公、秦穆公、楚庄王。历史上把他们称为"春秋五霸"。其中宋襄公的霸主完全是自娱自乐型的,当时的一些大国根本没把他当盘菜;而秦穆公曾在崤山遭到大败,东扩的路被晋国卡得死死的,也仅仅是独霸西戎,算不上严格意义上的霸主,于是后人又搞出第二个"春秋五霸"名单:齐桓公、晋文公、楚庄王、吴王阖闾和越王勾践。

无论怎么排序,齐桓公都是当仁不让的"春秋五霸"之首。

齐桓公因不计前嫌,用仇人管仲为相而称霸天下。

管仲是一位旷世奇才,他大搞政治体制及经济体制改革,使得齐国民富兵强。又提出"尊王攘夷"策略,辅佐齐桓公九合诸侯,一匡天下。孔子赞叹管仲的功绩说:管仲辅佐齐桓公,称霸诸侯,挽救周室,使百姓受惠直到现在。假如没有管仲,我们大概要披散头发,左开衣襟,成为蛮夷统治下的老百姓了。

公元前645年,为齐桓公创立霸业呕心沥血的管仲患了重病,齐桓公去探望他,询问他谁可以接受相位。管仲说:"国君应该是最了解自己的臣下的。"

齐桓公便说出自己的首选人:"鲍叔牙怎么样?"

管仲诚恳地说:"鲍叔牙是个君子,但他善恶过于分明,见人之一恶,终身不忘,这种秉性的人是不可以为相的。"

齐桓公问:"你看易牙怎么样?"

管仲说:"易牙为了满足国君的要求不惜烹了自己的儿子以讨好国君,丧失人性,不可为相。"

易牙是齐桓公的御厨。在《管子·小称》中记载有"易牙献婴"一事:"夫易牙以调和事公,公曰:'惟烝婴儿之未尝',于是烝其首子而献之公。"这段翻译过来就是,易牙以厨艺服侍齐桓公时,齐桓公开玩笑说:"只有蒸婴儿肉还没尝过啊!"于是易牙回家就把自己的儿子蒸熟了,作为鼎食敬献给齐桓公吃。

这事令齐桓公大为震惊和感动:易牙忠心耿耿,这样的干部得重用!

易牙是个厨界天才。

东汉著名的思想家、文学理论家王充在大作《论衡》中多次夸赞易牙:"狄牙之调味也,酸则沃(浇)之以水,淡则加之以咸(盐),水火相变易,故膳无咸淡之失也。""调和葵韭,不俟狄牙。""有美味於斯,俗人不嗜,狄牙甘食。""狄牙和膳,肴无淡味。"文中的狄牙即易牙,易牙是北方人,在当时的中国(西周东都洛阳)看来,其以北的所有居民即是北狄之人。在王充的心目中,"大羹必有淡味",易牙做的菜味道好极了。后人即以"狄牙"代指所有善于烹调的人,如晋人潘尼的《火赋》有:"狄牙典膳,百品既陈。"

古籍中,有关易牙善于烹调的记述及言论颇多,如《战国策·魏策》:"齐桓夜半不哺,易牙乃煎熬燔炙,调和五味而进之。"《荀子·大略》:"言味者于易牙。"《孟子·告子上》:"至于味,天下期于易牙。"《淮南子·精神训》:"桓公甘易牙之和。"

瞧瞧,易牙成了善调五味的标杆。不过对于厨神易牙来说,这些对技艺上的褒扬还不算什么。

易牙最终是被圣人捧上了天的。《列子·说符》中讲:"孔子曰:淄渑之合,易牙尝知之。"就是说,人家至圣先师孔丘亲口讲过,易牙这个人很了不得,他尝上一口,就能把淄水与渑水分辨出来。

这个真够牛的!

但烹调仅仅是易牙的手艺活,他更大的愿望是参政,在仕途上大展宏图。

齐桓公明媒正娶的一共有九个老婆,其中长卫姬最为有名。

长卫姬是卫国公主,为齐桓公生下公子无诡。她还有个陪嫁的妹妹小卫姬也一并嫁给了齐桓公,姐妹二人都在宫中受到宠爱。长卫姬这个女人很不简单,工于心计,曾成功地阻止齐国伐卫。齐桓公一眼就看中了长卫姬,后来立她做了夫人,并宣布说:"夫人治内,管仲治外。寡人虽愚,足以立于世矣。"就这样,长卫姬一举当上了后宫的大姐大。

当初,易牙就是通过大内主管竖貂打通长卫姬关节,到宫中为齐桓公服务的。

齐桓公不听管仲临终之言,依然重用易牙、竖貂及卫公子开方、御医常之巫等小人。待他病重之际,易牙、竖貂、开方及常之巫立刻发动宫廷政变,将其囚禁起来,拥立长卫姬的儿子无诡为国主。

齐桓公在宫墙内被活活气死。齐国大乱,齐桓公的几个公子为争夺王位而互相残杀,致使齐桓公的尸体停放在床上六七十天无人收殓,以至尸体腐烂,爬满了蛆虫。

易牙等人便借内官之特权,大开杀戒,群臣所剩无几。逃亡到宋国的齐孝公,后来在宋襄公的帮助下,总算回国平定了内乱。

易牙并不是唯一参与宫廷政变的御厨,据《左传·庄公十九年》记载,当时周天子惠王姬宫阗身边有一个名叫石速的御厨,就是因为惠王夺走了他的官禄,而伙同他人发起叛乱的。

齐孝公在宋军的簇拥下进了都城临淄,易牙立刻鞋底抹油开溜了。

早年间,青年易牙对彭祖的烹调技艺崇拜得五体投地,曾三次跑到彭城学习烹饪技艺,为齐桓公九会诸侯制作"八盘五簋"全席。后人有诗云:"巫雍善味祖彭铿,三访求师古彭城。九会靖侯任司庖,八盘五簋宴王公。"

"雍"字通"饔",本意指是早餐、晚餐。饔人也就是给帝王烹调菜肴的人。簋是商周时期盛食物的容器。

易牙还对彭祖的食养有所发扬和创新，取五味子与母鸡清炖，创制出食疗名菜——"易牙五味鸡"。有一次长卫姬生了病，易牙以此食疗菜进献长卫姬，长卫姬食后很快病愈，此后就再也离不开易牙烹饮的美味了。

传说当时易牙逃到彭城就干起了餐馆，餐馆的招牌菜就是"易牙五味鸡"。至今彭城一带仍旧流行这款"易牙五味鸡"。

易牙一技之长也因此带动了鲁菜及淮扬菜的大发展。

鲁菜是中国的四大菜系之一，以其味鲜咸脆嫩、风味独特、制作精细享誉海内外。而淮扬菜在制作上要求"选料严谨，注意刀功、火功，强调本味"：菜肴质量讲究浓而不腻，烂而不糊；原汁原味，原汁原汤，原汁原香；清香平和，南北皆宜。

易牙对鲁菜及淮扬菜的贡献使他留名于今日的饮食文化中。

因为易牙的名气大，明代人韩奕就假托他的大名出版了一部《易牙遗意》，销量很火爆，赚了不少银子。至今还有不少厨师及饮食研究人员不停地翻看这本《易牙遗意》，想从中挖掘出古菜新制法，如"烧饼面枣"、"卷煎饼"，等等。

现在人们在削山芋时手往往会被山芋的皮刺激得奇痒难忍，但如果在削山芋之前先咬一块，嚼一嚼，就不会再痒了。

据说这个去除发痒的破解之法就是易牙发现的。

一直有人质疑这个传说是易牙的拥趸瞎编出来的。理由就是山芋即红薯，而红薯原产地在美洲，是明朝初年才引进到中国的。

其实，山芋可是土生土长的中国货，个头要比洋红薯大，古称为"甘薯"。晋朝人稽含所著《南方草木状》上说："甘薯，薯之类，根叶大如拳，皮紫肉白，蒸煮食之。"在《后汉异物志》

易牙五味鸡

主料：母鸡一只（约1300克）、五味子40克。

配料：火腿50克、菜心2棵、鲜猪膘50克。

调料：姜4片、陈皮20克、胡椒粉2克、盐5克、料酒10克、清汤1200克。

制法：1. 先将母鸡宰杀煺毛，去掉食管、气管、嗉子，再从左肋下开刀，掏出内脏，剁去鸡嘴、爪，洗涤干净待用。

2. 把五味子淘洗干净，从开口处填进鸡腹中，再把洗净的肠、肝、心也填进去，把鸡装入砂锅，倒入清汤，同时放入姜、陈皮、盐、胡椒粉，把肥肉膘切莲花刀也放入锅中，大火烧开，文火炖烂。

3. 捡去陈皮、姜片不用，配上菜心、火腿，原锅上桌即可。

特点：味浓醇鲜，汤清味淡，四季皆宜，唯春最佳。

中也有对山芋的描述："甘薯大者如鹅卵，小者如鸡鸭卵，剥去紫皮，肉晶白如肌，南人用当米谷果实蒸炙，皆香美。"

中国人有墙倒众人推，痛打落水狗的传统，一旦某名人在行为上马失前蹄，就会将其贬得一钱不值，打进十八层地狱，让他永世不得翻身。

功是功，过是过。

对待任何事物都要从两面看，评价一个人也要从两面看。

应当说，一心想吃政治这碗饭的易牙是令人不齿的，而传播厨艺神通的易牙是千古不朽的！

现在如果问起民间第一大祭日是哪一个节日，肯定会得到一个这样的答案：清明节。

不！

在中国历史上前后绵延两千余年的第一民俗大祭日是寒食节。

"之推言避世，山火遂焚身。四海同寒食，千古为一人。深冤何用道，峻迹古无邻。魂魄山河气，风雷御宇神。光烟榆柳火，怨曲龙蛇新。可叹文公霸，平生负此臣。"这是唐代诗人卢象著名的《寒食》诗。

寒食节的来源得从春秋时期的晋国说起。

当时的晋国元首晋献公在一次战争中夺得绝色美女骊姬，带回去立为夫人。不久，骊姬生了个儿子，取名奚齐。

骊姬是个很有心计的女人。她暗中和献公的宠臣梁王、东关王等密谋，离间晋献公与太子申生及另外两个儿子重耳、夷吾的父子关系，好让自己的儿子奚齐继承王位。但如何才能使这三位公子离开献公身边呢？

在骊姬的指示下，梁王和东关王向献公进言说："让太子去坐镇先君宗庙所在地曲沃，而让重耳、夷吾两位公子分别去坐镇边疆要地蒲和屈。这样，大王您居中指挥，三公子分守重镇，保证国家万无一失。"

老眼昏花的晋献公果然中招,把三个儿子全部派到地方主政。大臣士芬十分忧虑,就作了诗说:"穿狐皮衣服的贵人多得像龙的茸毛一样,一个国家有三个君主,政出多门,我到底该听从谁的呢?"

不幸的是,献公后来听信骊姬的谗言,逼死了太子申生。重耳和夷吾被诬为太子的同谋,狼狈逃亡国外。献公死后,做了晋国太子的奚齐继位不久,即被大臣里克杀掉,骊姬也被逼得投河自杀,从此晋国大乱,一乱就是二十年。

公子重耳唱着"走四方"的"游子吟",在外避难,一路历经艰苦饥饿,受尽歧视。重耳流亡到卫国时,饥不能行,追随他的众臣仆忙采野菜煮食,可贫病交加的重耳哪里咽得下野菜?

忠臣介子推就偷偷溜到没人处,将自己腿上的肉割下一块,同野菜煮成汤送给重耳。

闻到油腥味的重耳立马接过来,狼吞虎咽吃了个精光。重耳放下饭碗后才问从哪儿来的肉菜汤。旁边的大臣指着一瘸一拐的介子推告诉他,是介子推从大腿割下来的,重耳听了当即泪如雨下。

重耳很快恢复了健康,君臣们继续上路。就这样重耳等人在国外流亡十九年之久,才回到晋国夺回朝政,成为春秋第二霸主晋文公。

公元前636年,62岁的重耳当上了国君之后,自然对跟随他流亡过的人进行了一番封官行赏。可就是唯独忘记了介子推。

介子推伤透了心,发誓不再见忘恩负义的重耳。他背着年迈的母亲,回到家乡绵山(今山西省介休县东南)隐居起来。

介子推的手下知道了,纷纷鸣不平,将这事捅到小报上。晋文公恍然大悟,他回想起在流亡国外期间,如果没有忠心耿耿的介子推,只怕自己早就变成饿死鬼了。晋文公深感惭愧,亲自带人去绵山请恩人介子推。士兵们四下里扯着嗓子喊:"介子推快出来,国君答应给你高官和豪宅!"

然而介子推就是避而不见。这时旁边有人给晋文公出主意说,介子推是个大孝子,只要放火烧绵山,介子推母子俩一准会出山避火的。

晋文公也是盼介子推急昏了头,于是就放起一把大火来。可一连烧了几天,直到森林被烧为焦土,也不见介子推母子的人影。后来人们在深山的一棵大树下发现了介子推母子的尸骸。晋文公对此内疚于心,十分悲痛,便下令把介子推母子就地深葬,改绵山为介山,并修建子推祠堂。后人又把界休县改为介休县。

介子推死的时候,正是清明的前一天。晋文公便下令举国上下在子推忌日禁火,这就是寒食节的来历。

有道是忠臣孝子人人敬。人们为了纪念被火烧死的介子推,从此在寒食节之际不生火做饭,只吃冷食,并把寒食节由山西的介休扩展到华夏大地乃至海外。

寒食节除了禁烟冷食外,还衍生出许多相关的民间习俗,如拜扫祭祖、寒食插柳、寒食踏青、寒食咏诗,等等。

闲话还是少叙,只拣与寒食有关的话题说。

当初因为寒食节的节日期限较长,最短的三天,最长的达一百零五日,东汉时的周举、三国时的曹操、后赵时的石勒、北魏时的孝文帝等人都曾多次禁断,以免饿坏了百姓的身板。

不过民间思慕前贤、渴望政治清明的强烈之心是禁锢不了的。到了唐代,唐玄宗李隆基顺应民意,颁诏将寒食节编入《开元礼》中,并正式定为全国法定假日。

只是好景不长,在唐中期时,寒食节便变了味道。首先是皇宫带头生火作了饭,有韩翃的《寒食》诗为证:

春城无处不飞花,寒食东风御柳斜。

日暮汉宫传蜡烛,轻烟散入五侯家。

翻译过来就是:暮春时候的长安处处飘飞柳絮杨花,寒食节的风儿吹得皇家花园柳枝低斜,夜色降临后皇宫里忙着传递照明的蜡烛,炊烟从王侯贵戚的家里袅袅升起。

据《州府元龟》载,"唐德宗贞元十二年二月寒食节,帝御麒殿之东亭,观武臣及勋戚子弟会球,兼赐宰臣宴馔"。寒食节成了"足球日",蹴球比赛结束后接着就是盛大的酒宴了。

唐朝灭亡后,寒食节也被取消,踏青及扫墓事宜一律并入清明节。

尽管寒食节不再是什么法定节日了,但民间仍然流传着老辈人那铁一般的习俗,如晋中一带至今还保留着清明前一日禁火的习惯。

寒食节最初的食品包括寒食粥、寒食面、寒食浆、青精饭、饧,后来又有蒸饼、醴酪、乾粥及麦糕,等等。

但寒食节最著名也最普及的食物是馓子。

馓子,历代叫法不一,《楚辞》里称"长皇",《齐民要术》里叫"细环饼",馓子可耐冷藏,是古代寒食节所有食品中的佼佼者,它因"入口即碎,脆如凌雪",并"可留月余",深受人们的喜爱,被亲切地称为"寒具"。

李时珍在《本草纲目》中记有,"寒具,即今馓子,以糯粉和面,入盐少许,牵索扭捻成环钏之形,油炸食之"。

在南北朝那会儿,"寒具"就被列为珍贵食品之一。到了唐代,馓子不仅成为皇宫及官方宴席上不可缺少的名贵细点,这种让人看了垂涎欲滴的美食也成为市井百

山西的油炸馓子

主辅料：精粉 5000 克，食油 3000 克，黑芝麻 100 克，精盐 150 克。

制法：1. 将面粉放入盆内，每千克面粉用水 1400 克左右，同时放芝麻和精盐拌匀和成面团，反复揉 3 次，然后饧上 30 分钟左右。

2. 先将面团搓成桂圆粗的条盘入盆内，停 1 小时后，再搓成手指粗的条盘入盆内，最后搓成笔杆粗的条。每盘一层，洒一次食油，每道工序后，停 1 小时再做下一道工序。

3. 炸时将面条绕在手上约 60 圈，先用两手拉开约 25 厘米，再用炸馓子的筷子抻开约 35 厘米长，随即下锅炸，用筷子摆动，待馓子呈黄色捞出即成。

特点：色泽金黄，形状美观，香味纯正，酥脆爽口。

姓的抢手食品。诗人刘禹锡曾作有一首专门描写制作"寒具"的七言绝句："纤手搓成玉数寻，碧油煎出嫩黄深。夜来春睡无轻重，压褊佳人缠臂金。"

时至今日，馓子已跳出了节令食品的范畴，发展成为四季皆宜的佳点，啥时候想吃都可以吃了。现在的馓子，南方以甜口为主，北方以咸口为主。比较有名的如：以香脆、咸淡适中、馓条纤细、入口即碎为特点的衡水油炸馓子；以造型秀丽、色泽嫩黄、松酥香脆为特点的淮安馓子；以股条细匀、香酥甜脆、金黄亮润、轻巧美观为特点的宁夏馓子，等等。

馓子的制作方法大致相同，都要通过和面、盘条、油炸等工序，形如栅木，条细心空，焦脆香酥，入口即碎。

在《诗经》中有许多篇记载帝王公侯宴饮群臣的诗歌，如《鲁颂·有铋》写的就是君主宴饮的情形。其诗云：

有铋有铋，铋彼乘黄。凤夜在公，在公明明。振振鹭，鹭于下。鼓咽咽，醉言舞。于胥乐兮……

铋本来是一种稀少的矿物金属，但"铋"字在古汉语中的意思是"矛柄"，可以引申为权柄。

《有铋》这首诗歌的大意是说，周公乘坐由四匹肥壮的大黄马拉的车，到宫廷内处理公事，日理万机。忙完公事之后，还要设宴和群臣们欢饮。大家都十分高兴。

也是，天天有饭局可蹭白吃白喝，谁会不乐意？

俗话说，酒越喝越厚，钱越耍越薄。

这句俗话指的是人际关系，但有的时候喝酒也会喝出大事来。

在公元前 605 年的夏天，郑国君主郑灵公举行的酒宴就引发了一场政变，成为千古笑谈。

说它成为千古笑谈是因为事由是一锅鼋鱼汤引发的。

鼋鱼属鳖类，现代人不学无术，往往把海水甲鱼及淡水甲鱼混为一体，都称之为乌龟，乌龟就是"王八"啊！

其实，"王八"一词是汉代时才出现的。据《史记·龟策列传》载："能得名龟者,财物归之,家必大富至千万。一曰北斗龟,二曰南辰龟,三曰五星龟,四曰八凤龟,五曰二十八宿龟,六曰日月龟,七曰九洲龟,八曰王龟。"作者褚少孙根据远古时代三王、五帝以及"神龟"和蓍草卜筮的传说,为了省事,就将"神龟"们排列分为八种。恰恰第八种名为"王龟",于是,人们便将这列在第八位的"王龟"简称为"王八"。

这个"王八"之所以能跟绿帽子扯上干系完全是古人看花了眼,动物学自修课考试不及格。人们一直就误以为乌龟没有雄性,结果搞出所谓"龟不能交;而纵其他者与蛇交"的说法,于是乌龟就这样一直被"红杏出墙来"了!

而鼋鱼是淡水鳖类中体形最大的一种,东汉许慎著的《说文解字》一书中说:"甲虫惟鼋最大,故字从元,元者大也。"《尔雅翼·鼋》中也说:"鼋,鳖之大者,阔或至一二丈。"鼋的力气极大,生性凶猛,可以伤人,一旦咬住对手,就会死不松口。在唐朝《宣宝志》一书中,就曾记述宣州江中的巨鼋上岸与猛虎搏斗的奇观。

在明朝,杭州布政司衙署内的金库屡屡被盗,经过勘测和分析,发现歹徒是于夜间入池通过地下水道进入署库的,于是有人出了个高招,在吴山脚下的布政司署大门外万狮池中蓄养大鼋,结果"孳生百十"。这万狮池中养的大鼋可真的管用,自打布政司养了凶猛的大鼋之后,金库就再也没有发生过失窃案。

鼋的浑身上下均可食用,特别是四周下垂的柔软部分,称为"鳖裙",其味道鲜美无比,别具一格,是甲鱼中最鲜、最嫩、最好吃的部分。在五代十国时期,有个著名的酒肉和尚叫谦光,以辩才闻名,被江南国主李璟礼聘问佛。一次李璟问他生平可有什么志愿,谦光竟然这样回答说:"老僧无他愿,但得鹅生四掌,鳖长两裙,足矣。"李璟大笑。

扯远了,接着说鼋鱼宴的事儿。

话说当年楚国人献给郑灵公姬夷一只大鼋鱼。

美味当前,郑灵公高兴得不得了,立马命御厨宰杀做羹。

这天,郑国的首辅执政归生和大臣上卿公子宋前来觐见郑灵公。

两人走在半路上,公子宋的食指忽然动了动。他举着这根手指对归生说:"往常我的食指一动,就保证能尝到特殊的美味。今天的饭局也肯定有好菜。"

归生只是一笑置之。

两人进了宫门,远远就瞧见御厨正宰杀那只楚国奉献的鼋鱼,公子宋哈哈大笑,冲着归生说:"怎么样,我说得准吧?"

笑声惊动了郑灵公,他忙问两人为何大笑,归生就把公子宋食指能预测美味的事讲了。

郑灵公觉得这事好笑，就想出个更有趣的法子来，要捉弄公子宋一把。

君臣说说笑笑间很快就到了晌午，饭局开始了。

按着郑灵公的私下吩咐，御厨给国君及其他大臣都端上了一碗香气扑鼻的鼋鱼羹，唯独没有公子宋的份儿。

郑灵公脸上笑意飞扬，大声招呼诸位卿家大夫快吃新鲜出锅的鼋鱼羹。

归生看着对面守着空桌子的公子宋不由笑了起来，而且笑出了声。

公子宋顿时火冒三丈，起身来到盛鼋鱼羹的鼎旁边，在众目睽睽之下，把食指伸进鼎里面蘸了汤汁，放到嘴里吮了吮，以示他那食指大动的心灵感应还是非常灵验的，之后拂袖而去。

郑灵公见公子宋如此放肆无礼，当场气得鼻子都歪了，就说要杀死公子宋泄愤。

公子宋是个阴险小人，听到这话就准备先下手为强，干掉让自己伤了自尊的郑灵公。不过，归生在郑国位高权重，军政双全。公子宋势单力薄，只能求助于归生。

归生可不想趟这个浑水，极力反对充当枪手。公子宋岂肯善罢甘休，就四处散布谣言说归生要谋害郑灵公。

人言可畏，三人成虎！

归生见朝野都对自己起了疑心和戒心，只好先下手为强，发动宫廷政变，杀死了郑灵公。

倒霉的归生就这样背上了弑君的罪名。六年之后，在郑国显赫无比的归生也死了。归生尸骨未寒，郑国人就把他的棺材给劈了，为郑灵公报仇雪恨。而"染指于鼎"的公子宋却一直逍遥法外，天天食指大动。

鼋的英文名叫"Asian giant softshell turtle"，中文俗名为：银鱼、绿团鱼、蓝团鱼、癞头鼋、鳖斑，今主要分布在中国

甲鱼汤

主辅料：活甲鱼 1 只（约 1 公斤左右），生鸡半只（约 200 克），葱、姜、蒜片各少许作为配料。准备清汤 50 克、料酒 10 克、精盐 3 克、味精 2 克、花生油 30 克、香油 5 克、八角 2 粒，作为调料。

制法：1. 将活甲鱼剁头，控净血，洗净后放入沸水中稍烫捞出，刮净黑皮，再放入沸水煮约 5 分钟捞出，揭开硬盖，取出五脏，剁去爪尖，将甲鱼、鸡剁成方块，用沸水氽过。刮去硬盖上的脏物薄皮。

2. 勺内放入花生油，用旺火烧热，下入葱、姜、蒜片、八角炝锅，出香味后烹入清汤、料酒，下甲鱼、鸡块，烧沸去浮沫，改用中火烧约 45 分钟，至甲鱼、鸡块熟烂，汤呈乳白色时，移至旺火，放入精盐、香油，调好口味即成。

特点：汤汁白中透黄、鲜香异常。

淮河以南的广大地区。

在西周时期，国家就明令："禽兽鱼鳖不中杀，不粥于市。"意思是说这些好吃的美味没有长大就被捕杀的绝对不许拿到市场上卖。虽说那时没有什么工商局和城管，但还是多少保证了这些物种的绵延。

在今天，由于鼋的背甲骨板可以入药，且肉味鲜美，其遭到了大量捕杀，现在野外的生存数量已经不多，因此有着"水中大熊猫"之称，早已被列为"国家野生一级保护动物"，严禁捕杀。

当然，养殖的甲鱼还是一样可以吃的。

首先，挑选甲鱼时要可看仔细了。一定要选购反应敏捷、动作生猛的甲鱼。其腹部有光泽，肌肉肥厚，裙边厚而向上翘，体外无伤病痕迹；把甲鱼翻转，头腿活动灵活，很快能翻回来，即为质量较优的甲鱼。切记买甲鱼必须买活的，因为甲鱼死后体内会分解大量毒物，容易引起食物中毒，即使冷藏也不可食用。

挑选甲鱼尤以 500 多克重的母鳖为佳。母鳖体厚尾巴短，甲裙厚，肉肥，味最美，公鳖则体薄尾巴长，味道差矣。

中国民间素有"鲤鱼吃肉，甲鱼喝汤"的说法，吃甲鱼重在喝汤，因为甲鱼营养全面，是一种高蛋白、低脂肪的滋补品，最适宜做汤喝，这样更能起到大补的作用。

甲鱼不仅兼有鸡、鹿、牛、羊、猪、蛙、鱼等七种肉的滋味，味道鲜美，而且具有滋阴清热、补虚养肾、补血补肝、补益健骨、散结消痞等作用；可防治身虚体弱、肝脾肿大、肺结核等病症。

第十一章 湘菜、鄂菜及粤菜的老祖宗

早在春秋战国时期，中国各大菜系就出现了南北风味的分野。

周王室的御膳代表着黄河流域的饮食文化，这是北菜，即现今豫、秦、晋、鲁菜的前身。北菜以猪犬牛羊为主料，注重烧烤煮烩，讲究鲜咸口味，汤汁醇浓。

南菜则以南方楚国的宫廷御膳为尊，代表着长江流域的饮食文化，即现今的湘、鄂、苏、浙以及粤菜的老祖宗。南菜主料往往是野味辅水鲜，配佳果鲜蔬，注重蒸酿煨炖，崇尚酸甜口味，另外也比较喜爱冷食。

南北两大宫廷菜系遥相对峙，形成南北争辉的局面，共同展示着三千多年前中国古代御膳的文化魅力。

与周王室的宫廷菜相比，楚国宫廷菜这个小老弟对中原文化兼收并蓄，博采众长，可谓是后来者居上，其御膳特点既精巧细腻，又富贵高雅。

据《楚辞》中的记载，战国时期的楚国御宴有主食七种、菜肴十八种、点心四种、饮料若干。其中的煨牛筋、烧羊羔、焖大龟、烩天鹅、烹野鸭、油卤鸡、炖甲鱼和蒸青鱼的烹调技艺都达到了当时世界的先进水平；而且在原料组配、上菜程序、接待礼仪上均有创新，这也为后世酒筵的食谱提供了蓝本。

林乃燊在《中国饮食文化》中提供了

屈原《招魂》诗里描述楚王宫廷宴饮的菜单：

家里的餐厅舒适堂皇，饭菜多种多样；大米、小米、二麦、黄粱，随便你选用；酸甜苦辣浓香鲜淡，尽会如意侍奉。牛筋闪着黄油，软滑又芳香；吴国厨师的拿手酸辣羹，真叫人口水直流；红烧甲鱼、挂炉羊肉，蘸上清甜的蔗糖浆；炸烹天鹅、红焖野鸭、铁扒肥雁和大鹤，喝着解腻的酸浆。卤汁油鸡、清炖大龟，你再饱也想多吃几口。油炸蛋馓、蜜沾梁粑、豆馅煎饼，又黏又酥香。蜜渍果浆，满盏闪翠，真够你陶醉。冰镇糯米酒，透着橙黄，味酸又清凉。为了解酒，还有玉浆的酸梅羹。归来吧，老家不会让你失望。

中国南方水网纵横，气候温暖。"春有刀鲚，夏有鲥，秋有肥鸭，冬有蔬。"此时楚国的御膳已具有鲜明的南方特色。使用的飞禽、野味远比周王室的"八珍"多，其以上两份菜单涉及十几种烹调方法，更是推陈出新，要比"八珍"进步得多。

不过在春秋末年，楚国的宫廷菜还处于形成期。

早年的楚国一直被中原视为蛮荒之地，蛮夷之邦。经过楚国几代君主的打拼，才让中原人擦亮了眼，像"一鸣惊人"的楚庄王就曾称霸天下，在公元前606年率领大军跑到周朝京城外搞大阅兵，还打听周朝镇国之宝九鼎的分量轻重。

自从大牛人楚庄王死后，楚国过了鼎盛期，到了楚平王手里还差点被灭了国！

楚平王是姓氏名字都全面发展的历史名人。芈姓，熊氏，名弃疾，一名居，在兄弟间排行老五。

老大楚康王断气后，剩下兄弟四个欺负侄子郏敖年弱，纷纷玩起了刀子，玩命都想在血泊中的王位上常驻沙家浜。老二熊虔杀郏敖而自立为王，是为楚灵王。但这家伙暴虐无道，执政期间的朝野支持率急剧下跌。

公元前529年，熊弃疾趁着二哥楚灵王率军远征之际，联合老三和老四发动宫廷政变，先是拥立老三为楚初王。接着又造谣诈称楚灵王带兵回来了，吓得这哥俩魂飞天外，立马都自杀了。

在第二天，面带坏笑的熊弃疾就登上王位，改名为熊居。意思是老子这次可要在王位上永远高居不下了！

平王十分精明，始终以一副勤政爱民、和睦诸侯的形象出现在公众面前，深受欢迎。

而灵王企图反攻倒算事败，见没了咸鱼翻身的机会只好选择了自杀。

平王将一切都打点得顺顺当当，本可称为一代雄主，可他居功自傲，并且贪得无厌，居然与当时的国内首富养氏争气，并将其灭门。

最要命的是好色，这个不良嗜好破坏了刚趋稳定的楚国政局，并埋下了日后吴师破郢、伍子胥鞭平王尸的祸根。

公元前527年，太子建年已十五岁，该娶媳妇成家了。楚平王为太子建选的是秦女孟嬴。迎亲使臣费无忌见孟嬴美艳无双，就力劝平王肥水不流外人田。楚平王在美色面前顿时昏了头，色心大炽的他也不管儿子作何感想，竟然将儿媳娶为夫人。

这个费无忌本是太子建的老师，见这次彻底把太子得罪了，就干脆先下手为强，编造了太子建谋权的谗言。楚平王大怒，欲杀太子建。

太子建素知老爸残暴成性，落荒而逃，出境躲到了宋国。

受太子建株连，朝中重臣伍奢及长子伍尚被诛，次子伍员也投奔楚国的死对头吴国去了。

这楚平王最喜吃鱼，每餐无鱼则不成席。

偏偏他又是个急性子，吃起饭来也是狼吞虎咽，如果不慎被鱼刺鱼骨卡了嗓子，那个倒霉的御厨非脑袋搬家不可。

伴君如伴虎啊！楚宫的御膳房总是人心惶惶，经常有人称病泡蘑菇，能不出勤就尽量不出勤。

一日，御膳房来了位新被强行招聘来的御厨，他深感自己迟早也难逃一劫，心中越想越气愤。在菜案上收拾鲜鱼时，他就用刀背狠狠剁鱼以泄愤。

岂知这一乱剁，竟使鱼肉与鱼骨分离。这位御厨眼前一亮，便将鱼肉拍打搅烂，加上佐料，再搓成丸子进献给楚平王食用。

楚平王吃后竟赞不绝口。从此，做鱼丸的食法就在宫廷里作为保留食谱流传下来，后来又流传到民间。

这个鱼丸食法传至福建及广东，变得远近闻名。在潮州民间，爱动脑子的厨师们将其制作方法依法类推，还做出了猪肉丸和牛肉丸。这三种肉丸再加上鱼皮饺，就是民间俗称的"潮州四宝"。

福建及广东两地的鱼丸最有名气的应首推"潮汕鱼丸"！

潮汕鱼丸多以鲜黄鱼、马鲛鱼、鳗鱼、小参鲨为主料。做鱼丸，上乘的材料以肉质松厚的大白鳗为最佳。其形状有圆形、块状、鱼形各种，坚韧雪白，质地柔软，并用肉骨清汤、油葱、瘦肉配煮，下锅膨胀力强，不易变质，入口鲜美清脆。剁碎鱼肉，加适量姜汁、食盐、味精，捣成鱼泥，搅匀后挤成小圆球，入沸汤煮熟。其色如瓷，富有弹性，脆而不腻，为宴席常见菜品。有"没有鱼丸不成席"之说。潮汕鱼丸可做汤也可烧菜，尤其以鸡汤煮成的鱼丸最为美味，鱼丸不仅弹牙爽脆，汤还鲜美浓香，此菜很投潮汕人以汤为重的口味。汤味鲜美,生菜脆爽,鱼丸筋道,在潮式菜系中可以称得上是其中的佼佼者。

小小的一道"潮汕鱼丸",就是这样从湘菜成为闽菜、粤菜食谱中的名肴!

↓ 潮汕鱼丸

主料:刮好的鱼青(肉)约 500 克,生菜 300 克,湿冬菇 100 克,蛋白 100 克,笋花 100 克,比目鱼 50 克,紫菜 50 克。

配料:调味料:鸡汤 1250 克,幼盐、胡椒粉适量,鱼露、麻油适量。

制法:1. 将刮好的鱼青(鱼肉不可用刀切片,以免鱼的细骨和近鱼皮处的红肉渗入)用刀剁幼,用盆盛起,加入蛋白、幼盐,另用一碗清水加入幼盐开匀。

2. 将盆中的鱼肉用手猛力搅打,加入盐水,再打至鱼胶放入冷水中能浮起为准。

3. 将鱼胶挤成珠形排落在已抹过油的竹盘里(每粒约 15～20 克),上笼蒸 5 分钟取出。

4. 起锅下上汤,投入冬菇、鱼丸、笋花、大地鱼(骨皮撕净,用油炸香)、紫菜(可用油炸,也可用火焙)、鱼露、麻油、胡椒粉。生菜先放在大汤碗里,鱼丸调味完毕淋落在大汤碗。

特点:此菜色泽清白,味道鲜美,清爽可口。

秘籍

鱼肉的营养分析

1. 鱼肉营养丰富,具有滋补健胃、利水消肿、通乳、清热解毒、止嗽下气的功效。

2. 鱼肉含有丰富的镁元素,对心血管系统有很好的保护作用,有利于预防高血压、心肌梗死等心血管疾病。

3. 鱼肉中含维生素 A、铁、钙、磷等,常吃鱼还有养肝补血、泽肤养发健美的功效。

被楚平王逼走的伍员就是大名鼎鼎的伍子胥，上了年纪的人都知道伍子胥过昭关一夜愁白发的故事。

但伍子胥的故事远没有完，他怀揣着血海深仇冒死越境来到吴国。

吴国的势力范围主要在今苏皖两省的长江以南地区，而强邻楚国依仗胳膊粗、力气大经常欺负吴国，让吴国上下个个都灰头土脸的。

伍子胥的到来对吴国而言无疑是雪中送炭，起码楚国的国情及军力不再是什么秘密了。

俗话说：家家都有难唱的曲。国家比家庭大得多，烦心事更多。

当时的吴王僚专横无道，举国臣民非常痛恨他。最恨他不争气，吴楚两国边境发生血案纠纷，楚国找上门来都不敢吭气，只会跟老百姓凶。

伍子胥一再鼓动吴王僚发兵伐楚，胆小鬼吴王僚却连连摇头。

接待伍子胥的是吴王僚的堂兄公子光，公子光一直想除掉吴王僚自立为主，只是没有得力的帮手。

伍子胥便将敢于赴难的勇士专诸推荐给公子光。专诸生得虎背熊腰，力大如牛，天生是特种兵的料，公子光一眼就相中了他。

只是吴王僚身旁时刻有众多甲士保

护，难以近身实施"斩首行动"。公子光深知吴王僚最爱吃鱼炙，就密派专诸到太湖向民间大厨太湖公专门求教制作鱼炙的技术。

数月后，专诸学得一手好厨艺回来，公子光把他冷藏在府中，奉为贵宾。

公元前516年，楚平王病逝。吴王僚趁着楚国办丧事之际，派他的两个弟弟率领军队攻打楚国，不料反被楚军绕了一个大迂回，断绝了后路。

公子光看准这个千载难逢的好机会，决定对吴王僚下手。

这年四月丙子日，公子光备办酒席宴请吴王僚。吴王僚也不敢大意，内穿三重铠甲，率领的卫队从王宫一直排列到公子光家的厅堂里。长矛如林，杀气腾腾。

当酒宴喝到酣畅淋漓之时，公子光假装脚有毛病，溜了出去。接着轮到专诸上场了！

吴王僚对进酒厅献菜的任何厨师都要搜身。

为了万无一失，专诸在厨房先将鱼背上的肉剜出花纹，入油锅一炸，鱼肉便松涨竖立起来，然后把一把锋利的短剑藏到烤鱼的肚子里，再用佐料一炙，浇上辅料，便很难看出其中暗藏的短剑。

专诸面不改色，经过搜身，端着菜盘来到吴王僚面前。

说时迟，那时快。专诸一手掰开鱼身，一手掣起鱼腹内的短剑，扑向吴王僚，一阵猛刺！

吴王僚的侍卫慌忙赶来救驾，虽然乱刃杀死了专诸，但吴王僚已当场断喉毙命。公子光趁机指挥埋伏多时的武士，将吴王僚的部下全部诛杀干净。

公子光刺杀王僚取得成功，自立为国君，这就是历史上赫赫有名的吴王阖闾。

阖闾封专诸之子专毅为上卿，厚葬专诸。一说葬于苏州阊门内，并命名"专诸巷"以纪念；一说今日无锡市大娄巷的"专诸塔"就是当年阖闾为专诸礼葬之墓，可惜"文革"时遭拆除。当地人秦颂硕曾写《专诸塔》一诗："一剑酬恩拓霸图，可怜花草故宫芜；瓣香侠骨留残塔，片土居然尚属吴。"

专诸的事迹被后人屡屡提及赞颂，史学大师司马迁把专诸写入《史记》中的《刺客列传》，并称："自曹沫至荆轲五人，此其义或成或不成，然其立意较然，不欺其志，名垂后世，岂妄也哉！曹沫盟柯，返鲁侵地。专诸进炙，定吴篡位。彰弟哭市，报主涂厕。刎颈申冤，操袖行事。暴秦夺魄，懦夫增气。"在司马迁的心目中，刺客就是锐身赴难、气壮山河的大侠，专诸大名从此名扬四海。

在伍子胥的辅佐下，吴王阖闾励精图治、富国强兵。公元前511年，吴国正式向楚国宣战。一心报仇的伍子胥与副将孙武兴兵攻楚，首次击败了强大的楚国。

公元前506年，吴国联合了饱受楚国压迫的蔡国（在今驻马店），再次伐楚。十万大军在吴王阖闾指挥下沿淮水南上，杀入楚国境内。

楚军屡战屡败，士气低落到极点。十一月十八日，在柏举（今湖北麻城东北），吴楚大军相遇。吴国王弟夫概亲率五千子弟，一举击溃楚军主力。吴军乘胜追击，攻破楚都城郢（今湖北荆州，一说今湖北西陵），创造了春秋时期攻占大国都城的先例。

平王的儿子昭王撒丫子逃到云梦，但云梦人还以为他是个冒牌货，就放箭射伤了楚昭王。楚昭王只好改向国外窜逃，当他逃到郧国（今湖北安陆）时，郧公的弟弟见楚昭王已成丧家之犬，就打算杀死他，趁势发动政变。命苦的楚昭王又带上郧公流亡到随国（今湖北随州），方才透过一口气来。

这都是当年楚平王惹下的祸啊！

尽管楚平王已亡，苦大仇深的伍子胥还是掘墓劈棺，鞭尸三百，以泄仇怨。

伍子胥的做法有点像偏执狂了。他的老朋友申包胥认为这样干没有天道人性，就跑到秦国求救。申包胥在秦宫门外痛哭七日七夜，终于感动了秦哀公，同意发兵帮助楚国复国。

当战场正打得一团糟时，夫概却忽然跑回吴国搞起政变来，自己选自己当国家的老大。吴王阖闾与伍子胥只好撤师回国平叛。楚国人意外拣了个大便宜，就此逃过一劫。

最后楚国害怕吴军的再次进攻，将首都迁到上郢（今中国湖北省宜城），局势才总算渐渐稳定下来。

至于专诸刺吴王僚的那道"鱼炙"，有人说是"糖醋鱼"，也有人说是"松鼠鳜鱼"。

其实，两者大体相同，只不过"松鼠鳜鱼"的做工要比"糖醋鱼"更考究一些罢了。清代皇帝乾隆下江南时，就曾在苏州对"松鼠鳜鱼"盛赞不已。如今"松鼠鳜鱼"已是苏菜中的珍品，有人形象地描绘："头昂尾巴翘，色泽逗人爱，形态似松鼠，挂卤吱吱叫。"

鳜鱼，亦称桂鱼、石桂鱼、桂花鱼、鳜豚，美称"锦袍氏"，别号"苏肠御史，仙盘游奕使"。鳜鱼身上有斑纹，鲜明者为雄性，稍晦暗的则是雌性。鳜鱼巨口细鳞，骨疏少刺，皮厚肉紧，营养丰富。鳜鱼肉味美异常，唐代人将之比作天上的龙肉。

↓ 松鼠鳜鱼

主辅料:鲜活鳜鱼 1 尾(750 克),虾仁 30 克,笋丁 20 克,香菇丁 15 克,青豌豆 10 克,绍酒 20 克,精盐 8 克,香油 10 克,猪油 1000 克(实用 200 克),排骨汤 100 克,干淀粉 50 克,湿淀粉 100 克,蒜 2 克,葱 10 克,香醋 100 克,番茄酱 100 克,白糖 150 克。

制法:1. 将鳜鱼刮鳞去腮,剖腹去脏,从胸鳍斜切下鱼头,用刀沿背脊骨两侧平片至尾,去脊骨,不断尾,鱼皮朝下,削去胸刺,在鱼肉上剞菱花刀,深至鱼皮,但不能破皮;将鱼胸鳍肉从头部连鳍切下。

2. 取绍酒 10 克、精盐 1 克,放在碗内,均匀地抹在鱼肉和胸鳍肉上,滚沾干淀粉,提起鱼尾、鱼鳍,抖去浮粉。

3. 将番茄酱、排骨汤、白糖、香醋、绍酒、水淀粉、盐一起放入盆内搅成调味汁。

4. 炒锅上火,旺火烧热,倒入熟猪油,烧至八成热,将两片鱼肉翻卷,翘起鱼尾成松鼠尾形,一手提鱼尾,一手用筷子夹住另一端,入油炸 15～20 分钟,使其定形,然后松手,使鱼片全部落入油锅;同时,下胸鳍肉油炸,舀热油浇鱼片、鱼尾、鱼鳍,炸至淡黄色捞出,醒冷一下;油锅再上火,烧至八成热,放鱼片和鱼鳍肉再炸至金黄色捞出,盛入长腰盘中,装上翻转的鱼鳍肉,作松鼠头,连同身尾合成松鼠形。

5. 将锅中猪油烧热,放入虾仁熘熟,捞起沥去油。

6. 在锅内留下少量熟猪油,放入葱白、蒜末、笋丁、香菇、青豌豆煸炒,加入番茄酱、排骨汤等调味汁拌匀,再加入热猪油、香油,搅匀,起锅浇在松鼠鱼上,鱼肉吱吱作响,最后撒上熟虾仁。这时一道热气腾腾、色鲜油亮的松鼠鳜鱼就可以上桌了。

特点:鳜鱼肉翻如毛,卤汁全红,鱼身色泽金黄,外脆里嫩,甜中带酸,鲜香可口。

在阖闾指挥吴军攻破楚国都城后，又一个邻居越国国主允常却趁乱攻打吴国。

阖闾气得半昏，狠心率军痛击越军，允常大败而归。这两家算是就此结下仇怨。

越国的老祖先是夏代天子少康的后人，原本封地在今山东一带，后来在周朝诸侯的不断排挤打压下，逐次南迁至如今的苏州吴中一带。不料崛起的吴国又将其像赶鸭子似的赶向今天的浙江地区。

都说落后就意味着挨打。这个越国很少与中原地区发生联系，喜欢关门来过日子，一直保持着比较落后的生活习俗。

待允常刚刚为自己加冕为国王时，一时冲动，就忍不住想出去看看外面的世界是如何的精彩，不料被吴国迎面一板砖砸了个半死。

公元前496年，吴王阖闾听说越王允常与世长辞了，便立刻兴师伐越，两军在槜李(今浙江嘉兴南)展开大战。

越国新主勾践派遣敢死的勇士向吴军挑战，勇士们排成三行，大呼口号冲到吴军阵前，纷纷自刎身亡。吴军哪见过这种阵势，正目瞪口呆时，一支越军斜刺里杀到。

越国虽然军力不及吴国，但此刻正逢

老君主逝世,个个化悲痛为力量,奋勇向前。越国大夫灵姑浮还冲到阖闾面前,挥戈斩落阖闾的大脚趾。

阖闾被迫还师,结果医治无效死于半路,后葬于苏州的虎丘山。

倒霉的阖闾在弥留之际,告诫儿子夫差说:"千万不能忘记越国啊!"

夫差是个听话的孩子,即位后便日夜操练士兵不止,准备为父王报仇。夫差还找了个嗓门大的人平时专门跟在自己身边喊:"你难道忘记勾践杀你父王的大仇了吗?"夫差就流着泪回答说:"我不敢忘啊!"

公元前494年,越王勾践听闻吴王夫差准备攻越,就决定先发制人,出兵攻吴。

吴王夫差闻报,即发倾国之精兵迎击越军,在夫椒(今江苏太湖中洞庭山)大败越军。勾践损失惨重,带着仅剩的五千余人退守到会稽山(今浙江绍兴南)当起山大王。吴军随即占领越国都城会稽城(今浙江绍兴),接着又把会稽山围了个风雨不透。

勾践没了辙,只好采纳大夫范蠡、文种的建议,当起了孙子,派文种以美女、财宝贿赂吴太宰伯嚭,请其劝吴王夫差准许越国归于吴王夫差的旗下,算是吴国集团的一个子公司。

见勾践服输投降,夫差大乐,他要借着这个好势头北上中原与齐国争霸,而把伍子胥的劝谏之言当成了耳旁风。正是因为夫差的心太软,给了越国一个苟延残喘的机会。

被夫差放虎归山的越王勾践卧薪尝胆,矢志复仇。每天站在门外的士兵都会问他:"你忘记屈膝投降的耻辱了吗?"

当时越国没有粮食,官民不分贵贱,一律靠鱼腥草充饥。在勾践感召下,越国上下拧成一股绳,经过十年的艰苦奋斗,越国终于兵精粮足,转弱为强。

而此刻夫差却杀死了整天在自己耳边絮絮叨叨的老臣伍子胥,沉迷于骄奢淫逸的生活之中。

公元前482年,夫差亲自带领大军北上,与晋国争夺诸侯盟主。越王勾践逮住机会,发起突然袭击,一举打败吴兵,攻进吴国都城,杀了太子友。夫差顿时没了主意,急忙带兵回国,并派人向勾践求和。

勾践估计一下子吞并不了吴国,也就同意了。公元前473年,勾践再次亲自带兵攻打吴国。这时的吴国由于连年的兴师征战,国力空虚,已经是强弩之末,根本抵挡不住越军的锋芒,屡战屡败。最后,夫差又派人向勾践媾和,不料人家勾践的心比花岗岩还要硬。

夫差见求和不成，才后悔当年没有听伍子胥的忠告，羞愧之下就拔剑自杀了。

吴王夫差除了给后人留下"哀其不幸"的话题，还留下了一道风味名菜——"新风鳗鲞"！

鱼鲞是东南沿海渔民最喜欢食用的佳品，用黄鱼制作的叫"黄鱼鲞"，用鳗鱼制作的自然就是"鳗鲞"了。

这是夫差与越国交战时，带兵攻陷越地的鄞邑（今浙江宁波），他的御厨在五鼎食中，除牛肉、羊肉、麋肉、猪肉外，还顺手把当地的鳗鲞放入鼎中烹制。吴王夫差食后，觉得此鱼味道特别鲜美，与往日宫中常吃的什么鲤鱼、鲫鱼大不相同，当下幸福得连声叫好。

回国后，夫差虽餐餐有鱼肴，可总觉得不如在鄞邑吃的那样可口。于是就派人不远千里从鄞邑海边找来一个老渔民，专门为他烹制鱼宴。

老渔民将带来的鱼鲞加调味蒸熟献上吴王的餐桌，夫差食后大悦，又找到当初的美食感觉了，对鱼鲞赞不绝口，并重赏老渔民。从此，鳗鲞之美味的名头传开了，身价也像纸鸢飞天似的往上长。

那么为什么又叫"新风鳗鲞"呢？

原来在浙江宁波地区的每年腊冬，也就是捕捞海鳗的旺季，海鳗多得吃不了，恰巧此时又是西北风季节，渔民们便把海鳗剖肚挖脏，再擦盐加高粱酒腌制后，挂在避阳的通风处晾，略微风干，即可食用。想长期储藏的也可以晾至一周左右。而当地居民把冬令到春节新年前后这段时间晾制出来的鳗鱼干，叫做"新风"。

在清代，鱼鲞空前走红，当时浙江台州温岭市松门一带出产的"台鲞"因美食家袁枚而闻名全国。袁枚在其《随园食单》中这样写道："台鲞好丑不一，出台州松门者为佳，肉软而鲜肥，出时拆之，便可当做小菜，不必煮食也。用鲜肉同煨，须肉烂时放鲞，否则鲞消化不见矣。冻之即为鲞冻，绍兴人法也。"

海鳗素有"水中人参"之誉，富含多种营养成分，具有补虚养血、祛湿、抗痨和增强记忆力等功效，是久病、虚弱、贫血、肺结核等病人及智力发育期儿童的良好营养品。海鳗又因含有高量的胶原蛋白，可以延缓老化、养颜美容，在国外有"吃的化妆品"之美誉。

"新风鳗鲞"尤因肉质丰满、鲜咸合一、风味独具，大受人们的欢迎，民间至今仍有"新风鳗鲞味胜鸡"之说。而"新风鳗鲞"更是阿拉宁波人和阿拉上海人餐桌上的顶极佳品。

↓ 新风鳗鲞

主辅料：新鲜海鳗 1 条(约 2000 克)，精盐 100 克，葱结、姜片各 5 克，绍酒 10 克，醋 10 克，香油 5 克。

制法一，清蒸海鳗：

1. 将海鳗剖开洗净，斩成两爿放在盘中，加入绍酒(5 克)、葱结、姜片，上蒸笼用旺火蒸 10 分钟至熟，取出拣去姜片、葱结。

2. 把熟鳗鲞放在砧板上，去皮、去骨，斩为两段，然后顺丝纹撕成小条，放在碗内，加入绍酒(10 克)、精盐、白糖、芝麻油，调拌均匀，装盘即成。

特点：鱼肉咸香、味鲜浓醇，佐酒下饭皆宜。

制法二，海鳗制鲞：

1. 将海鳗去除鳗涎，洗净，再从海鳗背脊，从头到尾剖开，去内脏、血筋，用洁净干布揩出血水，然后用盐在鱼肉上擦匀，使鱼肉吸收盐分，放入盛器内腌二三小时。

2. 将腌鳗取出，用竹片将鳗体交叉撑开，悬阴凉通风处晾干(忌日光晒)，约七天左右，待肉质坚实硬结即可食用。

3. 食用时，先将风干的鲜鲞切下一块，亦可将鳗鲞切成小块，加葱、姜、绍酒，上笼蒸熟，取出，待鱼冷却后切成条状，装盘淋上香油即可食用。

特点：色泽洁白，干香清鲜，鲜咸入味。

注意事项：1. 必须用温盐水将海鳗身上的黏液洗净，如果黏液不洗净，成菜后会有鱼腥味。

2. 鳗鱼剖开掏去内脏后不能用水洗，否则会影响鱼肉鲜味。

3. 腌制时用盐要适量，盐少鲜味不足，盐多影响鲜味。

【秦汉时代】

不仅中国人自己，连老外都知道中国出了千古一帝秦始皇，在北京吃过烤鸭抹过嘴后，接下来的事就是登长城，要亲眼目睹甚至用手触摸始皇帝留下的万里长城墙砖，感受一下穿越了两千年的沧桑。

秦始皇绝对是位国际级别的政治领袖，英明神武，气贯长虹，钢铁般的意志连子弹都无法穿透，炮弹都不能击倒。

秦国原来只是一个西陲小国，经过几代君王的不懈努力，才变成威震天下的强秦。当时的七个大国，以秦、楚力量最强大，其次是齐、赵、燕，又次为魏、韩。

秦国自昭襄王始，一直执行"远交近攻"的战略方针，战果辉煌。如在著名的长平之战中，歼灭赵军主力四十余万，使得雄踞北方的赵国一蹶不振。在公元前256年，秦国就在地图上将西周抹去，把周赧王贬爵为君，从此史家便以秦王纪年。

公元前221年，秦军伐齐，长驱直入，兵临京都淄博城下，齐国不战而降。至此，秦国走完了削平群雄、统一六国的最后一程。

中华也因此彻底告别了春秋战国的那种刀兵纷争、血流漂杵的日子，第一次成为一个大家庭。

秦朝给后人留下的最深印象就是秦始皇的专制统治，即大搞"一言堂"，谁敢反对天朝，一律格杀勿论。为了加强对人民的思想控制，根绝颠覆政府的隐患，如公元前213年，秦始皇下令"收天下书，不中用者尽去之"，并在全国范围内焚毁《诗》《书》，并禁止私学。

但能够实现华夏空前的大一统，仅凭这一点，秦始皇已居功至伟。

在如何管理这个大统一的国家问题上，秦始皇力排众议，采取废除分封制，设置郡县，由朝廷选派官员直接治理的办法，把全国分为三十郡，郡下设县，开创中央集权制，从而走出一条治理大国的新路。可以说，秦始皇奠定了中国封建社会的统治形式，后人也一直追风热捧，在两千多年里根本就没走过样。

与其他同时代的征服者如马其顿的亚历山大，或罗马的恺撒相比，秦始皇更胜一筹，因为亚历山大与恺撒只注重征服，懒得搞制度建设。

秦始皇最后一次固执的意志表现是四处求仙，寻找长生不老之药。

伟大的始皇帝龙体一直欠佳，正值壮年就开始齿松发脱，目光昏花。尽管东南诸郡动荡不安，北方匈奴屡屡骚扰，他还是把入海求仙当做压倒一切的大事来抓，甚至不顾病弱，毅然亲自出巡，结果中暑死在求仙路上。

秦廷御膳的负责人叫"大官令"，大家喜欢简称其为"大官"，后来这种称谓在民间演变成对所有高官的称呼。御膳房的顶头上司是掌管帝室财政收支及宫廷服务的少府。

"大官令"的副手叫"大官丞"，主膳食。前厅服务台经理叫"大官献食丞"。此外还有负责宰割的胞（庖）人长、丞，主舂御米的导官令、丞，主饼饵的汤官令、丞。

汉承秦制后，宫廷御膳干部中又多了掌管珍贵食品的甘丞，掌管新鲜瓜果、蔬菜的果丞。

始皇帝一向很注意保密工作，把皇家饮食视为机密，严禁外泄，古代文献中几乎没有关于秦代宫廷御膳的记载。后人只能根据陕西当地的一些饮食特点推测秦朝宫廷御膳的轨迹。

陕西在春秋战国时为秦国治地，故称秦，特别是关中平原堪称是一块宝地。这里气候温和，雨量充沛，土壤肥沃，物产丰富，自古就有"八百里秦川"之称。连《诗经·大雅》也称赞这里生长的野菜是顶级的好吃。而陕西菜点更可谓历史悠久，源远流长。

秦朝的都城设在咸阳，其宫廷御膳一方面继承了古镐京饮食烹调技艺，另一方面在夺取全国胜利后也吸收了其他几国宫廷菜的优点，博采各地之精华，兼收并蓄，然后推陈出新，逐渐形成了秦馔的独特体系。

在烹调方法上，秦廷御膳讲究烤、烧、烩、蒸、煮。在调味上，秦馔多保持食物的原色，靠重料出浓味。对调料之上味——食盐的运用，秦廷御厨们可以说是行家，烹调时投盐的时间和用量的适度大都用一勺准来形容。

秦菜"味道偏咸"，这个说法出自《苻坚载记》：前秦皇帝苻坚的侄子苻朗很善于品味，食盐能吃出生盐与熟盐之别，食鹅肉能知其羽毛的颜色，世称"苻朗皂白"，有着南北朝第一美食家之誉。在淝水大战后，苻朗投降南朝东晋。一次，东晋会稽王司马道子设盛宴招待苻朗，席间包括当时江南的所有美味佳肴。茶余饭后，司马道子问苻朗说："你们关中的菜味和我们江南菜比起来哪一个更好？"苻朗回答道："都好，只是关中菜肴盐味稍重些罢了。"司马道子也喜欢美食，但更是个较真儿的人，于是就找来御厨询问，那些王室的厨师说的都跟苻朗一样。

现今的陕西一带秦馔的基本特点依旧是料重味浓而爽口，色泽朴素而和谐。

还是靠盐说话。

现在孔府宴菜系中有一道名叫"翡翠虾环"的菜就与秦始皇有关。

始皇帝晚年想求长生，方士术士一时拿不出炼制的金丹来，便声称金丹丸要和翡翠环配着食用才有效。他们伙同御膳房的大师傅这样忽悠始皇帝，用翠绿的瓠子切成圆片，中间挖空成环，虾仁套入环中。到午膳时这一道"翡翠环"就出炉了。所谓"翡翠环"，实际是一道用瓠子和虾子做的菜，翡翠证其色，虾环圆其形。这道菜虽然没有用真正的翡翠，但秦始皇见其色香味俱是一等一的美妙，拾箸细细品尝之后，更觉得神清气爽，从此天天点名要吃这道"翡翠环"了。

这道千古名馔流传到今日，厨师们对其有所改良。比如用黄瓜代替瓠子，或者用猪肉取代虾仁。

翡翠虾环

主辅料：大青虾 500 克，瓠子 200 克，植物油 20 克，高汤 10 克，香油 5 克，姜末少许，料酒少许，花椒少许，精盐适量。

制法：1. 青虾收拾干净；瓠子洗净切成圆片；中间捅一小孔，穿在虾尾上，装盘。

2. 将虾环入八成热油锅中一余即倒出沥油；香油烧至五成热，用花椒炝锅，放入姜末、料酒、高汤、精盐、虾环，翻炒装盘即成。

瓠子俗名：长瓠、扁蒲、瓠瓜、蒲瓜、大黄瓜、葫芦、葫芦瓜、夜开花、长瓜、付子瓜。在七千年前，瓠子在中国就有栽培，为葫芦科植物葫芦的变种。瓠瓜的食用方法同葫芦相似，有炒、烩、做汤、制馅等，如瓠子饼、瓠子塞肉、瓠瓜炖猪爪、瓠瓜炖肥鸭、瓠瓜淡菜汤和焦炸嫩瓠子块等。

《群芳谱》："瓠子，味淡，可煮食，不可生吃，夏日为日常食用。"《食物本草》："主利大肠，润泽肌肤。"夏令吃瓠子，百无禁忌。

瓠子具有清热、解暑、止渴、除烦、利水的功效。估计当年或多或少能平息一下秦始皇求仙的焦虑心火吧。

在中国，凡是长了耳朵的人都知道"西楚霸王"项羽的大名。

公元前 209 年，陈胜、吴广在大泽乡揭竿而起，反抗暴秦。天下大乱，烽烟四起，反秦势力风起云涌。

项羽是楚国名将项燕的孙子，也算是高干子弟。不过，自从项燕战死沙场，楚国为秦所灭后，项羽就开始随着叔父走上流亡之路，贵族锦衣玉食的生活根本没享受到，心中自是恨透了大秦。

见有人挑头造反，项梁叔侄俩甭提多兴奋了，立刻在吴中(今江苏苏州)刺杀太守殷通，举兵响应陈胜起义。

项羽家族世代为楚国将领，领兵打仗可是老本行。项羽力能拔山扛鼎，武艺出众，而且心气也高。当年秦始皇南巡在渡浙江(今钱塘江)时，项羽见其车马仪仗威风凛凛，感慨万千地对项梁说："我可以取代他坐天下。"吓得项梁脸色如土，连忙去捂侄子的嘴。

陈胜、吴广失败后，各路起义兵马就拥戴楚国王室后人熊心为楚怀王。楚怀王传令，谁先杀进关西占领秦都咸阳，谁就当关中王。

另一个造反派头头刘邦趁着秦军主力与项羽死缠烂打之际，抢先跑到关内，"解放"了咸阳城。

项羽压根儿没把刘邦放在眼里，他自

作主张，册封十八路诸侯，自称"西楚霸王"，意思就是以霸道取天下，以王道治天下。

汉王刘邦是个不甘人下的主，他跃进中原，要与项羽逐鹿天下分个高低。

公元前203年，楚汉两军在广武（今河南荥阳东北）对峙日久，楚军粮草告罄，军心涣散。项羽只好与刘邦讲和，自己率十万楚军向楚地撤军。

不料刘邦采用谋士张良、陈平的建议，撕毁和议，趁楚军疲师东返之机，发起偷袭。这时汉将韩信、彭越、英布也各率大军赶来，并完成了对项羽的最后合围。英雄唱起末路的悲怆，垓下（今安徽灵璧东南）之战战鼓擂响。

项羽纵然神勇无敌，可挡不住潮水般无休止冲杀上来的七十万汉军。

汉军前委总书记韩信玩起人海战术，在付出伤亡十几万人的代价后，成功地将楚军死死围困在大营中。

而项羽的身边只剩下两万人，并且全都是刚刚挂彩的伤兵。

天空阴云怒卷，朔风如刀。看到层层叠叠、一望无际的汉军，楚军彻底绝望了。夜里，楚营外四面响起楚歌，饥寒交迫的士兵们泪流满面，心都被这歌声震碎了。

一曲悲怆的《垓下歌》余音未散，项羽钟爱的美人虞姬横剑自刎。当夜，含泪的项羽横戟上马，率领江东子弟兵冲出大营。汉军骑兵随后紧追不舍，一路恶战不断。

项羽逃到乌江（今安徽和县）边上，只剩下他孤身一人，自觉无颜再见江东父老。血色残阳之下，项羽挥剑自杀而亡。

虽然项羽可称得上是一代雄杰，当得起军事战术家之誉，但他并无政治大战略眼光，尤其不会用人。像陈平、韩信、英布这些了不起的人才原本都是项羽的部下，身边好歹有个能出大主意的谋臣范增最后也被项羽给打发走了，最后焉有不败之理？

项羽勇若天神下凡，所向无敌，且对爱情专一，一生只爱虞姬一人，故后世拥有无数狂热的粉丝。

而与项羽挨边的两道菜看也被人们津津乐道。其中一个是"烧杂烩"，另一个叫"霸王别姬"。

项羽是个直肠子，性子急。他吃饭从来就只吃一道菜，没耐心再吃第二道。项羽力大无穷，干的又是上阵杀敌的力气活，必须要保证既吃得有营养又吃得饱。

于是御厨房的"科研小组"经过研究实验后，隆重推出"烧杂烩"。当即吃得楚霸王胃口大开，一大锅杂烩顷刻间吃了个精光。项羽吃完一抹嘴，告诉御厨值班主任："以后，菜就这么烧！"

"杂烩",顾名思义,即是用几种原料混合烹烩而成的菜肴。"烧杂烩"其实就是将鸡肉、鱼肉、猪肉及各种时令的新鲜菜蔬等放入一锅烩炖。

现在在苏北一带,无论是寻常人家的红白喜事,还是高级酒楼的筵席饮宴,第一道端上酒桌的菜就是这个"烧杂烩"。这道菜荤素搭配,动、植物水陆俱陈,多种原料一同烹调,再调以各种佐料,可谓是一菜多样,琳琅满目,质地软、嫩、脆、滑,色、香、味俱美,堪称别具风味。

"烧杂烩"在苏北流行于官场与民间,"霸王别姬"也是人们喜爱的苏菜中的一道美馔佳肴。

相传当年项羽被困垓下,陷入四面楚歌之时,虞姬为消解霸王之忧,能饱餐上阵,就用甲鱼和雏鸡烹制了一道菜。此菜当初并无名字,因始创于霸王别姬之时,后人故名"霸王别姬"。

甲鱼又称鳖、团鱼、脚鱼、水鱼,在南方一些地方也叫潭鱼、嘉鱼。

甲鱼是变温动物,为水陆两栖,用肺呼吸。其头像龟,但背甲没有海龟玳瑁那般华丽的条纹,边缘呈柔软状裙边,背壳也要比乌龟的软。外形呈椭圆形,比乌龟更扁平,它的背腹甲上着生柔软的外膜,周围是细腻的裙边,头颈和四肢可以伸缩,爬行敏捷。

↓ 霸王别姬

主辅料:活甲鱼1只(750克),净仔母鸡1只,鸡脯肉馅150克,熟火腿片150克,水发冬菇片25克,熟冬笋片25克,葱1颗,姜2片,料酒50克,鲜汤适量,干淀粉、精盐酌量。

制法:1. 将甲鱼宰杀放净血,揭开壳取出内脏洗净,放入沸水锅内焯水去血污,捞出洗净拭干,撒上干淀粉,酿入鸡肉馅,放上甲鱼蛋,盖上外壳。

2. 净仔母鸡放入搪瓷锅中,加鲜汤、料酒、精盐、葱、姜、火腿片、冬菇片、冬笋片,加盖入笼蒸制,待汤浓鸡肉半烂时再下甲鱼去炖,这样鳖裙的胶质才不会炖化,至少不会失去那种美好的口感。甲鱼熟后,拣出葱、姜,加入味精调匀即成。

特点:形态完整,意喻深刻,汤汁清醇,肉烂味鲜。

注意事项:1. 甲鱼宰杀时要放净血,甲壳四周要去净黑边;

2. 甲鱼要蒸至汤浓肉烂时为佳。

秘 籍

甲鱼的营养分析

1. 甲鱼肉及其提取物能有效地预防和抑制肝癌、胃癌、急性淋巴性白血病，并用于防治因放疗、化疗引起的虚弱、贫血、白细胞减少等症。

2. 甲鱼亦有较好的净血作用，常食者可降低血胆固醇，因而对高血压、冠心病患者有益。

3. 甲鱼还能「补劳伤，壮阳气，大补阴之不足」。

4. 食甲鱼对肺结核、贫血、体质虚弱等多种病患亦有一定的辅助疗效。

历史中的领袖都有远大的抱负,所谓吞吐天地之志。拥有这样的理想才能塑造其人格魅力,才能有与天空一样辽阔的胸襟。登高一呼,人们都追随他,甘愿赴汤蹈火,这是因为他能给人们一个远大而美好的憧憬,并且把这个愿望变成触手可及的现实。

这就是领袖魅力之所在。

大秦帝国建国后的某年某月某日,在京城咸阳城外的大路上,"千古大帝"秦始皇正率领着大队人马浩荡出巡,云游天下。始皇帝在武装甲士长戈密林般的簇拥下,坐在装饰精美华丽的车上,威风八面。

这时,在无数围观皇帝威仪的人群中,一个英姿挺拔的大汉无限羡慕地脱口说道:"男子大丈夫就应该像这个样子啊!"

说这话的人就是刘邦。

当时,刘邦只是沛县的一个泗水亭长,职位相当于今天的镇委会主任。他是送本县服役的人到京城,才与始皇帝的仪驾走了个顶头碰。

皇帝的级别至高无上,而亭长只能算未入流,都说村长不算干部嘛。

刘邦的心胸之大,由此可见一斑。

刘邦出生在一个中农家庭,他平时不太喜欢读书,但对人很宽容。可恶的是刘邦因为不愿下地劳动,家里时常看不到他的影子,所以常被父亲训斥为"无赖",说他不如自己的哥哥会经营。

但性格豪爽的刘邦,依然我行我素,在外面呼朋唤类。在朋友里面,既有江湖豪杰,也有县政府的干部。时间长了,刘邦在当地也颇有名气,被推荐当上了泗水的亭长。

在许多人眼里,刘邦不过是个流氓而已。但当时沛县县令的好友吕公却慧眼识英雄,把女儿吕雉嫁给了"黄金剩男"刘邦。

传说汉高祖刘邦这时经常到连襟樊哙那里蹭饭。

樊哙是个狗屠,每日现杀现卖,靠卖狗肉来养家糊口。

吃狗肉是中国人的老传统。

狗在古代又叫"香肉"或"地羊"。在20世纪80年代,考古学家在河南舞阳贾湖遗址发现十座埋狗坑,说明人类养狗历史起码在九千年以上。那时养狗主要是充当先民们捕猎的帮手,其次也是重要的肉食来源。如龙山文化遗址和殷墟里,均发现大量被烧灼过的狗骨头。

狗肉的地位一直很高,是商周时期的重要贡品。《说文》中说:"宗庙犬名羹献,犬肥者以献之。"贡献的献,原写作"獻","鬳"是陶制炊具,加"犬"字,即用瓦罐煮着狗肉,祭祀祖先和神灵。

勾践当年欲灭吴国,人丁稀少,急需拿武器作战的士兵,于是出台了一项有趣的奖励生育政策:"生丈夫,二壶酒,一犬;生女子,二壶酒,一豚(猪)。"

有许多历史名人也与狗肉有关。如"燕市狗屠"是荆轲的一个至交好友;大刺客聂政也曾屠狗奉养老母,直到母亲去世后,才去刺杀韩傀;汉武帝刘秀早年也曾杀狗卖肉,如今河南鹿邑的"试量集狗肉"打的就是刘秀这个金字招牌。

狗肉的做法,烤、蒸、煮各异,但唯有加入鳖鱼焖煮而成的沛县狗肉才称得上狗肉中之名品。

据传,刘邦早年总到樊哙的狗肉铺子白吃白喝,所有欠账最后都成了呆账死账。樊哙惹不起刘邦,就跑到大河对岸另起炉灶。

俗话说:"狗肉滚三滚,神仙站不稳。"

刘邦闻到狗肉香,便骑上一只大鳖泗水而过,对樊哙的狗肉跟踪追击。樊哙胸口里一口恶气难出,便将老鳖偷偷杀了,顺手扔进狗肉锅里。没想到狗肉出锅后,香气四溢,狗肉呈现出棕红色,色泽鲜亮,看得人口涎大流。

刘邦佐酒而食,一通大嚼,吃得兴高采烈,满头冒汗。后来刘邦知道是樊哙杀了那头大鼋,认为他这事干得太不敞亮,就以亭长的身份借口整顿社会治安,把樊哙的屠刀给收缴了。樊哙卖肉无刀,只好用手撕碎狗肉去卖。所以至今沛县狗肉还是采用当初樊哙老鼋汤煮肉的传统做法，卖肉也还保留着不用刀切用手撕的老习惯。

狗肉营养丰富，每 100 克狗肉含蛋白质 14.5 克，脂肪 23.5 克，品质上远胜牛肉、猪肉，足可与羊肉相媲美，而且含有钾、钙、磷、钠及多种维生素和氨基酸，是理想的营养食品。

将狗肉视为一种美味来吃，而且全国普及，是战国及秦汉的一大饮食特色。如西汉辞赋家枚乘《七发》借吴客说楚太子，说尽当时的宫廷名珍美食，"犓牛之腴，菜以笋蒲。肥狗之和，冒以山肤。楚苗之食，安胡之饭抟之不解，一啜而散。于是使伊尹煎熬，易牙调和。熊蹯之臑，芍药之酱。薄耆之炙，鲜鲤之鲙。秋黄之苏，白露之茹。兰英之酒，酌以涤口。山梁之餐，豢豹之胎。小饭大歠，如汤沃雪。此亦天下之至美也！太子能强起尝之乎？"

其中的"肥狗之和，冒（芼）以山肤（石耳）"，"冒"通"芼"，即可供食用的水草或野菜，而"山肤"则是"石耳"，石耳又名石壁花，为地衣门石耳科植物，生于岩石上，具有较高的营养价值，是一种稀有的名贵山珍。《七发》所说的就是用石耳佐以菜蔬来炖狗肉。

此外，在汉代画像砖石的庖厨图中也多次出现屠狗的场面。中国农业博物馆编的《汉代农业画像砖石》中收录了包含屠宰内容的庖厨图十幅，其中就有七幅是描绘屠狗场面的。

西汉大臣桓宽也在《盐铁论·散不足》中谈到汉代市场上"屠羊杀狗"的现象，"古者，庶人鱼菽之祭，春秋修其祖祠。士一庙，大夫三，以时有事于五祀，盖无出门之祭。今富者祈名岳，望山川，椎牛击鼓，戏倡儛像，中者南居当路，水上云台，屠羊杀狗，鼓瑟吹笙。贫者鸡豕五芳，卫保散腊，倾盖社场"。意思是说，社会上白领阶层的人士祭祀祖先时，一般在大路上朝南搭棚子，在水上搭起高台，屠羊杀狗，并以音乐伴奏，大吹大擂。

中医界也历来认为狗肉是一味良好的中药，有补肾、益精、温补、壮阳等功用。《普济方》说狗肉"久病大虚者，服之轻身，益气力"。李时珍在《本草纲目》中谓之有强五脏、健肾脾、壮充力、化积痞、活水疮、补五劳七伤之功效。

刘邦当上汉王后，还屡屡招来已是汉军名将的樊哙亲手调制狗肉，治好了他在征战中落下的老寒腿。

在南北朝时期，狗肉饮食随着中原人南迁，南齐开国大将王敬则早年曾去高丽国学得屠狗术，后做"屠狗商贩，遍于三吴"。狗肉文化自此在江南遍地开花，到处狗肉飘香。如广西桂林就把"狗肉"当成好朋友、死党的意思,取"够友"之意。如果是老朋友叫"老狗肉",新认识的朋友则叫"小狗肉"。

而北方多以来自草原地区的游牧民族居多,草原牧民崇尚食羊,即使饲养狗也主要是为了放牧、助猎和守卫,这就大大改变了中原人的饮食习惯。而北魏、北齐政府鼓励生育的政策都这样规定,"生两男者,赏羊五口"。狗的风头已被羊抢去了。

到了隋唐时代,狗肉又重新在北方火起来。如药圣孙思邈一次到京城长安购买药材,在饭馆里吃了一种炖狗肉后,感觉味如嚼蜡。于是孙思邈现场教了店主人一道"酒焖狗肉"菜的做法:先余去狗肉的血污,再将花椒、大料、桂皮、草果、丁香等香料用布包好,与狗肉同煮。待肉煮至八成熟时,放入白萝卜块,拣去调味包后,再加入白酒和胡椒粉,焖至汤汁浓厚时出锅。结果这家饭馆的生意爆棚,店主乐不可支。孙思邈传下的"酒焖狗肉"这道名菜现已成为陕西以至北方许多餐馆的特色菜。

"狗肉上不了大席"是北宋末年的事情。

当时的新上任皇帝宋徽宗属相恰巧属狗,在大臣范致虚的建议下,居然降旨,严禁民间养狗食狗,更不许杀狗来卖。此外宋徽宗还专门从国库拨了两万贯钱,鼓励人们踊跃举报违禁者。

就这样,一些市场上的狗屠都改行杀羊了。不过这帮人杀顺了手,私下里仍然热衷于杀狗卖狗肉。这就是"挂羊头卖狗肉"典故的由来。

北宋灭亡后,杀狗吃肉虽然不再是犯法的事,但中原人的饮食习惯被改变,狗肉不再是常规的肉食了。

不过,沛县狗肉还是让诸多名人千里迢迢地赶来饕餮一番,如南北朝诗人、南梁首都市长、北周骠骑大将军庾信,南宋名臣文天祥,明朝武宗朱厚照等都曾到沛县以品尝"狗肉佐美酒"为快乐之事。

↓ 鼋汁狗肉

主辅料:健壮活狗 1 条(约 2500 克),优质野生甲鱼(1000 克),上好香辣料,各种调料适量。

制法:1. 选健壮、7 月龄的狗,致昏、放血、剥皮、开膛、修整胴体,冲净备用。

2. 将甲鱼断头放血,沸水烫 3 分钟,去内脏,洗净。将狗肉分成 4 大块,反复洗刷,放入老汤中,添加清水,大火烧沸,加入甲鱼及各种上好香辛料,1 小时后下少许硝精排去污物,放精盐,不断翻动,1 小时后熄火,盖锅焖炖 4

小时后捞出，拆骨撕肉，装入盘中淋上少许麻油，即可直接食用。

特点：味道鲜美，咸淡适中，香气浓郁持久，入口韧而不挺，烂而不腻。

秘籍

狗肉的禁忌

1. 忌患非虚寒病的人吃狗肉。狗肉属热性食物，一次不宜吃多。凡患咳嗽、感冒、发热、腹泻和阴虚火旺等非虚寒性病的人均不宜食用。

2. 忌吃半生不熟的狗肉。食用未熟透的狗肉，狗肉中滋生的旋毛虫会感染人体。

3. 忌食疯狗肉。疯狗的唾液中含有狂犬病毒，操作时只要人体皮肤有破损，就可能染上病毒。

几年后，刘邦公干赴京，负责为沛县押送徒役去骊山给秦始皇修陵墓。

此次西行千里万里，凶险难测。

对于徒役而言，这绝对是有去无还的苦役。路刚走到一半，许多徒役就假装系鞋带或借口方便鞋底抹油开溜了。

据《西京杂记》载："高祖为泗水亭长，送徒骊山，将与故人决去。徒卒赠高祖酒二壶，鹿肚、牛肚各一。高祖与乐从者饮酒食肉而去。"

刘邦估计等赶到骊山，剩下的徒役也全会逃光了的，那时自己也是个死罪难逃。于是他就停下来将众人招呼到一起，宣布说："从现在开始，你们大家都各自逃命去罢，我也要到远地方躲起来了！"

众人无不感激涕零，大家各奔东西。徒役中有十多个壮士愿意跟随他一块走。刘邦索性就拿出徒卒赠送的两壶酒、一个鹿肚和一大块牛肝，与这十几个壮士搂起一堆火，边烤着鹿肚边传酒痛饮。那时绿林黑道还没有什么"投名状"，这一餐"炙鹿肚"就算是入伙饭了。

从此刘邦带着那些追随他的人上了芒砀山（今河南永城），当起了绿林好汉的祖宗——山贼。

又过了两年，也就是公元前209年，陈胜、吴广在大泽乡揭竿造反，率领起义军攻占了陈（现在河南淮阳）以后，陈胜建立了"张楚"政权，和秦朝公开唱起对台戏。秦末农民起义由此大爆发，秦朝的刑律苛刻残暴，不得人心，各地纷纷起兵响应。

当时沛县的县令也想通过易帜继续掌握沛县的政权。他手下干部萧何和曹参都是刘邦的铁哥们，便力劝县令将本县流亡在外的刘邦等人召集回来，一来可以增加力量，二来也可以杜绝后患。

县令觉得有理，便让刘邦的挚友兼连襟樊哙去把刘邦找回来。刘邦见有了可以弃暗投明、重新做人的好机会，忙带人往沛县赶。可此刻县令突然又变卦了，他害怕刘邦回来不好控制，等于是引狼入室，便下令将城门关闭，不许刘邦进城。

刘邦连做皇帝的胆子都有，还怕个小小的芝麻官？

他将一封书信射进城中，号召城中的百姓起来杀掉出尔反尔的县令，大家一起保卫家乡。刘邦的魅力实在太大了，加上百姓对习惯作威作福的县令极为不满，立刻杀了县令，大开城门，欢呼声震天般迎接刘邦。

经过多年的艰难奋斗，布衣刘邦击败西楚霸王项羽，建立了大汉帝国。

伏契克说过这样的话："英雄——就是这样一个人，他在决定性关头做了为人类社会的利益所需要做的事。"

刘邦虽只是一介普通老百姓，却能顺应历史潮流，摸准时代的脉搏，堪称为大英雄。

有着"汉初三杰"之称的萧何、张良、韩信，哪一个不是世之罕见的杰出人物，哪一个不比新领导有本事？他们为什么会服膺刘邦？贵族出身的项羽在战场上所向披靡，是阿修罗王转世的一代战神，也算得上当时顶级的精英人物，为什么会在碰上刘邦之后唱出悲切的《垓下歌》？

是刘邦的魅力足以将"汉初三杰"秒杀，是刘邦的仁厚战胜嗜杀的项羽。

刘邦曾在彭城被项羽大败，一路孤身西逃，楚将丁公率领部队正好追上刘邦，眼见刘邦就要性命不保，他忽然大声喊出："我们都是英雄好汉，为什么要过不去呢？"刘邦曾经有"呼保义"宋江一般的大名声，天下的好汉莫不望风而拜，曾经也是江湖好汉的丁公便念及江湖情义，虚放一箭，勒马收兵而去。

所以，现在有些人总把刘邦贬低成江湖流氓，显然是歪看了《史记》。

刘邦不但能在马上打天下建国，治国的才能也非凡，使得百姓得以生息，民心得以凝聚，国家得以巩固。他采取的宽松无为的政策，不仅安抚了人民、凝聚了中华，也促成了汉代雍容大度的文化基础。

可以说，是刘邦将四分五裂的中国真正地统一起来，而且还逐渐把分崩离析的民心凝聚起来。他对汉民族的形成、中国的统一强大、汉文化的保护发扬具有决定性的贡献。

试问,一个流氓能干出这番前无古人、后无来者的事业?

"大风起兮云飞扬,威加海内兮归故乡。安得猛士兮守四方!"

试问,哪个流氓能写出这般慷慨悲壮、流韵千古的恢宏诗篇?

刘邦做了皇帝之后,喜欢怀旧的他仍常食用鹿肚、牛肚炙品下酒。而"炙鹿肚"也因此成为西汉宫廷和官府的珍馐美味。

鹿是偶蹄目的一科,共16属约52种,可谓种类繁多,形态各异,从最大的驼鹿到最小的鼷鹿之间,品种丰富。鹿的家族兄弟普遍具有的特点是:四肢细长、尾巴较短,雄性体型大于雌性。通常雄的有角,有的种类雌雄都有角或都无角。

历代中医学家认为,鹿为仙兽,是纯阳多寿之物,全身皆益于人,其肉有益无损。现代医学研究也证明,鹿肉含蛋白质、无机盐、维生素等,对人体有较好的营养作用。

而鹿肚就是鹿的胃,本身柔韧微有爽脆。"炙鹿肚"的制法十分简单,就是将鹿肚去除污物,内外洗净,入盛器,加香料与调味腌渍后,上火炙熟,切片即成。

"炙"是会意字,从肉从火,小篆字形象,肉在火上烤。炙鹿肚烤熟了,要趁热吃,这样味道鲜美,油脂也不会凝固,也好消化。至于烤几分熟,那还是视个人喜好作决定。

鹿肚主要有温寒养胃的作用,还具有补中益气、健胃强身、促进消化、促吸收、治消化不良症、补虚、补血、明目的功效,具有很高的药用价值,也是很好的保健食品。

现在鹿肚的常用烹调方法很多,有烧、炒、炸、熘、爆、煎、炮、焖、炖、氽、滑、拌、蒸、卤、酱等十余种。只是无论怎样烹制烧烤,任谁也吃不出当年刘邦吃"炙鹿肚"的那种气概来了!

汉朝初年，由于百业待兴，宫廷筵席还较为简单。但汉承秦制，宫廷管理及人员配置全盘照搬前朝。由少府系统中的太官、汤官、导官、庖人分别负责皇帝日常饮食生活中从择米到烹饪的各个方面。皇帝与后宫是分开吃饭的，如詹事所属的厨厩长丞和食官长丞就承担皇后、太子的饮食。

扬雄在《太官令箴》中张贴出汉宫廷食官的职责："时惟膳夫，实司王饔，祁祁庶羞，口实是供。群物百品，八珍清觞，以御宾客，以膳于王。"

按照汉朝礼制规定，天子"饮食之肴必有八珍之味"，"甘肥饮美，殚天下之味"。当时国库每年为皇帝和后宫支付高达二万万钱的膳食开支。这在当时可不是一笔小数目，相当于汉代两万家白领阶层的家产总和。

汉宫廷的常见美食有哪些呢？

除了枚乘在《七发》中所提及的，其他人还作了补充和描述，如刘梁《七举》中的："菰粱之饭，入口丛流，送以熊蹯，咽以豹胎"；"鲤鲻之脍，分毫析犛"。桓麟《七说》中的："香其为饭，杂以粳菰。散如细坻，搏似凝肤。河鼋之美，齐以兰梅。芳芬甘旨，未咽先滋。"桓彬《七设》中的："三牲之供，鲤鲻之脍，飞刀徽整，叠似衲羽。"王粲《七释》中的："霜熊之掌，文鹿之茸"，

"鼋羹镌嚄,晨凫宿鹄","肴以多品,羞以珍名,脯鲔桂蠹,石罂琼晶。鳖寒鲍热,异和殊馨"。

这些皇室贵族的饮食美馔令人目不暇接,《楚辞·大招》等先秦宫廷食单与其相比,只能说是小巫见大巫了,这也反映出汉代宫廷饮食文化在进步在发展。

话说汉高祖刘邦称帝后,一直觉得吕后所生太子刘盈生性懦弱,不像自己,而喜爱戚姬所生的赵王如意,再加上戚姬的枕边风,屡次想废掉太子刘盈立如意为太子。封建王朝的太子废立往往关系政权的稳定,所以当时的大臣叔孙通、周昌等都犯颜强谏,但刘邦主意已定,九头老牛都拉不回来。

吕后惶恐万分,想尽一切办法都不见效,就找到谋臣张良,让他给出个主意。张良对专横跋扈的吕后并无好感,更不想卷入宫廷之争,故而一再回避。

吕后再三登门恳求,张良推辞不过,他也认为太子废立事关国家大局,为了维持安定局面,还是保持现状为好。不过他仍不想亲自出面劝阻刘邦,怕引起汉高祖的反感,当时兴汉的大功臣萧何就不得不故意贪污受贿,以示没有政治野心,作为避嫌。

张良是后人推崇的"谋圣",鬼点子一堆一堆的。他这样对吕后说:"这不是以口舌之争所能解决的问题,我也无法说动

皇上,但有四个人可能会帮上大忙。这四个人须发皆白,是很有名望的贤人,人称'商山四皓'。当初因为受到皇上的轻慢,他们便逃进山野,发誓不做汉臣。后来皇上认为他们是高尚之士,不重名利,对他们极为看重,曾多次派人召请,而未能如愿。皇后可令能辩之士,带着太子的亲笔信,卑辞安车,请他们出山辅佐太子,皇上见到,就表明太子刘盈得到了民众拥护。此事或有回旋的可能。"

商山在今陕西商县境内,商县古称商州,山川秀美,是个人杰地灵的地方。"商山四皓"东园公唐秉、夏黄公崔广、绮里季吴实和甪里先生周术原是秦朝的四位博士,先后为避秦乱来到商山中结茅山林,还写了一首《紫芝歌》以明志向,歌曰:"莫莫高山,深谷逶迤。晔晔紫芝,可以疗饥。唐虞世远,吾将何归?驷马高盖,其忧甚大。富贵之畏人兮,不如贫贱之肆志。"

汉高祖刘邦立国后听说"商山四皓"的大名,就多次召他们出山为官,可这四人硬是没搭理大汉开国天子,而将隐居生活进行到底。

吕后听了张良的一番话,就千方百计将这四位贤人恭迎出山。

刘邦闻知四位眉皓发白的贤人出山辅佐太子,就惊愕地问他们:"为什么我多次召请,你们都不肯出仕,现在却来服侍

太子？"

四人回答说："我等听说太子仁慈孝顺，礼贤下士，天下有才之士莫不翘首相盼，纷纷为他效力。我们也因此而来。"

对于自信心强的人，用言语无法说动他，就一定要以事实或炮制的"事实"来说话。张良一手炮制出来的活生生"事实"让一代英明的开国之君都不得不改变初衷，事实果然胜于雄辩。

张良的这一招果然见效，刘邦见到志行高洁、德高望重的"四皓"甘愿跟随太子，就认为是人心所向，大势所趋，从此再也不提改嗣这茬了。但也因此埋下了戚夫人母子挨杀的祸根。

"商山四皓"此次进京，还把自认为山中最好的东东——蕨菜拌荤腥的"商芝肉"，也带来进宫呈献给汉高祖。

虽然刘邦出身寒贱，但这家伙一直不亏嘴，可以说吃腻了山珍海味。刘邦起初并没有把"商芝肉"放在眼里，可顺口一尝，顿时食欲大振，挥箸如风。刘邦是皇帝当久了，突然吃点山野蕨菜，当然胜过平时的珍味了。

商芝，又名紫芝、柴萁、蕨菜、佛手菜、猫爪子菜，属蕨类，嫩茎紫红色，叶芽蜷曲如鸡爪，每年春季，抽出约七八寸长的嫩茎，又肥又嫩，这嫩茎就是作商芝肉的用料。嫩叶可食，盛产于商洛秦岭山麓。因其初生卷曲似拳，当地人又叫它拳头菜或拳芽菜。《尔雅·翼》载："蕨生如小儿拳，紫色而肥。"故唐代诗人白居易在吟咏商芝时有"蕨菜已作小儿拳"之句。

蕨菜素对细菌有一定的抑制作用，可用于发热不退、肠风热毒、湿疹、疮疡等病症，具有良好的清热解毒、杀菌清炎的功效；蕨菜的某些有效成分能扩张血管，降低血压；所含粗纤维能促进胃肠蠕动，具有下气通便的作用；蕨菜能清肠排毒，民间常用蕨菜治疗泄泻痢疾及小便淋漓不通，有一定效果；蕨菜可制成粉皮、粉长代粮充饥，有补脾益气、强健机体、增强抗病能力的功用；近年来科学研究表明蕨菜还具有一定的抗癌功效。李时珍也曾在《本草纲目》云："四皓食芝而寿。"故商芝还有补益、抗衰老的作用。

鲜艳、软嫩肉块的美味和着碗里衬底蕨菜的清香，食后齿间会留有一种特殊的香味，令人回味无穷。

↓ 商芝肉

主辅料：猪五花肉 500 克、八角 3 个、商芝 50 克、醋 5 克、摊鸡蛋皮 15 克、绍酒 15 克、鸡汤 200 克、熟猪油 2000 克、酱油 10 克、蜂蜜 15 克、精盐 1.5 克、葱 10 克、麻油 10 克、姜 5 克。

制法：1. 将肉刮洗干净，入汤锅煮至六成熟捞出，趁热用蜂蜜、醋涂抹肉皮。

2. 炒锅内放熟猪油，用旺火烧至八成熟，即将肉块皮朝下投入，炸至呈金黄色时，捞入凉肉汤锅中泡软，再放在砧板上，切成 10 厘米长、0.7 厘米厚的片，皮仍朝下，荐压整齐地装入蒸碗内。

3. 将 5 克大葱切成 3 厘米长的段，另 5 克切成 3 厘米长的斜形片。姜去皮洗净，3 克切成片，1 克切成末。摊鸡蛋皮切成 3 厘米长的象眼片。

4. 商芝入沸水锅中煮软捞出，去掉老茎、杂质，淘洗干净，切成 3 厘米长的段，放入锅中，加酱油 5 克、精盐 1 克、猪油 10 克拌匀，盖在肉片上。另将鸡汤 100 克放入一小碗中，加酱油 5 克、精盐 1 克、绍酒 15 克，搅匀，浇入蒸碗。再放上姜片、葱段、八角，上笼用旺火蒸约半小时后，转用小火继续蒸约 1 个半小时，熟烂后取出，拣去葱、姜、八角，滗去原汁，将肉扣入汤盘。

5. 炒锅放入鸡汤 100 克，加入原汁，用旺火烧沸，下姜末、葱片，用手勺搅匀，投入摊鸡蛋皮，淋麻油浇入汤盘即成。

特点：色泽红润，质地软糯，肥而不腻，入口可化，有浓郁的商芝香味，是陕西商县特有的风味菜。

注意事项：1. 猪五花肉必须带皮、去骨，烹制后色泽金黄，质地绵润，才不失地道风味。

2. 蒸的时间宁长勿短，成菜软糯，入口稍咀即化，风味始佳。

3. 可先蒸制好芝肉备用，临上桌时，让肉碗翻一个个儿，使之肉皮在上，蕨菜在下，再蒸热浇汁。

吕后的狠辣歹毒是出了名的,一代战神韩信就死在她的手上。

刘盈在老爸刘邦去世后顺利当上了皇帝,也就是汉惠帝。

公元前 188 年,天性善良的惠帝去世,年仅二十三岁。

吕后早就有了独揽朝政的念头。她不遗余力地迫害刘邦的子孙,分封娘家吕氏家族十几人为王为侯,以壮大吕家势力。

当年跟随刘邦打天下的老臣们不干了,在吕太后死后,遂群起而杀诸吕,夷灭吕氏一族,还政于刘氏。

接着当上帝国领导人的汉文帝刘恒,励精图治,开创了中国封建社会第一个治世——"文景之治"。"治世"是治平之世,也就是太平盛世。

文帝是个亲民的皇帝,他"偃武兴文",安民为本,以德政治天下。通过一系列有效的政令和措施,使得大汉顺利通过国家命祚的瓶颈:

减省租赋,将成年男子的徭役减为每三年服役一次。

撤销诸王驻京办,令列侯归国。

弛山泽之禁,开放原来归属国家的所有山林川泽,准许私人开采矿产,利用和开发渔盐资源,让大家共同走上富裕路。

废除过关用传制度,提高商品的流通

和各地区间的经济联系。

入粟拜爵，采取公开招标价卖爵的办法来充实边防军粮。

废止诽谤妖言之罪，政治清明，使臣下能大胆提出不同的意见。勇于承担责任，下诏声明："百官的错误和罪过，皇帝要负责。"禁止祠官为皇帝祝福，一切以务实为重。

西汉末年，天下大乱，胆比天大的赤眉军在攻占长安后，集体成为盗墓者，西汉皇陵均被破坏，甚至还对吕后玩了把"尸奸"，唯对汉文帝的霸陵高抬贵手，秋毫无犯。

此外，刘恒还亲自带头，躬修节俭，其在位二十三年里，专车车仗始终是原规格，没有更变过；即使是皇帝的新装也都是用粗糙的黑丝绸做成的；连预修的陵墓，文帝也指示说有个巴掌大的地方就行。他还屡次下诏禁止各郡国给他贡献奇珍异宝：本皇帝决不当收藏家。

有着这样的好领导，国家能不富强，人民能不安居乐业？

从来没有两三块砖头就能砌起一座高楼大厦的事儿。

正是有了堪称空前伟大的"文景之治"，后来的汉武帝才凭借这些殷实的家底，开疆拓土，使汉朝名扬海外。

也可以这么说，汉文帝的功绩远远超过了汉武帝，只不过刘恒做事低调而已。

文景两帝时代的百姓日子过得滋润，而汉武帝时代的百姓则扬眉吐气，当然也有性命之忧，毕竟战争的胜利也是建立在无数白骨之上的。

与同样被称为有雄才大略的秦始皇"焚书坑儒"相反，汉武帝"独尊儒术"。当时掌握国家话语权的窦太后还没去世，汉武帝就背着她设立五经博士，为尊儒打基础。一旦大权在手，汉武帝便迫不及待地将本为民间一家的儒学指定为官方思想，并且与政治、皇权紧密相连。

从此，"独尊儒术"作为国家的执政方针在中国历史上延续了两千年。尽管其他学派看着眼红，儒家已是牢牢攀上了皇权的大腿，走自己的路，让别人无路可走。

汉武帝发动对匈奴的反击战不仅将中原汉族政权力量延伸到了今天新疆以西，还通过张骞出使西域，开辟了千古丝绸之路，促进了世界东西方经济与文化的交流。

像什么葱、蒜和胡椒、芝麻（胡麻）、胡瓜（黄瓜）、香菜什么的菜蔬及调料就是打那时引进到中国来的。另外，俗名叫三叶草的"苜蓿"也是从西域引进中土的，汉武帝还指定专人负责专门种植，作为"汗血宝马"的食料。

为了让外国来客"见汉广大，倾骇之"，汉武帝就用难以计数的酒与肉摆成宴饮规模空前的"酒池肉林"。酒池设在京城的长乐宫中,"以夸羌胡,饮以铁杯,重不能举,皆抵牛饮",可以毫不夸张地说,参加宴饮的人数也足以进入古代吉尼斯世界纪录,当时仅武帝与观牛饮者即达三千人,这是帝王宴饮最豪华最奢侈的一次盛典。

此时的汉代宫廷御宴,美味已是不胜枚举。

可汉武帝比较偏爱吃"鳢鮧"。

也有人把"鳢鮧"称为"逐夷"。

北魏时期的中国杰出农学家贾思勰在其所著的《齐民要术·作酱等法第七十》中就载有发现食品"鳢鮧"的经过:"昔汉武帝逐夷至于海滨,闻有香气而不见物。令人推求,乃是渔父造鱼肠于坑中,以至土覆之,香气上达。取而食之,以为滋味。逐夷得此物,因名之,盖鱼肠酱也。"这里的鱼肠为鱼鳔。

鱼鳔是好东西,不仅是可吃的美食,还可入药。在中医眼里,鱼鳔具有补肾益精、滋养筋脉、止血、散瘀、消肿等功效。功用主治:治肾虚滑精、产后风痉、破伤风、吐血、血崩、创伤出血、痔疮。

《齐民要术》认为"鳢鮧"是石首鱼(黄花鱼)、鲛鱼(鲨鱼)和鲻鱼的内脏用盐腌制而成的鱼酱。制法如下:"作鳢鮧法:取石首鱼、鲛鱼、鲻鱼三种肠、肚、胞(鳔),齐净洗空,著白盐,令小倍咸,内(纳)器中,密封置日中,夏二十日、春秋五十日、冬百

日乃好,熟时下姜、醋等。"

但北宋沈括在《梦溪笔谈》中说:"宋明帝好食蜜渍鳢鮧,一食数升。鳢鮧乃今之乌贼肠也。"

乌贼即墨斗鱼,沈括认定的"鳢鮧"为墨斗鱼、鱿鱼的鱼卵。潮汕一带的人最喜欢将饱卵的小鱿鱼摆放在小竹筐里煮熟,并且将其称为"尔饭"。在潮汕达濠一带,还流传一种称为"墨斗卵粿"的特色食品。做法是先将新鲜墨斗卵用刀压散,加入鸡蛋清和雪粉,然后搅拌成很浓稠的糊酱,用当地人术语,这个叫"打胶"。吃时在平底锅上用油煎熟即可。"墨斗卵粿"有了鸡蛋清,会煎成诱人食欲的金黄色,但里面却还软嫩雪白,再蘸些红辣椒酱放在嘴里慢慢咀嚼品味,那口感和滋味可谓是好极了。

那么,究竟"鳢鮧"是鱼鳔还是乌贼卵呢?

唐人陈藏器在《本草拾遗》中称:"鳢鮧乃鱼白也。"鱼白即鱼子。

李时珍通过《本草纲目》这个国际海牙法庭分解说:"沈括《笔谈》云:'鳢鮧,乌贼鱼肠也。'孙愐《唐韵》云:'盐藏鱼肠也。'观次则鳔与肠皆得称鳢鮧矣。今人以鳔煮冻作膏,切片,以姜醋食之,呼为鱼膏是也。"

呵呵,这已经够乱的了,清人俞正燮也斜刺里插一杠子,他在《癸巳类稿·书

〈齐书·虞愿传〉后》中说:"盖鳆鮧,河豚白。蜜渍久藏之,使宣味不失,故起腹气。贫家不易得。鳆鮧误为鰫鮧,又作逐夷。"

河豚白,是河豚制造和贮存精子的器官。河豚之味诱得连苏东坡这样的人物都甘愿冒死一吃,河豚白更是味美非常,并被许多敢于并善于联想的人比做"西施乳"。

这个叫"逐夷"的河豚白不是鱼酱,更非海鲜,显然不是正宗的"鰫鮧"!

那么,是汉武帝发现的"鰫鮧"吗?

不是,因为在春秋时期就有了"鰫鮧"。

中国古代南方的百越族人民一向以"饭稻羹鱼"著称,在食鱼方面经验丰富,像制作和食用鱼鲊、鱼脍、鱼羹应该都不在话下。

唐人陆广微在其《吴地记·逐夷》中著有这样的文字:"夷人闻王亲征不敢敌,收军入海,据东沙洲上。吴亦入海逐之,据沙洲上,相守一月。属时风涛,粮不得度。王焚香祷天,言讫东风大震,水上见金色逼海而来,绕吴王沙洲百匝。所司捞漉,得鱼食之美,三军踊跃。夷人一鱼不获,遂献宝物,送降款。吴王亦以礼报之,仍将鱼腹肠肚,以咸水淹之,送与夷人,因号逐夷。"

这才是"鰫鮧"的真正出处。

上文中所说的吴王即阖闾。

江苏苏州市阳澄湖南岸有座唯亭山。据陆广微的《吴地记》载,"吴王阖闾十年(前505年),东夷寇吴,吴王结亭于此,以御东夷"。宋人的《吴郡志》也记有:"夷亭,阖闾十年,东夷侵逼吴境,下营于此,因名之。"

吴王阖闾率领吴军征服东夷也是板上钉钉的事。而汉武帝逐夷却无任何古籍史料可以佐证。

如果是汉武帝为求长生不老,来到山东的滨海与老渔民的鱼酱邂逅还多少可以解释得通。

汉武帝吃过"鰫鮧"或许不是传说,但美味"鰫鮧"的发明权当属吴王阖闾。

↓ | 干锅鱼子鱼鳔

主料:肉馅100克,鱼鳔500克(青鱼鱼鳔),鱼子200克。

辅料:香菇50克,笋丁50克,蒜苗200克,咸肉片50克,鸡蛋3个。

调料:火锅底料20克,辣椒酱5克,盐7克,白糖3克,葱、姜各5克。

制法:1. 将鱼鳔用清水洗净,放入洋葱丝、西芹、蒜片各15克腌制30分钟捞出,再用白醋100克清洗3分钟,取出用清水漂冲干净,直至没有腥味,然后剪去鱼鳔的根部。

2. 肉馅、鱼子加鸡蛋、白糖及 5 克盐、3 克味精调味,放入香菇丁、笋丁,搅打上劲,放在裱花带中,挤入鱼鳔中,每个约八成满即可,防止酿太多,翻炒时漏馅,再入 50 度热水锅中汆水,水开立即捞出过凉,可看到鱼鳔口自然收紧。

3. 锅入底油,放入蒜苗和咸肉,加少许老抽和高汤炒香,放入烧至滚烫的石锅中垫底。

4. 锅入底油 30 克,下入火锅底料、辣椒酱、葱、姜爆香,加入鲜汤 400 克,放入盐调味,倒入鱼鳔中火烧 5 分钟至成熟,装入石锅中,淋入红油 40 克,点缀少许青椒圈即成。

特点: 香辣可口,补肾益精。

中国有"四大厨神",一位是伊尹,一位是易牙。第三位是厨神。第四位是民间传说中的"詹王"。

下面要说的就是排在第三位,出身于帝王世家的"厨神"。

汉武帝做人狂妄自大,做事一意孤行。他在开疆拓土、反击匈奴方面干得漂亮,后人罕有比肩,也值得称道。不过这也把汉武帝带进自我感觉良好的泥潭而难以自拔。

在古代,帝王是天之骄子,凡尘间他是老大,不受人大、政协监督,公检法机关都得看他的脸色行事,人比法大,即使有什么廉政公署也不敢查到他的头上。

这样一来,皇帝的权力往往是失控的。

一口气将匈奴人打得灭了火,汉武帝就感到无事可做了,除了与美女卿卿我我,就是游山玩水,找什么长生不老之药去了。反正国家是自个儿的,国库的钱想花多少就花多少,不用找财务签字。

可是这几项勾当同发动战争一样,都是最耗费银子的。一不留神,汉武帝花费超了支,国库里空荡荡可以举行国庆军队大检阅了。

汉武帝忙传旨,加大收税力度,增设徭税种类。随着银子哗哗流进国库,绝大多数人家被榨干了血,干企业的人家破产倒闭，没企业的人家也混不下去了，连生孩子都得交人头税，否则就是个黑户口，上学招工门儿都没有。

本来家里就要断炊了，怎么办？

当爹的闭着眼、咬着牙，用颤动的大手将新生婴儿活活掐死。

汉武帝不仅将国家搞得一团糟，自己的家庭也被他整得支离破碎。大小老婆多半结局悲惨，儿子和儿女也被当做谋逆对象遭到宫廷斗争的血洗。

汉武帝去世时已是七十岁，长到青壮年的几个儿子也都已经给更年期长久不衰的老爸搞死了。总算好歹还存活下一个儿子刘弗陵，却才刚刚八岁，自然就成了托孤大臣霍光手上的木偶。

刘弗陵聪敏过人，他活到二十一岁正要大展鸿图之际竟突然撒手人寰。这位汉昭帝没有后代，霍光便迎立十九岁的昌邑王刘贺做汉天子。岂知刘贺上岗后，荒淫无度，在二十七天内干出一千一百二十七件荒唐事，差不多平均一天四十件。霍光随即发动政变，废黜了刘贺。

国家不可一日无主。

霍光就派人到民间寻来武帝太子刘据的孙子刘病已继承皇位。

当年汉武帝的丞相公孙贺父子被通缉犯朱世安诬告以巫蛊咒武帝，这事闹大了，不但公孙贺父子难逃一死，还株连到众多皇亲国戚，一时间人头滚滚，血溅京城。太子刘据也被写入"巫蛊案"黑名单，皇后卫子夫惊恐之下上吊自杀；太子起兵自卫失败后不得不自杀，其妻妾子女皆被害，连襁褓之中的孙子刘病已也给关进了深牢大狱。

后来，汉武帝才搞清这是一宗冤假错案，就为被陷害致死的太子平反昭雪，修建"思子宫"及"归来望思之台"以寄托对太子的哀思。

当初，在牢狱中的刘病已多亏正直善良的廷尉监邴吉拼死相救才得以保全性命。后因遭大赦，邴吉就将刘病已带到狱外抚养。

刘病已即位后，改名刘询，是为汉宣帝。

刘询在民间长大成人，对百姓的疾苦和吏治得失感触颇深，坚持迎民女许平君为皇后。

但霍光的老婆收买宫中御医毒死了许皇后，让自己的女儿当上了后宫的大姐大。

见心爱的女人惨遭毒手，刘询暗里咬碎了牙，一直忍着不敢发作。待霍光一死，霍光的儿子大司马霍禹企图谋反，刘询立即下令扑杀霍夫人及霍禹，废除皇后霍氏，从而彻底清除了霍氏在朝中的一切势力。

刘询认为治国之道应以"霸道"、"王道"杂治，反对专任儒术。在位期间，刘询励精图治,任用贤能,重视吏治,尤其注意减轻人民负担,恢复和发展农业生产。

刘询统治的时代,"吏称其职,民安其业",史称"宣帝中兴"。

说起来,刘询是唯一一个即位前在民间与百姓生活过的帝王,他即位后一切以民为重,在民间有拥趸无数。

在中国的烹饪界,刘询也是唯一的"皇帝厨神"。可其实刘询并不擅长烹饪调味,只是在民间生活时因爱吃烤饼,他每到长安城一家饭铺买过烧饼后,这家生意一准大火。《史记·宣帝纪第八》亦载:"(宣帝)每买饼,所从买家辄大雠,亦以是自怪。"这种奇异的现象令当时的人们匪夷所思,于是京城饮食行业都把他供奉为面案的"厨神",请他保佑自己的生意火爆,财源滚滚。宋人蔡绦在《铁围山丛谈》卷六云:"汉宣帝在仄微,有售饼之异,见于《汉书·宣帝纪》。至今凡千百岁,而关中饼师,每图宣帝像于肆中,今殆成俗。"

这样看来,刘询更像是饮食行业的"财神爷"。

其实,当时在民间的刘病已,其真实身份已不是什么秘密。想想看,一个皇孙,一个从帝王宫廷走出来的孩子,到自家饭店来买饼吃,老板们能不自抬身价,借此机会大做广告?

既然帝王后代都认准这家的烧饼好吃,寻常百姓更是趋之若鹜,先买来一筐尝尝再说。

可以说,刘病已的存在直接促进了京城饮食行业的发展和繁荣,也极大地带动了民间消费。现代人如果统计汉宣帝时代的 GDP,一定不能忘了刘询的功劳。

刘询虽然不曾亲手烹制什么名菜佳肴,但正是在他的亲自倡议和关注下,一道新的宫廷御馔横空出世。这就是今日火锅的前身——砂锅养生汤!

火锅的古称为"骨董羹",因投料入沸水时发出的"咕咚"声而得名。

"鼎"是古代一种烹制食物的容器,下面架上火烧,鼎内煮着切成块的肉,佐以调料。据《韩诗外传》记载,古代祭祀或庆典,要"列鼎"而食,也就是众人围在鼎四周,将牛羊肉等放入鼎中煮熟分食,这个应该就是火锅的最早萌芽了。

刘询的砂锅美食与历史上的一位大名人苏武有关。

苏武原是汉武帝的臣子。公元前 100 年,匈奴政权新单于即位,汉武帝为了表示友好,派遣苏武率领代表团带了许多财物,出使匈奴。不料,匈奴上层发生了内乱,苏武等人被强行扣留下来。苏武不肯臣服匈奴的单于,被流放到北海(今西伯利亚的贝加尔湖)一带牧羊。

在天寒地冻的北方,唯一与苏武做伴的,是那根代表汉朝的使节和一小群羊。

十九年后，新单于执行与汉朝和好的政策，时任汉朝天子的汉昭帝得知苏武尚且活在人间，立即派使臣把他接了回来。

昭帝死后，苏武因为参与拥立汉宣帝有功，被刘询赐爵为关内侯。

刘询看到一把年纪的苏武虽须发皆白，但满面红光，精神矍铄，就询问他平常以何为食。苏武立刻如实相告。

原来苏武在北海牧羊时，生活条件艰苦之极。苏武没有煮制食物的鼎，只能用锅底状的石头化雪止渴，煮肉充饥。

汉宣帝立刻联想到苏武的高寿和健康可能与这种饮食习惯有关，遂派御医御厨组成联合攻关小组，深入研究，研制出专门用来涮食羊肉的砂锅，并在熬烫时加入羊龙骨、鳖甲骨、鹿骨等材料，以强筋壮骨，延年益寿。

为了纪念这位有气节的民族英雄苏武，刘询亲自为这道汤食命名，就叫做"苏武补元汤"，而这种用砂锅煮涮牛羊肉的新形式逐渐在宫廷中流行开来，并载入"汉方御膳"，后传至民间。

古人因饮食及医疗问题长寿者稀少，而苏武一直活到八十多岁，足见"苏武汤"的养生效果名不虚传。

现在有的餐饮企业，根据"汉方御膳"中的"苏武补元汤"的基础方，采用羊龙骨、鹿茸、鹿骨、鳖甲骨、人参、当归、枸杞、桂圆等各种原料，经科学调配，开发出"苏武牧羊系列火锅"。

苏武牧羊系列火锅均采用内蒙古锡林郭勒大草原的小肥羊作为食材，由于这一地区没有任何环境污染，牧草中含有野韭菜、沙葱等特有植物，食此牧草长大的小肥羊，营养尤其丰富，绵香可口、肉质鲜嫩、肥而不腻、久涮不老、无腥膻异味，是标准意义上的绿色食品。

可以说，苏武牧羊系列火锅走出了一条"文化餐饮、民族餐饮、绿色餐饮"之路，人们不仅能从中感受到中华古老的历史与文化，而且滋补、养生面面俱到，美味、口感两者兼得。

在秦末大动乱时期,岭南大地上出现了第一个封建地方政权——"南越王国"。

这个南越建于公元前 203 年,比刘邦的汉朝还早了三年。国都在番禺(今广东广州市),其疆域包括今天中国的广东、广西两省区的大部分,福建、湖南、贵州、云南的部分地区和越南的北部。

越南人习惯称南越国为赵朝或前赵朝,这是因为南越国的国主姓赵!

公元前 219 年,秦始皇横扫六国后,岭南地区的百越之地进入始皇帝的视野。他任命屠睢为主将、赵佗为副将率领五十万大军平定岭南,屠睢嗜杀成性,被当地民众杀死。秦军经过四年的奋战,终于在公元前 214 年将岭南收入大秦的版图。秦国在岭南设立了南海郡、桂林郡、象郡三郡,任命新统军主帅任嚣为南海郡尉。南海郡下设博罗、龙川、番禺、揭阳四县,赵佗被委任为龙川县令。

当刘邦和项羽在中原打得难解难分之际,任嚣在病危时要赵佗代行南海郡尉的职务,率军抵抗中原各造反势力的侵犯。任嚣死后,赵佗即起兵兼并桂林郡和象郡,在岭南地区建立南越国,自称"南越武王"。这时秦朝已灭亡四年了。

刘邦搞定北方后,开始惦记岭南的大片土地。在公元前 196 年,刘邦派遣大夫陆贾出使南越,劝赵佗归汉。陆贾伶牙俐齿，能把死人给说活了。赵佗虽是沙场百战之将，可也知道自己绝不是刘邦的敌手，就接受了汉高祖赐给的南越王印绶，使南越国成为汉朝的一个藩属国。

此后，南越国和汉朝互派使者，开放市场，繁荣经贸交易。

吕后掌控大汉朝政后，对南越国这种"一国两制"的局面大为不满，就发布了汉朝和南越交界的地区禁止向南越国出售铁器和其他物品的禁令。见再也购不到高科技技术含量的军火，赵佗恼火了，他召开新闻发布会，宣布脱离汉朝，自称"南越武帝"，并抢先下手，出兵越境攻打大汉的长沙，获得几次小胜之后才班师撤回。吕后也是个强势的女人，随即派遣大军讨伐赵佗。可中原的士兵无法适应南越一带炎热和潮湿的气候，一个个都成了病秧子，走到南岭以北就歇菜了。

一年后，吕后死去，汉朝的军队放弃了进攻南越国的计划。此时赵佗利用天朝汉军不敢南犯的影响，通过财物结纳的方式，将闽越、西瓯和骆越等百越部落都兼并到他的旗下，南越国进入历史上的鼎盛时期。

吕后死后，汉家皇帝刘恒是个聪明人，他先派人重修了赵佗先人的墓地，设置守墓人每年按时祭祀，并给赵佗的堂兄弟都赏赐了官职和财物，收买人心。接着派陆贾再次出使南越国说服赵佗归汉。

在陆贾劝说下，赵佗决定去除帝号归复汉朝。他对外称"南越王"，但是国内，赵佗仍然继续使用着皇帝的招牌行事。

赵佗是位高寿的帝王，去世时已达101岁高龄，其儿子都已经死去，南越国就由他的孙子赵眜打理。

南越国轮到赵兴做主时，汉朝的天子是汉武帝，他一心想迫使南越王归附汉朝。这时谏议大夫终军主动请求说："请您给我一根长缨，我一定会把南越王绑来见您。"这就是"终军请缨"的典故出处。

南越王赵兴决定向汉朝称臣，并买好了到长安的车票。岂知大汉使臣安国少季与南越国的樛太后通奸，加之掌控南越军政大权的南越丞相吕嘉又坚决反对南越臣服于汉，结果出了乱子，君臣攻伐，吕嘉竟将南越王、樛太后及终军等汉朝使者悉数杀害，另立傀儡赵建德为新的南越王。

汉武帝逮住这个师出有名的机会，立马派大军灭了南越，将其属地设置了九个郡，直接归汉朝领导。这样，由赵佗创立的南越国经过93年、五代南越王之后，终于因内乱祸起萧墙，被汉朝消灭了。

南越国一直实行"和辑百越"的民族政策，逐步吸收了许多越人到南越国为官，如丞相吕嘉即是坐地户。而南越国的汉人也入境随俗，提倡和实行汉越之间的通婚，如第五代南越王赵建德的母亲就是位越族美女。

南越国南面临海，境内河网众多。在饮食文化上，南越国的食物资源非常丰富，杂食的风俗习气令中原人惊讶。据《周礼》载：“交趾有不粒食者”，“煮蟹当粮那识米”。能拿煮蟹当粮食吃，这不是北方人敢于想象的事情。赵佗算得上第一代从中原到岭南的客家人，可以说，正是中原先进的烹调技艺和炊具与越地丰富的食物资源及饮食方式融合成了南越国特有的风格，飞、潜、动、植均成佳肴，这种饮食特色一直影响了岭南地区两千多年，“食在广州”的历史地位能被今天的中国人认可，南越国居功至伟。

2009 年，广州酒家追溯两千年来的饮食之源，发掘出南越国时期的饮食文化，从菜品、餐具、服饰、礼仪、典故、音乐、环境布置等方面精心研制古越文化盛宴——“南越王宴”。

所开发的“南越王宴”席单如下：

九道主菜出自史料记载的九个典故，其原料选择秦时越人喜欢吃的蛇、鸟(雀)、海产类等，烹制方法也是效法当时流行的烩、烙、炮、炙等做法：

1. 雄关新道：厨蒸越法烧小豕(烧酿乳猪)。

2. 始皇寻珍：南岭土风鲟鱼脍(鱼生、薄脆、榄仁、荞头丝、西芹丝等)。

3. 灵渠船曲：灵水浸煮海河鲜(白汤煮蟹、虾、鲍鱼、花螺、青口等)。

4. 蕃都称王：百越陶瓮蚺蛇馔(火腩、姜、葱、蒜子、冬菇炖蛇羹)。

5. 三郡升平：铜鼎豆酱爆八珍(豆酱、溴带、冬菇、冬笋、鸡亦球、果子狸、黄猄、鳄鱼)。

6. 陆贾南来：木炭黄泥炮乌雀(用面粉包裹秘制鹌鹑)。

7. 越王思汉：思乡客家酿豆腐(煎酿豆腐)。

8. 赵佗百岁：象郡鳖群炙海蚝(蜜汁烧蚝拌彩椒炒鳖裙、龟片)。

9. 南北归一：海陆贡品调御膳(海参、猴头菇、栗子、花胶炖汤)。

另有越人小食：切鸡、灼虾、田螺、萝卜、蚕虫、龙虱、烧肉、禾虫。

南国田园风光：火合菱角、马蹄、莲藕、郊笋、茨菇。

岭南时鲜贡果：龙眼、红枣、三木念、仁木面、荔枝干、乌榄、糖桔、核桃。

南越风情甜品：姜撞奶。

其实，现今的“南越王宴”只是某酒家开创的一个商业性美食品牌。在烹调方法上借鉴了当时南越的烹调法。如南越王墓曾出土一件青铜烤炉，炉上悬挂大件烤物的铁链、烤串肉的铁签、烤乳猪或三鸟的长铁叉，同时还出土有乳猪和鸡鸟的骨骸，这是目前所知最早的中国烤乳猪的一组实物饮食史证。墓中还出土有许多只炭烤禾花雀，其残骨中夹存着黄土和木炭，显然是用黄土包裹再通过炭火烘熟后才作为陪葬食品入葬的。南越王宴中的"木炭黄泥炮鸟雀"便采用上述做法。再如菜谱里的豆腐是与汉武帝同时期的淮南王刘安在炼丹时的重大发现，当时南北经济文化交流频繁，倒也说得过去。

不管如何，今天能够在"南越王宴"上感受一下南越国典故及饮食掌故，于一派钟鸣鼎食的氛围中品味到诸般南国美食佳肴也算是一种口福了。

据《史记》载，在公元前135年，闽越国（今福建一带）国王骆郢率军攻打南越国边邑，汉武帝派兵解围，打败了闽越国。汉武帝的使臣唐蒙在南越王的答谢宴会上意外饮到了旷世奇珍——"蒟酱"酒。此处"酱"恐为笔误，应为"浆"字。据《周礼·天官·浆人》记载："掌共（供）王六饮：水、浆、醴、凉、医、酏。"六饮中的"浆"，是一种果汁较浓的淡酒，也泛指所有酒类。

席间玉盘珍馐多多，唐蒙独独对"蒟酱"酒难以释怀，经过向南越王打听，才知道此酒出鳛国（今贵州习水县土城镇）。

鳛国早在战国时代为楚国所灭，此时的鳛国应该是个残余的小部落，应是南越治下的拥趸。唐蒙的兴奋与后来发现新大陆的哥伦布不遑多让，回到长安即将"蒟酱"酒献给汉武帝。汉武帝饮到"蒟酱"酒后，大加赞赏，金口玉牙地说出了"与肉何异"四个字。这里并不是说，"蒟酱"酒可以像肉一样充饥，而是有古语在先："玉馈之酒，酒美如肉！"

从此，鳛国的"蒟酱"酒身价百倍，被汉武帝御封为国酒，并成为朝廷国宴上招待各国使臣的指定饮料。

贵州仁怀市古属鳛国，也是"蒟酱"酒的故乡，同时也是茅台、习酒及五粮液的发源地。清代《仁怀厅志》上载有古诗曰："尤物移人付酒杯，荔枝滩上瘴烟开。汉家蒟酱知何物，赚得唐蒙鳛部来。"另元代宋伯仁的《酒小史》也载有"南粤唐蒙蒟酱"的酒文化典故。足见"蒟酱酒"是货真价实的南越国御宴饮品。

蒟酱又名槟榔药，为胡椒科植物蒌叶藤。味辛、微甘、温，果实做酱为药，具有行气化痰、祛风散寒的功效。

而现今贵州省仁怀市茅台镇一家酒厂开发的"习王宴"酒，即是对赤水河流域的古鳛国"蒟酱"酒的一种新发掘开发。

第九章
民选皇帝王莽的
最爱——鲍鱼

谁都知道，鲍鱼是世上顶极好吃的东东。

鲍鱼也叫鳆鱼，素有"海味之冠"之称，自古以来就是名贵的食品之一。在众多珍贵的海味中，鲍鱼位列海参、鱼翅、鱼肚之前。很久以前，欧洲人就把鲍鱼当做一种活鲜食用，誉作"餐桌上的软黄金"！

其实，鲍鱼并非会游泳的鱼，而是腹足纲软体动物，属海产贝类，跟海螺之类的海货为近亲关系，又因形状有些像人的耳朵，所以也俗称为"海耳"。鲍鱼的外壳表面粗糙，在壳的边缘有九个孔，这是鲍鱼的呼吸、排泄和生育通道。所以它又叫"九孔螺"。

鲍鱼的软体部分为扁椭圆形，黄白色，大者似茶碗，小的如铜钱。这软体部分就是鲍鱼的肉足，平常全靠它爬行或附着在礁棚和穴洞之中。

鲜鲍必须去壳、盐渍一段时间，然后煮熟，除去内脏，晒干成干品。它肉质细嫩，鲜而不腻；营养丰富，清而味浓，烧菜、调汤均可，妙味无穷。

鲍鱼为什么会成为海鲜中的第一极品？除了美味之外，鲍鱼还有诸多医药功效，中医称鲍鱼功效可平肝潜阳，解热明目，止渴通淋；主治肝热上逆、头晕目眩、骨蒸劳热、青盲内障、高血压眼底出血等症。连鲍壳都是著名的中药——石决明，其第一功效就是明目，还能够清热、平肝息风，可治疗头昏眼花和发烧引起的手足痉挛、抽搐等症。

鲍鱼补而不燥，养肝明目，多吃一些也不会产生什么副作用。

到了清朝，由于宫廷隆重推出"全鲍宴"，当时沿海各地官员进京朝圣时，一定要把土特产鲍鱼作为贡品，并且还有潜规则，一品官吏必须进贡一头鲍，也就是三只鲍鱼必须达到一斤的分量。至于七品芝麻官，进贡七头鲍就可以了。

吃鲍鱼在青史留名的帝王颇多，如秦始皇出行时，随驾的御厨房就时刻备有大量的鲍鱼以供进膳。始皇帝驾崩后，赵高等人就用死鲍鱼来掩盖秦始皇的尸臭，事见《史记·秦始皇本纪》："会暑，上辒(辌)车臭，乃诏从官，令车载一石鲍鱼，以乱其臭。"

换算一下，秦代的一石等于现代的109公斤。可见在秦宫廷的御膳食谱上，鲍鱼算得上是家常菜了。

死鲍鱼的臭味也早早为世人所认识。《孔子家语》中便有"如入鲍鱼之肆，久而不闻其臭"之句，鲍鱼之肆就是古代卖盐渍鱼的商铺，被圣人比喻为小人聚居之所。

史书上，真正记载的帝王直接暴吃鲍鱼的第一人则是新朝皇帝王莽！

自宣帝以后，正是所谓"元、成、哀、平，一代不如一代"。

宣帝与许皇后的儿子汉元帝刘奭"柔仁好儒"，是个多才多艺的文化皇帝，精通乐器，擅长作曲。他在位的十五年中，能叫后人记住的大事就是"昭君出塞"。

而西汉一朝的灭亡根子就出在汉元帝的身上。

元帝还是太子的时候，他最爱的女人司马良娣病死了。刘奭竟因此悲愤成疾，太子宫里的所有姬妾看都不看一眼。汉宣帝便让皇后从后宫中挑选几名宫女供太子欢娱。

刘奭急于应付了事，就随手把离自己最近的宫女带走。一夜风流后，这名叫王政君的宫女竟怀上了龙种。第二年，王政君生下嫡皇孙。汉宣帝见帝王家有了接户口本的人，喜出望外，亲自给孩子起名叫刘骜。骜就是千里马！

及至刘奭登基，母以子贵的王政君也一步登天，做了皇后。

王政君做了皇后并不可怕，可怕的是她有个侄子叫王莽。

刘骜就是汉成帝，他同时迷上了赵飞燕、赵合德姐妹俩，结果把自己的性命断送在寝床上。

成帝的时候，王莽就借着与皇太后王政君的关系和良好的社会声誉，出人头地，成为朝廷显贵。

成帝没有后代,侄子刘欣被找来担当国家重任,是为汉哀帝。

刘欣一上台,就让大司马王莽下了课,使祖母傅太后、母亲丁太后这两家外戚在朝堂得势。王莽无官一身轻,跑到新野隐居起来。

汉哀帝刘欣也想干大事,打算限田、限奴,消除越来越激烈的社会矛盾。可他颁布的一系列诏令都受到丁、傅两家外戚的反对,政令不出未央宫。

刘欣索性破罐子破摔,在宫墙内玩起了同性恋。对男宠董贤赏赐无数,封其为大司马、大将军三公之职。后来刘欣居然还打算将皇位让给千娇百媚的董帅哥,真是够荒唐的了!

公元前1年,在位仅七年的汉哀帝因贪色纵情而亡。

皇太后王政君重掌大权,恢复了王莽的大司马职务,并令其兼管军事令及禁军。

汉哀帝也没传下后人,在王莽的建议下,王政君立刘欣的堂弟刘衍为新君,是为汉平帝。刘衍年仅八岁,在现在也只是小学一年级的小学生,自然所有朝政都是王莽一人拍板说了算了。

王莽的父亲去世得早,很快其兄也病逝了。王莽打小就孝母尊嫂,生活俭朴,饱读诗书,结交贤士,声名显赫,很快入选大汉帝国的年度"十佳少年"。王莽对其身居大司马之位的伯父王凤极为恭顺。老人家也由此看好王莽,临死前一再嘱咐女儿王政君多多照顾王莽。于是在汉成帝时,二十三岁的王莽就光荣加入了公务员行列,初任黄门侍郎,后升为射声校尉。年轻的王莽礼贤下士,清廉俭朴,经常把自己的薪水分给门客和穷人,甚至卖掉上下班的马车来接济京城里的"待富者",所以深受众人爱戴。

但总的来说,王莽是一个志大才疏的人。

在新野隐居期间,王莽的次子王获杀死家中奴婢,他大义灭亲,呼唤人权平等,逼其儿子自杀,因此博得世人好评。

王莽共有六子。在此前,王莽的长子王宇就因为吕宽之狱受到牵连而被杀。看来当王莽的儿子可不是什么妙事,果然后来他的三子王临因与王莽的侍妾私通事发,想谋杀老爸,来个一劳永逸,结果被王莽逼令自杀。

自拥立汉平帝后,王莽得到朝野的一致拥戴。这一年,王莽进爵为安汉公,封地食户达两万人。接着王莽的女儿变身为平帝的皇后。随着朝权的巩固,王莽被加号宰衡,就是享受国父待遇的政府第一总理,位在诸侯王公之上。王莽这段期间不遗余力地宣扬礼乐教化,赢得天下儒生的狂热拥戴,被加九锡。

九锡其实是天子赐给诸侯、大臣有殊

勋者的九种最高礼遇的殊荣。如专车、豪宅、仪仗及三百名虎贲卫队，等等。

汉平帝刘衍也想借着母亲卫氏的外戚势力翻身做主人。王莽抢先下手，灭了刘衍舅舅一家。刘衍不免生出怨言。此时王莽的野心已经极度膨胀，他担心汉平帝日后难以控制，就将其毒死。王莽又从汉朝皇室中挑选了时年两岁的刘婴充当"皇太子"，而自称"摄皇帝"，但排场与皇帝同等，仅在见孺子及太后时自称一下臣子。

公元 8 年，王莽又称号为"假皇帝"。"假皇帝"没干上几天，借着市工农商的雪片般的劝进信的大好势头，王莽再也按捺不住对终极权力的渴望，声称汉高祖刘邦托梦要他做皇帝，便强迫刘婴禅位给他，建国号"新"，改京城长安为常安。尊王太皇太后为皇太后，刘婴为定安公。

至此，立国二百一十五年的西汉帝国灭亡。

·汉末大乱后，西汉皇族刘玄被绿林军推为更始帝。刘玄将刘婴立为太子，但毕竟不是亲生骨肉，旋即又杀死了他。

王莽称帝后，便大展拳脚，推行新政。他主要是仿照周朝的制度进行大刀阔斧的改革。

一是土地国有化，私人无权买卖；二是改奴婢为"私属"，亦不得买卖；三是建立国企，由政府统一经营盐、铁、酒、铸钱和征收山泽税；四是评定物价，恢复原始货币；五是改革中央机构，调整郡、县划分，改换官名、地名；六是改变少数民族族名和首领的封号，也就是把他们的封号降档次。

只可惜王莽的这些改革措施太理想化，脱离实际，改制也如同儿戏般朝令夕改。不但没能缓和社会矛盾，反而造成了更大的社会动乱。

边疆战火熊熊，各地农民也纷起反抗，遍地是贼和强盗！

随着赤眉、绿林大起义袭卷中原大地，并兵临城下，王莽的新朝也处于风雨飘摇之中。这时的王莽无计可施，反而接受迂腐儒生的建议，带着群臣到国都郊外大哭特哭，打算用哭声感动上苍，降灾难给那些造反派，让他们个个不得好死。最滑稽的是居然还给大哭的人准备盒饭，吃工作餐。

当绿林军已经攻入京城，王莽还振振有词地说："是老天降大德与俺，造反的那些人能把俺怎么样？"

公元 23 年，绿林军破长安。在一片混乱中，民选皇帝王莽为商人杜虞所杀，短命的新朝就此灭亡。

据《汉书·王莽传》记载："莽忧懑不能食，亶（但）饮酒，啖鳆鱼。"

是啊，天都要塌下来了，做皇帝的能

不上火？咽不下饭，王莽就一个劲儿地喝酒和暴吃美味鲍鱼了。

鲍鱼主要是名气大。据说其谐音"鲍者包也，鱼者余也"，鲍鱼代表包余，以示包内有"用之不尽"的余钱。因此，鲍鱼不但是馈赠亲朋好友的上等吉利礼品，而且是宴请、筵席及逢年过节餐桌上的必备"吉利菜"之一。

当然，鲍鱼肉质柔嫩细滑，滋味极其鲜美，也非其他海味所能企及的。

另外吃鲍鱼能养血柔肝、行痹通络、滋阴益精、清热明目，其肉中还含有一种被称为"鲍素"的成分，能够破坏癌细胞必需的代谢物质，并且是一种补而不燥的海产，吃后没有牙痛、流鼻血等副作用，所以多吃也无妨。

说到鲍鱼的滋味，最好亲口品尝。让牙齿多接触鲍鱼，感受鲍鱼软韧的质感及浓香真味，大概就像和初恋女友接吻一样，柔软细腻，唇齿留香。

鲍鱼的做法颇多，这里只介绍两种简单做法。

↓ 鲍鱼

一、清蒸鲍鱼：

主辅料：新鲜鲍鱼 200 克左右，盐 5 克，料酒 10 克，小葱 10 克，姜 30 克，醋 20 克，花椒 5 克，酱油 15 克，香油 5 克。

制法：1. 将洗净的鲍鱼两面剞上斜直刀，由中间切开。

2. 葱姜洗净，葱切条，姜一半切末，另一半切片。

3. 将鲍鱼摆盘中，加料酒、味精、100 毫升汤、葱条、姜片、花椒和盐，上屉蒸。

4. 蒸 10 分钟左右取出，拣出葱、姜、花椒。

5. 碗内加入醋、酱油、姜末、香油兑成姜汁。

6. 食时，将姜汁与鲍鱼一起上桌，蘸姜汁吃。

特点：菜色洁白，清鲜而嫩，鲍鱼味香醇浓郁。

二、红烧鲍鱼：

主料：鲜鲍鱼 500 克左右，竹笋 250 克，熟火腿 100 克。

调料：绍酒、酱油、精盐、味精、白糖、猪油、鸡油、玉米粉、奶汤、葱、姜、蒜。

制法：1. 鲍鱼处理干净，两面剞成花刀，再片成两片。

2. 竹笋中含有较多的草酸，烹调前要沸水焯处理，以去除草酸。

3. 熟火腿均切小骨牌片；葱、姜、蒜切成指甲片。

4. 油锅置火上,下入底油(猪油)。

5. 油热时,将葱片、姜片、蒜片略煸,依次下入酱油、奶汤、冬笋片、熟火腿片,烧沸后用精盐、绍酒、白糖、胡椒粉调好口味,再放入鲍鱼,烧至入味后,用玉米粉勾芡,加入味精搅匀,淋些鸡油,即可出锅装盘。

特点：色泽深红油亮,味鲜而浓。

在许多人眼里,东汉王朝是个寂寞的王朝。

连毛泽东在读过《汉书》之后,也这样评价说:"东汉只是两头热闹。"

东汉开头热闹是因为出了个光武帝刘秀。至于东汉结尾热闹是生出个"三国"的怪蛋!

如果把中国历代皇帝按照德行才干的标准排个座次的话,拔得头筹的既不是唐太宗李世民,更不是康熙大帝玄烨,而是东汉的开国皇帝刘秀刘文叔。

可以说,刘秀是当今男人的楷模、白领 CEO 效仿的榜样。

为什么这样说?我们且看一下刘秀

的传世名言就知道了。

"有志者事竟成也!"——有为青年的励志篇。

"仕宦当做执金吾,娶妻当得阴丽华。"——男儿事业、爱情双丰收的标准。

"天地之性人为贵。"——人权高于一切,人才是事业的支柱。

"吾理天下,亦欲以柔道行之。"——以柔克刚,善用攻心之术打理公司。

"疾风知劲草。"——如何结识对你有帮助或是可以成为知己的人。

"失之东隅,收之桑榆。"——好心态必然会有好收成。

想成为一个优秀的男人,首先一点得

聪明。

刘秀是汉家皇族后人，是汉景帝刘启一次喝醉了酒，误把程姬的侍女唐儿当成了爱姬，于是阴差阳错，有了长沙定王刘发这一支皇族人，也就有了刘秀。

刘秀是传承汉家血脉的大功臣，也有人称其为"汉世祖"，意思是除了汉高祖就是他了。

无论是在同时代还是后世诸多的史学家、政治家、军事家和文学家看来，刘秀的历史地位都是独一无二的。这些人尤其喜好拿汉高祖刘邦说事，与他做比较。

明末大儒王夫之在《读通鉴论》中快人快语："光武之得天下，较高帝而尤难矣。光武之神武不可测也！三代而下，取天下者，唯光武独焉！夏商周后，唯光武允冠百王矣！"

南怀瑾也于《原本大学微言》中谈道："在中国两千年左右的历史上，比较值得称道，能够做到齐家治国的榜样，以我个人肤浅的认定，大概算来，只有东汉中兴之主的光武帝刘秀一人。"

一向比较看好大老粗的毛泽东也对自己多年的帝王研究总结出"三最"："刘秀是中国历史上最会用人、最有学问、最会打仗的皇帝。"

刘秀不喜浮华，提倡勤俭。他登基多年，仍衣着朴素，耳不听流行音乐，手不持珠玉之玩。

建国后，刘秀多次下诏解放黑奴，释放奴婢、刑徒。他注意整顿吏治，选拔贤能，故《后汉书·循吏传》对光武帝有"内外匪懈，百姓宽息"之誉。刘秀做得最出色的是薄赋敛，省刑法，偃武修文，不尚边功，与民休息。自平定陇蜀后，刘秀就不再言及军旅战事。打了十几年的仗，他已经厌倦了攻伐和流血。他所做的一切为恢复和发展当时的社会生产创造了有利的条件，使得广大民众得以休养生息，从而奠定了东汉前期八十年间国家强盛的物质基础。

而最令后人称绝的是，刘秀没有杀戮或迫害过任何一位开国元勋，君臣无猜，多年欢娱，俱得善终。

当然，有这样超一流的领袖人物在前面摆着，试问那个臣子敢无事生非，称王谋反？

在饮食方面，光武帝也是一切尽量从简。他除了吃些"试量集狗肉"，也吃过鲍鱼。据《后汉书·卷二十六》记载，东汉初年，齐王张步兄弟拥兵山东搞武装割据，光武帝刘秀亲征，大胜张步，随即派大夫伏隆去招降他们。张步被打服了气，遂遣使随伏隆上朝，递降书并进献了鲍鱼。

此外，相传光武帝晚年的某一年春天外出游猎，来到黄河之滨。忽见一条赤色大鲤鱼跃出水面，在阳光下，金光耀眼。刘秀大喜，遂命左右捕上岸，交御厨烹制。

御厨将黄河鲤鱼与枸杞子同烧,色香味俱全,甜酸开胃,名曰"长寿鱼"。刘秀食后,顿觉食量倍增,精神抖擞。此菜后传入民间,成为了当时京都洛阳的一道名菜。

枸杞子为茄科植物宁夏枸杞的干燥成熟果实。《本草纲目》中说"久服坚筋骨,轻身不老,耐寒暑"。中医常用它来治疗肝肾阴亏、腰膝酸软、头晕、健忘、目眩、目昏多泪、消渴、遗精等病症。现代药理学研究证实枸杞子可调节机体免疫功能,能有效抑制肿瘤生长和细胞突变,具有延缓衰老、抗脂肪肝、调节血脂和血糖、促进造血功能等方面的作用,并已应用于临床。

如今这道"长寿鱼"成为了当地为老人祝寿的首选菜谱,除与枸杞子同烧外,锅中还加入一些时鲜菜蔬及长寿面。

黄河鲤鱼同淞江鲈鱼、兴凯湖大白鱼(翘嘴红鲌)、松花江鳜鱼(鳌花)被共誉为我国四大名鱼。黄河鲤鱼的鱼口有两对触须,脊背略高肉肥厚,内脏少,体色金黄发亮,尾鳍呈红色,故也有"红鲤"之称,号称"鱼中之王",也是排列在前几位的世界名鱼之一。

与其他几种鲤鱼相比,黄河鲤鱼体形梭长(体长/体高＞3,尾柄长/尾柄高≈1),肉质细嫩而鲜美。其肌肉中具有较高的蛋白质含量(17.6%)和较低的脂肪含量(5.0%),含有丰富的人体必需的全部8种氨基酸和4种鲜味氨基酸,还含有3种人体必需的微量元素铁、铜、锌及大量元素钙、镁、磷等。此外还具有利尿消肿、安胎通乳、清热解毒、止咳下气的医疗价值。

自古以来,黄河鲤鱼即为民间喜庆各种宴席所不可缺少的佳肴。在《诗经》中,就有"岂其食鱼,必河之鲤"的诗句,这里的"河"指的就是黄河。汉诗《羽林郎》也有将鲤鱼作为美肴来称颂的诗句:"就我求珍肴,金盘烩鲤鱼。"早在春秋时期,黄河鲤鱼就被当做贵重的馈赠礼品。据《史记·孔子世家》记载,孔老夫子儿子出生后,鲁昭公送一条大鲤鱼作为贺礼。孔子深感荣幸,便给儿子取名曰孔鲤,字伯鱼。结果害得孔府家的后人多年不敢沾鲤鱼的鱼腥味,祭祖时不用鲤鱼而改用了鲫花鱼。

黄河鲤鱼向为食之上品,孔家人不敢吃鲤鱼,两姓旁人可不管不顾了。

下面介绍一下黄河鲤鱼的当红做法,新中国的国宴就有这道美味佳肴。

↓ 糖醋软熘黄河鲤鱼

主料:鲤鱼800克。

辅料:淀粉(蚕豆)8克。

调料：盐 5 克，醋 30 克，黄酒 20 克，白砂糖 100 克，姜汁 15 克，小葱 10 克，花生油 80 克。

制法：1. 将黄河鲤鱼宰杀，去鳃、鳞、内脏，洗净，两面解成瓦垄形花纹备用。

2. 炒锅置旺火，添入花生油，六成热时将鱼下锅炸制，连续顿火几次。

3. 待鱼浸透后，再上火，油温升高后，捞出鱼滗油。

4. 净炒锅置旺火上，添入清汤 400 毫升，放进炸好的鱼，加白糖、醋、黄酒、精盐、姜汁、葱花，旺火边熘边用勺推动，并将汁不断撩在鱼上。

5. 待鱼两面吃透味，勾入湿淀粉，汁收浓时，将炸鱼时滗出的热油适量下入，把汁烘成活汁，将鱼带汁装盘。

特点：色泽柿红透亮，油重而融和，利口而不腻，甜中透酸，酸中微咸，鱼肉鲜嫩。

注意事项：1. 必须选用鲜活的黄河鲤鱼，将鱼去鳞挖鳃，从鱼腹外边顺长开 3 厘米左右长的口，取出内脏，注意取内脏时不要碰破鱼胆（以防胆汁沾在鱼肉上，使鱼肉变苦），洗净备用。

2. 炸鱼时要用勺子往鱼上浇热油，并在炸制过程中顿火数次，以使鱼炸透。

3. 焖时要旺火开锅，后移至中小火慢焖，并用勺将汁向鱼身上撩，以使其入味均匀，并不时晃动铁锅，防止鱼巴锅。

4. 因有过油炸制过程，需多备一些花生油。

秘籍

鲤鱼禁忌

鲤鱼忌与绿豆、芋头、牛羊油、猪肝、鸡肉、荆芥、甘草、南瓜、赤小豆和狗肉同食，也忌与中药中的朱砂同服；鲤鱼与咸菜相克，可引起消化道癌肿。

"洛鲤伊鲂，贵如牛羊。"唐朝诗人王维曾在《洛阳女儿行》中有过这样的描述："洛阳女儿对门居，才可容颜十五余，良人玉勒乘骢马，侍女金盘脍鲤鱼。"

洛阳的黄河鲤鱼如此诱人，有幸到洛阳旅游的朋友，不可不尝上一尝哟！

说到洛阳，不能不说说东汉著名史家班固的《东都赋》。

这篇《东都赋》不仅大力赞美东都洛阳之壮美物丰，意谓此时洛阳的盛况已远远超过了西汉首都长安。班固在文中还提及盛大的宫廷御宴。"于是庭实千品,旨酒万钟,列金罍,班玉觞,嘉珍御,太牢飨。尔乃食举《雍》彻,太师奏乐,陈金石,布丝竹,钟鼓铿鍧,管弦烨煜。抗五声,极六律,歌九功,舞八佾,《韶》《武》备,泰古毕。四夷间奏,德广所及,僸佅兜离,罔不具集。万乐备,百礼暨,皇欢浃,群臣醉,降烟煴,调元气,然后撞钟告罢,百寮遂退。"

这段文字看似是讴歌光武帝刘秀的丰功伟绩,但实际写的是汉章帝刘炟,因为这宏大的御宴排场不是躬行节俭的刘秀能干出来的事。具体佐证可见《后汉书·祭祀中篇》。

也就是说东汉由简入奢的风气是从汉章帝刘炟那儿开始泛滥的。

东汉的国宴每年都有万人参加,且场面相当隆重壮观。这一点从蔡质的《汉官典职仪式》即可找到佐证:"正月旦,天子御德阳殿,临轩。公、卿、将、大夫、百官各陪朝贺。蛮、貊、胡、羌朝贡毕,见属郡计吏,皆陛觐。庭燎。宗室诸刘杂会,万人以上,立西面。位定,太官赐食酒,西入东出。既定,上寿。计吏中庭北面立,大官上食,赐群臣酒食",期间还有歌女表演的双人舞及"鱼龙曼延"舞。东汉集科学家、文学家、政府官员于一身的张衡也曾写有"春醴惟醇,燔炙芬芬;君臣欢康,具醉熏熏",专门来形容大年初一国宴联欢会的盛大。

而谈及光武大帝刘秀的话题一直没完没了,谁说这个王朝是寂寞的?

在西汉时期，弄权的外戚小试牛刀，宦官刚冒一下头便被按了下去。

到了东汉，不仅外戚披挂上阵，宦官们更是后来者居上，首开宦官时代的先河，做起了唐、明两朝宦官的祖师爷。

东汉后期桓帝刘志时，外戚一手遮天。刘志"对外戚百般无奈"，就跑到厕所里与左右宦官密商铲除外戚的军国大事，不料搞掉外戚后，出力最大的宦官们随之把持了朝政。

治理国家并不是宦官的本行，这帮挨刀的家伙只会耀武扬威，打压贤良。

汉灵帝刘宏即位后，外戚与宦官相互斗法不休，这国家还能有个好？

天老爷也发了脾气，旱灾、水灾、蝗灾一起来，天下怨声载道，民不聊生，国势大踏步迈向衰落。灵帝却只知沉湎酒色，夏日在裸游馆内避暑，长夜饮宴，还大大满足地说："使万年如此，则为上仙矣！"而把政事都交付给张让等"十常侍"宦官，经常把"张常侍乃我父、赵常侍乃我母"的话挂在嘴边。

巨鹿（今河北涿州）人张角兄弟三人以"苍天已死，黄天当立，岁在甲子，天下大吉"为名举行大暴动，史称"黄巾之乱"，动乱未止，又出了个"董卓之乱"，从此东汉政府名存实亡。

接着汉末大牛人曹操曹孟德闪亮登

场,他挟天子而令诸侯,打遍天下无敌手。

公元 208 年,成为东汉政权丞相的曹操南征荆州刘表,年底在赤壁与孙刘联军打了一架,惨败而归。孙权和刘备趁势圈地,各霸一方。

这时候,人们已掌握了从西域引进的胡麻(芝麻)的栽培和榨油法,不过压榨出来的麻油最初质量不佳,只用来做灯油。但在战争中,麻油大大地露了脸,周瑜火烧赤壁就是用它做燃料的。不久,魏、吴鏖兵合肥时,魏将满宠也凭借着麻油的"火战"击退了孙权的进攻。

谁也不会想到,植物油最早出现在中国并不是食用的!

在公元 211 年,曹操领军西征击败了以马超为首的关中诸军,第二年又击败、降服了割据汉中的五斗米道教祖师张天师的孙子张鲁。至此,三国鼎立之势基本成型。

既然曹操这么辛苦,汉献帝也瞧着心疼,曹操只能被提拔了。公元 211 年,汉献帝册封曹操为魏王,于邺城建立魏王宫铜雀台,待遇和工资都与天子一般多,并允许"参拜不名、剑履上殿"。面见皇帝时可以佩枪,不用自报名号。

曹操吃鸡是出了名的。

看过《三国演义》的人都知道,曹操与大耳朵刘备争夺汉中时,餐桌上就摆着一只鸡。大将夏侯惇请示军营的口令,曹操正啃着鸡肋,于是随口说:"鸡肋。"在高参杨修的眼里,鸡肋食之无味,弃之可惜。这预示着曹操将放弃汉中之战。杨修便要起小聪明,私下去劝夏侯惇收拾行囊,准备撤军。曹操大怒,立刻杀了多嘴的杨修。

曹操的鸡虽然不是下蛋的公鸡,却也是大大的有名。

"曹操鸡"相传是曹操早年驻军在庐州(今安徽合肥)时,他的军医与膳房厨师共同研制出来的。

当时曹操一心要踏破东吴,生擒孙权,便在庐州逍遥津组建水军登陆队,日夜操练兵马。因军政事务繁忙,曹操的旧疾头痛病发作,卧病在床。

这时他的厨师遵照医嘱,选用当地仔鸡配以中药、佳酿,精心烹制成一种药膳鸡。曹操在食用时见这鸡做得色泽红润,香气浓郁,皮脆油亮,造型美观,只需轻轻抖下鸡腿,便鸡肉纷落,骨酥肉烂,当即惊喜不已,垂涎三尺。随着曹丞相头痛渐愈,身子骨也日渐硬朗起来后,他每次进餐必食此鸡。就这样,"曹操鸡"的声名不胫而走,制作的秘诀也传入民间,且在合肥流传至今,妇孺皆知。

"曹操鸡"因产于逍遥津,故也叫"逍遥鸡"。经宰杀整型、涂蜜油炸后,再经配料卤煮入味,直焖至酥烂,肉骨脱离,滋味鲜美,食后余香满口,并兼具食疗健体的功效。

当然，不佐以中药，也一样能做成"曹操鸡"。

"曹操鸡"味道精美，鸡肋也是一样的好吃。当时曹操怒杀杨修是否有不满杨修故意贬低"曹操鸡"美味的意思，恐怕只有吃过合肥"曹操鸡"后才能弄清楚这个答案。

到了汉末，"鲈鱼脍"成为了王室贵族的一种饮食风尚。

见范晔的《后汉书·左慈传》所记："左慈，字之放，庐江人也。少有神道，尝在司空曹操坐，操从容顾众宾曰：'今日高会，珍馐略备，所少松江鲈鱼耳。'放于下坐应曰：'此可得也。'因求铜盆贮水，以竿饵钓于盘中，须臾引一鲈鱼出。操拊掌大笑，会者皆惊。操曰：'一鱼不周坐席，可更得乎？'放乃更饵钩沉之，须臾复引出，皆长三尺，生鲜可爱，操使目前脍之，周浃会者。"

这段文字过于夸张，其实这位汉末"刘谦"所表演的仅仅是一种魔术而已。

著名的松江鲈体长仅10余厘米，哪里来的"皆长三尺"？

不过这至少说明早在汉末时期，松江鲈已成为人所共赞的餐饮珍馐。

松江鲈属鲈形目，杜父鱼科、松江鲈鱼属，鲈鱼体侧扁，嘴大，鳞细，背灰绿色，腹面白色，身体两侧和背鳍有黑斑。生活在近海，秋末到河口产卵。其真正的名称为"松江鲈鱼"，又被誉为"四鳃鲈"。其实这个"四鳃鲈"也是从宋代开始以讹传讹出来的一个误解。

在众所周知的《三国演义》中的"左慈掷杯戏曹操"一节里，罗贯中这样写道：

少刻，庖人进鱼脍。慈曰："脍必松江鲈鱼者方美。"操曰："千里之隔，安能取之？"慈曰："此亦何难取！"教把钓竿来，于堂下鱼池中钓之。顷刻钓出数十尾大鲈鱼，放在殿上。操曰："吾池中原有此鱼。"慈曰："大王何相欺耶？天下鲈鱼只两腮，惟松江鲈鱼有四腮。此可辨也。"众官视之，果是四腮。

罗贯中并不是最早的大忽悠，估计它是看过明代李时珍的《本草纲目》才梦笔生花的。《本草纲目》中也写着："鲈鱼，四鳃鲈……黑色曰卢，此鱼白色黑章，故名，淞人名曰'四鳃鲈'。"但李时珍也非始作俑者，这个谬论出自宋朝。一是北宋诗人孔平仲，他在《孔氏谈丘》记载："松江鲈鱼长桥南所出者四鳃，天生脍材也。味美肉紧，切下终日色不变。桥北近昆山大江入海，所出者三鳃，味带咸，肉稍慢，向不及松江所出之美。"二是南宋诗人范成大，他不光赋有"西风吹上四鳃鲈，雪松酥腻千丝缕"的诗句，还把松江鲈鱼有四腮的事直接写进了所撰写的《吴郡志》之中："鲈鱼，生松江，尤宜脍，清白松软，又不腥，在诸鱼之上。……俗称江鱼四腮（鳃）湖鱼两腮（鳃）。"

在此后，大家就都异口同声地称："天下鲈皆两鳃，惟松江鲈四鳃。"

其实真实的松江鲈也和其他鱼一样，仅有两鳃而已。但在松江鲈两鳃孔前的鳃盖骨上，各有一个"鳃状"的凹陷，特别在生殖季节现出橙红色，无论是形状还是色泽都与鳃十分相似，犹如"真鳃孔"一般。

鲈鱼肉质洁白似雪，肥嫩鲜美，少刺无腥，营养价值很高。即便是两鳃的鲈鱼脍，其美味也足以颠倒众生！

西晋文学家张翰性格放纵不拘，因为才学出众，名气很大，被当时已做到皇朝执政的齐王司马冏相中，任命他为大司马东曹掾。大司马东曹掾至少也是国家副部级干部。可张翰丝毫没把仕途放在眼里，在秋风乍起之时，他想起家乡吴中的莼羹、鲈鱼，无限感叹地说："人生重要的是快乐幸福，为什么要跑到千里之外追逐名利呢？"随后，将辞职书一送，便离开洛阳回乡吃鲈鱼去了。

张翰的故事流传到后来，就演变成了成语"莼鲈之思"、"莼羹鲈脍"、"莼鲈秋思"。

当时晋朝王室争权空前惨烈，张翰托言嘴馋溜了号。不久，齐王司马冏在"八王之乱"中被杀，张翰因之得免于难。

而吃过"鲈鱼脍"的帝王更是对其赞不绝口。据《南郡记》记载，吴人曾献松江鲈于隋炀帝。炀帝品尝后，赞赏说："金齑玉脍，东南佳味也。"时至清代，康熙、乾隆二帝在南巡时品尝"鲈鱼脍"后，将其誉为"江南第一名菜"，并命松江府年年向朝廷进贡松江鲈。这下子，"鲈鱼脍"可不是一般百姓所能吃得到的了。

鲈鱼秋后始肥，肉白如雪，有"西风斜日鲈鱼香"之说。即使在今天，松江鲈的价格听来也令人咋舌，每尾售价高达人民币 400 元。

也有人将"鲈鱼脍"写作"鲈鱼鲙"，这是一个错误。

"脍"的本义为细切的肉，可以引申为一种厨艺或饮食方式。"鲈鱼脍"应该是今天的生鱼片。

"鲦"则是一种海鱼，即"鳓鱼"。鳓鱼的身体侧扁，腹部有硬刺，生活在海中，为重要食用鱼类，亦称作"快鱼"、"白鳞鱼"、"曹白鱼"。

而且鲈鱼的其他做法也比较讲究，不是任谁都能下锅乱炖的。

据《上海百宝》书中所载："四鳃鲈的内脏不能用刀剖其腹取出丢弃，而须以竹筷从鱼口插入腹中取出，洗净后，再放还鱼腹一同烹饪，如此处理，可以不损其鲜味，至于烹调，有一名菜曰'鲈鱼汆鸡汤'。其法为：冬天，将鲈鱼先处理好内脏，然后洗净拎干，再投入滚汤难汤之中，煮熟后取食，汤盆中即呈金黄色的鸡汤浮现肚如雪脂的鲈鱼，色泽丰腴，香气扑鼻，浓郁淳厚，味极鲜美，可谓色、香、味俱佳，是菜肴中上品。此外，还可红烧或作羹，不论何法，都很有特色……更有趣的是，如将白菜或菠菜投入鲈鱼汤中同煮，可以久煮不老，而且越煮越嫩，味极可口。"

吴中风味烧鲈鱼羹

主辅料：鲈鱼一尾(500克左右)，冬笋 100 克，淀粉 15 克，鸡胸脯肉 25 克，火腿 15 克，盐 5 克，小葱 10 克，姜 5 克，猪油(炼制)25 克。

制法：1. 将鲈鱼宰杀治净，去骨取肉，将肉切成鱼丁。

2. 鸡肉洗净，煮熟。

3. 熟火腿切末。

4. 笋切丁先用开水汆熟。

5. 炒锅烧热，放猪油，至五成热，放入葱煸香捞出，把鱼丁倒入稍煸，即烹酒，加鸡汤和笋丁、盐，烧制。

6. 待汤滚后，用湿淀粉勾芡，淋上香油少许，即出锅倒入汤盘。

7. 再撒上熟鸡肉和熟火腿末即成。

特点：色泽洁白，汤汁薄腻，肉嫩味鲜，齿颊留香。并具有补中气、滋阴、开胃、催乳等功效。

注意事项：用湿淀粉勾二流芡，淀粉下锅，不要乱搅，用手勺轻轻推动，避免粘锅，顶开冒泡，让淀粉充分糊化，则明汁亮芡。

【魏晋南北朝时代】

第一章 面食的名字来源于美男子的那张脸

中国人吃面食的历史相当久远，这得感谢我们祖先很早就耕耘出了滚滚麦田。

面食的最早加工技术是笨干，就是手工脱壳，在石板上将小麦捣成细末，做糊糊粥喝。直到学会使用凹槽磨盘，有了进步的旋转石磨，才出现谷物脱粒精加工，将籽粒磨成粉面。

那时的大米在泡过之后，也被捣成粉面。在周王室的餐桌上，就有将米麦炒熟捣粉制成的食品，称为"糗饵粉餈"。《说文》中说"饵，粉饼也"。"粉餈"是在糯米粉内加入豆沙馅（古时叫豆屑末）蒸成的饼糕。这种古老饮食方法在今天仍然具有旺盛的生命力，如今的云南人把大米面薄饼称为"饵块"。

面食是用面制作的食品的总称。在魏晋以前，面一直被称为"饼"，是因为还没有与一位美男子的面容华丽邂逅。

这位美男子叫何晏。

何晏是东汉大将军何进之孙，魏晋玄学的创始者之一。何晏老爸死得早，魏王曹操纳何晏母尹氏为妾，小何晏也被曹操收养。曹操对其宠爱有加，甚至想收他为义子。那一年，何晏已经八岁，他对这样的恩宠并没有直接回答，而是在地上画了一个圈，把自己圈在里面，并说："这是我的房子。"古时候皇宫一般都是方形的，曹操猜出何晏的心思，就让人把他送到宫外去了。

何晏因"美姿仪而色白",犹如敷粉，人呼为"傅粉何郎"、"傅粉郎"、"粉郎"。《晋书》称他"好服妇人之服"，这分明是个伪娘啊！

曹操对何晏还是不忍放手，干脆把女儿金乡公主嫁给他，一个女婿半个儿嘛。

何晏生性骄矜，常常穿着与大舅哥曹丕一样的服饰，这让曹丕极为反感，骂他是"假儿"。

曹操死后，曹丕抢得第一继承权。但魏王这个称号已不能满足野心家曹丕的欲望，他在公元220年逼迫汉献帝将帝位禅让出来，改国号为大魏，是为魏文帝。

盘踞在四川的刘备和江南的孙权见曹丕抢先注册了皇帝的名字，也不怠慢，纷纷跟风相继称帝，三国时代从此才真的开幕。

曹丕的江山真正是哭出来的。

曹操、曹丕和曹植都是"建安文学"的领袖，但曹丕的文学造诣及成就不及老爸和弟弟曹植。曹操每次带兵出征，曹植都潇洒地赠诗壮行。曹丕不玩这个，他知道在笔头上根本无法压倒曹植，就抱住临行前的老爸痛哭，一脸不舍不忍之情。

心肠硬得像石头的曹操就这样被曹丕哭软了心，他原打算让曹植接自己的班，曹丕死去又活来的痛哭让他改变了主意：还是丕娃子心中有我啊！

曹丕对曹操还有救命之恩。一次，曹丕与老爸一同到邺城西郊行猎，本想打些兔子和獐狍，不料荒草中蹿出一头饿虎。这爷俩被虎追逐，策马飞逃。眼见猛虎追近，曹丕回身射出一箭，正中老虎，虎中箭毙命。这事让曹操很感激，心中也烙下了曹丕沉稳勇敢的好印象。

曹丕对何晏并没有好印象，当上皇帝后就找何晏的别扭，想叫他当众出丑。

曹丕把何晏传到殿前，叫御厨端出一碗热腾腾的"汤饼"来，逼令何晏立即吃下。

"汤饼"即今日的面条。从西汉开始，人们才将麦磨成面，加水和成团、压扁，烤或蒸熟，叫做饼。如《后汉书》记载说："汉灵帝好胡饼，京师皆食胡饼。"那时还没有面粉的发酵技术，更无今天的馒头。

在魏晋时，面食统称为"饼"，上锅蒸的叫蒸饼；炉中烤的叫胡饼；中间包裹碎肉烙制的叫烧饼；水煮的自然就是汤饼了，真可谓是"饼天下"！

那会儿的"面"字仅指人的脸。

而曹丕的找茬借口就是何晏的白脸是涂粉化妆出来的。

当时正是大热天，何晏吃着热汤饼，岂能不大汗淋漓？

见何晏满脸汗珠滚滚，曹丕立马让人用红色的衣袖去擦何晏脸上的大汗。谁知，使劲擦过之后，何晏的面庞依旧皎然，犹似敷粉。

曹丕只好挥手让何晏离去。但终曹丕一朝，何晏都是靠边站的角色，得不到重用。

魏晋时期，面条属于王廷和达官贵人的奢侈食品，寻常百姓只能望着流口水。晋人束皙作过一篇《饼赋》，写的就是面条在当时的无限风光。

且看吃"汤饼"的若干好处："玄冬猛寒，清晨之会。涕冻鼻中，霜成口外。充虚解战，汤饼为最。然皆用之有时，所适者便。苟错其次，则不能斯善。其可以通冬达夏，终岁常施。四时从用，无所不宜。唯牢丸乎？"

再看看作者描述的选料与制作过程：

尔乃重箩之面，尘飞雪白，胶粘筋韧，膏糍柔泽。肉则羊膀豕肋，脂肤相半，商如蜿首，珠连砾散。姜枝葱本，蓬切瓜判，辛桂剉末，椒兰是畔，和盐洒豉，搅和胶乱。于是火盛汤涌，猛气蒸作，攘衣振裳，掌握仰搦，俯搏面弥，离于指端，手萦回而交错，纷纷驳驳，星分霓落。

接下来是出锅后的美食描述：

笼无迸肉，饼无流面，姝媮冽敫，薄而不绽，日焦味内和，月裹色外见，弱似春绵，白若秋练。气勃郁以扬布，香飞散而远遍。

最后，束皙又大大地嘲讽了一番那些围观在旁而无口福的人："行人垂涎于下风，童仆空嚼而斜盼。擎器者舐唇，立侍者干咽。"

"汤饼"就是《齐民要术》记载的"水引饼"。

此后，"饼兄弟"随着"傅粉何郎"吃"热汤饼"试面的故事的广泛流传，大约到南北朝时也就渐渐改名为面食了。见贾思勰的《齐民要术》作麦豉法："治小麦，细磨为面。"

魏文帝曹丕不仅喜欢跟妹夫斗气，还跟孙权在饮食上争过风。

曹丕比较喜欢西域用葡萄造的酒，他曾对群臣说："葡萄酿以为酒，过之流涎咽唾，况亲饮之？"当时的葡萄酒比中原的米酒在味道上甘甜许多，但多饮易醉。著名品酒员曹丕这样在御宴上告诫群臣："葡萄酿以为酒，甘于曲米，善醉。"曹丕不但将葡萄酿酒视为御宴珍品，西域产的葡萄和石蜜也是他的御用果品，甚至在一份诏书中赞美葡萄、石蜜，认为江南的龙眼、荔枝比不上葡萄和石蜜。

石蜜是一种凝结的蔗糖，在当时被视为珍稀之物。曹丕还特意送给孙权五饼石蜜，要他不吃不知道，一吃吓一跳。

其实，南方也产石蜜。在《西京杂记》一书中，有"南越王献高帝石蜜五斛，蜜烛二百枚"之句。高帝即汉高祖刘邦。另外南朝嵇含的《南方草木状》也可作为佐证，文中称，"诸蔗，一曰甘蔗，交趾所生者。

围数寸,长丈余,颇似竹,断而食之甚甘。笮取其汁,曝数日成饴,入口消释,彼人谓之石蜜"。可见南方确有石蜜制作方法,只是在品质上不如西域熬出的蔗糖晶莹雪白罢了。

魏廷王室的美食也足以让人称羡。在《异物汇苑》中,载陈思王曹植曾亲手制作过一道"七宝羹",原料为野驼蹄,一瓯就价值千金。七宝驼蹄羹一直受魏晋皇室的喜爱。可惜魏晋以后,七宝驼蹄羹之法不知是因为造价太高还是其他什么原因失传了。所谓的七宝,应该是除野驼蹄外再佐以七味配料。

到了唐代,"驼蹄羹"再度火爆。如杜甫《自京赴奉先县咏怀五百字》中就有"劝客驼蹄羹,霜橙压香桔"之佳句,说的乃是唐玄宗与杨贵妃在骊山华清宫之时,所用的珍馐中就有"驼蹄羹"一味。此羹蹄掌筋柔,汤厚味醇,鲜香不膻。明代传有"驼蹄羹"的食谱,其制法如下:将鲜驼蹄用沸水烫腿毛、去爪甲、去污垢老皮。治净,用盐腌一宿。再用开水退去咸味,用慢火煮至烂熟。汤汁稠浓成羹,加调味品供食。

在曹植诗文里同样可以窥见魏廷御宴的奢华程度,那可是足以称得上五星级!

丰年大置酒,玉樽列广庭。乐饮过三爵,朱颜暴己形。式宴不违礼,君臣歌鹿鸣,乐人舞磬鼓。

御酒停未饮,贵戚跪东厢。侍人承颜色,奉进金玉觞。此酒亦真酒,福禄当圣皇。陛下临轩笑,左右咸欢康。杯来一何迟,群僚以次行。赏赐累千亿,百官并富昌。

归来宴平乐,美酒斗十千。脍鲤臇胎鰕,寒鳖炙熊蹯。鸣俦啸匹侣,列坐竟长筵。

魏文帝曹丕时,宫廷内还流行铜制"五熟釜",即一只铜制的锅内分为五格,可以用各种不同味道的汤料,同时涮煮不同的食物,丝毫不比现今盛行的"鸳鸯锅"逊色。

看来这个曹丕的口福还真是不浅!

最后再提一下大帅哥何晏的命运归宿。曹丕死后多年,直到少帝曹芳即位,被曹丕父子欺压了二十多年的何晏终于翻了身,官至吏部尚书。

不过这位驸马爷并未得以善终。公元249年,何晏因党附于大将军曹爽,被权臣司马懿发动政变杀害,如果不是司马懿看着何晏老丈母及媳妇的面子,何晏的儿子也会遭到无情的杀戮。

第二章 『宁饮建业水，不食武昌鱼！』

吴国大帝孙权，字仲谋，传说为中国头号兵法家孙武的后裔。

孙权凭着老爸孙坚和兄长孙策多年打拼下的基业，十八岁时坐领江东，并将其打点得如铁桶一般。公元208年，孙权与刘备联盟，在赤壁大战中击败曹操，初定天下三分的局面。

孙权的才干让曹操又是恨又是羡慕："生子当如孙仲谋，刘景升儿子若豚犬耳！"

刘备为盟友上表请功，请汉献帝答应孙权做车骑将军领徐州牧，他曾这样评价孙权说："孙车骑长上短下，其难为下，吾不可以再见之。"

孙权的身材上长下短。而据古代的相书说，这样的人只能当领导，雄霸一方，而绝对不会成为别人的手下的。所以刘备发誓不想再见到他，与孙郡主大婚之后，立马开溜，离开江东。

果然，孙权跟刘皇叔翻了脸。公元219年，孙权杀死刘备手下第一大将关羽，夺得荆州，将吴国的领土拓展到江北。刘备为关羽报仇，率军讨伐孙权，在夷陵被战神陆逊纵火打败，活活气死于白帝城。

公元230年，喜欢圈地的孙权还将势力扩大到夷洲，夷洲即今天的台湾岛。

纵观汉末乱战，能够称得上曹操敌手的，也唯有刘备、孙权二人而已！

魏文帝曹丕射杀过老虎，孙权却亲手活捉了老虎，勇力胜过曹丕。

在智慧上，孙权也比曹丕高出一筹。曹丕虽然在御宴中没少吃"火锅"，可在国际斗争中却被孙权给大"涮"了一把。

曹丕立魏称帝后，孙权主动称臣，与曹丕搞起战略联盟，为的就是迎拒刘备大军时免遭两面夹击。

曹丕册封孙权为吴王、大将军、荆州牧，暗地里却想充当在鹬蚌相争中获利的老渔翁。岂知孙权早已识破曹丕的诡计。陆逊大败刘备后，迅速移师北上。吴军连战连捷，曹丕偷鸡未成，反倒蚀了一把米，损失惨重。

因为魏国的实力，蜀汉与东吴再次成为战友加兄弟的伙伴。

公元 224 年，魏文帝曹丕来到广陵（今江苏扬州），站在浩浩的长江边，感叹东吴有孙权，根本无法侵占江南，于是返驾回到北方，偃旗息鼓。

孙权喜欢喝酒，而且不醉不休。

孙权当了吴王之后，就把群臣找来，大摆酒宴。当酒宴即将结束时，孙权起身，亲自向大臣们一一敬酒撞杯。骑都尉虞翻假装喝多，来了个假摔，伏在地上，躲过孙权的大盏敬酒。孙权敬过圈酒后回到座位上，发现虞翻又端端正正地坐起来了，丝毫没有醉态。老酒鬼孙权勃然大怒，手持利剑要杀他。幸亏大司农刘基冒死抱住孙权，救了虞翻一命。酒宴后，孙权告诉手下人："从今以后，我如果酒后说要杀人，你们千万不要去杀。"

还有一次，孙权在武昌临钓台与群臣饮酒，他喝得酩酊大醉，命人用水去洒酒宴上醉得两眼迷离的大臣，并宣布："今日饮酒，不醉不算完！"首辅大臣张昭闻言，就径直离开酒席，坐到停在门外的车内。孙权派人去找，称君臣今日饮酒只为高兴。张昭回答说："过去纣王造了糟丘酒池，作长夜之饮，也是为了快乐，不认为是坏事。"孙权听了，深感惭愧，立即下令散席。

既然饮酒，就一定离不开佐酒的菜！

中国的南方为水之国，鱼米之乡，各般水鲜海味应有尽有。而孙权最喜食"武昌鱼"。

武昌鱼是一种鲂鱼，俗称团头鲂、缩项鳊。鲂鱼又称鳊鱼、平胸鳊、法罗鱼，属鲤科动物三角鲂。鳊鱼分布很广，中国的黑龙江、长江、珠江、钱塘江、闽江等河流及洞庭湖、鄱阳湖、梁子湖等湖泊中均有生存。至于武昌鱼，《武昌县志》里说得比较详细："鲂，即鳊鱼，又称缩项鳊，产樊口者甲天下。是处水势回旋，深潭无底，渔人置罾捕得之，止此一罾味肥美，余亦较胜别地。"同时，以"鳞白而腹内无黑膜者真"。

樊口又具体在哪里？

武昌（今湖北鄂州），其西南有个六十

万亩水面的湖泊,名梁子湖。梁子湖草丰鱼美。它的通江处为樊口。这里水势回旋,并有大小回流之分。

武昌鱼喜欢生活在回流之中,"大回"、"小回"钓上来的都是武昌鱼。《武昌县志》又说,"在樊口者曰大回,在钓台下者曰小回"。当年,孙权为了吃鱼方便,便索性把宴席设在钓台。

最早关于武昌鱼的歌谣是:"宁饮建业水,不食武昌鱼!"

"宁饮建业水,不食武昌鱼"?这难道是武昌鱼味道不佳?

不是的。

这个歌谣却是与孙权迁都有关。

早先东吴的首府设在京口,即现在江苏省的镇江,后来听说建业(今江苏南京)这个地方有帝王气,就把首府迁到建业,并大兴土木,修筑了石头城。

后来随着东吴势力的四下发展,当上吴王的孙权决定定都武昌。

武昌鱼的美味世人皆知,当时喊出的搬迁口号就是:"到武昌吃鱼去!"

但人恋故土,况且在建业经营多年,许多百姓都置办下不少家业,房屋、田地如何搬得走?即使国家给再多的安置费也难抵背井离乡之情啊!

于是在广大被搬迁的百姓中间就流传起"宁饮建业水,不食武昌鱼!"这样的歌谣,抵制搬迁。

229年,孙权于武昌称帝,建国号大吴,旋即迁都回到建业,堪称是搬家最频繁的皇帝。

265年,东吴末帝孙皓打算再度从建业迁都武昌。左丞相陆凯忙上书劝阻,并引用了"宁饮建业水,不食武昌鱼"的民谣。估计这孙皓也是冲着武昌鱼大名去的。

东吴政权虽没有最后迁都到武昌,但武昌鱼一直在宫廷饮食中占有一定分量。即使后来的东晋王朝,皇室上层贵族亦常以食清蒸武昌鱼为乐事。

一些文人墨客也爱武昌鱼,歌咏不休,念叨不止。

北周庾信:"还思建业水,终忆武昌鱼。"

唐代岑参:"秋来倍忆武昌鱼,梦魂只在巴陵道。"

宋代苏轼:"长江绕廓知鱼美,好竹连山觉笋香。"

宋代苏辙:"谁道武昌岸下鱼,不如建业城边水。"

宋代范成大:"却笑鲈江垂钓手,武昌鱼好便淹留。"

元代马祖常:"携幼归来拜丘陵,南游莫忘武昌鱼。"

元代丁鹤年:"华表忽归辽海鹤,仙庖频食武昌鱼。"

明代何景明:"此去且随彭蠡雁,何须不食武昌鱼。"

清蒸武昌鱼

主辅料：鲜团头鲂一尾（约1000克），熟火腿25克，净冬笋50克，水发香菇50克，猪油75克，精盐5克，葱结10克，鸡油10克，鸡汤150克，料酒10克，姜末8克，味精少许分，胡椒粉少许。

制法：1. 将鱼去鳞、鳃、内脏，洗净，鱼身两面划几个花，撒上精盐，盛入盘中。

2. 香菇去蒂洗净，和熟火腿切成薄片，互相间隔在鱼面上。冬笋切成柏叶形的薄片，镶在鱼的两边，加葱、姜（拍松）和绍酒。

3. 锅置在旺火上，下清水烧沸，将鱼蒸十分钟，蒸至鱼眼突出时出笼。拣出姜块、葱结。

4. 炒锅置在旺火上，下猪油烧热，浇入蒸鱼的原汁，下鸡汤烧沸，加入味精、鸡油起锅，浇在鱼面上，撒上胡椒粉，即成。

特点：此菜在白色的全鱼上面缀以红、黄、褐绿的各种配料，五彩缤纷。鱼肉肥美细腻，汤汁鲜浓清香，保持原汁原味。

明代汪玄锡："莫道武昌鱼好食，乾坤难了此生愁。"

清代陶樑在："怪民登盘滋味美，新从樊口获鳊鱼。"

清代因上书弹劾李鸿章而名震朝野的梁鼎芬尤喜食武昌鱼，干脆将其书房命名为"食鱼斋"。1958年，新中国开国领袖毛泽东"才饮长江水，又食武昌鱼"的诗句发表后，武昌鱼昂然走出国门，名扬五大洲。

经过名厨烹调出的武昌鱼，色彩绚丽，味鲜汁浓。武昌鱼清蒸、红烧、油焖、花酿、干煸均美，尤以清蒸为佳。明末清初的大文人李渔在《闲情偶寄·饮馔部》里有言在先："更有制鱼良法，能使鲜肥进出，不失天真，迟速咸宜，不虞火候者，则莫妙于蒸……以鲜味尽在鱼中。"

武昌鱼的肉质细、纤维短，极易破碎，这里就说怎样切鱼：切鱼时应将鱼皮朝下，刀口斜入，最好顺着鱼刺，切起来更干净利落；鱼的表皮有一层黏液非常滑，所以切起来不太容易，若在切鱼时，将手放在盐水中浸泡一会儿，切起来就不会打滑了。

武昌鱼的营养及医用价值也为人们津津乐道，经化验分析，武昌鱼每100克（食用部分）含水分61克、蛋白质20.8克、脂肪15.8克、碳水化合物0.9克、热量229千卡、灰分15克、钙155毫克、磷195毫克、铁2.2毫克、核黄素（维生素B_{12}）0.08毫克、尼克酸（烟酸）1.8毫克。医学界人士认为，经常食用武昌鱼，可以预防贫血症、低血糖、高血压和动脉硬化等疾病。

《食疗本草》有云："鲂鱼，凋胃气，利五脏，和芥子酱食之，能助肺气，去胃风，消谷。作鲊食之，助脾气，令人能食，作羹膳食宜人，功与鲫同。"

可鳊鱼并非只有武昌鱼一种，和它体形相似的还有长春鳊、三角鲂。如何才能识别真正的武昌鱼？

武昌鱼的特点是头圆、背厚、肉细，两侧呈菱形，口较宽，背鳍短，尾柄高，而且两侧各有十四根肋骨，比其他鳊鱼多出一根来。

公允地说，两晋南北朝的帝王饮食规模和精致程度远不及后来的明清御膳。

有的帝王往往要到臣子家去解嘴馋。

魏、蜀、吴三国除了开国之君可圈可点之外，所有的继承人都差强人意，没有太大的作为，以致天下落到精明人司马世家的手中。

历司马懿、司马昭、司马炎三代人的不懈努力，天下归一，都姓了"晋"。

晋武帝司马炎自东吴"一片降帆出石头"后，为了可以踏踏实实地过太平的日子，避免东汉末期诸州割据的事情再度发生，他宣布了中国历史上的首次大裁军。撤去各州郡武装兵备，分封诸王名义上只可以建立千人的部队，拱卫中央。但诸王都必须留居京城，老老实实地待在驻京办事处里。

司马炎从打马放南山、刀枪入库之后，逐渐怠惰政事，荒淫无度。这家伙本来宫中嫔妃就不少，又在东吴末帝孙皓那儿接收了五千江南美女，致使后宫人数膨胀到上万人。不过这还难以令晋武帝满意，他居然下令全国禁婚，所有未婚女青年都得先经皇上过一遍筛子才行。

民女难嫁，可帝王家的儿女嫁得好。

司马炎亲自给女儿常山公主选定的驸马就是当朝名将王浑的次子王济。

王济字武子，是当时的文坛名人。他

才华横溢，风姿英爽，弓马熟娴，勇力超人，不仅是位才子还是个大帅哥。由于出身名门，王济二十岁就当上了朝廷中书郎，又从骁骑将军官至侍中。

侍中在汉朝是侍从官，编制上一般是四个人，平常给皇帝倒夜壶，还做兼职的政事顾问。晋朝建立后，侍中的地位陡升，成为三公、执政的加衔名称，并可直接参与朝政。

王济当侍中的那一年，恰巧与孔恂、王恂、杨济等人并列，晋武帝自豪地向大臣们说："朕左右可谓恂恂济济矣！"

正因为有着如此深厚的背景，王济生活上丽服玉食，挥金如土。当时京城洛阳土地寸土寸金，王济喜好走马射箭，斥资建起跑马射场，并且用钱币铺地，人称为"金沟"。

司马炎的舅舅王恺也是身家上亿的人，他家中有一头牛名叫"八百里驳"，是一头能日行八百里的神牛。王济很坏，拿出一千万找到王恺打赌射牛。他在百步之外，一箭便将神牛射死，还把牛心挖出后才扬长而去。

有一次，王济在府上设宴请老丈人司马炎吃饭。但见酒宴上食器珍贵，珍馐多多。晋武帝食欲踊跃，吃得津津有味。这时忽见一款用琉璃器皿盛的蒸猪肉呈上来，晋武帝品尝后，为其无比的美味惊讶不已，忙问："这是如何做的？"王济回答说："以人乳蒸之。"

晋武帝听后，当即脸上出现不悦之色，放下筷子退席而去。

司马炎并不是恶心吃不下去，而是心中醋意泛滥，一百个不平衡：老子贵为皇帝，吃的东西反不如你们这些做臣子的！

王济家并不止一味佳肴称奇，"鲜羊奶酥"也堪称驸马府家宴中的翘楚。

顾名思义，这个菜是用鲜羊奶做出来的。

一次，晋代著名文学家陆机到驸马府拜访王济。王济摆出数斛鲜羊奶酥招待这位贵客，并好奇地问："你的家乡江南有什么比得上这个的？"陆机回答道："有千里莼羹，但未下盐豉耳。"翻译过来就是："我们江南千里湖出产的莼羹，不必放盐豉就可与羊酪媲美啊！"

盐豉是古代的豆酱，也称豆豉。《释名》所释："豉，嗜也。五味调和，须之而成，乃可甘嗜也。"黄豆经精选后，浸透，煮熟，拌以米曲，密封发酵，加盐，酿沤久之，风干便成豆豉，作调料有提味作用。《史记·货殖列传》曾以"盐豉千盒"作为衡量巨富的标准刻度尺。

"莼"的繁体字为"蓴"，陆机拿不放盐豉的莼羹叫板羊酪酥，足见此羹必然珍美。贾思勰在《齐民要术》中表示：作羹用的配菜，莼为第一。

江南的农历四月份，莼菜在生茎而未

长出叶子时，叫做雉尾莼，是莼菜中第一肥美佳品。如果鱼脍配以此时的莼菜做羹，其味更为鲜美。

经过陆机这眉飞色舞地一说，由王济带头，"鱼脍莼羹"在晋代上层贵族中很快成为最时尚的菜肴。

晋武帝遭遇类似女婿王济这样的尴尬并不止一次。大臣何曾因在废曹立晋的过程中拥戴司马炎有大功，是晋朝开国第一元勋，官封太尉，直至太保兼司徒，爵位也由侯晋升为公。何曾生活奢侈，狂妄至极，他"日食万钱，犹曰无下箸处"，比王济的奢华有过之而无不及，并把所食菜谱整理成一册传世的名菜大全——《食疏》。

每次宫廷举行大宴，何曾都对御厨做出的菜看都不看一眼。司马炎只好允许何曾的随从去取自家饭菜。何曾的表现分明是一种僭越行为，可晋武帝全靠着这些人抬轿，只能同意何曾此后自带厨膳参加宫廷宴会。何曾的儿子何劭的骄奢程度更是超过了老爸，"食必尽四方珍异，一日之供以钱二万为限。时论以为太官御膳，无以加之"。皇帝的御宴不及臣子的家宴，司马炎这个帝王也够差劲的了。

其实，晋代宫廷中的美味也不少。以下做稍许罗列。

五味脯：这个在皇室中最受欢迎。做五味脯一般在农历二月和九、十月间；牛、羊、獐、鹿、猪肉都成，切成条状和片状均可，但一定要顺着肉纹切。做法上很烦琐，先把肉上的骨头捶碎煮成骨汁，掠去浮沫，放入豆豉再煮，至色足味浓，漉去滓下盐。将切细葱白捣成浆汁，加上花椒末、桔皮和生姜末，将肉脯浸入鲜汁中，用手搓揉，使其入味。片脯需浸三个昼夜以上，待条脯完全后，取出后用细绳穿挂在屋北檐下阴干。条脯到半湿时，反复用手捏紧实。脯制成后放到宽大清洁的库中，用纸袋笼裹悬挂好，到夏天再吃。

胃脯：也即是羊肚脯。每年到农历十月，御膳的工作人员就忙碌起来，他们将羊肚去污，内外洗净，放入有五味及香料调和的汤中，煮烫至七八成熟，取出，再撒上椒末和姜粉，等待晒干。

鳢鱼脯：鳢鱼俗称乌鱼。其制法是先做极咸的调味汤。汤中多放生姜及花椒末调味，然后将汤汁灌满鱼口，用竹杖贯穿鱼眼，十个一串，鱼口向上，挂在屋北檐下。到来年的二月、三月即成，这时把鱼腹中五脏生剜出来，加酸醋浸渍，吃起来其味隽美。也可将鱼用草裹起来，用木槌轻捶鱼肉，其肉白如雪，味道鲜美，难以名状。过饭下酒，极是珍贵之食。

胡羹：这个本是中亚地区的饮食之法。自西汉张骞通西域后，有许多饮食方法传入中原，胡羹即是魏晋南北朝时宫廷中的流行食谱。胡羹的制法为：羊肋300克，加羊肉200克，水400克，煮熟后，将肥肋骨抽掉，切肉成块，加葱头 500 克、芫荽 500 克，并加以安石榴汁数合调味。安息为伊朗高原古代国家。安石榴是安息石榴的简称，也就是从伊朗传入的果品。

胡炮肉：这个也是西域食法。取一岁小肥羊，现杀现切，精肉和脂肪都切成细缕菜丝，下入豆豉中，加盐、葱白、姜、花椒、荜拔、胡椒调味。然后将羊肚洗净翻过来，把切好的羊肉装到里面，以满为度。在凹坑中生火，烧红了，移却灰火，把缝合好的羊肚放在火坑中，再盖上灰火，再起火燃烧，约烧煮一顿饭的时间便熟了，其肚香美异常。

雕花蜜渍枸橼子：这是一款外国进贡的宫廷点心。据《南方草木状》载："钩缘子形如瓜，皮似橙而金色。胡人重之。极芬香。肉甚厚，白如芦菔（萝卜）。女工竞雕镂花鸟，渍以蜂蜜，点燕檀（胭脂），巧丽妙绝，无与为比。"枸橼子又名枸橼、香橼，为芸香科柑橘属植物，在中国岭南的广大地区已有两千余年的栽培史。这个外表跟柑橘几乎是一个模子刻出来的枸橼子并不算什么稀奇物，但是经过食品雕刻加工后就尤其显得珍贵了。

公元 284 年，罗马（那时中国称其为大秦）的近卫军长官戴克里先取得了帝国政权，他采用东方君主的宫廷朝仪，改罗马元首制为多米那特制，也就是君主制。戴克里先为了表示友好，这位东方小学生

上岗后即送给晋武帝十缶雕花蜜渍枸橼子。司马炎感到珍味稀有，还给了舅舅王恺三缶，让他拿着这个枸橼子向西晋首富石崇斗富炫耀。

今天看来，当年雕花蜜渍枸橼子的制法没有什么太高的雕刻技术含量，先将枸橼去皮，在果肉上雕刻出花鸟状，放在罐子里，用蜂蜜浸渍 30 天左右，用胭脂染色就 OK 了。这种雕刻技术在春秋时代，中国人就会，据《管子·侈靡》六："雕卵然后瀹之，雕橑然后爨之。""雕卵"即在蛋壳上刻花纹，后又称为"镂鸡子"、"画卵"等，"雕橑"即木雕的房屋、车马。两者都是用来在清明前后祭祀祖先的一种习俗。"雕卵"可以煮了吃，"雕橑"则拿到祖坟前焚烧。

最后再说说蒸豚。

蒸豚即蒸乳猪，这是晋代宫廷的席上常见的珍品。这个蒸豚多少与晋惠帝司马衷有关系。

司马衷是晋武帝的儿子，也是史上著名的白痴皇帝。

有一年夏天，晋惠帝在皇家花园游玩。这时听见池塘边传出咕咕的蛤蟆叫声，司马衷挠头想了半天，问随从："这些咕呱乱叫的家伙，是为官还是为私的？"随从远比皇帝精明十倍，就告诉惠帝说："在官家里叫的，就是为官家叫的；若在私家里叫的，就是为私人叫的。"

又有一年又闹旱灾又是闹蝗灾,饿死了许多老百姓。晋惠帝接到这个报告,却很吃惊地说:"何不食肉糜?"

灾民们连饭都吃不上,上哪里去吃肉糜啊?

肉糜一般被解释为肉粥。糜有烂、碎之意,而晋惠帝所说的"肉糜"会不会就是蒸得烂熟的乳猪米饭?有待考证。

不需考证的是晋武帝的其他一些儿子,眼见晋惠帝这般愚蠢糊涂,纷纷行动起来,展开篡夺帝位的车轮大战。

在"八王之乱"中,司马衷被毒饼药死,天下大乱,"五胡乱华",短命的西晋王朝也随之灭亡。

❀ 蒸豚

主辅料:乳猪一头,生秫米 100 克,生姜、桔皮各 100 克,三寸葱白 400 克,桔叶 100 克,熟猪油 300 克,豉汁 100 克。

制法:1. 取肥乳猪治净,煮到半熟时放到豆豉汁中浸渍。

2. 将生秫米直接放到浓汁中浸渍至发黄,煮成饭,再用豆豉汁洒在饭上。

3. 细切生姜、桔皮、葱白、桔叶,同乳猪、秫米饭一起,放到甑中,密封好,蒸至乳猪完全烂熟即可。

4. 再用熟猪油及豉汁,交替洒在猪肉上。菜饭合一,一举两得。

"五胡十六国"是指自西晋末年到北魏统一北方期间,曾在中国北部境内建立政权的五个北方民族及其所建立的政权。因为晋皇室的琅琊王司马睿趁乱跑到建康(今南京)称帝,重新竖起晋之大旗,也就是东晋,而喜欢奉汉人政权为正朔的史家称这段历史为"东晋十六国"。

五胡指匈奴、鲜卑、羯、氐、羌;十六国指前凉、后凉、南凉、西凉、北凉、前赵、后赵、前秦、后秦、西秦、前燕、后燕、南燕、北燕、夏、成汉。

早在晋武帝司马炎活着的时候,北方及西北的少数民族看中原人的日子过得滋润,就也想抛弃大漠草原那种单调的生活,积极融入到这个花花世界中来,做上等公民。

司马炎无法安置数以百万计的胡族移民,便下令移民办停签绿卡。这让各少数民族在心中着实窝了一把火,待到"八王之乱"爆发,诸王子请他们做援兵当打手时,便蜂拥进了中原。

初期,五胡匈奴、鲜卑、羯、氐、羌还只是烧杀淫掠,后来看到中原地广无边,物产丰富,就不想走了,纷纷在中原立国安家。

"五胡十六国"中,名气最大的当是羯族人石勒(274—333年)建立的后赵。

石勒,原名匐勒,上党武乡(今山西榆

社北)人。羯族究竟源于何处,后世的历史学家诸说并存,各执一词。羯人外貌高鼻深目多,信奉袄教,也就是拜火教,他们多少应该跟波斯有点渊源。

现在能搞清楚的,就是石勒是世界历史上唯一一个从奴隶到皇帝的人,他虽然大字不识一个,却富有军事才干、政治头脑。这估计是遗传基因在起作用,人家石勒父祖都是羯人部落的小帅。

正是西晋君臣不智,使得石勒这样的胡人长期占据了北方。唐朝诗人司空图有诗云:"石勒童年有战机,洛阳长啸倚门时。晋朝不是王夷甫,大智何由得预知。"王夷甫是清谈领袖,西晋末年的重臣,堪称中国历史上第一汉奸。在乱世之际,王夷甫被推为晋军统帅,这位高级知识分子不思抗敌,为自保平安,反倒力劝石勒称帝。王夷甫的表现连石勒都觉得不耻,命令士兵在半夜里推倒墙壁把他压死了。

石勒并非没有称帝的野心,如李白在《赠张相镐二首》诗中写道:"想像晋末时,崩腾胡尘起。衣冠陷锋镝,戎虏盈朝市。石勒窥神州,刘聪劫天子。抚剑夜吟啸,雄心日千里。"

在汉人谋主张宾的指点下,石勒结束流寇生涯,并于319年,以襄国(今河北邢台)为都城,即位称赵王,对胡人则称大单于,以"镇抚百蛮"。石勒死后被追加为赵明帝。

石勒一心仰慕中原汉文化,他不仅禁止胡人侮慢汉人士族,还禁止很多胡族的旧风习俗,如兄死妻嫂等,一切风习以汉人习惯为标杆。赵国的职官大体也是依照晋制而有增设。

石勒值得青史留名的事迹是注意教育,开设小学校,让孩子接受正规的小学文化教育。

但石勒残酷好杀,他心中深以自己是胡人为耻,便颁布了一条法令:无论说话写文章,一律严禁出现"胡"字,违者问斩不赦。

从此是凡在石勒面前提"胡"字的,大多都被其怒杀。只有当时的襄国郡守樊坦是个例外。

有一天,石勒在大单于办公室召见地方官员,忽然看到襄国郡守樊坦竟穿着打了补丁的破衣服来开会,便认为樊坦不讲究礼仪,于是就大声喝斥说:"樊坦,你为何衣冠不整就来朝见?"

樊坦被吓得慌乱失措,随口回答道:"这事只能怪胡人没道义,他们把衣物都抢掠走了,害得臣下只好褴褛来朝。"这句话刚说完,樊坦就意识到自己犯禁闯了祸,忙伏地叩头请罪。石勒见他知罪,且态度到了诚惶诚恐的地步,也就没有再指责什么。

石勒颇有心计,特意命御厨制作会议午餐,各桌务必都摆上一盘"实长数寸,色黄

蓑衣黄瓜

主料：黄瓜 250 克、香菇 25 克、胡萝卜 25 克、冬笋 25 克、大葱 1 根、生姜 1 小块。

调料：食用油 30 克、香醋 5 克、精盐 10 克、白糖 8 克、味精酌量。

制法：1. 将黄瓜洗净，切成蓑衣花刀，用盐腌 10 分钟，再用清水冲洗后沥干水分装盘；

2. 将香菇、胡萝卜、冬笋、葱、姜洗净切丝；

3. 锅内放油，油烧至六成熟时放入葱丝、姜丝，炒出香味后再倒入香菇丝、胡萝卜丝、冬笋丝翻炒，加入白糖、醋、精盐、味精，烧开；

4. 将糖醋汁放凉后倒入装黄瓜的盘中，浸泡几小时后即可食用。

特点：清淡爽口，酸甜稍辣。

绿，有刺甚多"的"胡瓜"。

"御赐午膳"进行时，石勒故意指着"胡瓜"问樊坦："卿知此物叫什么名字？"

樊坦知道，这明显是石勒在考问自己。樊坦文才卓著，此刻脑筋也转得快，便恭恭敬敬地回答道："紫案佳肴，银杯绿茶，金樽甘露，玉盘黄瓜。"

石勒听后，不由捋须哈哈大笑。满座文武群臣无不称绝。

现代人们吃的黄瓜明明都是绿色的，这个樊坦难道是色盲不成？

打那时起，"胡瓜"便改姓为"黄瓜"，并和"黄瓜宴"的故事一起在民间流传开了。

其实当年樊坦所看到的黄瓜是真正熟了的黄瓜，皮呈黄色，里头的籽也很硬，口感较老。后人发现黄瓜在未长成熟时生吃更脆更好吃，所以在黄瓜尚绿的时候就开摘了。

当然不再姓"胡"的食品蔬菜还有许多。如胡饼改叫烤饼，胡麻改叫芝麻，胡麻油改叫芝麻油，等等。至于今天的胡萝卜是元代时才传入中国的，没有赶上这拨"改姓"的浪潮。

黄瓜的改姓还有另外的一说，说这事是隋炀帝干的。

据唐代吴兢的《贞观政要》第 6 卷《慎所好》载："隋炀帝性好猜防，专信邪道，大忌胡人，乃至谓胡床为交床，胡瓜为黄瓜，筑长城以避胡。"另有唐代杜宝的《大业杂记》，载大业四年"九月，(炀帝)自幕北还至东都(洛阳)，改胡床为交床，胡瓜为白露黄瓜，改茄子为昆仑紫瓜"。

到底是谁真正给黄瓜改了姓，现在已不重要了。

黄瓜所含的营养成分很多，此外，黄瓜的食疗作用也值得一提。

1. 抗肿瘤：黄瓜中含有的葫芦素 C 具有提高人体免疫功能的作用，达到抗肿瘤的目的。此外，该物质还可治疗慢性肝炎和迁延性肝炎,对原发性肝癌患者有延长生存期的作用。

2. 抗衰老:黄瓜中含有丰富的维生素E,可起到延年益寿、抗衰老的作用;黄瓜中的黄瓜酶,有很强的生物活性,能有效地促进机体的新陈代谢。用黄瓜捣汁涂擦皮肤,有润肤、舒展皱纹的功效。

3. 防酒精中毒:黄瓜中所含的丙氨酸、精氨酸和谷胺酰胺对肝脏病人,特别是对酒精性肝硬化患者有一定辅助治疗作用,可防治酒精中毒。

4. 降血糖:黄瓜中所含的葡萄糖甙、果糖等不参与通常的糖代谢,故糖尿病人以黄瓜代淀粉类食物充饥,血糖非但不会升高,甚至会降低。

5. 减肥强体:黄瓜中所含的丙醇二酸,可抑制糖类物质转变为脂肪。此外,黄瓜中的纤维素对促进人体肠道内腐败物质的排除和降低胆固醇有一定作用,能强身健体。

6. 健脑安神:黄瓜含有维生素B_1,对改善大脑和神经系统功能有利,能安神定志,辅助治疗失眠症。

黄瓜有这么多好处,无论是姓胡还是姓黄,都不会影响到它的饮食效果,您说是不?

如今在河北石家庄就有牛气冲天的"黄瓜宴"。顾名思义,这一桌子菜全部是黄瓜唱主角。"黄瓜宴"红白绿黄紫,五彩缤纷,味道上酸咸香辣甜,爽口的滋味应有尽有,造型多姿多彩,别开生面。单是"黄瓜宴"中的名肴称谓就能勾起食客的胃口:有"二龙戏珠"、"珍珠海参"、"金银瓜盅"、"金钩翡翠"、"龙须瓜条"、"瓢什锦瓜",等等。

中国人吃猪肉是一件司空见惯的事情。人们比喻自己见过的事物多，往往也会用这句话来形容："没吃过猪肉，还没见过猪儿跑吗？"

早在母系氏族公社时期，人类就已开始饲养猪、狗等家畜。浙江余姚河姆渡新石器文化遗址出土的陶猪，其图形与现在的家猪形体十分相似，说明当时对猪的驯化已经开始，并初具规模。

猪在古时称为豕，又称彘、豨，别称刚鬣。《朝野佥载》说，唐代洪州人养猪致富，称猪为"汤盎"。唐代《云仙杂记》引《承平旧纂》："黑面郎，谓猪也。"此外，猪还被称作"印忠"、"黑爷"。

在许多人印象里，猪贪吃贪睡，邋遢至极。其实这是误解，如果有良好的饲养管理条件，猪可是家畜中最爱清洁的动物。猪不在吃睡的窝边排粪尿的习惯，就是它们祖先遗留下来的光荣传统，因为野猪不在窝边拉屎撒尿，以避免被敌人或大野兽发现打个措手不及。

可以说，猪浑身都是宝。

猪肉有滋阴、润燥的功效；可用治热病伤津、消渴瘦弱、燥咳、便秘等症。猪肉煮汤，饮下可急补由于津液不足引起的烦躁、干咳、便秘和难产。

中国人饮食讲究的是吃啥补啥。

猪心有辅虚益血、镇静安神的功效；

可用治心血虚损、惊悸、失眠、自汗等症。

猪肝有补肝养血、明目的功效；可用治血虚萎黄、浮肿、视弱、夜盲等症。

猪肚有补虚损、健脾胃的功效；可用治虚劳瘦弱、消渴、泄泻、小儿疳积、尿频等症。

猪肠有补虚润燥、止渴、止血的功效；可用治虚弱口渴、脱肛、痔疮、便血等症。

猪肾有补肾、止遗、止汗、利水的功效；可用治肾虚耳聋、腰痛、遗精、盗汗、身面浮肿等症。

猪肺有补虚、止咳、止血的功效；可用治肺虚咳嗽、久咳咯血等症。

猪骨有治疗下痢、疮癣的功效。

猪脑可治疗头风眩晕、偏正头痛，以及神衰等症。

猪蹄有补血、通乳、祛疮的功效；可用治产后奶少、痈疽疮疡等症。

猪髓有补阴益髓的功效；可用治劳热骨蒸、消渴、疮疡等症。

猪油有补虚、润燥的功效；可用治燥咳少痰、肤燥皲裂、肠燥便秘等症。

猪皮有滋阴利咽的功效；可用治阴虚发热、咽喉痛以及泻痢等症。

猪肉含有丰富的优质蛋白质和人体必需的脂肪酸，并提供血红素（有机铁）和促进铁吸收的半胱氨酸，能改善缺铁性贫血；具有补肾养血、滋阴润燥的功效；但由于猪肉中胆固醇含量偏高，故糖尿病、肥胖人群及血脂较高者还是少吃一些为好。

但喜爱美食的中国人没这么多的讲究，想吃什么就吃什么，而且是越肥腴越好。

在春秋时代，帝王们均以食肥腴为贵。《诗经》有云："博硕肥腯"，"腯"字通"途"，《左传·桓公六年》也说："故奉牲以告曰：'博硕肥途'"，"腯"就是肥壮的意思，指六畜膘肥体壮。

那时，祭供和食用一律都要选肥猪肥羊。甲骨文"豕"字，就是牡猪去势之象。中国古人对吃的东西特别愿意动脑筋，老早就发明了阉割法，通过阉割，使得猪肉更加肥腴。

古代祭祀、宴飨时，必须将牲体切割为二十一部分。如《国语·周语中》："体解节折而共饮食之。""体解"就是分割出的二十一部位。各部都委以名称，如"胾"是大块肉，"肫"是两侧的肉，"脢"是里脊肉，"胲"是夹脊肉。

当时猪的各部中，最珍贵者，竟是非常肥腻的"项脔"，就是猪脖子下垂下的那部分肥膘，今天多称作"糟头肉"。东北俗称为"血脖肉"，在著名的"杀猪菜"里唱主角的就是"血脖肉"，佐以酸菜、粉条及猪血肠。但在市场上，一般人是很少买"糟头肉"的，因为它实在太肥腻了，吃起来腻人。

就是这种几乎要烂在市场上的"糟头肉"，在南北朝的东晋却是皇帝的特供食品。

据《晋书·谢混传》记载："元帝始镇建业，公私窘罄。每得一豚，以为珍膳，项上一脔尤美，辄以荐帝。群下未尝敢食，于是呼为'禁脔'。"

"禁"是禁止和不许，"脔"是切成小块的肉。

由于国家行政缺少办公费，连"项脔"都成了禁品，文武群臣们不敢食用，这个晋元帝司马睿的宫廷伙食可真够差劲的。

公元307年，晋惠帝的弟弟晋怀帝司马炽任命琅琊王司马睿为安东将军，都督扬州、江南军事，镇建邺（后改称建康，今江苏南京）。

北方大乱，士族百姓纷纷避难南迁。

由于司马睿牌子亮，来投靠他的士族也就多了起来。到西晋灭亡时，大家便推戴司马睿为新的晋皇帝，建立起东晋。

晋元帝司马睿并没有什么出众的才能和声望，在晋宗室中也是偏支，他能够取得帝位，主要依靠中原望族王导的支持。

318年，晋元帝在登帝位受百官朝贺时，三番四次请王导同坐龙床受贺，王导辞让不敢当。在政治上，司马睿完全依靠王导，军事上则完全依靠王敦，所以当时人们都说"王与马，共天下"。

晋元帝的江山来之不易，所以只想做个偏安皇帝，对北伐中原，恢复晋室天下的事情并不感兴趣。他更害怕臣下在北伐中收复失地，功高震主。名将祖逖率几百人渡江北上，深得北方广大民众的爱护，屡次击败石勒军，收复黄河以南全部土地。司马睿立马安排亲信接收祖逖占领的地盘，可以说，晋元帝基本上就是一个无大志气的庸人。

司马睿的后代也无杰出之辈，大权旁落。421年，晋恭帝司马德文被废遭杀，刘裕取代东晋，自称皇帝，国号为宋。

"无肉令人瘦，无竹令人俗。"咱们还是回头说说猪肉"项脔"的吃法。

其实"项脔"属于活肉，五花三层，做红烧肉最佳。金人的周驰也曾写有"蒸豚挑项脔，汤饼伴油葱"的诗句。

红烧肉的烹饪技巧一般以砂锅为主，浓油赤酱，口味属于甜味。

另有风靡东南亚的"碳烧猪颈肉"，也是以猪脖子到猪胸处之间的槽头肉为主料，并深受南方人的欢迎。

↓ | 项脔

主料：带皮五花肉1000克。

调料：大葱10克、姜5克、八角5克、桂皮一段、食用油20克、老抽5克、白砂糖10克、料酒5克、盐5克。

制法：1. 把肉洗净后放入锅中，倒入清水没过猪肉后开大火煮15分钟出血沫后捞出放凉，把放凉后的猪肉切成小块。

2. 炒锅内倒入适量油烧热,放入猪肉翻炒 5 分钟,把油炒出来后盛出。

3. 把锅洗干净后放入 2 汤匙清水,水开后倒入白糖,当白糖变成气泡时放入炒过的猪肉翻炒两下,然后倒入老抽、料酒一起翻炒 2 分钟。

4. 把肉倒入砂锅(也可使用炒肉的铁锅),放入大葱、生姜、八角、桂皮,再倒小半杯清水使肉都浸在汤汁里,调入少许盐,盖上锅盖小火焖 1 个小时即可。

特点:色泽金红,肥而不腻,入口酥软即化。

↓ 碳烧猪颈肉

"碳烧猪颈肉"分电烤和炭火烤两种。

先说说电烤法的制作。

主料:糟头肉 500 克,生菜叶 10 克,香芹 5 克,兰花 1 朵。

调料:生抽 50 克,盐 150 克,糖 1000 克,花生酱、芝麻酱各 100 克。

制法:1. 猪颈肉切去肥肉洗净,放入沸水中大火汆 5 分钟,捞出控水备用。

2. 将生抽、盐、味精、糖、花生酱、芝麻酱调匀,均匀地抹在整块的猪颈肉上腌渍 5 小时。

3. 将腌好的猪颈肉放入烤炉中小火烤 30 分钟至熟,取出切成厚 0.5 厘米的片,摆在垫有生菜叶的盘中,用香芹、兰花点缀即可。

特色:肉质肥而不腻,口感爽滑,香味浓郁。

下面是炭火烤的"碳烧猪颈肉"。

主料:猪颈肉 400 克。

辅料:炸米碎 30 克,香菜碎少许,芹菜碎少许,干葱碎适量。

调料:沙律汁 30 客,辣椒粉 15 克,柠檬汁 30 克,辣椒粉 15 克,玫瑰露 15 克,鱼露 15 克,生抽 15 克,蒜茸少许。

制法:1. 将猪颈肉洗净沥干,同腌料拌匀腌制约半小时。

2. 将肉放在烧烤架上用炭火慢烤至金黄熟透,取出切成薄片。

3. 佐料拌匀,用以蘸吃即可。

特点:色泽金黄,外酥里嫩,肉汁流溢,回味无穷。

据说在南北朝之前，人们每天只吃两顿饭。后来南朝宋武帝刘裕规定根据太阳的方向来让御厨做饭。变成了上朝之前一顿，散朝以后一顿，太阳下山一顿。这种饮食规则传到民间，老百姓也积极响应配合，逐渐养成一日三餐的饮食规律。

《资治通鉴》的领衔作者司马光在宋武帝刘裕去世后，高度评价说："清简寡欲，严整有法度，被服居处，俭于布素，游宴甚稀，嫔御至少。"

刘裕的俭朴算得上是帝王中出了名的，但却被自己的后辈人瞧不起，他的孙子宋孝武帝刘骏为搞宫殿扩建，顺路来到开国皇帝刘裕专为子女开辟的思想品德教育展览馆，里面陈列着刘裕早年当打工仔时住过的土坯床，还有使用的葛草灯笼及麻绳拂尘之类的东西，目的是让他的后人能常常忆苦思甜，不忘祖先创业的艰苦。谁知刘骏这孙子竟刻薄地说："一个乡巴佬有这些东西已经算是够奢侈的了！"

此时的江南，稻粱黍稷、鲥鱼虾鲊，不可胜食。宋孝武帝时代有个叫虞啸父的牛人，少年显贵，后至门下省侍中。虞啸父能做得一桌好菜，深为孝武帝所喜爱，常点名叫他坐陪饮宴。一次，刘骏忽然问虞啸父："卿在门下省工作多日，怎么从来也没有听到献替过什么？"

虞啸父的家乡离海不远,他以为孝武帝希望他进贡一些老家的土特产,就回答说:"现在节气还比较暖和,上等的鱼虾类制品暂时不能得到,不久将会有所奉献给您。"孝武帝听了拍手大笑。

当时南北朝时期南朝刘宋宫廷里比较有名的食品有"羊盘肠",也就是羊血灌肠。

自刘骏以后的几代皇帝多是残忍淫乱的家伙,兄弟间相互猜忌残杀,刘宋政权也很快就走了下坡路。

刘骏死后,子承父业的是十六岁的太子刘子业,也就是刘宋王中最无耻残暴的宋废帝。

湘东王刘彧是刘子业的叔叔,他小时候丧母,是太后一手拉扯大的,养得又白又肥,刘子业见面就呼他为"猪王"。刘子业还在地上挖个大坑然后注入脏水,把刘彧扒个精光扔进坑中,再把饭菜倒在木槽里,命他在烂泥坑里像猪一样爬着吃。

这天,少府刘矇的小妾怀孕即将临产,刘子业居然把她接到后宫,打算等到她生下个男孩后,立为太子。刘子业见到刘彧,就命左右剥掉他的衣服,绑住手脚,抬到御厨房要杀了吃"猪肉"。

幸亏在场的建安王刘休仁打趣讲情说:"等到皇子生下来后,再吃他的肝肺,岂不是更好?"刘彧这才死里逃生。

刘彧知道躲得过初一躲不过十五,刘子业决不会轻易放过自己,遂秘密与心腹亲信阮佃夫等人以及刘子业的左右近侍寿寂之、姜产之谋划,干掉了刘子业。

刘彧昂首挺肚步入皇宫,成为刘宋王朝的新主人,是为宋明帝。

当了皇帝以后,刘彧并没有顾及皇帝的形象减肥,反而借职权之便,大吃二喝,成为帝王序列中的头号饕餮种子选手。

羊盘肠

主辅料:羊血 2500 克,羊板油 1000 克,生姜 250 克,花椒末 25 克,酱油 250 克,豉汁 250 克,面粉 500 克,桔皮三片。

制法:1. 取羊血,除去其中的丝缕等杂质,弄碎。把羊板油和生姜切碎,加入桔皮、花椒末、酱油、豉汁、面粉,把它们都放在一起调匀,再用 1500 克水加以稀释,待用。

2. 把羊大肠的肠间膜去掉,把肠理好,淘洗干净,再用白酒灌洗一遍,然后把上述调好的馅料灌入肠中,边灌边屈伸大肠,也就是将里面的空气挤出来。

3. 灌好以后,每隔五寸打一个结,下锅煮。

4. 煮时不断用针扎试,等到不再出血丝就证明熟了。

5. 出锅后,切成寸段,用醋和酱蘸着吃。

烤乳猪

制法：1. 选肥仔猪一头，开膛后取出五脏，漂洗干净，用特制铁撑从仔猪膛腔内自下而上穿起。

2. 烤炙前用蜂蜜水（蜂蜜为开水的百分之一）将仔猪浇洗一次，待晾干水分后，用纸包裹仔猪，放木炭火上慢慢烤炙。

3. 先烤腹腔，二十分钟后再翻烤背面。

4. 烤时用醋和香油涂刷皮面，边烤边刷（刷约三、四次），烤约二十分钟即成。

5. 熟后切片装盘，以面酱、葱丝为佐料，与荷叶饼配食，滋味特别鲜嫩。

特点：色泽金红，光泽夺目，皮脆肉嫩。这种方法烤出来的乳猪，合拢为整猪，张开为整片，不仅烤得快，而且熟得透。

史载，宋明帝"颇有好尚，尤嗜饮食。（刘）休多艺能，爱及鼎味，问无不解"。刘休是当时南朝的官僚，精通饮食烹调之道，著有《食方》一卷。这个刘彧是宫墙内外通吃，刘休知道这个主子杀人不眨眼，不能不给面子，所以对宋明帝有问必答，丝毫不敢留后手。

刘彧最喜肥腻，吃起烤乳猪，一次不吃到二百块绝不会放下筷子，直到沟满壕平为止，真是不枉"猪王"的称号。

当时的烤乳猪名曰"炙独"，据《齐民要术》记载，其烹调方法为：取极肥的吃奶小猪，宰杀后，刮洗干净，腹部开一小口，去五脏，洗净，再以茅茹腹，然后用慢火边炙边转，同时涂刷清酒，以利发色。

南北朝的"炙豚"，不仅减少了裹芦草、涂黏土两道工序，大大缩短了烹制时间，又清洁卫生，色泽比"炮豚"红润悦目，味道也更鲜美。连贾思勰本人也对它赞不绝口："色同琥珀，又类真金，入口则消，状若凌雪，含酱膏润，特异凡常。"

到了清朝所谓的"乾嘉盛世"时，"炙豚"又改名为"烧小猪"。据《随园食单》记载，取六、七斤重的小猪，钳毛去污，上炭火炙之，待四面变深黄色时，涂以奶酥油，屡炙屡涂。这种改进后的烹制方法，较之"炙豚"来说，乳猪的味道更加酥嫩。

随着时代的发展，当代的烤乳猪技法较之以前有了更多的改进和发展。

在宋明帝一朝，吃"鳢鮧"成为上流社会的饮食时尚。《南齐书·良政传·虞愿》载："帝素能食，尤好逐夷，以银钵盛蜜渍之，一食数钵。"

有皇帝带头吃的食物焉能不流行？

一天，刘彧正吃着"鳢鮧"，不无得意地问扬州刺史王景文："这个可是奇味，你有吗？"王景文艳羡地说："臣一直很喜欢吃，但家贫很难得到。"明帝听了更加得意，愈发嗜好此物。

一个人纵有良田万顷，每日食不过二升。纵有大厦千间，每天夜卧不过八尺。

孔子有云："君子食无求饱，居无求安。"意思就是说，君子吃饭不是为了暴食，住房不是为了追求安逸。

为什么"食无求饱"？

《黄帝内经素问·痹论》中早已给出答案："饮食自倍，肠胃乃伤。"

刘彧比刘子业的猜忌心还强，也更加狠辣，他在一个月之内，一口气杀掉二十七个骨肉弟兄，其中包括昔日为他在刘子业面前求情的建安王刘休仁。

因杀戮过重，刘彧每当夜深之时，便会看见无数被自己杀死的冤魂向他索命。

刘彧惊恐无比，愈是害怕愈使劲吃东西，借此转移意念，消除恐惧感。

也算是吃一口赚一口了！

所谓"爽口之味，皆烂肠腐骨之药"。

烤乳猪加上�鮧，虽说都是美味珍馐，可每日狂吃不休，胃肠还能有个好？

由于饮食无度，宋明帝的五脏难以负荷，感到胸闷腹胀，最后透不过气来。刘彧又大量饮酒以助消化，肥肠上的板油以及胃胀岂是水酒能消化得了的？

刘彧在位仅八年，因暴食而亡。

公元 479 年，手握南朝兵权的重臣萧道成迫使宋顺帝刘准禅位，建立齐国，是为齐高帝。

萧道成也是著名的世家大族出身，家谱一直追溯到"汉初三杰"的萧何头上。

按理说，名门之后的萧道成嘴巴肯定亏不了，可他一样在工余时间到处寻找可口的美食。

这又是一个"水引饼"的故事，而且"水引饼"的美味还险些让跟大帅哥何晏一样的驸马爷当上一朝宰相！

故事主人公何戢是南朝刘宋的皇家驸马，在担任司徒左长史时，与宋军大将萧道成来往密切。这会儿萧道成还只是一位驻京的高级将领，他一有闲空，就跑到何戢家蹭吃蹭喝。而且每次所吃的东东都是面条——"水引饼"。

后来，萧道成在军队的支持下，改朝换代，当上了南齐的开国皇帝。

俗话说：吃人家嘴短。萧道成对何戢的"美食招待"自然要有所回馈。登基第一天，他便提名让何戢出任新朝宰相。

不过有人坚决反对。称何戢年纪轻，资历浅，又没有什么建树，难以服众。萧道成只好改命何戢担任吏部尚书一职。当时何戢也不过三十出头。

看来，这面条的魅力真是不小啊！

据《齐民要术》记载，萧道成所吃的

"水引饼"，其做法是将冷肉汤和用细绢筛过的面调和后，揉搓成筷子般粗细，按一尺一段分开，放到盘里盛水浸泡。然后再在锅边上揉搓到韭菜叶子那样薄，下锅煮熟。

今天看来，这也仅仅是一种简单面食的制作方式。当年能做出一碗面条就能搞个中组部部长干干，确实有点令人慨叹生不逢时了。

俗话说，有其父必有其子。

萧道成的儿子萧赜也喜欢到别人家找饭局。与老爸不同的是，萧赜不光吃，甚至还不惜低声下气地恳求人家传授烹调秘笈。

萧赜此刻的身份是南齐世祖武帝，这范儿可够大的了。不过，对方更牛，因为这个人是当时的第一美食家。

若论人品，萧赜要比宋明帝刘彧高出一头，至少他不乱杀无辜。所以大臣们也不用惧怕他，不用像当年的刘休一样，只要皇帝需要就翻箱倒柜往外掏东西。

政治清明就是好，如果遇到比较和善的皇帝，臣子家的烹调秘笈就不必轻易外泄了。

那么，这个牛人到底是谁？

此人就是虞啸父的孙子虞悰！

据《南齐书·虞悰传》载："虞悰，南齐余姚人。善为滋味。世祖幸芳林苑，就悰求扁米栅。悰献及杂肴数十举，太官鼎味不及也。上就悰求诸饮食方，悰秘不肯出。上醉后体不快，悰献及醒酒鲭鲊，鱼或肉制的酱一方而已。"

南齐大臣虞悰家学渊源，家里有许多烹饪妙方，他还亲自撰写成一卷《食珍录》以自娱。南梁时，豫章王肖巘十分好客，曾按着何曾所著饮食学名著《食疏》里所载的食谱，按图索骥，下菜烹煮，设盛宴款待宾朋。在席间，肖巘问虞悰："今日酒宴上的肴羞，还有什么遗漏下的没有？"虞悰回答说："恨无黄颔蛇肉羹，治肴为何一定要用《食疏》里所载的食谱呢？"于是虞悰美食家的大名在江南传播开来。

一天，齐世祖萧赜到芳林苑游玩，见到当朝祠部尚书虞悰。

祠部尚书也就是后来的礼部尚书，南齐的祠部尚书掌词祭、医药、死丧、赠赙等事。

萧赜撞见美食家，不由心花怒放，便当面提出要品尝虞悰新近制作出来的扁米栅。

领导到下属家吃饭，首先是瞧得起你，给你面子。

虞悰不能不答应，便请齐世祖移驾到自家府上，吩咐家厨立马呈上扁米栅和各式菜肴，招待皇帝。

萧赜一边品尝一边说："这些菜肴真

是美妙！御厨制作的那些菜味道实在差之远矣！"接着，就向虞悰讨教烹调这些菜肴的方法。不料虞悰连连摇头："陛下，这些美味您都品尝过了，何必再品尝呢？日后我请您再来品尝新的菜肴，何必再让御厨做那些品尝过了的菜！"

齐高帝顿时感到很没面子，心中不悦，就一杯接一杯地喝起闷酒来。三杯两杯下肚，萧赜就醉了，喊着要返驾回宫。虞悰不敢怠慢，立即护送皇帝进宫，暗中召来御厨，向他讲授制作"醒酒鲭鲊"的方法。

御厨依法而烹，将醒酒药献给齐高帝。萧赜食用后，很快就变得神清气爽。当他得知是吃了虞悰所献的"醒酒鲭鲊"方之后，颇是感激。

醉酒的滋味不好受啊！

次日，齐高帝上朝，命虞悰为冠军将军、车骑长史。没过多久，虞悰转任度支尚书，同时领步兵校尉。

度支尚书，那可是今天的财政部长，实权人物啊！

鲭鲊，一般说来是用腌鱼制作成的鱼脍，即被腌过的鱼片。

"鲭"是一种青鱼，身体呈梭形而侧扁，鳞圆而细小，头尖口大。鲭鱼肉可滋补强壮，主治胃肠道疾病、肺劳虚损、神经衰弱症等。

"鲊"，指用盐及酒曲腌制肉类的一种古老的食品加工方法，成品略带酸味。见《汉书》："昭帝时，钓得蛟，长三丈，帝曰：此鱼鳝之类。命大官（御厨）为鲊，骨肉青紫，食之甚美。"其实这个蛟就是鲨一类的大鱼。

还有一说，鲭鲊为一种用盐和红曲腌制出的鲭鱼片。

红曲系红米酿造中的副产品，不仅可在烹调食物用以着色，并可入药。具有活血化淤、健脾暖胃、化积消食等功效；《本草求原》认为"凡七情六欲之病于气以致血涩者，皆宜佐之"。

至于"扁米栅"或者"栅"到底是什么，史学界及饮食界一直纷纭不休。

这里先从距离"栅"出生日期最近的年代说起。

据《南史》卷十一《齐宣帝陈皇后传》载，齐世祖永明九年，皇家祭祀的食品中"宣皇帝荐起面饼、鸭臛，孝皇后荐笋、鸭卵、脯、酱、炙白肉，齐皇帝荐肉脍、菹羹，昭皇后荐茗栅、炙鱼，并平生所嗜也。"

齐宣帝萧承之是萧道成的老爹，齐宣孝后陈道止是萧道成的母亲。齐昭皇后刘智容是萧道成的夫人，也就是齐世祖萧赜的老娘。

而很权威的《康熙字典》也说"糁"就是"粽"。《南史·虞悰传》作"扁米栅"。

"糁"的简体字为"糁"，指煮熟的米

粒。粽子也是煮熟的米啊！

于是大多数人都把米粣视为粽子。如宋人陆游的《春晚叹》诗："便当米粣，烂醉作端午。"《夏日》诗："米粣解包供午饷，萍齑傍枕析朝酲。"

在司马光整理成书的按部首编排的字书《类篇》中，"粣"字有两个条目，其一："粣：桑葛切，糁也。《齐民要术》：'时时粣之'。文一。"又其一："粣：色责切，糁也。又测革切，粽也。南齐虞悰作扁米粣。文一、重音一。"

显然，《康熙字典》是《类篇》的嫡传学生。

而比司马光小二十三岁的宋代学者陆佃在其《埤雅》里写有："早取曰茶，晚取曰茗，又名曰粣。"

这下子，"粣"又摇身一变成了茶茗！

陆佃的这个说法或实证是从哪里来的呢？

在唐朝末年，将"茗粣"二字连用的是喜欢诘牙聱口的诗人皮日休。见其《包山祠》一诗："白云最深处，像设盈岩堂。村祭足茗粣，水奠多桃浆。箘竿突古砌，薜荔绷颓墙。炉灰寂不然，风送杉桂香。积雨晦州里，流波漂稻粱。恭惟大司谏，悯此如发狂。命予传明祷，祇事实不遑。一奠若胕羴，再祝如激扬……"

北魏的《齐民要术》书中也有"粣"字，现在再看看人家贾思勰是怎么谈论"粣"

的："世人作葵菹不好，皆由葵大脆故也。菹菘，以社前二十日种之；葵，社前三十日种之。使葵至藏，皆欲生花乃佳耳。葵经十朝苦霜，乃采之。秫米为饭，令冷。取葵着瓮中，以向饭沃之。欲令色黄，煮小麦时时粣之。"

这里"时时粣之"的"粣"仅仅是做动词用的，并不是什么吃货。

在宋末元初，一位大名鼎鼎的历史学家胡三省经过研究分析，又给出一个新的注释："茗茶也本草，曰茗、苦茶。郭璞曰，早采者为茶，晚采者为茗粣。《类篇》云色责翻糁也，又测革翻粽也。南史虞悰作扁米粣，盖即今之馓子是也，可以供茶炙之石翻。"

"盖"字同"盖"，一作方言虚词，表示大概如此的意思。

在胡三省看来，"粣"大概就是今天的馓子。

而有的《尔雅注疏》版本中，郭璞将"槚，苦茶"注疏为："树小如栀子，冬生叶可煮作羹饮。今呼早采者为茶，晚取者为茗。一名荈，蜀人名之苦茶。"

"荈"是茶的老叶，即粗茶。

在晋朝，饮茶已成为一种时尚，如晋惠帝时就曾收到南方茶叶的贡品。而齐世祖萧赜给老祖宗的祭品中不仅有茶茗，还在死前下遗诏，吩咐自己的葬礼从简："我灵座上，慎勿以牲为祭，但设饼果、茶饮、干饭、酒脯而已。"看来,皮日休所看到的村民用茗、䉽作为祭祀之物也是打齐世祖那儿流传下来的。

问"䉽"到底为何物?

究竟是茶茗,是馓子,是粽子,还是用米调和出来的食羹?

古人造字并不是闭着眼睛瞎掰,无论会意还是形声,都必有一番道理。"䉽"以米字为旁,应该是后两者,尤其与米类有关联。

两晋南北朝时期，虽说杀杀砍砍，屠汉灭胡，但民族大融合及文化交流还是在有意与无意之间水乳交融，难分彼此。

在饮食方面，北方的食品"起面饼"、"炙白肉"走进南朝皇室，成为御膳席中常备之品。起面饼的出现，说明在当时已经出现面食发酵技术的雏形。

此外，随着西北游牧民族入居中原，乳制品食物也在中原得以广泛普及，悄然间改变了汉族人不食乳品的历史，同时也为宫廷御膳风味增添了许多新的内容。

除起面饼外，南北朝宫廷还盛行以下几种食饼：

髓饼：这是用动物骨髓油同蜂蜜和面粉制成薄饼，放在烧饼炉中炕熟。髓饼肥美，并可久贮，与南方的火烧极为相似。

截饼：用牛奶加蜜调水和面，制成薄饼，下油锅炸成，入口即碎，脆如凌雪。可以说，这是中国最早的奶油饼干。

豚皮饼：此饼的制法非常奇特，有点像今天的摊粉皮：用热汤和面，稀如薄粥。大锅中烧开水，开水中放一小圆薄铜钵子，用小勺舀粉粥于圆铜钵内，用手指拨动钵子使之旋转。把粉粥匀称地分布于钵的四周壁上。铜钵不断加热，将粉粥烫成熟饼。此饼取出放入冷开水中，如同猪皮一样柔韧。食用时可浇麻油和其他调味。

相对南朝历宋、齐、梁、陈四朝频繁更替而言,北方自北魏太武帝拓跋焘跃马踏漠北,统一北方后,持续了一百五十年的中原大混战终于落下帷幕,社会日趋稳定,经济也得以发展。

北魏是鲜卑人建立起来的王朝,在饮食上也多以汉人烹制的美味为稀罕物,奉为至宝。

《魏书·列传第三十一》曾这样记载一段关于御厨的趣话:"毛修之,字敬文,荥阳阳武人也。父瑾,司马德宗梁秦二州刺史。刘裕之擒姚泓,留子义真镇长安,以修之为司马。及赫连屈丐破义真于青泥,修之被俘,遂没统万。世祖平赫连昌,获修之。神䴥中,以修之领吴兵讨蠕蠕大檀,以功拜吴兵将军,领步兵校尉。后从世祖征平凉有功,迁散骑常侍、侍前将军、光禄大夫。修之能为南人饮食,手自煎调,多所适意。世祖亲待之,进太官尚书,赐爵南郡公,加冠军将军,常在太官,主进御膳。"

毛修之可谓一生充满传奇,他精通厨艺,饱读史书,工于心计。毛修之原本是晋臣,却做了东晋权臣桓玄的幕僚亲信。桓玄篡位失败后,毛修之立刻设谋除掉了他,成为东晋政治新秀刘裕眼中的红人。

毛修之在辅佐镇守关中的刘裕次子

刘义真撤军东返时,被大夏天王赫连勃勃的追兵击败,被俘到夏国都城统万(今陕西靖边)。

427年,拓跋焘率军攻拔统万城。毛修之再度二进宫,成了北魏军队的俘虏,被带到洛阳,他的命运也从此有了新的转机。

据《宋书·卷四十八》载:"初,修之在洛,敬事嵩高山寇道士,道士为焘所信敬,营护之,故得不死,迁于平城。修之尝为羊羹,以荐虏尚书,尚书以为绝味,献之于焘;焘大喜,以修之为太官令。稍被亲宠,遂为尚书、光禄大夫、南郡公,太官令、尚书如故。"

拓跋焘崇道禁佛,是人所共知的事情。毛修之这一次站对了队伍,在洛阳先是大拍名道士寇谦之的马屁,求得一张救命符,得进北魏都城平城(今山西大同)。接下来,毛修之大展厨艺,用"羊羹"打通尚书的关节,美味动人心。于是毛修之又被这位尚书大人隆重推荐给太武帝,不料拓跋焘也为毛修之烹制的"羊羹"美味所折服。毛修之竟一步登天,从此做上了宫廷御膳的头头,成为拓跋焘的宠臣,并当上了尚书,"多畜妻妾,男女甚多",其地位仅在北魏第一能臣崔浩之下。

都说"书中自有黄金屋,书中自有颜如玉,书中自有千钟黍"。读书能办到的事情,厨艺也能够办到。毛修之就是继伊尹之后,又一个通过高超的厨艺励志成功的御厨经典范例!

在南北朝期间,还有两位御厨凭借精湛的厨艺走上璀璨仕途。一位是南梁的孙谦,他以烹制的美味为手段,进献给朝中显要官员,密切彼此感情,作为晋升之道。在孙谦顺利谋得供职太官的岗位后,亲自为皇上烹调膳食,由于不怕劳累,深得领导赏识,"遂得为列卿、御史中丞、两郡太守"。另一位是北魏洛阳人侯刚,侯刚出身寒门,年轻时通过自学,"以善于鼎俎,得进膳出入,积官至尝食典御",后封武阳县侯,进爵为公。

说罢御厨,再唠一唠御宴上的美食——羊羹。

宋代苏轼有"陇馔有熊腊,秦烹唯羊羹"的诗句。羊羹即羊肉烹制的羹汤,在商周时代叫"羊臐",秦汉时称为"羊肉臐",唐宋时又叫"山煮羊"。

宋代林洪在《山家清供》一书中,记述了煮羊肉汤的技巧:"羊作臛,置砂锅内,除葱椒外有一秘法,只用搥真杏仁数枚,活水煮之,至骨亦糜烂。"秘诀就是加了杏仁。

"羊羹"在明朝崇祯年间再度盛行,后成为西安夏季的一种应时小吃,清代慈禧太后品尝后曾赐名为"美而美"。羊肉本属秋冬季节的温补食品,但因"羊羹"在农历六月上市,并且里面放了大量的辣面子(辣椒粉),往往将食者吃得汗流浃背,西安人反认为这样可祛暑,故称"六月鲜"。

烹调羊肉宜用砂锅,所烹调的羊肉,瘦肉红润,肥肉白亮,羊汤清澈见底。陕西食馔讲究暗油醇香,食之浓香可口。由于砂锅形状如盆,故称"水盆羊肉"。

陕西人在食用水盆羊肉时,多配用白吉馍或锅盔同吃,佐以鲜大蒜、辣酱或糖蒜,可以把馍泡入汤中一碗连吃带喝,也可以吃一口馍喝一口汤,吃相那可叫相当的豪迈。

水盆羊肉肉质细嫩,容易消化,高蛋白、低脂肪、含磷脂多,

水盆羊肉

主料:羊肉(选鲜嫩膘厚)1000克。

配料:花椒、桂皮、大茴香、草果各适量,盐酌量。

制法:1. 将鲜羊肉剔骨,并将羊肉与骨分别洗净;

2. 将羊肉放入锅内加水烧沸,再将羊骨砸断放入继续煮半小时,投入配料(装入布袋扎紧)。

3. 将羊肉捞出,切成小块,排放在原锅内(原汁原锅),用大火烧沸后,转中火煮约3小时,加上盐调好口味,再用小火慢煮10小时(火候要保持肉汤冒泡),撇清油沫,捞出肉放在案板上,切成块装碗。

4. 随即用适量原汤加少量开水及盐烧沸,浇在肉块上即成。

特点:肉烂汤清,肥而不腻,清醇可口,别具风味。如与烧饼同吃,并佐以辣子酱、青蒜、芫荽、泡菜,则风味尤美。

较猪肉和牛肉的脂肪含量都要少,胆固醇含量少,是冬季防寒温补的美味之一;羊肉性温味甘,既可食补,又可食疗,为优良的强壮祛疾食品,有益气补虚、温中暖下、补肾壮阳、生肌健力、抵御风寒之功效。

羊骨中含有磷酸钙、碳酸钙、骨胶原等成分,有补肾壮骨、温中止泻之功效。可用于治疗血小板减少性紫癜、再生不良性贫血、筋骨疼痛、腰软乏力、白浊、淋痛、久泻、久痢等病症。

"水盆羊肉"清香鲜醇,风味可口,故此深受中外名人的青睐和赞扬。

秘 籍

羊肉食用禁忌

羊肉不宜与南瓜、西瓜、鲇鱼同食,食则容易使人气滞壅满而发病;忌与霉干菜同食;吃羊肉不可加醋,否则内热火攻心;不宜与荞麦、豆瓣酱同食。

适宜体虚胃寒者;而发热、牙痛、口舌生疮、咳吐黄痰等上火症状者不宜食用;肝病、高血压、急性肠炎或其他感染性疾病患者及发热期间不宜食用。

另,吃完羊肉后不宜马上喝茶,也不宜边吃羊肉边喝茶。

素菜是素食者的食馔。

在中国，素食始发于宗教，如"蔬食以遨游，泛若不系之舟"就是道家的饮食指导思想。

唐代颜师古的《匡谬正俗》如此对素食下定义说："谓但食菜果糗饵之属，无酒肉也。"其实，这种饮食方式主要是针对食肉的达官贵人说的。

在中国古代，广大的草根农民很少能沾到肉腥，多以蔬食为主。但他们并不是真正的素食主义者，而是处于一种被动素食的状态。草根纳税者每日因为肉价、房价、医保及子女上学问题忧心，连吃一碗红烧肉都是空想奢谈，不将素食进行到底成吗？

在南朝刘宋时，就有一位名人吃了好一阵子素食。

此人叫谢弘微，是东晋名相谢安的后人，为人公正，行事低调。自母亲去世时，谢弘微就吃起了素，"服阕逾年，菜蔬不改"。"服阕"指古人三年丧期内不脱丧服。刘裕建宋后，谢弘微历任黄门侍郎、尚书吏部郎，参预机密。后任右卫将军，"诸故吏臣佐，并委弘微选拟"。拿的是军队工资，干的却是中组部部长的活儿。谢弘微的住宅属蚁居一族，器服不华，而饮食滋味却尽其丰美。因为他厨艺高超，随便一个小菜都能烹制得滋味别样，令人食指大动。

后来,谢弘微的兄长谢曜病逝,手足情深,谢弘微又一次吃起素食。

由于过于哀戚,谢弘微丧服虽除,犹不啖鱼肉。这时,一个叫释慧琳的僧人来见谢弘微。谢弘微做了一桌子美味招待释慧琳,而自己只拣蔬菜吃。慧琳曰:"檀越素既多疾,顷者肌色微损,即吉之后,犹未复膳。若以无益伤生,岂所望于得理。"弘微答曰:"衣冠之变,礼不可逾。在心之哀,实未能已。"遂废食感咽,歔欷不自胜。

宋文帝刘义隆当太子时,就十分欣赏谢弘微的才干和厨艺,除了经常与他讨教时事,也时常向他讨要美食。一些好奇的亲友跟谢弘微打听太子喜欢吃什么,谢弘微笑而不答,转移话题而言他。

此时的素食尚属于个人行为和嗜好。但到了梁武帝萧衍时,素食成了国宴。

南梁时,帝王贵族的伙食当真不错,从南梁诗人何逊的《七召》中便可见南朝宴饮之奢华:"铜瓶饼玉井,金釜桂薪。六彝九鼎,百果千珍。熊蹯虎掌,鸡跖猩唇。潜鱼两味,元犀五肉。拾卵凤窠,剖胎豹腹。三脔甘口,七菹惬目;蒸饼十字,汤官五熟。海椒鲁豉,河盐蜀姜。剂水火而调和,糅苏荏以芬芳;脯追复而不及,犊稍割而无伤。鼋羹流醴,蜓酱先尝。脍温湖之美鲋,切丙穴之嘉鲂。落俎霞散,逐刃雪扬;轻同曳茧,白似飞霜……"

但南梁开国皇帝萧衍不喜大鱼大肉,他只崇尚佛教。

佛教早在公元前2年便以零打碎敲的方式渗入中国,至南北朝时已是妇孺皆知,并使中国人的饮食习惯开始出现拐点。

佛教创始人释迦牟尼起初并没有严令佛门弟子禁荤。大家可以在托钵化斋时,遇荤食荤,遇素食素,总不能讨不到素食就饿死吧!

最早的佛教教义曾明确规定,只有那些特地为僧众杀生的肉不可吃,其他"净肉"、"借光"吃肉是允许的。

佛教到了中国之后,教徒的饮食才有了翻天覆地的变化。如南朝刘宋时期开始流行的《梵纲经》就已严格规定佛门中人"不得食一切众生肉,食肉得无量罪","不得食五辛:大蒜、葱、韭、薤、兴渠"。

"薤"又名藠头、小蒜、薤白头、野蒜、野韭,也有人认为是洋葱。

"兴渠"为梵语,又作兴瞿、兴旧、兴宜、形虞、形具。是一种草本植物,其根粗如细蔓菁之根,色白,可供食用,但气味辛辣如蒜。

可"五辛"并不是什么肉啊!

佛家认为五辛具有刺激性,大量、经常熟吃能增加人的淫欲,生吃会增加人的瞋恚之心,所以才要戒食"五辛",以防妄动无明,造诸恶业。

在《首楞严经》中有这么一段经文:

一切众生,食甘故生,食毒故死,是诸众生,求三摩地,当断世间,五种辛菜,是五种辛,熟食发淫,生啖增恚。如是世界,食辛之人,纵能宣说十二部经,十方天仙,嫌其臭秽,咸皆远离;诸饿鬼等,因彼食次,舐其唇吻,常与鬼住。福德日消,长无利益。是食辛人,修三摩地,菩萨、天仙、十方善神,不来守护。

瞧瞧,如果学佛人吃了"五辛",就是一个与饿鬼打交道的人,善神菩萨都不认识你了!

南朝梁武帝萧衍取代齐国后,一心向善,并皈依佛门。

511年,梁武帝作《断酒肉文》,立誓永断酒肉,并以之告诫天下沙门及学佛人。

528年,萧衍在京城同泰寺披上袈裟,做了三天的住持和尚。

529年,萧衍再次至同泰寺舍身出家,举行"四部无遮大会",讲解《涅盘经》,群臣无奈,集体捐钱一亿,赎回"皇帝菩萨"。

546年,萧衍第三次出家,这次群臣捐款两亿将其赎回。

547年,萧衍第四次出家,在同泰寺住了三十七天,朝廷出资一亿赎回。

自皈依佛祖之后,萧衍不近女色,不吃荤,还要求全国人民一致向他看齐。甚至连祭祀宗庙,也不准再用猪牛羊,要用蔬菜代替。由于大臣都投反对票,这位"菩萨皇帝"只好折中,同意用面捏成牛羊的形状来祭祀祖庙。

随着梁武帝佛教普及工作的大力进行,江南大兴土木,庙宇林立,终成"南朝四百八十寺,多少楼台烟雨中"之壮观景象。

萧衍的国宴自然也完全都是素席了,席间吃的不外是豆腐、笋、蕈、麸等物。

蕈是一种食用真菌,也就是今天人们常吃的蘑菇。

麸是从小麦麸皮和面粉中提取的面筋,当初称麸,后来叫面筋。

素馔以时鲜为主,清雅素净。正如清人李渔在《闲情偶记饮馔部》中所说:"论蔬食之美者,曰清、曰洁、曰芳馥、曰松脆而已实。不知其至美所在,能居肉食之上者,忝在一字之鲜。"

所谓功夫不负有心人。素馔除具有清鲜的特点外,在花色品种、工艺考究等方面也都不亚于荤菜。在梁武帝时代,首都建康城的建业寺一位僧厨以制作素馔而闻名天下,他仅用一种瓜,便可做出几十种菜,而且每种菜还可以做出几十种味道来。

到隋、唐时期,素菜已形成独特风味,具有不小的规模。唐太宗李世民因念及当年十三棍僧救驾之恩,亲自拜访少林寺,嘉奖寺僧。昙宗和尚以60款素菜摆设"蟠龙宴"招待唐太宗。唐人崔安潜崇奉佛教,他用面团及蒟蒻之类染作颜色,做成与豚肩、羊臑、脍炙模样相似的素馔。宋朝时,更有一大批士大夫成为素馔的拥趸,北宋京城汴梁已出现专做素菜的菜馆,各般素食有上百种之多。南宋的临安,也再次掀起争食蔬菜的时尚风潮。

而在 1292 年,元世祖忽必烈前往少林寺寻访他的好友福裕大和尚,寺中为其特设"飞龙宴",多达九十道菜。

至明代,素菜正式走入宫廷,成了与中国四大菜系并立的第五菜系。

宫廷素菜选料精细、制作考究、花色繁多,只要看看明代宫中素菜所用原料,就知道素菜的做派有多大了!

有云南鸡纵,五台山的天花子肚菜,鸡冠山的蘑菇,东海的石花海白菜、龙须菜、海带、鹿角、紫菜,江南的莴苣、糟笋、香菌,辽东的松子,苏北的黄花、金针,北京的山药,南京的苔菜,武当山的鸢嘴笋、黄精、黑精,北京北山上的榛、栗、梨、枣、核桃、黄莲茶、木兰芽、蕨菜、蔓菁,等等。

看到这里,有读者会问:既然是素菜,炒菜的油呢?

据《齐民要术》记载,在南北朝时期,食用植物油已走进了厨房。北方多用麻油(芝麻油),而南方多用菜籽油。当然,食用大豆油此时还没有出现。

素菜的原料一般包括五谷杂粮、豆类、蔬菜、菌类、藻类、水果、干果、坚果等;菌藻类原料包括蘑菇、木耳、银耳、香菇、平菇、草菇、猴头菇、海带、发菜、紫菜、蕨菜等;经初加工的常用素菜原料有由黄豆加工成的豆腐及豆制品、由面粉加工成的面筋和烤麸等,以及粉皮、粉丝等。

素菜的烹饪方法与荤菜大体相仿,但在具体操作过程中,又有其独到之处。例如,荤菜的烧(烤)到了素菜这里,则是逢烧(烤)必炸。

素菜的烹饪方法主要有:拌、卤、炝、酥、熏、腌、卷、炒、炸、熘、烧、烩、熬、焖、扒、爆、炖、蒸、炮、蜜汁、挂浆、挂霜等。此外,素菜也有其造型、组合及装饰技艺,其中"蒟蒻仿荤"算得上是素菜制作的又一大特点。

那么,"蒟蒻"又是个啥呢?

蒟蒻别称魔芋、雷公枪、蒻头、蛇芋、鬼芋,属植物兄弟序列中的天南星科,品种有二,大球茎种和小球茎种。

蒟蒻开花紫红色,有异臭味,地下的球茎圆形,为主食部位,内含大量淀粉,煮熟冷却后即为半透明状食品。

作为食用蔬菜,蒟蒻可是天然高纤之健康食品中的冠军。其魔芋干粉中 40％ 的重量为葡甘露聚糖,是一种素食纤维。日本及韩国人尤其喜食蒟蒻,称之为"胃肠清道夫"。

蒟蒻所具有的优质膳食纤维有着低热量、低脂肪、低蛋白质以及吸水性强、膨胀力大等特性，还具有降血脂、降血糖、解毒消肿、抑菌、抗炎、化痰、散结、行瘀等功能，对肥胖、便秘、饱胀、肺寒、高血脂、高血压、冠心病、动脉硬化、糖尿病等都有较好或特殊疗效，还可防治肠癌、食道癌、脑瘤。

蒟蒻也是现代工业用途广泛的原料之一，在化工、建筑、造纸、纺织、石化、航空航天等多种领域大显身手，有着"工业味精"的美誉。

在饮食上，传统的吃法是做成蒟蒻豆腐，亦可凉拌，做果冻，或做荤菜。

长期食用蒟蒻食品有益于减肥健身、治病抗癌。近年来，蒟蒻更是风靡全球，并被人们誉为"魔力食品"、"神奇食品"、"健康食品"等。

蒟蒻另有一说，为蒟酱与蒻草的合称。出处见于左思的《蜀都赋》："其圃则有蒟蒻、茱萸。"注者刘良解释为："蒟，蒟酱也。缘树而生，其子如桑椹，熟时正青，长二、三寸，以蜜藏而食之，辛香，温调五藏。蒻，草也，其根名蒻，头大者如斗，其肌正白，可以灰汁煮，则凝成，可以苦酒淹食之，蜀人珍焉。"

蒟蒻凉拌

主料：蒟蒻丝 200 克，小黄瓜 1 条，小番茄 5 颗，芹菜 1 根，辣椒 1 根。

调料：柠檬汁 1 小匙，金橘汁 1 小匙，糖 2 小匙，黄芥末酱 30 克，素蚝油 1 小匙，冷开水 1 小匙，橄榄油 1 小匙。

制法：1. 蒟蒻去皮洗净后切丝，以沸水氽烫后捞起，以冷水泡凉备用。

2. 小黄瓜切丝泡水备用；小番茄洗净去蒂对切；芹菜切细末；辣椒去籽切末备用。

3. 将调味料的所有材料搅拌均匀备用。

4. 先将小黄瓜丝摆于盘中，然后摆上蒟蒻丝，再放上芹菜末、辣椒末及部分小番茄，最后将调味酱汁淋在上面，盘边再摆上其余的小番茄装饰即可。

特点：口味清淡，色泽鲜明。

鹅、鹅、鹅，曲项向天歌。

白毛浮绿水，红掌拨清波。

唐人骆宾王的这首《咏鹅》，在中国可谓是家喻户晓，妇孺皆知。

说起中国人对于鹅的喜爱程度，当首推晋代大书法家王羲之，他甚至不惜以书法换白鹅，成就了一段千古佳话。

王羲之爱鹅出了名，也有些人吃鹅吃出了名！

鹅是鸟纲雁形目鸭科动物的一种，至今已有四千多年历史。鹅也是被人类较早驯化的家禽之一，如绿头鸭驯化成了家鸭，鸿雁驯化成了中国家鹅，灰雁驯化成了欧洲家鹅，疣鼻栖鸭驯化成了番鸭。

鹅属于能漂浮于水面的游禽，喜欢在水中生活，以青草等粗饲料为主，喜食鱼、虾。但人类不仅喜食鹅蛋、鹅肉，尤嗜吃鹅掌。

鹅掌又称鹅脚，学名鹅蹼。与鸡爪、鸭脚一样，鹅掌本是下脚料，早年间并不被人们看中，那会儿的人并不懂什么膳食营养，填饱肚子永远摆在第一位，所以个个成了"肉盯"！

其实鹅肉也不错，含有蛋白质、钙、磷，还含有钾、钠等十多种微量元素，被营养专家认为是理想的高蛋白、低脂肪、低胆固醇的营养健康食品。鹅肉不仅脂肪含量低，而且品质好，不饱和脂肪酸的含量高,特别是亚麻酸含量均超过其他肉类,对人体健康有利。同时鹅肉脂肪的熔点较低,质地柔软,容易被人体消化和吸收。

此外,鹅肉味甘平,有补阴益气、暖胃开津、祛风湿防衰老之效,是中医食疗的上品。在 2002 年,鹅肉被联合国粮农组织列为二十一世纪重点发展的绿色食品之一。

从汉代开始,鹅掌首先为草根们所接受,最初只是在城市里的熟食店出售,鹅掌毕竟也是肉啊!

很快人们就发现,鹅掌是个好东东!

首先鹅掌比鸡爪、鸭脚都大,而且壮实、脂肥,皮多筋多,皮质柔韧,颇有嚼劲,肉质结实,富含胶质。现代医学认为,鹅掌具有美容和延缓衰老的功效。中国传统医学也看好鹅掌,称其"性较和平,煨食补虚",特别宜于患者病后食用。

到南北朝时,鹅掌首次被一位绝色美女引入宫廷。

这位美女就是大名鼎鼎的北魏孝文帝拓跋宏的皇后冯润,也叫冯妙莲。

拓跋宏在后宫里比较宠爱的几个女人几乎都出自太师冯熙一家。

当时的北魏文明太后也姓冯,是位女强人,曾毒杀拓跋宏的老爸献文帝拓跋弘,把持了朝政。孝文帝拓跋宏实行政治改革,制定汉化政策,俸禄制、均田制等都是文明太后临朝听政时颁行的。为使冯氏能继续操纵政权,文明太后硬是把三个侄女冯润、冯清和冯姗姊妹同时推荐给了自己的孙子拓跋宏,冯清端庄秀丽、文弱娴静,于是被立为皇后。

冯姗为左昭仪,冯润则做了贵人。

冯润进宫没多久就生了病,遂被文明太后安排到冯府治疗。

其实三姐妹当中,最讨拓跋宏欢心的就是冯润。

冯润生得一双会勾魂的大眼睛,妖媚艳丽。这还不算,重要的是冯润颇有心计,在后宫做贵人时,她就精心烹制了一款美味可口的鹅掌菜献给孝文帝,吃得拓跋宏肚子里像长了馋虫子,一有空就跑到冯贵人的住处吃鹅掌。

文明太后去世后,一直挂念冯润的孝文帝把她接入宫中,宠爱如初。

这时,皇后冯清对孝文帝改制中所提倡的说汉语、穿汉服之事持抵触情绪,两人经常吵架,因而失去了孝文帝的宠爱。

不久,小妹冯姗因难产早薨。冯润晋级为左昭仪。

可偏偏冯润喜欢做皇后,在她的挑唆下,孝文帝将冯清废黜,发落到瑶光寺出家为尼。

冯润摇身一变,成为领袖后宫的当朝皇后。

当然,冯润的鹅掌还是要经常做的,因为这孝文帝一朝的御厨实在太差劲了。

文明太后在世的时候,有一次,她得了妇科病,正服用中草药庵闾子,主事的御厨却端上来一碗米粥,更要命的是粥中竟有一支数寸长的蝘蜓(类似壁虎的爬行动物,俗称石龙子)。在一旁侍奉太后的孝文帝勃然大怒,立刻就要将这御厨处以严刑。文明太后却只是微微一笑,摆摆手让那个早已吓得体如筛糠的御厨走开。孝文帝对此感触很深,很多年后,他也没有忘记。

到孝文帝亲政后,一次是御厨在进膳时不慎将热汤扣撒了,还烫伤了孝文帝的手;还有一次,孝文帝在吃饭时,居然发现碗中匿有飞虫。大概是孝文帝从文明太后那里学会了宽以待人,也只是和祖母当年一样,一笑了之。

孝文帝拓跋宏是北魏一位杰出的皇帝,他为了巩固北魏政权,大力推行文治,实行了许多重要的改革,还提倡思想解放,带头学习汉族文化知识,采用汉族统治阶级的政治制度,与汉族通婚,在他迁都洛阳后,又下令全国改穿汉服,一年后他又下令改去鲜卑姓,按一元复始的讲究,自己首先改姓元,作为全国第一姓。这一切都大大地加速了北方各少数民族的汉化进程,也为后来的中国大统一奠定了基础。有了文治,元宏还要建树武功,统一全中国。

公元497年,孝文帝亲自率二十万大军南征。虽然伤亡不小,但北魏军队还是将南齐的新野、南阳、樊城等重地攻占。当大军停在悬瓠一带休整,伺机南下的当口,元宏却病倒了,原来他那位留在洛阳京城的皇后冯润给他戴了一顶绿帽子,与中官高菩萨通奸。

这位高菩萨可是个太监啊!

闻到此讯,孝文帝差点没当场气死,急火攻心病倒在军中。

经周密安排,元宏突然赶回洛阳,将高菩萨和冯润等人捕拿起来。经过亲自审讯,冯润不但水性杨花,她还找来女巫帮忙,诅咒孝文帝速死,想做当年的文明太后,另立少主临朝称制。元宏如遭雷击,可他还算是个怜香惜玉、顾念旧情的主儿,在处死高菩萨及女巫后,还是放了冯润一马,流着泪将其逐出宫去。

第二年春,南齐攻魏,企图收复被北魏占据的雍州诸郡。孝文帝带着一个赢弱的身子和一颗破碎的心,再次亲自率兵南征,大败齐军。孝文帝正一心想乘胜追击,跃马江南,不料再次病倒在军营中,不久死于谷塘原,年仅三十三岁。孝文帝在临终时特别下旨:"后宫久乖阴德,自寻死路,我死后可赐冯皇后自尽,葬用后礼,庶可掩冯门之大过。"

孝文帝的早亡也使得南北统一再次成为泡影!

孝文帝死后,一直被看押的幽皇后冯润为朝中大臣所杀。

历史的话题总是说不完的沉重。

鹅掌也是如此。

随着鹅掌走进宫廷,鹅的命运也日趋惨烈起来。

首先是鹅掌频频登临御宴。如南宋高宗时,清河王张俊在供进的御宴中,就有"鹅肫掌汤斋"一菜。明代宫廷菜中,不仅有"糟鹅肫菜"还有"鹅肫掌"。相传清代乾隆下江南,食尽人间美味,回宫后回味无穷,见到御食反而食欲不振。于是御厨绞尽脑汁根据民间风格,精选鹅掌,制作成汤呈上。乾隆立即食欲大振,胃口大开,特赐菜名"鳞凤托日",列入宫廷菜序列。

鹅掌在宫廷内一路走红,在民间也深受欢迎,常吃不懈。

宋代葛长庆诗云:"驼峰鹅掌出庖烹",他把鹅掌的美味与佳肴极品驼峰相提并论。在明代的《宋氏养生部》中也明白地写道:"鹅掌美。"清代文学家曹雪芹的祖父曹寅曾吟有"百嗜不如双跖掌"之句,显然这位更是个吃鹅掌的行家。

更有人想出残忍的手段来烹制鹅掌,像女皇武则天的情人张易之就是其中一位。据《太平广记》记载:武则天的面首张易之将活鹅鸭置于大铁笼之中,笼中生炭火,用铜盆盛酱醋等五味汁,鹅鸭被火烤得不停地来回走动,只得狂饮盆里的汁水,等到鹅鸭羽毛尽落、肉色变赤时即熟,其肉鲜嫩可口。

北宋的宋徽宗嫌鹅掌不够肥大,御厨遂将鹅放在涂满调料的铁板上,慢慢加温,直至铁板烤红。等鹅掌烧好了,斩下装盘上桌,没有脚的大鹅还活着。这种烧热铁板烤活鹅掌的方法,使鹅掌变得特别肥美。

在清初,有一位姓叶的大臣别有创新,他将活鹅放在铁栅上,下面用火烤炙,同时将酱油、醋等调味品放在栅外。鹅受热难忍时就把放在栅外的各种调味品当水来解渴,由于不停地吸饮,肉蹼被烫得巨大如人掌,软烂醇香,据说割下当场现吃,鲜美无伦。

现在,这种惨绝人寰的"名菜"——铁板烤鹅掌依旧盛行于世。有好食者甚至喊出:"当鱼与熊掌不可兼得时,吃鹅掌!"

鹅掌并非佳味天成,一因自身鲜味不足;二为皮厚骨粗,所以烹制时要注意扬其长而避其短。

↓ 清蒸鹅掌

主辅料: 鹅掌 500 克,冬笋 50 克,熟火腿 25 克,水发香菇 25 克,熟鸡油 25 克,盐 6 克,味精 1 克,葱段 20 克,姜片 10 克,鲜汤适量。

做法: 1. 将鹅掌去掉外皮,洗净,投入开水锅用小火煮 45～60 分钟,达到六七成熟时捞出稍凉,用刀从掌背划开一小刀口,剔去趾甲和掌骨,放在鲜汤碗内,浸泡 1 个小时左右,以增加鹅掌鲜味。

2. 熟火腿和洗净的冬笋、香菇均切成长方薄片。

3. 取一大碗,碗底先放葱段、姜片,再码上火腿片、冬笋片和香菇片,最后整齐地摆上从鲜汤碗里捞出的鹅掌,再撒上盐和味精,倒入浸泡鹅掌的鲜汤,加盖,入屉,架在水锅上用旺火、沸水,足气蒸 15～25 分钟,蒸至鹅掌嫩熟入味时,下屉,翻扣在另一大盘中。

4. 把葱段、姜片拣出不要,淋入溶化的鸡油即成。

特点: 柔韧脆嫩,清鲜香浓。

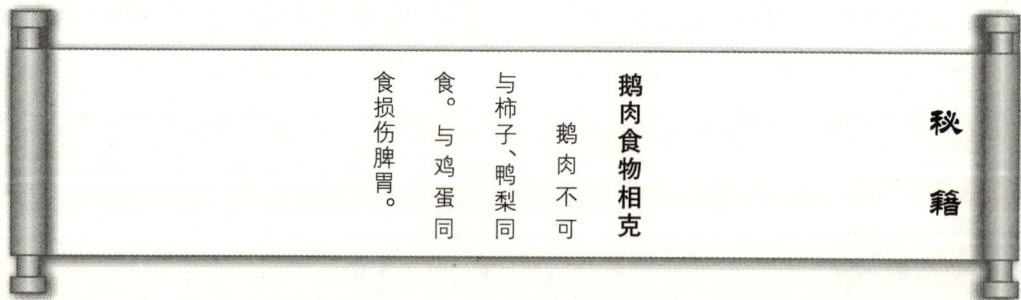

秘籍

鹅肉食物相克

鹅肉不可与柿子、鸭梨同食。与鸡蛋同食损伤脾胃。

【隋唐五代时代】

第一章 隋二世将美景变成美食

社会稳定才能促进繁荣，百业兴旺！

公元587年，五十一万隋军，千帆竞渡，突破陈朝的长江防线，以摧枯拉朽之势横扫江南，生擒陈后主陈叔宝，为一百多年的南北朝对峙时代画上了句号。

平定乱世，让百姓得以休养生息，这是隋帝国做下的第一件好事。第二件好事就是创立科举制度，进行大规模的人才选秀，科举制的诞生对隋唐乃至以后的中国社会和中国文化都产生了极大的影响。

接下来，隋朝开凿的大运河为南北文化沟通和物资交流提供了一条高速通道，利国利民。

百业兴，饮食厨艺也跟着空前火爆起来。

在南北朝的中后期，中国出现了"炒菜"的厨艺新技术。在北魏贾思勰所著的《齐民要术》中就记载有许多炒制的烹饪方法。鉴于书中记载的较多，这里只引录一个炒鸡蛋的案例："炒鸡子法：打破，著铜铛中，搅令黄白相杂。细擘葱白，下盐米，浑豉，麻油炒之，甚香美。"

"炒"是现在最基本的烹调技术，也是应用范围最广的一种烹调方法。炒分为生炒、熟炒、滑炒、清炒、干炒、抓炒、软炒等。

虽说炒菜是个技术活，可它离不开必要的工具。

南北朝时，没有今天日常生活中常见的炒勺、炒锅，用的是铜铛，也就是铜制的烙饼或做菜用的平底浅锅。铜导热的速度是比较快的，可以经过不断的翻炒将菜炒熟。

但铜铛在制作上完全靠手工铇制，非锻压式机械化下的产物，是奢侈品，老百姓根本没处找铜铛去。

到了隋唐时期，可以炒菜的铜铛、铜铫才广泛盛行起来。铜铫也叫铫铛、铫盏、铫子，是一种带柄有嘴的小锅，多用来煎药或烧水用。

在厨房中炒菜烹调，使用率最高的还是铜铛，所以那时候，人们习惯把厨师称作"铛头"。

这一时期，大豆油还没有问世，炒菜所使用的植物油均为菜籽油、麻油（芝麻油）。如段成式《酉阳杂俎》卷十五载有："京宣平坊，有官人夜归，入曲，有卖油者张帽驱驴驮桶不避。……里有沽其油者月余，怪其油好而贱"，这说明唐代已经有专业油贩子了。在该书卷十八还看到这样的文字："齐嗽树出波斯国，……子似杨桃，五月熟，西域人压为油，以煮饼果如中国之用巨胜也。"巨胜即今天的黑芝麻。日本僧人圆仁《入唐求法巡礼行记》卷2谈到，他在唐文宗开成年间（836—840年）来中国时，"遇五台山金阁寺僧义深等往深州求油归山，五十头驴驮麻油去"，一个寺庙的植物油消费量就这么大，可见当时植物油已完全进入千家万户。

用"炒"来烹饪菜肴，可以缩短加工时间，减少燃料消耗，而所烹饪出来的菜肴营养成分也会较少流失。"炒"的出现，完全称得上是中国烹饪史中的里程碑，它改变了中国两千年的饮食传统习惯，对于烹调技艺而言，更是一次"千里马"似的飞跃。

随着炒菜工具及传热媒介的普及，各种美味佳肴横空出世，在隋唐时期空前灿烂起来。

大乱之后必有大治。但反过来，大治之后也必有大乱。

隋朝杨家二皇子的杨广以温顺、清廉的大隋十佳好青年形象博得父皇和母后的赏识认可之后，顺利成为新皇储。605年，杨广坐上大隋的至尊龙椅，他把自己的年号取名为"大业"，开始放眼看世界。

几年间，隋二世北击契丹，西灭吐谷浑，南收琉球，这个琉球也就是今日的台湾，至杨广始，台湾正式纳入华夏版图。杨广还把领土疆域扩大到印度支那的安南、占婆（今越南地区）。那时，连东洋日本也哈着大隋。608年，隋二世"赐其民锦线冠，饰以金玉，文布为衣"，从此日本人开始服用汉人衣冠。杨广还西行到张掖，亲切接见许多西域国家的使者。

西域二十七国元首随即云集东都洛阳朝拜隋大帝,为彰显天朝丰饶天威,杨广下令大演百戏,仅参加万国文艺会演的乐器演奏者就达一万八千人,声闻数十里。当时的洛阳丰都市就是首届世界贸易交流大会的大市场,隋二世又令市场管理所大大地排场一番,以至于用彩帛缠在树上,如春风杨柳万千条,绚烂夺目,以示豪华富庶。连西域人看了也挠头问:"中国亦有贫者,衣不盖形,何如以此物与之,缠树何为?"

市场管理员面带羞惭不能答。

其实答案就是隋二世杨广太好面子了。

杨广不仅好面子,也好旅游,每到春花烂漫时,便要公费去江南看花。

相传隋炀帝杨广到扬州观琼花以后,对万松山、金钱墩、象牙林、葵花岗四大盛景分外留恋,特令御厨以四景为题分别制菜。

于是在扬州名厨指点下,御厨们费尽心思做出了"松鼠鳜鱼"、"金钱虾饼"、"象牙鸡条"和"葵花献肉"这四道名菜。杨广品尝后,十分高兴,便赐宴群臣,从此淮扬风味的菜肴开始风行天下。

将美景变成美食,也只有隋炀帝这样花痴的人才能干得出来!

"松鼠鳜鱼"前面已经提到过,这里就讲讲"金钱虾饼"、"象牙鸡条"和"葵花献肉"。

金钱虾饼:主料在深秋初冬时用青虾,春天则选用皮薄肉硕的晃虾;夏末秋初可用大虾,这一道四季皆宜的美味佳肴主要以"煎烹"为主。

象牙鸡条:后来演变成今天的"凤穿牡丹"。

葵花献肉:前身为南北朝《食经》上所记载的"跳丸炙",后世更名为"狮子头",即扬州话说的"大斩肉",北方话叫"大肉丸子"或"四喜丸子"。原做法是将做好的肉丸子放在锅里

金钱虾饼

主料:海虾 200 克。

辅料:面包糠 100 克,白胡椒粉 5 克,淀粉 10 克,食用油 80 克,精盐 5 克,白砂糖 5 克,香油少许。

制法:1. 将青虾去掉虾皮,挑掉虾线,用捣肉锤轻捣,将虾捣成虾泥备用。

2. 在虾泥中,调入精盐、白砂糖、胡椒粉、香油,搅打上劲。

3. 将虾泥用手攥成 4 厘米直径大小的虾球,裹上面包糠,用手掌将沾满面包糠的虾球压成饼状。

4. 大火烧热炸锅中的油至七成热,放入虾饼半分钟后,将火力调至小火,当油锅中的虾饼炸至两面呈金黄色后,用筷子将虾饼夹起,整齐摆放盘中。吃时蘸上甜辣酱味道更佳。

特点:颜色金黄,外鲜脆,内柔软。色彩造型都很美观,鲜香适口,余味无穷。

象牙鸡条

主辅料:肥鸡翅膀 12 个,熟瘦火腿肉 80 克,水发香菇 50 克,冬笋 100 克,葱白 5 克,鸡清汤 300 克,精盐 2 克,熟鸡油 10 克。

制法:1. 将肥鸡翅膀洗净,放入微开的汤锅内煮 4 分钟,约六成熟时捞出,斩去翅尖,从中间节骨处砍断成两段,每段砍至顶端节骨,再轻轻抽出翅内硬骨,形成象牙状,葱白切成 1 厘米长的段。

2. 水发香菇去蒂,与熟火腿、冬笋分别切成细丝,然后将香菇、火腿、冬笋等细丝穿进每段鸡翅,整齐地放在平盆子内,加精盐,上笼先干蒸 15 分钟,再加入鸡清汤,继续蒸 20 分钟,至质地软烂。

3. 将鸡翅逐个放在圆盆四周,炒锅内放入蒸鸡翅的原汤,再加清汤、葱白,烧开后略勾芡,淋入鸡油,浇在鸡翅上即成。

特点:色泽明快,嫩滑松软。

葵花献肉

主料:五花肉 150 克,马蹄 10 克,冬菇 10 克,青菜心 5 棵,生姜片少许。

调料:花生油 500 克,精盐 12 克,白糖 5 克,生粉 30 克,鸡汤 150 克,老抽王 10 克,麻油 5 克。

制法:1. 五花肉剁成肉泥,马蹄、冬菇切米,加入盐、味精、生粉打至肉起胶,做成四个大丸子。青菜心用开水烫熟捞起摆入碟内,生姜切片。

2. 烧锅下油,油温 130℃下入大肉丸子,炸至外金黄内熟捞起待用。

3. 锅内留油,下入姜片,加入鸡汤,放入大肉丸子,放盐、味精、白糖、老抽王,用小火烧至汁浓,再用湿生粉勾芡收汁装碟即成。

特点:色泽金黄,肉质鲜嫩,清香味醇,四季皆宜。

蒸,蒸到肥肉化了,瘦肉支棱起来,酷似葵花的头。现代做法则不同。

"狮子头"因用料、配料及烹调方法的不同,其叫法也各不一样。

以所用配料而得名的有:蟹粉狮子头、蟹黄狮子头、百合狮子头、炒饭狮子头、澳龙狮子头、茶菇龙虾狮子头、河蚌狮子头、鱼翅绣球狮子头、三鲜鮰鱼狮子头、魔芋狮子头、素什锦狮子头、凤鸡狮子头、冬笋狮子头、鲴鱼狮子头、面筋狮子头、鱼羊狮子头、螺肉狮子头、荠菜狮子头、菜心狮子头、贝茸狮子头、虾仁狮子头、鱼鲜狮子头、苔菜狮子头、迎春花狮子头、瑶柱狮子头等。

凭烹调方法而得名的:清炖狮子头、红烧狮子头、清蒸狮子头、红焖狮子头等。

因地名而得名的:淮扬狮子头、扬州狮子头、扬州沙锅螺肉等。

由盛器而得名的:沙锅狮子头、罐焖狮子头、坛子狮子头等。

靠形状而得名的:蟹肉大丸子、大肉丸子、肉丸子、大攒肉丸、葵花大攒肉、葵花献肉、剁肉丸子、斩肉丸子、大攒肉、肉坨子、四喜丸子、狮头丸子、狮头圆宅肉、双狮纳吉、蟹粉肉圆等。

其他还有打擦边球的"狮子头",如中间包芯的叫包芯狮子头,汤中加有中药的叫药膳狮子头,汤浓色白的叫奶汤狮子头,放十三香的叫十三香狮子头等。

此菜看似极其普通,但选料却非常讲究。最好选用新鲜的猪硬肋五花肉,其肉质地柔嫩、持水量高,做出的丸子鲜嫩。肥瘦肉的比例一般是肥七瘦三,如肥肉太少,食之发柴,不香不嫩。此菜对刀工要求很高,要求切成的颗粒状是"细切粗斩",即切制时先切片再切丝,然后刀数不宜太多,更不可图省事去用绞肉机来制馅。

隋代的御厨队伍组织机构一直是后朝学习的样板。

在建国之初，隋即以太官、肴藏、良酝、掌醢为光禄寺四署，设令及丞。

太官相当于今天的行政办主任，掌管宴会前堂事宜。肴藏署掌管供祭祀、朝会、宾客的菜肴制作及应用器皿等物，御厨们都是一线工人。至唐代更名为珍羞署。良酝掌供应宫廷所需之酒，是国企酿酒集团公司。掌醢掌供应醋及鹿、兔、羊、鱼肉酱，属于后勤部门。到了清代，连香、烛等物，还有皇家果园，也归掌醢署管了。

光禄寺的四署一把手干部等级为正八品下。放在今天也就是个处级干部，但油水大，灰色收入多，不是谁想干就能干上的，没有背景的只能去掂炒勺。

隋二世本人口福一直不浅，如唐人颜师古《大业拾遗记》中就记载着吴郡进献给他的数种美味菜肴，其中一道叫"鲈鱼干脍"。这道菜的制作方法相当讲究，首先"须八九月霜下之时，收鲈鱼三尺以下者作干脍"。接下来"浸渍讫，布裹沥水令尽，散置盘内。取香柔花叶，相间细切，和脍拨令调匀"。其特色为"霜后鲈鱼，肉白如雪，不腥。所谓'金薤玉脍'，东南之佳味也。紫花碧叶，间以素脍，亦鲜洁可观"。

似这般考究的做法,完全可以称得上是南方菜系的典型代表,选料要严格,刀工要精湛,花色要悦目。这个菜佐以金橙,再和香柔花叶一起烹制而成,进而一炮走红。今天淮扬的"蟹酿橙"就是受了隋炀帝"鲈鱼干烩"的启发,做法是把螃蟹肉、蟹黄一起酿在一个大的橙子里,然后放在锅里面蒸成美食。

其实在当时,就在民间流行一种将鲈鱼制作"干脍"的方法。即把鲜鱼切成片晾晒,晒干后密封贮存。食用时开封取出,用清水浸泡后就可以食用了。这样制作的干脍可保存两个月左右,食用时接近鲜脍的口感。

但杨广所吃的"金齑玉脍"只能叫"鲈鱼干脍"。

被隋二世誉为"东南佳味"的"金齑玉脍"早在南北朝就有了。见北魏著名农学家贾思勰所著的《齐民要术·八和齑》:"熟粟黄。谚曰:金齑玉脍。橘皮多,则不美;故加粟黄,取其金色,又益味甜。""齑"有时也写作"齑",原意是细碎的菜末,这里作调料解,金齑也就是用蒜、姜、盐、白梅、桔皮、熟栗子肉和粳米饭制作成的金黄色调料酱而已。

其中的"白梅",是把没有熟透的青梅果实在盐水里浸泡后的一种酸味调料,古代做羹汤时必不可少。

而粟是今天的谷子,北方称为小米。

杨广所吃的"鲈鱼干脍",是加了青翠欲滴的香柔花叶及紫红色的香柔花穗,为的是使得这道菜的颜色更加鲜艳夺目,衬托出鲈鱼肉片的洁白。

香柔花即中药香薷。香薷俗名蜜蜂草,新鲜植株具有强烈的芳香气味,古代一直当蔬菜来食用。香薷的花色很多,有嫩黄、浅红、淡蓝、深紫等色。隋炀帝牌"金齑玉脍"所用的香柔花,可能是开紫花的香薷。

当皇帝就是好,吴郡相继进贡给杨广的美食还有"海鲵干脍"四瓶、海虾子三十桱、鲵鱼含肚千头、"蜜蟹"三千头、"蜜拥剑"四瓮,并呈献制作的方法。

鲵鱼是一种海鱼,即今天的米鱼,俗名鳌鱼、敏子、敏鱼、鲵鱼、毛常鱼、米古、命鱼。以海鱼作脍出现在宫廷菜谱中还是首例。

鲵鱼肉味鲜美,其食用方法以清蒸、红烧、醋熘、制羹、泡腌为佳。其鱼脑更是肥腴异于他鱼,故宁波一带有"宁可弃我廿亩稻,不可弃掉米鱼脑"之民谚。米鱼鳘是上等鱼肚,俗称"鲵鱼胶"或"鳘肚",不仅味道独特,且具有养血、补肾、润肺健脾和消炎的作用。

海虾子就是带籽的海白虾。

下面重点说说"蜜蟹",因为隋炀帝是第一个敢吃螃蟹的皇帝。

《大业拾遗记》中云:"吴郡又献蜜蟹

三千头,作如糖蟹法。蜜拥剑四瓮。拥剑似蟹而小,二螯偏大。《吴郡赋》所谓'乌贼拥剑'是也。"

翻译成白话就是:吴郡又进献蜜蟹三千只,像糖蟹那样做法。蜜渍拥剑,共四瓮。拥剑像蟹而比蟹小,两个蟹钳子特别大。就是《吴郡赋》中所说的"乌贼拥剑"!

吴郡即今天的江苏省苏州。隋二世吃到的螃蟹自然是苏州阳澄湖的大闸蟹了。

阳澄湖水产资源丰富,盛产多种鱼虾。而最为有名的则是清水大闸蟹。

据宋朝《蟹经》记载:"江浙诸郡皆出蟹,而苏尤多。"位于古城苏州东北的阳澄湖有 18 万亩水域,是优质蟹生长的理想地。国学大师章太炎夫人是著名的大闸蟹"蟹迷",她曾赋诗云:"不是阳澄湖蟹好,此生何必住苏州!"

阳澄湖大闸蟹又名金爪蟹,被誉为"中华绒螯蟹",顶着"中华"二字的桂冠,驰名中外的大闸蟹在螃蟹界里更是横着走路了。

与其他螃蟹不同,阳澄湖大闸蟹青背、白肚、黄毛、金爪,孔武有力,放在玻璃上能八足挺立,双螯腾空。大闸蟹,个大体肥,一般重 250 克左右,最大者可达 500 克,蟹肉丰满,尤其煮后呈亮橘红色,口味鲜甜。

此蟹肉质细腻,且营养丰富。据《本草纲目》记载:螃蟹具有舒筋益气、理胃消食、通经络、散诸热、散瘀血之功效。蟹肉味咸性寒,有清热、化瘀、滋阴之功,可治疗跌打损伤、筋伤骨折、过敏性皮炎。蟹壳煅灰,调以蜂蜜,外敷可治黄蜂蜇伤或其他无名肿毒。

蟹肉中含有多种维生素,其中维生素 A 高于其他陆生及水生动物;维生素 B_2 是肉类的 5～6 倍,比鱼类高出 6～10 倍,比蛋类高出 2～3 倍;维生素 B_1 及磷的含量比一般鱼类高出 6～10 倍。在每 100 克可食部分中,含蛋白质 17.5 克、脂肪 2.8 克、磷 182 毫克、钙 126 毫克、铁 2.8 毫克。蟹壳除含丰富的钙外,还含有蟹红素、蟹黄素等。

阳澄湖大闸蟹的吃法有蒸、煮、面拖等,一般以蒸煮剥食为主。还可以将蟹肉作各类点心的馅心,如蟹粉馒头、蟹饼、蟹肉馄饨等。苏州的食蟹水准堪称全国一流,汇集清煎大蟹、透味醉蟹、蛋衣蟹肉、鸳鸯蟹王、芙蓉蟹糊、仙桃蟹黄、口蘑蟹圆、蟹油菜心、蟹酿橙、蟹羹、醋熘蟹、蟹炖蛋、软煎蟹盒、蟹粉豆腐等蟹肴,以及集四喜蟹饺、蟹黄小笼、蟹肉方糕等蟹点于一席的"菊花蟹宴",味道鲜美,具有独特风味。

既然阳澄湖大闸蟹以煮食为第一,就来个经典吃法——清蒸!

↓│阳澄湖大闸蟹

主辅料：大闸蟹 2500 克，绵白糖 150 克，葱花、姜末各 50 克，香醋、酱油各 100 克，香油 20 克。

制法：1. 先将蟹逐只洗净，放入水中养半天，使它排净腹中污物。

2. 然后用细绳将蟹钳、蟹脚扎牢。再用葱花、姜末、醋、糖调和作蘸料，分装十只小碟。

3. 然后将蟹上蒸笼蒸熟后取出，解去细绳，整齐地放入盘内，连同小碟蘸料、专用餐具上席，由食用者自己边掰边食用。

特点：突出螃蟹原形原味，色泽橙黄，蟹肉鲜美，营养丰富。

秘籍

大闸蟹饮食禁忌

1. 虚寒人士不宜吃大闸蟹。

2. 皮肤敏感人士不宜吃大闸蟹。

3. 胆固醇过高人士不宜吃大闸蟹。

4. 孕妇不宜吃大闸蟹。

5. 切忌吃半生大闸蟹。

6. 切忌吃蟹心，蟹的双鳃之间有一个六角形的白色蟹心，极其寒凉，虚寒人士不宜食。另外，但凡内脏都不宜吃，因内脏积聚重金属，多吃易中毒。

7. 忌与柿子同食。蟹肉含丰富蛋白质，柿子含鞣质，同时吃会造成蛋白质凝固，导致肠痉挛。

8. 切忌以啤酒送蟹。

9. 不能和冰冷食物一起吃。

秦汉不分,隋唐一家,说的就是国体制度上的事。

汉承秦制,唐也将隋制全盘接收,并随着时代的发展做了一些微调。

如尚食局是负责皇家伙食营养的重要机构,隋朝的尚食局属于门下省,尚食主管定员二人,设有食医四人。

门下省在隋朝属于皇帝的侍从机构,有点类似今日的中央办公厅兼国家政策咨询机构,权限极大。门下省掌管机要,参议国政,并负责审查诏令,签署章奏,有封驳之权。

到了唐朝,门下省实在是众务繁杂,日理万机,遂将尚食局划归掌管皇帝生活诸事的殿中省领导,设尚食二人,食医八人。

尚食局下有司膳(之下有典膳、掌膳)、司酝(之下有典酝、掌酝)、司药(之下有典药、掌药)、司饎(之下有典饎、掌饎),另有食医。

到尚食局工作的御厨个个都是身怀绝技的高手,可谓是千挑万选出来的。

在唐人《卢氏杂说》中,就讲述了一个关于尚食局御厨面点大师的故事:

冯给事入中书祗候宰相,见一老官人衣绯,在中书门立,候通报。时夏谯公为相,留坐论事多时。及出,日势已晚,其官人犹尚在。乃遣人问是何官。官人近前相见曰："某新除尚食局令,有事相见相公。"因令省官通之。官人入,给事偶未去。官人见宰相了,出谢云:"若非给事恩遇,某无因得见相公。某是尚食局造包子手,不知给事宅在何处?"曰:"在亲仁坊。"曰:"欲说薄艺,但不知给事何日在宅?"曰:"来日当奉候。然欲相访,要何物。"曰:"要大台盘一只,木楔子三五十枚,及油铛灰火,好麻油一二斗,南枣烂面少许。"给事素精于饮馔,归宅便令排比。乃垂帘,家口同观之。至日初出,果秉简而入。坐饮茶一瓯,便起出厅。脱衫靴带,小帽子,青半肩(明抄本"肩"作"臂"),三幅袴,花襜袜肚,锦臂沟。遂四面看台盘,有不平处,以一楔填之,后其平正。然后取油铛烂面等调停。袜肚中取出银盒一枚,银篦子银笊篱各一。候油煎熟,于盒中取包子馅("馅"原作"傔",据明抄本改)。以手于烂面中团之,五指间各有面透出。以篦子刮郤,便置包子于铛中。候熟,以笊篱漉出。以新汲水中良久,郤投油铛中,三五沸取出。抛台盘上,旋转不定,以太圆故也。其味脆美,不可名状。

帝王的御厨表演精彩厨艺,凡人能目睹几回啊!

从隋唐开始,宫廷御食均用装饰华贵的牙盘盛装,数字之内,九为最大,皇帝是九五之尊,所以日常膳食每餐也用九个牙盘来装食味。

而唐朝帝王的御宴上的招牌菜有一些是从隋朝御厨房那儿抄来的,也有本朝原创的,比较有名的菜肴如:鱼干脍、咄嗟脍、浑羊殁忽、金齑玉脍、鲩鱼炙、白沙龙、串脯、生羊脍、汤丸、寒具、昆味、黄金鸡、族味、剔缕鸡、羊臂、菊香斋、芦服、含凤、石首含肚、清风饭、无心炙、飞鸾脍、红虬脯、葫芦鸡、热洛河,等等。

在隋唐时期,中原地区的烤烹技术得到了一定发展。

据《隋书》卷六十九《王劭传》记载:"今温酒及炙肉,用石炭、柴火、竹火、草火、麻荄火,气味各不同。"这说明当时烤炙肉类对如何用火、火候的掌握,以及对肉类的不同品种要求选择使用不同的燃料,都达到了前所未有的程度。

同南北朝相比,这一时期的炙烤类菜肴品种更趋于多样化。如《清异录》中有"无心炙"、"逍遥炙",谢讽《食经》中有"龙须炙"、"干炙满天星",韦巨源《食单》中有"金铃炙"、"光明虾炙"、"升平炙",咎殷《食医心鉴》中有"野猪肉炙"、"鳗鲡鱼炙"、"鸳鸯炙"、"炙鸲鸽"等,各般炙烤层出不穷,令人叹为观止。

但最称奇的是一些新的炙烤方法,如间接炙烤法再次擦亮了食客的双眼。

最著名的当属京都名菜"浑羊殁忽"!

据《卢氏杂说》载:"见京都人说,两军

每行从进食，及其宴设，多食鸡鹅之类，就中爱食子鹅。鹅每只价值二三千，每有设，据人数取鹅，燖去毛，及去五脏，酿以肉及糯米饭，五味调和。先取羊一口，亦燖剥，去肠胃，置鹅于羊中，缝合炙之。羊肉若熟，便堪去却羊，取鹅浑食之，谓之'浑羊殁忽'。"

从菜名上看，"浑羊殁忽"当是西域语言的直译。"浑羊殁忽"是从宫廷流传到达官贵族家乃至民间的。做法是先将鹅洗净，用五味调和好的肉、糯米饭装入鹅腔，然后宰羊、剥皮、去掉内脏，再将子鹅装入羊腹中缝合妥当，上火烤制，熟后取鹅食用。此前国人尚无烤鹅及吃全鹅的风习，可以说这道菜打破了食鹅历史的记录，这说明当时烤炙技术的水平有了质的提高。

为什么说"浑羊殁忽"是"舶来品"？

中国古人所"炙"的最早都是肉块，关于饮食礼节，孔子老人家曾强调指出，"割不正不食"。意思是说，肉块切割得不够方方正正，是破坏了儒家"礼制"的，俺一口不吃！

即使是在敬神祭祖时，"炙"全牛、全羊、全猪，也得选用毛色纯正的牛、羊、猪作牲品，否则就是对天神及祖先的大不敬。

把大鹅塞到羊肚子里烤，自然就更不成体统了。

中国与阿拉伯世界文化的深入交往，大大影响了中国人的饮食文化。可以作为"浑羊殁忽"是"舶来品"佐证的还有"浑炙犁牛"。

唐朝边塞诗人岑参因公出差来到丝绸之路上的重镇——酒泉。岑参在当时名气很大，赛过今天的郭敬明，况且又是来自天子脚下的京城，酒泉太守设盛筵殷勤款待。

吃了人家嘴短，何况是前所未闻的美味。于是岑参写下一首《酒泉太守席上醉后作》权做埋单：

琵琶长笛曲相和，羌儿胡雏齐唱歌。浑炙犁牛烹野驼，交河美酒归巨罗。三更醉后军中寝，无奈秦山归梦何。

"浑炙"指的是整烤。诗中所谓的"浑炙犁牛"，即"烤全牛"。"犁牛"一说是毛色不纯、黄黑相间的耕牛，亦说是指现今之牦牛。不管怎样说，人家岑参能吃着烤全牛和野驼之峰，喝着交河（今新疆吐鲁番西的亚尔乃孜沟，为古代西域三十六国之一的车师前国的国都）酿造出来的葡萄美酒，这范儿一点不比帝王宴逊色。

至今在伊斯兰还盛行一款名为"烤全驼"的美馔，做工及意趣竟比"浑羊殁忽"还要讲究。其法是在剖净的骆驼腔子里，放进一口烤熟的全羊，羊肚内又有一只烤好的全鸡，鸡膛中装一枚煮熟的鸡蛋。然后封腹,把全驼放入沙坑埋严,架干柴烘烤。

由此可见,隋唐帝王宴上的"浑羊殁忽",以及岑参在酒泉太守席上吃到的"浑炙犁牛",应该是西域外来文化影响下的产物。在法老时代的尼罗河文明中,埃及贵族和高级神士的食谱大全里,就包括"浑炙犁牛"(roast ox)这道大菜。

对于当时的国人而言,恰似此味只应天上有,西风醺得食客醉!

历史不存在假设，却处处弥漫着重重迷雾。

《太平广记》第二百三十四卷的"御厨"篇，引用《卢氏杂说》这样讲到："翰林学士每遇赐食，有物若饆饠，形麁（通"粗"）大，滋味香美，呼为诸王修事。"

而宋人钱易撰写的《南部新书》却写作："翰林学士每遇食赐食，有物若饆饠衫，绝大，滋味香美，号为'诸王修事'。"钱易将"饆饠"写成"饆饠衫"显然是笔误。

"饆饠"是古代一种食品名，今多写作"毕罗"。

从"饆饠"的字里行间看，稍有些头脑的人都能猜出这东东是西域之食物，非中土所产。

但"饆饠"究竟是啥好吃的，历史中的牛人们对此众说纷纭，都表示真理站在自己的一边。

早在南北朝时，"饆饠"就传入了中国。

在经唐人增编的南北朝一本名为《玉篇》的字书中载有："饆饠，饼属。"宋朝字书《广韵》则称："饆饠，饵也。"在元代以前，中国人往往将饼、饵并提，饼就是饵，饵也就是饼，看来这饆饠当属饼类无疑了。

唐人李匡乂的《资暇集》卷下有云："饆饠者。蕃中毕氏、罗氏好食此味，今字从'食'，非也。"看来，这个李匡乂仅仅考究或猜测了一下"饆饠"名字的由来。

唐代高僧释慧琳精通印度之声明及中国之训诂,尝引用《字林》、《字统》、《声类》、《三仓》、《切韵》、《玉篇》,及诸经杂史等,经过二十余年的不懈努力,终于撰写出《一切经音义》一百卷(世称《慧琳音义》),来注释佛典中读音与解义较难之字。在《一切经音义》中,释慧琳表示"饆饠"可以念作"浮头"。他解释说:"上音浮,下偷口反。俗字也。诸字书本无此字。颜之推《证俗音》从食作,《字镜》与《考声》、祝氏《切韵》等并从麦作,音与上同。案此油饼本是胡食,中国效之,微有改变,所以近代方有此名。诸儒随意制字,元无正体,未知孰是。胡食者即饆饠、烧饼、胡饼、搭纳等是。"

现代学者还从宋初医书《太平圣惠方·食治》里翻腾出"猪肝饆饠"、"羊肾饆饠"、"羊肝饆饠"来,称"饆饠"为面制包馅经炉烤的馅饼。遗憾的是这些人炮制出来的所谓"猪肝饆饠"、"羊肾饆饠"、"羊肝饆饠",完全是抄明朝太祖的第五子周定王朱橚主持编写的《普济方》,跟《太平圣惠方·食治》治病的中药方子大为不同。

各自引录如下:

宋人王怀隐、陈昭遇的《太平圣惠方·食治》卷第九十七载:"治五劳七伤。阳气衰弱。腰脚无力。宜食羊肾苁蓉羹方。羊肾(一对去脂膜细切)肉苁蓉(一两酒浸一宿刮去皱皮细切)上件药。相和作

羹。着葱白盐五味末等。一如常法。空腹食之。"

明人朱橚的《普济方》卷二百五十八载:"羊肾饆饠方,出《圣惠方》。治下膲虚损羸瘦,腰膝疼肿,或多小便。羊肾两对,去脂膜细切。附子五钱,炮裂去皮脐捣罗为末。干姜一分,炮裂捣末。肉苁蓉一两,酒浸一宿,剖去皱皮捣末。胡椒一钱,捣末。面三两。大枣七枚,煮熟去皮核,研为膏。右将药并枣及肾等拌和为饆饠馅,溲面作饆饠,以数重湿纸里,于糠火中煨,令纸焦药熟,空腹食之。良久,宜食三两匙温水饮压之。"

可见,《普济方》中的"羊肾饆饠"不过是引用"饆饠"用面制馅的方式,跟正常食用的"饆饠"一点都不搭界。

但事情绝非这么简单,下面还得举些实例说话,证明"饆饠"绝非饼类!

在唐代著名传奇小说家段成式的《酉阳杂俎》中,"饆饠"一物出现了多次。而且他还特别记载下当时的流行美食:"今衣冠家名食,有萧家馄饨,漉去汤肥,可以瀹茗;庾家粽子,白莹如玉;韩约能作樱桃饆饠,其色不变,又能造冷胡突鲙、醴鱼臇、连蒸诈草獐皮索饼;将军曲良翰,能为驴鬃驼峰炙。"

能做"樱桃饆饠"的韩约是唐文宗李昂时期的左金吾将军,也是唐朝中期最著名的政变"甘露之变"的关键人物,因诛杀宦

官仇士良失败被杀。

这里的"冷胡突鲙"为带有鱼肉的片汤，"醴鱼臆"是一种甜味鱼胸，"连蒸诈草獐皮索饼"则是一种獐肉饼。而众多的翻译者都将"樱桃饆饠"解释为带馅的烧饼。

在段成式的《酉阳杂俎》中，还有两个涉及"饆饠"的传奇桥段。

故事一：柳璟知举年，有国子监明经，失姓名，昼梦依徒于监门。有一人负衣囊，访明经姓氏，明经语之，其人笑曰："君来春及第。"明经遂邀入长兴里饆饠店，常所过处。店外有犬竞，惊曰："差矣。"梦觉，遽呼邻房数人语其梦，忽见长兴店子入门曰："郎君与客食饆饠，计二斤，何不计直而去也？"明经大骇，解衣质之，且随验所梦，相其榻器，省如梦中，乃谓店主曰："我与客俱梦中至是，客岂食乎？"店主惊曰："初怪客前饆饠悉完，疑其嫌置蒜也。"来春，明经与邻房三人中所访者，悉上第。

故事二：元和初，上都东市恶少李和子，父名努眼。和子性忍，常偷狗及猫食之，为坊市之患。常臂鹞立於衢，见二人紫衣，呼曰："尔非李努眼子名和子乎？"和即揖之。又曰："有故，可隙处言也。"因行数步，止于人外，言"冥司追公，可即去。"和子初不受，曰："人也，何绐言？"又曰："我即鬼。"因探怀中，出一牒，印文犹湿，见其姓名分明，为猫犬四百六十头论

诉事。和子惊惧，双弃鹞拜祈之："我分死耳，必为我暂留，当具少酒。"鬼固辞，不获已。初将入饆饠四（四当为"肆"，店铺的意思），鬼掩鼻，不肯前。乃延于旗亭杜氏，揖让独言，人以为枉也。遂索酒九碗，自饮三碗，六碗虚设于西座，具求其为方便以免。二鬼相顾："我等受一醉之恩，须为作计。"因起曰："姑迟我数刻，当返。"未移时至，曰："君办钱四十万，为君假三年命也。"和子许诺，以翌日及午为期，因酬酒直，酒且返其酒。尝之，味如水矣，冷复冰齿。和子遽归，如期备酬焚之，见二鬼契其钱而去。及三日，和子卒。鬼言三年，人间三日也。

在故事一中，唐朝开了不少"饆饠专卖店"，而且店中销售的"饆饠"中竟能大量放蒜；在故事二里，那两个索命的鬼就是给这刺鼻的蒜味熏得不敢进店门。

在唐人眼里，大蒜最能驱鬼。但"饆饠"中既能放樱桃又可放大蒜，看来不是带馅的烧饼就是馅包子了。

明人蒋一葵《长安客话》指出说："笼蒸而食者皆为笼饼，亦曰炊饼，今饆饠、蒸饼、蒸卷、馒头、包子、兜子之类是也。"

不过，事情远还没有完。

明代的学者杨慎，也就是小说《三国演义》的开篇词"滚滚长江东逝水"的原创作者，他在《升庵外集·饆饠》中讲道："'饆饠，修食也。'按小说，唐宰相有樱笋厨，食

之精者有樱桃饆饠。今北人呼为波波，南人讹为磨磨。"

"波波"和"磨磨"后来被通写成"饽饽"和"馍馍"。

清代文人姚元之在其《竹叶亭杂记》也一口咬定说："饽饽，古之饆饠也。"

其实，杨慎及姚元之的考据可谓失败透顶，饽饽和馍馍不过是面饼、馒头之类的面食，跟樱桃和大蒜根本扯不上半点关系！难道饽饽可以蒸成红艳悦目的"樱桃饆饠"，又能滋味香美吗？

后来的一些史学家又认为"饆饠"乃是大米拌菜，先蒸后炒，类似新疆的抓饭。

他们亮出的证据是，在盛唐，古波斯人管抓饭叫 pilaw，而今天的新疆维族同胞管抓饭叫"帕罗"，不管是 pilaw 还是"帕罗"，在字音上都跟"饆饠"极为接近。并由此推测出："饆饠"本是流行于古波斯的抓饭，后来传入西域，呼为"帕罗"，再传入中原，呼为"饆饠"。

俄罗斯人管馅饼叫 pасстегай，读音也跟"饆饠"极为相近，那么饆饠显然也可以解释成带馅的烧饼。

那么，"饆饠"到底是啥子食物，我们还是穿越到宋朝去看一看吧！

《东京梦华录·天宁节》的作者孟元老在记录北宋皇帝的生日宴会时写着，"杂戏毕，参军色作语，放小儿队，又群舞应天长曲子出场。下酒，群仙炙、天花饼、

太平饆饠、干饭、缕肉羹、莲花肉饼"。

庞元瑛《文昌杂录》描述北宋时期的另一场宫廷宴会，糕点主食有："骨头索粉、白肉胡饼、群仙炙、太平饆饠饭、天花饼、缕肉羹、糖油饼。"吴自牧的《梦粱录》在描述南宋时期皇太后的生日宴会时，也提到宴席上的主食："群仙炙、天仙饼、太平饆饠饭、缕肉羹、莲花肉饼"。

三场宴会都有"饆饠"的份儿，"饆饠"在宋代宫廷作为一种主食则是毋庸置疑的了。虽说后二人有抄袭孟元老的嫌疑，但都创造性地将"饆饠"与"干饭"合二为一，写成"太平饆饠饭"，本来是一种面食的"饆饠"在二人的笔下，摇身一变，居然变成了北宋宫廷御膳里的一道米饭。

米、面虽都是粮食，但本质上存在着无法统一的血缘，就像鸭子和鹅都是可以水陆两栖的家禽，但即使再过一万年，鸭子永远是鸭子，鹅也永远是鹅。

唐代的"饆饠"，就有"樱桃饆饠"、"天花饆饠"、"蟹黄饆饠"等品种。唐人韦巨源的《烧尾宴食单》中记有"天花饆饠"，宋人高似孙在《蟹略·蟹馔》里则记有"蟹饆饠"，即"蟹黄饆饠"。吃螃蟹这类美食时是万万离不开大蒜的。

"蟹黄饆饠"在唐人刘恂《岭表录异》卷下描述为："赤母蟹，壳内黄赤膏如鸡鸭子共同，肉白如豕膏，实其壳中。淋以五味，蒙以细面，为蟹黄饆饠，珍美可尚。"

其实，"馎饦"就是一种包有馅心的面制点心，可咸可甜。

正如王勃在《滕王阁赋》中所说："盛筵难再，兰亭已矣！"自宋朝以后，美食"馎饦"便悄然走出了人们的视线。

但好饭不怕晚。

今天的西安市饮食业早在二十世纪八十年代即挖掘研发出唐代风味小吃——"馎饦"。

樱桃馎饦

主辅料：面粉，绿菜馅料，樱桃。

制法：将面皮加上馅料，花边向上，收口捏紧，在每个馎饦坯顶端正中放上一颗樱桃。上笼后用中火蒸熟即可上席食用。要求皮薄透馅，馅料以绿菜为主，使成品色泽美观。

特点：形状美观，似榴花朵朵，绿色馎饦上放一颗红樱桃，红绿相映，美观悦目，鲜香味美，风味独特。

有的人成功是靠运气。也有的人成功是凭自己的能力。

俗话说，好运气来了，挡都挡不住。

靠运气成功的代表人物是唐高宗李治，本来论接班的顺序、论才干或是论他与老爸李世民的父子关系，成为太子甚至在权力上更上一层楼，都没他什么事，但由于命运之神的垂青眷顾，李治就来了个人生"三级跳"，顺利成为大唐帝国的第一领导人。

而唐宫的武媚娘可是凭着自己的能力一路打拼，成为李治的第二任皇后的。虽说武媚娘手段卑劣了些，但在皇庭后宫里你死我活的斗争残酷得无疑刺刀见血，

容不得举目无亲的她讲什么菩萨心肠。

随着武媚娘的不断奋斗，名号质量也相应的不断涨码：武才人、武昭仪、则天顺圣皇后。

唐高宗病逝后，武则天又由皇太后变身为圣神皇帝，改国号为周，史称"武周"。既然已经是神圣了，东都洛阳也就跟着改了名叫"神都"。

闲话少叙，直接进入主题。

话说"神都"洛阳乃四面环山之地，由于地处盆地，雨量较少，气候干燥寒冷。

气候及地理位置也决定了居民们的饮食习惯。洛阳城天干物燥，于是当地居民就因地制宜，缺啥补啥，在饮食上多以

汤类为主,利用当地出产的淀粉、莲菜、山药、萝卜、白菜等制作出物美价廉、汤水丰盛的宴席,凭借酸辣来抵御生存环境的干燥寒冷。久而久之,逐步创造出了极富地方特色的"洛阳水席",并逐渐形成"酸辣味殊,清爽利口"的风味。

当时王公贵戚纵然富有,也无今天的制冷设备,于是喜欢把主副食品放在汤中一起烹制。就这样,"洛阳水席"不再是民间小吃,而成了"神都"万众人人皆爱的盛宴。

说"洛阳水席"是万众人人皆爱,绝不是吹出来的。甚至连女皇武则天都亲自加入到这个饮食行列,足见"洛阳水席"的魅力是何等的妖娆!

现代的"洛阳水席"有两个含义:一是全部热菜皆有汤——汤汤水水;二是热菜吃完一道,撤后再上一道,像流水一样不断地更新。全席共设二十四道菜,包括八个冷盘、八个大件、四个压桌菜、四个扫尾菜。热菜上桌必以汤水佐味,鸡鸭鱼肉、鲜货、菌类以及时蔬无不入馔,丝、片、条、块、丁,煎、炒、烹、炸、烧,变化无穷,冷热、荤素、甜咸、酸辣兼而有之。

别小看"洛阳水席"的八个冷盘凉菜,也是大有讲究的,分别以"服、礼、韬、欲、艺、文、禅、政"为主题:

一、"服":用蛋黄做成蛋衣缚于菜上,蛋衣薄如透纸,金黄无杂,食用红绿丝在蛋衣上缀成龙凤图案,也表示帝王黄袍加身。

二、"礼":去鹿筋濯白成勾,似躬状(也有取其他料代替的),观感洁白晶莹,在盘中置放有序,体现出彬彬之礼。

三、"韬":用五香腐张卷起香馅(以雨后洛河堤岸上香艾丛中生出的土耳,菌类。土话叫"地圈儿",味佳),外不知其内,内不知其味,吃进嘴里方有难以言喻之鲜美感。

四、"欲":取三岁狗外腰花切成片,中开口,嵌岁满公鸡内腰作形,点缀以枸杞子,用冬虫夏草围盘,看去峥嵘艳艳,食之壮阳补虚。

五、"艺":过去是用脆莲雀舌成菜。指莲如画,雀鸣春,乃喻如画江山,歌舞升平的意思。当然,随着现代人环保意识增强,雀舌已被别物取代。

六、"文":用青笋调鲤须成菜。笋为竹魂,竹为文友,文成天下之理(鲤)。

七、"禅":武则天曾经出家,算是与佛禅有缘。这盘菜是清素不沾油荤的。

八、"政":用雁脯、鹅掌做成。雁知寒暖而迁徙,鹅掌载身而浮水。比喻政权者当知天下冷暖,民意载覆之道。在今天,大雁受保护,遂以鹅脯代替雁脯。

"八大件"分前五后三。

前五为:"快三样"、"五柳鱼"、"鱼仁"、"鸡丁"、"爆鹤脯"。

后三为：三道甜食，一般有八宝饭、甜拔丝、糖醋里脊。

"四镇桌"为：

1. "燕菜"——现在洛阳地区的燕菜已改称为"牡丹燕菜"。

2. "葱扒虎头鲤"——鲤鱼以孟津黄河所产的长须鲤鱼为上品，装盘作张口昂首上扑状。现在，鱼头所向必是上座的尊者、长者，抑或贵朋，要请坐在上座的人先动筷子，表示一种尊敬和礼貌。

3. "云罩腐乳肉"——相传当年武则天所生四子皆令她不满，唯独对太平公主颇为赏心。后来太平嫁给薛绍为妻，送女儿出嫁时武氏以自己的乳汁涂于肉上叫女儿吃下，让女儿莫忘了老娘的一片心。这个说法纯属杜撰。

4. "海米升百彩"——就是海米炖白菜，叫"百彩"是为图一个吉利悦心。白菜是时素菜，实是为前面的两道荤菜利口之用。

"四扫尾"依次为："鱼翅插花"、"金猴探海"、"开鱿争春"、"碧波伞丸"。

"碧波伞丸"也就是"丸子"，但是"丸子"听起来像是"完之"。据说当年武则天病重时吃到最后一道菜，听成了"完之"，她颓然长叹一声，此时方悟，但一切都晚了，便大叫："水席我也……"一命呜呼。

后来人们再吃水席时，总是会想到一个女人的死，不免有些郁闷扫兴，便将这最后一道菜改成了一碗酸爽利口的蛋衣汤，又称"送客汤"，以示全席已经上满。

也有人风趣地称之为"滚蛋汤"！

到了九朝古都洛阳，除了赏洛阳牡丹和观龙门石窟，吃洛阳水席是第一快事，几十道菜层出不穷，汤汤水水下来，吃得食客大呼过瘾。

时下的洛阳水席，以讲营养、求滋补为饮食时尚，甜咸适口，荤素搭配，其菜品清汁少油，而且经济实惠。

洛阳水席的头道菜是"牡丹燕菜"，原称为"假燕菜"，就是当年女皇武则天钦点的。

武则天自称帝以后，好事者总是在民间"发现"不少的"祥瑞"，来哄女皇开心，借机邀功请赏。

"祥瑞"又称"福瑞"，是儒家学者们搞出的东东，认为是表达天意的、对人有益的自然现象，也只有在太平盛世才会出现。

古代祥瑞种类繁多，大体分为五个等级：

一、嘉瑞：指出现的麒麟、凤凰、龟、龙、白虎。

二、大瑞：泛指各种自然现象，如吉星、祥云、瑞雪、瑞雨、瑞霞、日月合璧、五星连珠、甘露降、海出明珠、河出马图、洛出龟书、海不扬波、混河载清、枯木再生，等等。

三、上瑞：泛指各类动物，如白狼、白鹿、白狐等。祥瑞中有"白祥"一词，是凡生长白毛的动物都可以得擦边奖，像什么白兔、白猿、白熊都在"祥瑞"之列。另外还有罕见的红毛兔子也算上瑞。

四、中瑞：主要是各种飞禽，指苍鸟、赤雁、白雉、白燕、白鸠等"瑞鸟"。

五、下瑞：各类奇花异木及嘉禾等均为下瑞。嘉禾，指一株能生出九穗以上的谷子、稻子、麦子等。奇花异木的代表为灵芝、木连理、五丈高桑、夜亮木等。

在儒学看来，这些现象出现是上天对皇帝的行为和所发布的政策的赞成或表彰。

但上天奖赏给武则天的是一个大萝卜！

这年秋天，洛阳东关外的天地里长出了一个大萝卜来，长有三尺，上青下白，这个异常壮硕的萝卜王，可是前所未有的奇事！

于是，大萝卜立马被当成吉祥之物敬献给了伟大的女皇。别人谁配享用？

武则天龙颜大悦，重赏献瑞者之后，便嘱咐皇宫御厨拿去做菜，尝一尝"祥瑞"的味道。

一个大萝卜能有什么特别的味道？

但女皇之命谁敢不遵？御厨房上上下下立刻组成难题攻关小组，研究萝卜的新做法。人多好干活，三个臭皮匠顶个诸葛亮。经过群策群力，御厨将大萝卜进行多道加工，并掺入山珍海味，最后烹制成羹。

御厨的辛勤努力很快得到回报，武则天在品尝萝卜羹之后，顿觉香美爽口，并且很有燕窝汤的味道，就赐名为"假燕菜"，下令通报嘉奖御厨房攻关小组，加发奖金。从此，武则天的菜单上就多了个"假燕菜"，成为女皇经常品尝的一道菜肴。

这个以假乱真的"燕菜"不仅征服了武则天，还影响了一大批贵族、官僚，众人在设宴时都追赶这个以假乱真的时髦，把"假燕菜"作为头道菜端到宴席的餐桌上。

俗话说：上行下效。民间草根们也追星追得紧，他们不论婚丧嫁娶，还是待客娱友，都把"假燕菜"作为桌上首菜。一时间，大萝卜在洛阳城内身价陡增。

萝卜是中国蔬菜界的土著，素称"小人参"，自古就有"萝卜进城，医生关门"，"萝卜上市，郎中下市"的说法，意思就是说，萝卜上市后，看病的大夫就可以找地方喝茶去了！

萝卜又名莱菔，属十字花科萝卜属的草本。常见的有红萝卜、青萝卜、白萝卜、水萝卜和心里美等。根、叶均可食用，种子含油 42%，可用于制肥皂或做润滑油。

说起营养成分，萝卜含有能诱导人体自身产生干扰素的多种微量元素，可增强机体免疫力，并能抑制癌细胞的生长，对防癌、抗癌有重要意义。萝卜中的芥子油和膳食纤维可促进胃肠蠕动，有助于体内废物的排出。常吃萝卜可降低血脂、软化血管、稳定血压，预防冠心病、动脉硬化、胆石症等疾病。明代著名的医学家李时珍对萝卜也极力推崇，主张每餐必食，他在《本草纲目》中提到：萝卜能"大下气、消谷和中、去邪热气"。

萝卜除了肉质脆嫩多汁、形美色艳、可食用外,还可在宴席上制成精致悦心的雕花造型,刺激食欲,美化生活。

1973 年 10 月 14 日,周恩来总理陪同加拿大总理特鲁多来洛阳参观访问,洛阳的名厨为他们献上一道用萝卜雕刻的"洛阳燕菜",只见一朵洁白如玉、色泽夺目的牡丹花,浮于汤面之上,菜香花鲜,赢得老外们拍手叫绝,周总理也风趣地说道:"洛阳牡丹甲天下,菜中也能生出牡丹花来。"

↓ 牡丹燕菜

主料:白萝卜 1000 克,海参(水浸)250 克,鱿鱼(干)100 克,鸡肉 300 克,鸡胸脯肉 100 克。

辅料:红绿蛋糕各 100 克,鸡蛋清 50 克,淀粉 8 克,火腿 25 克,绿豆面 100 克,牛蹄筋(泡发)15 克,玉兰片 8 克,虾米 15 克。

调料:酱油 5 克,猪油(炼制)15 克,盐 5 克,黄酒 2 克。

制法:1. 将白萝卜洗净去皮,选用中段,切成 2 毫米粗、6 厘米长的细丝。

2. 将萝卜丝放入冷水中浸泡 20 分钟,捞出沥干水分,放入干淀粉中拌匀,摊在笼布上笼蒸 5 分钟。

3. 蒸好的萝卜丝取出晾凉,再放入冷水中抖开,捞出沥干水分,撒上精盐 3 克拌匀。

4. 然后再上笼蒸 5 分钟即成素燕菜,下笼后放在大品锅内。

5. 先用凉水将鱿鱼干泡软,撕去血膜,浸入碱水中(纯碱 50 克,凉水 1000 毫升搅匀),压上重物,泡 4～5 小时就可发涨。

6. 然后捞到清水中反复浸泡,直至鱿鱼厚大透明,按之有弹性时,放入清水中加适量天然冰即可待用。

7. 鸡肉洗净,煮熟。

8. 玉兰片浸发,洗净。

9. 将海参、鱿鱼、玉兰片、蹄筋和熟鸡肉都片成约 5 厘米长、2 厘米宽的长方形薄片。

10. 片好的片分别放入沸水中焯一下。

11. 然后把火腿也切长方形片。

12. 将海米与片好的配料,分别间隔相对地码在锅内的素燕菜上。

13. 将生鸡脯肉剁砸成泥,放入蛋清、湿淀粉、精盐,打上劲。

14. 再加入清汤 100 毫升、熟猪油,搅匀成糊放在小碗内。

15. 红、绿蛋糕各 100 克均切成片。

16. 将红蛋糕切成花瓣,绿蛋糕做成对,制成牡丹花形。

17. 制牡丹花形的蛋糕插放在小碗内的鸡糊上,上笼蒸透取出放在锅中央。

18. 汤锅放旺火上,添入清汤 900 毫升,放进精盐、酱油、黄酒、熟猪油,汤沸调好味,盛入锅中即成。

秘籍

牡丹燕菜食谱相克

白萝卜:白萝卜忌与胡萝卜、橘子、柿子、人参、西洋参同食。

海参(水浸):海参与醋相克,不宜与甘草同服。

鸡肉:鸡肉忌与野鸡、甲鱼、芥末、鲤鱼、鲫鱼、兔肉、李子、虾子、芝麻、菊花以及葱蒜等一同食用;与芝麻、菊花同食易中毒;与李子、兔肉同食,会导致腹泻;与芥末同食会上火。

武则天称帝时虽已年岁不小，但在她治理下的国家社会安定，经济发展，上承"贞观之治"，下启"开元盛世"，国强民富。她革除时弊，发展生产，完善科举，破除门阀观念，不拘一格任用贤才，堪称颇有作为的一位皇帝，特别在称帝后的十几年间，更加充分地显示出了她在用人、处事、治国等各个方面杰出的政治才能和政治家的气魄。

国家的发展，社会的进步，归根结底都离不开人才。武则天称帝后，首先最重视的是人才的选拔和任用。她认为"九域之广，岂一人之强化，必仁才能，共成羽翼"。凡能"安邦国"、"定边疆"的人才，她打破"血统论"一律量才使用。为了广揽

人才，发现人才，她放手招贤，允许自举为官、试官，并设立员外官。此外，她还发展和完善了隋以来的科举制度，首创了殿试和武举制度，为更多更广地搜罗人才创造了有利的条件。比如，后来平定"安史之乱"的中唐名将郭子仪就是在武举中被发现的。士为知己者死，于是在武则天施政的年代里，始终有一大批社会精英为其效命，成为武周政权的骨灰级粉丝。

民以食为天。对于农业生产，武则天的见解也高屋建瓴："建国之本，必在务农"，"务农则田垦，田垦则粟多，粟多则人富"。她规定，能使"田畴垦辟，家有余粮"的地方官升任；"为政苛滥，户口流移"的

"轻者贬官,甚至非时解替"。利民兴国的政策使得农业和手工业都得到了较大的发展,人口不断增加。到武则天临终的神龙元年,渐增为六百一十五万户,比之唐高宗时代几乎增长一倍。

所谓"前人栽树,后人乘凉"。唐玄宗李隆基能有"开元盛世"完全是依仗武则天打好的经济基础,借了奶奶的光了!

晚年的武则天体衰多病,咳嗽不止,特别是怕风怕着凉,到了冬季就只能在寝宫内发号施令了。为性情暴戾的女皇治疗,御医也头疼,针不敢刺,猛药不敢下,所用的药品虽贵重无比,可就没对症,自然也就没多少疗效了。

当时御厨房内有位姓康的厨师,是多年的先进生产工作者。皇帝如果不思饮食,身体孱弱,那可是御厨的职责,于是康厨师便想方设法把饭菜做得既可口又有营养,让主人早日康复起来。他想了多日,突然间记起家乡人常用中草药"冬虫夏草"炖鸡滋补身体,不由兴奋得直拍脑袋。但鸡是发物,会导致病人旧病复发,深谙药理的康厨师便把鸡改成了鸭子。

谁知在用膳时,武则天看到汤里有黑乎乎的似虫非虫的东西,猜忌心极强的她认定康厨师要谋害自己。康厨师尽管喊冤不止,可还是被当场拿下,投入大牢。武则天要监察御史审理此案,一定要康厨师交代出同谋及指示者,再以谋杀罪问斩。

御膳房的李厨师恰巧与康厨师是同乡好友,对于康厨师的不幸遭遇非常同情。他知道要想证明康厨师是清白的,必须先用冬虫夏草治好武则天的病,否则自己的老乡将难逃一死。

李厨师面临的难题是既让武则天吃到冬虫夏草炖的鸭子,还看不见那黑乎乎的冬虫!不然不但救不得康厨师,甚至连自己的命也可能搭进去。只要动脑筋,终究会得到解决问题的方法。李厨师想来想去,终于想出了个两全其美的办法。他将几枚冬虫夏草塞进鸭子的嘴,待将药物隐藏得严严实实之后,才放进锅里去炖。

武则天吃到肉嫩、味鲜的鸭子,觉得胃口大开,此后每隔三两天便叫李厨师做一道炖鸭子。仅过了三四十天,武则天的气色就开始见了好转,不再咳嗽,人也能在庭院里散步了,宫廷上下都为女皇的康复感到高兴。

这天,武则天心情怡悦,邀请监察御史吃饭。特意叫李厨师端上"虫草全鸭",武则天指着炖鸭介绍说:"朕的身体能恢复得很好,得益于这道菜。"监察御史十分好奇,就夹起一筷子尝了尝,翘着大拇指连声说味道好极了!

席间,当武则天询问监察御史如何处理康厨师谋杀一案时,李厨师上前跪地启禀说:"康厨师的鸭汤里,那黑乎乎的东西是'冬虫夏草'。'冬虫夏草'为医家常用的草药,具有补肺益肾的功能。康厨师所以这样做,是为给皇上补身子……"

武则天疑虑未解，李厨师便当场实话实说，把制作"虫草全鸭"的整个过程原原本本地向武则天和监察御史作了表述，最后掰开鸭子的嘴，从里面取出了黑乎乎的冬虫。武则天和监察御史才恍然大悟：看来这厨师干的是御医的活儿！

武则天确是个勇于认错的有见识女人，她轻叹一声："看来是朕冤枉了好人。"立刻吩咐人把康厨师出释，当面向他致歉，并重重嘉奖两位有功的御厨。

传统中医认为，虫草味甘，性温，入肺、肾二经。它具有补虚损、益精气、止咳化痰之功，可治疗痰饮喘咳、虚喘、痨嗽咯血、自汗盗汗、阳痿遗精、腰膝酸痛、病后久虚等症。对于其药用功效，后人有歌诀曰：

虫草甘温归肺肾，补肺益肾疗虚损，

阳痿遗精虚痨极，结核咳嗽吐血频。

现代药理研究表明，冬虫夏草含有脂肪、蛋白质、碳水化合物、奎宁酸、虫草酸等成分，能抑制链球菌、炭疽杆菌、葡萄状球菌，并对结核杆菌有显著抑制作用。

而鸭肉是一种美味佳肴，适于滋补，是各种美味名菜的主要原料。人们常言"鸡鸭鱼肉"四大荤，鸭肉蛋白质含量比畜肉含量高得多，脂肪含量适中且分布较均匀。且鸭肉中的脂肪酸熔点低，易于消化。其所含 B 族维生素和维生素 E 较其他肉类多，能有效抵抗脚气病、神经炎和多种炎症，还能抗衰老。鸭肉中含有较为丰富的烟酸，它是构成人体内两种重要辅酶的成分之一，对心肌梗死等心脏疾病患者有保护作用。

冬虫夏草炖鸭子可以说是强强联手。

比之当代流行的"肯德基"、"麦当劳"之类的食品，武则天牌的"虫草全鸭"显然更具营养保健成分和绿色食品价值，只可惜短视的国人只认洋货，数典忘祖。今天，如果武则天牌的"虫草全鸭"已被开发出来，相信一定会借着名人效应和绿色食品的品牌而大卖热卖的！

❀ 虫草全鸭

主辅料：虫草 10 克，老公鸭一只，绍酒 15 克，生姜 5 克，葱白 10 克，胡椒粉 3 克，食盐 3 克。

制法：1. 鸭宰杀后去净毛妆，剁去脚爪，剖腹去脏，冲洗干净，在开水锅内略焯片刻，再捞出用凉水洗净。虫草用温水洗净泥沙。姜、葱洗净切片待用。

2. 将鸭头顺颈劈开，取 8～10 枚虫草纳入鸭头内，再用棉线缠紧，余下的虫草同姜、葱一起装入鸭腹内，放入容器中。再注入清汤，加食盐、胡椒粉、绍酒调好味，用湿棉纸封严容器口，上笼蒸约 1.5 小时鸭即成。

3. 出笼后揭去棉纸，拣去姜、葱，装盘即可食用。

特点：本品有平补肺肾和止喘嗽之功。对于肺气虚或肺肾两虚之喘嗽、自汗、阳痿、遗精及病后虚弱、神疲少食的病人，有增加营养和辅助治疗的作用。

若说到哪个帝王吃起美食最不要脸，当首推唐中宗李显。

李显又名李哲，是高宗的第七子，武则天第三子，曾两度为帝。高宗李治死后，李显即位，仅当了一个月零一天的皇帝，便被老娘撵下台，废为庐陵王，先后软禁在均州（今湖北省均县）、房州（今湖北省房县），长达十四年之久。

公元699年，大周天子武则天迫于朝野的压力，才把李显召回京城，重立为太子。第二年正月丙午日，宰相张柬之、右羽林大将军李多祚等人突率羽林军五百余人，冲入玄武门，迫使则天皇帝传位于李显。改年号为"神龙"，复国号为唐。

李显复位后，在政治上毫无作为，只对美食感兴趣。

这李显整整十四年没吃到美味佳肴了，况且天天过着提心吊胆的日子，生怕心狠手辣的老娘灭了他。

这回该好好补偿一下了！

李显虽没有什么治国的韬略，可给自己找美食的借口绝对称得上是冠冕堂皇。

于是在中宗景龙年间（707—709年），无论是士子登科或是大臣官位升迁，都必须举办庆祝宴会，名曰"烧尾宴"。

何谓"烧尾宴"？

《辩物小志》云：唐自中宗朝，大臣初拜官，例献食于天下，名曰"烧尾"。"烧尾"，取其"神龙烧尾，直上青云之敬意"。该含义出自"鱼跃龙门"的传说，指鲤鱼跃龙门时必遭雷电袭击，尾巴被烧掉，才能变为真龙。

"烧尾"之意另有一说，意为新羊入群，多有不愿，必火烧其尾，才可窜入群中。

只要请皇帝美美地吃上一顿美食，大臣或新科进士就算是找到组织的人了！

多好的一个理由啊，哪个人不想借机巴结巴结皇上？

唐朝打太宗李世民那时起就流行大臣向帝王献食的风气，但只是当国家有了特大喜事时才请皇上喝一盅的，属于偶尔为之的行为。

现在，李显索性明文规定将这个行为普及化、正规化、合法化。

从此，中宗皇帝开始徜徉于肉林酒海之中，与来自五湖四海的美食打交道，真个是乐不思政矣！

"烧尾宴"是中国欢庆宴的典型代表，堪与"满汉全席"相媲美。其中最著名的一次"烧尾宴"当属大臣韦巨源在家中宴请唐中宗李显那一回。

公元709年，大臣韦巨源升任吏部尚书，同中书门下三品。他依例向唐中宗进宴，计有上百道美食，既有山珍海味，也有家畜飞禽。其用料之考究、制作之精细，令所有人叹为观止，可谓是美味陈列，佳肴重叠。

《清异录》中记载了韦巨源设"烧尾宴"时留下的一份不完全的清单，多少可使后人得以窥见这次盛宴的概貌。

这仅仅是韦巨源之"烧尾宴"的较为出奇的菜单，还有一半数量的菜肴《清异录》根本没录入。据说，当时中宗李显吃完这次"烧尾宴"后，回宫整整两天没吃饭，口中对韦巨源家的佳肴念念不忘。

李显是带着老婆韦氏去赴宴的。

既然也姓韦，五百年前是一家。韦巨源凭着政治嗅觉及一张八哥似的嘴，与当朝的皇后韦氏迅速拉近距离，频繁走动，做起了皇后的干弟弟，不日即荣升为侍中、中书令，封舒国公，成为朝堂上宰相级别的一品大员。

无巧不成书。没过几天，一个叫苏瑰的大臣被提拔为尚书左仆射同中书门下三品，封许国公。

可李显在家等了很长时间也不见苏瑰的大红请柬。朝臣们也议论纷纷，指责苏瑰乱了官场潜规则。在《新唐书·苏瑰传》中这样写道：

时大臣初拜官，献食天子，名曰"烧尾"，瑰独不进。及侍宴，宗晋卿嘲之，帝默然。瑰自解于帝曰："宰相燮和阴阳，代天治物。今粒食踊贵，百姓不足，卫兵至三日不食，臣诚不称职，不敢烧尾。"

正是"朱门酒肉臭，路有冻死骨"啊！

↓ "烧尾宴"食单

一、饭食类: 长生粥(枣肉沫糊粥), 御黄王母饭(一种浇上雕镂的蛋黄和菜肴的盖浇饭)。

二、面点类: 巨胜奴(粘黑芝麻的油炸蜜制馓子), 甜雪(蜜饯面), 贵妃红(红酥皮), 汉宫棋(形如双钱棋子的煮面), 单笼金乳酥(一种用黄色酥油作配料的蒸饼), 玉露团(奶酥雕花), 曼陀样夹饼(炉烤饼), 见风消(油浴饼), 天花饆饠(用天花蕈作馅的类似包子的面食), 赐绯含香粽子(内含香料, 外淋蜜水, 并用红色饰物包裹), 八方寒食饼(用模子制成的八角形炸制饼), 水晶龙凤糕(糯米蒸制, 内嵌大枣), 金银夹花平截(蟹黄、蟹肉蒸制的面卷), 唐安啖(一种拼花的饼), 金铃炙(烤制的金铃状酥点), 金粟平糙(外敷鱼子的蒸饼), 生进鸭花汤饼(鸭肉片汤面条), 双拌方破饼(花角饼), 生进二十四气馄饨(24 种形状和馅料), 婆罗门轻高面(蒸面), 火焰盏口糙(上部呈火焰形花样, 下部形似浅杯的小蒸饼), 七返膏(反复折卷七次的呈圆花状的松软蒸糕)。

三、菜肴类: 水炼犊(清炖牛犊), 通花软牛肠(羊骨髓加上其他辅料灌入牛肠烹制), 光明虾炙(烤制生虾), 白龙曜(用反复捶打的里脊肉制成), 羊皮花丝(炒羊肉丝, 切一尺长), 雪婴儿(田鸡剥皮去内脏, 沾裹精豆粉煎贴), 仙人脔(奶汁炖鸡), 小天酥(鹿鸡同炒), 箸头春(烤鹌鹑), 过门香(各种肉相配炸熟), 葱醋鸡(鸡蒸熟后调以葱、醋), 同心生结脯(生肉加工成薄片, 打一个同心结, 风干后为肉脯), 凤凰胎(鸡腹中未生的鸡蛋炒鱼白), 丁子香淋脍(丁香油淋过的腌制鱼脍或肉脍), 红羊枝杖(可能是烤羊头), 升平炙(烤制羊鹿舌三百条), 八仙盘(烤鹅剔骨后摆成八种形状的冷盘), 西江料(粉蒸猪肩胛肉屑), 分装蒸腊熊(蒸熊肉腊干), 遍地锦装鳖(羊油、鸭蛋脂蒸甲鱼), 逡巡酱(鱼片、羊肉快炒制成的酱), 乳酿鱼(羊奶烧整鱼), 吴兴连带酢(生鱼片凉菜), 暖寒花酿驴蒸(花酒蒸驴肉), 五牲盘(羊兔牛熊鹿肉肉片腌制后拼成的冷盘), 格食(羊肉、羊肠、羊内脏缠豆苗制作), 红罗钉(疑似今天的炒血豆腐), 缠花云梦肉(即现在的"肘花"), 蕃体间镂宝相肝(用宝相花炮制后切丝, 与熟肝丝隔层盛装的冷盘, 共七层)。

四、羹汤类: 冷蟾儿羹(蛤蜊羹冷却后凉食), 白龙(桂鱼肉汤羹), 清凉臛碎(狸肉凉冻), 汤浴秀丸(肉末和鸡蛋做绣球状的丸子, 然后加汤煨成), 卵羹(兔肉羹)。

五、工艺类: 素蒸音声部(面塑蒸制的一支七十个蓬莱仙人的乐队)。西安烹饪专修学院教授、院长王子辉先生特别撰文指出:"其馅料取材之奇、面粉之精, 以及滋味要求之美, 姑且不说, 仅就造型而言, 也是令人惊异的。它要求制作成七十人组成的舞蹈场面, 既有弹琵琶、鼓琴瑟、吹笙箫的乐工, 又有身着罗绮、翩翩起舞的歌女, 各人有各人的服饰、姿态、动作和表情。资料中, 特别提到七十人都要像蓬莱仙女那样漂亮。试想, 这一组面点食品, 谁能说它不是一种高级美术作品呢!"

苏瑰是位刚直不阿的大臣，一席话说得李显无言应对，此事就此了了。估计李显在惭愧之余又想起了韦巨源的那顿"烧尾宴"。

李显的老婆野心勃勃，在韦巨源的怂恿下，想做第二个武则天。更可悲的是李显的女儿安乐公主也想做女皇的替补，吵着要老爸封她为皇太女。

中宗皇帝不答应，安乐公主便跟老妈合谋，用毒饼毒死了李显。

韦皇后和女儿正做着女皇及女皇接班人的春秋大梦，不料李显弟弟相王李旦的儿子李隆基与太平公主联手，突然发动政变，诛杀了韦皇后、安乐公主等人。

韦巨源也没等来最后的富贵，为乱军所杀。

李隆基政变得手后，拥戴父亲李旦为帝，是为唐睿宗。这是李旦第二次当皇上，他早年也像哥哥李显一样，被老妈武则天废黜过。

可李旦即位后夹在妹妹太平公主与儿子李隆基两大朝廷政治集团的斗争中间，左右为难，便在公元712年将帝位传给太子李隆基，自称太上皇。

李隆基也就是著名的唐玄宗——唐明皇。李隆基上任伊始，太平公主准备发动兵变夺权。李隆基先发制人，诱杀了羽林军大将和支持太平公主的朝中宰相，并拒绝太上皇李旦的求情，将太平公主赐死于家中。

至唐玄宗的开元年间，风靡大唐二十年的"烧尾宴"才被彻底取缔。

唐玄宗的"开元之治"堪称盛世，国富民强。况且李隆基本人也多少懂得"谁知盘中餐，粒粒皆辛苦"的道理。

一次，唐玄宗和太子一起进餐，主食是饼，下酒菜是烤全羊。当时太子用刀切割下熟羊肉后，看到刃上沾满了油渍，便用一张饼把刀擦干净。玄宗一直冷眼旁观太子的举动，见他用饼洁刀，脸上露出不快之色。而太子正打算像抹布一样扔掉那张饼，猛抬头，他发觉了父皇不悦之色，就慢慢把饼送到嘴里咬了一口。李隆基这才涌出笑容，看着太子说："福当如是爱惜。"

贪污和浪费是最大的可耻，这也是唐玄宗取缔"烧尾宴"的理由之一吧。

另外还有一个理由，那就是唐玄宗喜欢自己埋单请臣子吃饭。

毕竟，占下属的便宜有损当老大的高大形象啊！

唐代的宫廷宴会可谓是种类较多，如宴请蕃使、喜庆加冕、庆功祝捷、重大节日等都要举行盛大宴会，其中比较著名的有"朝宴"、"樱桃宴"、"上巳节曲江宴"等。

先说说"朝宴"。

"朝宴"乃帝王宴聚满朝文武群臣的大型国宴，自先秦便有，但当时酒食的丰盛与唐代的朝宴相比，是小巫见大巫，而且在朝宴的礼仪上，唐朝更趋完善，成为后世效仿的样板。

玄宗开元时的朝宴一般多在元旦、冬至等大节时举行。《开元礼》对宫廷大宴有详细记载：

大宴时，只有高级官员才有入殿上座的资格。文官三品以上坐在御座的东南；介公、酅公在御座的西南，武官三品以上坐在二公之后。朝集使、都督、刺史、蕃客三等以上，在上朝时的位置设桌坐饮，其余官员的席位则在殿下或阶外。皇帝升座后，传令王、公等进殿，随着升殿进行乐曲音乐的起止，王、公等人进殿脱鞋，跪地卸剑，入席。光禄卿跪请"陛下赐群臣上寿"。侍中称："制曰：可。"一名上公代表群臣进酒致辞："某官臣某等稽首言：元正首祚（冬至时云"天正长至"），臣某等不胜大庆，谨上千秋万岁寿。"众臣皆拜。皇帝答曰："敬举公等之觞。"诸臣又拜。皇帝端起臣下的敬酒，饮尽，全体皆舞蹈，三呼万岁。司仪叫"就座"以后，百官才落座。这时盛大的歌舞节目开始现场直播，尚食官上前给大臣们敬酒。司仪道："酒到，起立！"坐着的人要先俯伏，然后起来，站到席后。每个人见酒到自己面前，都要再拜一番，接过酒杯，恭敬就座。每当皇帝一举酒劝饮，众臣必须站起，若皇帝站起身来，众臣必须俯伏在地。酒过三巡后，又进饭，先君后臣，礼仪如进酒。饭后，又摆酒和点心果品，观舞。整个宴会，酒行十二遍。宴会完毕后，全体起立，降阶、佩剑、穿鞋，回到原来朝贺的立位，再拜，皇帝起身坐御轿从殿东房出去，回宫，群臣行注目礼，依次而退。

另外还有赐食大臣的便宴，这种召对大臣便宴，玄宗时每日必有，大臣朝参之后即可到皇庭的廊下吃工作餐，也称为"廊餐"。唐代基本上保持着这种制度，但需视国库盈亏及帝王对臣子的态度而定。所以到了唐僖宗时，便改为每月初一朝参时赐食；敬宗时又改为朔望二朝，也就是十五和初一各吃一次"廊餐"，到后唐时又变为五日一便宴。

当然，最著名的是每年一次的"上巳节曲江宴"。

三月三日天气新，长安水边多丽人。
态浓意远淑且真，肌理细腻骨肉匀。
绣罗衣裳照暮春，蹙金孔雀银麒麟。
头上何所有？翠为荷叶垂鬓唇；
背后何所见？珠压腰际稳称身。
就中云幕椒房亲，赐名大国虢与秦。
紫驼之峰出翠釜，水精之盘行素鳞。
犀箸厌饫久未下，鸾刀缕切空纷纶。
黄门飞鞚不动尘，御厨络绎送八珍。
箫鼓哀吟感鬼神，宾从杂遝实要津。
后来鞍马何逡巡！当轩下马入锦茵。
杨花雪落覆白苹，青鸟飞去衔红巾。
炙手可热势绝伦，慎莫近前丞相嗔。

杜甫的《丽人行》，人所皆知，写的就

是唐玄宗天宝年间"上巳节曲江宴"的盛况。

古人以三月三为上巳日,多到水边春游祭祀求福。唐明皇也喜欢春游,不过他更喜欢与民同乐。开元、天宝年间的上巳节曲江宴规模之大、景况之盛、耗费之巨,在中国历史上空前绝后,史云"倾动皇州"。

杜甫诗中的"长安水边"指长安东南风景区曲江。每到春季,这里碧波荡漾,垂柳拂面,花团锦簇,楼台亭阁星罗棋布,恰是长安风光最美的游赏野宴场所。

上巳节这日,唐皇在曲江池举行的赐群臣宴会,文武百官、皇亲国戚,都有资格参加,并且允许他们携带妻妾子女前来。此外,民间草根也可自费游园野宴。

但档次是完全不一样的。

宰相和翰林学士们的筵席,允许设在彩船之上,大家一边饮酒赋诗赞美太平盛世,一边泛舟观赏湖光水色之美景。

而一般官员的筵席,分别设在曲江池周围的楼台亭阁或临时搭建的锦绣帐幕里。

皇帝、贵妃及少数至亲近臣的筵席则设在高高耸立的"紫云楼"上,这里居高临下,可将曲江全景一览无余。

杜甫的"紫驼之峰出翠釜,水晶之盘行素鳞。犀箸厌饫久未下,鸾刀缕切空纷纶。黄门飞鞚不动尘,御厨络绎送八珍"诗句就是专对唐玄宗和杨氏兄妹筵席盛况的描写。

皇帝赐宴的人数逾万,仅紫云楼上所设的酒宴由御厨制办。其他官员的酒馔,大部分由首都市政府代替朝廷办置。虽不及帝王筵席高贵无伦,却也力求飞潜动植集萃,名馔佳肴纷呈。其费用开支也分别从诸司和京兆府库中出,公费吃喝嘛。

首都所有酒楼饭馆更是准备了多日,赶到曲江宴这一日,带着精心制作的菜肴和糕饼,来炫耀厨艺,争奇斗艳。

至于士子庶民的私宴,当然是自己吃自己,餐饮地点可选择在花间草地。开放的盛唐女士们别出心裁,挑选花卉美丽之处,在草地上立起竹竿,挂起红裙作帷幄,与闺蜜们在里面欢饮,称为"裙幄"之宴。

这一天的曲江园林,但见鲜车宝马,摩肩接毂,万众云集,川流不息,呼朋唤类,声沸碧空。

梨园鼻祖唐玄宗一生酷爱乐舞,待到"上巳节曲江大宴"前夕,便命京兆府城中所有民间乐舞班社齐集曲江做精彩表演;他还特令公卿大臣务必尽带府中歌妓前来一展歌喉,义演助兴。

当然,宫中的内教坊和左右教坊的乐舞人员也是倾巢出动,或鸣黄钟大吕,或炫飞天舞姿,做"心连心"慰问演出。

曲江池畔处处是宴会,处处是欢声,处处是乐舞。

筵席间,唐皇除了观赏曲江景色,品尝珍馐美味外,兴致最高的是君臣赋诗唱和。皇帝首先赐御制诗给臣僚,大臣们接着以韵作应制诗相和。不过毕竟是应景之作,难以流传下来。而"红树摇歌扇,绿珠飘舞衣","才见春光生绮陌,已闻清乐动云韶",这些当时诗人对风靡一百多年的曲江游宴乐舞的生动描写,才让后人读之有了心灵穿越的感觉,产生难以抑制的仰慕盛世之情。

唐明皇李隆基有好东西从来不掖着藏着，总是拿出来与他人分享。

如《明皇杂录》中记载了这样一则故事，唐玄宗看到户部员外郎郑平须发皆白，便赐给他"甘露羹"美发护发。郑平食用后，竟于一夜之间白发尽黑。

"甘露羹"秘方为"口蜜腹剑"的宰相李林甫所献，是用何首乌、鹿血、鹿筋熬制而成，据说可治脱发、肾虚等。

这个故事显然过于夸大"甘露羹"了，多少像唐传奇小说。不过"甘露羹"具有明显的疗效还是可以肯定的，这从侧面反映出宫廷的食疗养生有了深层次的开发，标志着中国饮食文化的内涵开始真正向边缘化渲染开来。

粽子又名角黍，最初是端午节人们祭祀屈原的节令食品，南北朝期间逐渐成为紧俏的贵族日常食品。至隋唐时期，人们食粽也不再局限于端午节那几天，于是这种节令美食进军主食领域，且粽子花色品种众多，著名的品牌有"百索粽"、"九子粽"、"赐绯含香粽子"、"庾家粽子"。

唐玄宗时期，宫廷流行一种"九子粽"，即将九个小粽相串而成。唐玄宗觉得美食当与朝臣共享，便找来儒雅臣僚，大张筵席，把盏食粽，吟诗唱和，李隆基在《端午三殿宴群臣》诗中云："四时花竞巧，九子粽争新。"

皇上请的客人多,不能光吃粽子,还得有佐酒的美味菜肴,这下可把宫廷御厨忙碌得个个脚打后脑勺,但见"厨人尝散热之馔,酒正行逃暑之饮。庖捐恶鸟(猫头鹰羹)、俎南肥鱼、新筒裹练、香芦角黍……"

而皇宫在端午节时吃粽子,可是吃出娱乐吃出情趣来了。据《开元天宝遗事》记载,宫中每到端午,将粽子置于盘中,再制作纤巧的小角弓,箭射盘中的粽子,射中者得食之。因为粽子包得小巧,嫔妃宫女们一时间很难射中。这个游戏后来从宫中传出,风靡了整个长安城,导致制作小角弓的厂家日进斗金,而射中粽子吃粽子成了唐人端午节的一种独特习俗。

到了千秋节,就是皇帝生日那天,唐玄宗要在兴庆宫花萼相辉楼大摆筵席,百官都来祝寿,并下旨叫全国子民一起饮酒宴乐,放假三日。在唐代时,人们过生日吃长命面,用以表示祝贺长寿,吃的就是今天的面条,见《新唐书·后妃传》载,"元宗皇后王氏,始以爱弛不自安,承间泣曰:'陛下独不念阿忠(自称小名)脱紫半臂(一种戴在臂间的首饰)易斗面,为生日汤饼(面条)邪?'帝悯然改容"。

当然,皇宫的面条要比草根家制作得更精细、美味。

在唐朝宫廷汤饼(面条)中,就有"以羊之六腑特造一味"的古籍记载。

隋唐以前,一般很少见到用肠、肾、肺、脾等做成的美食。而隋唐之后,由于烹饪技术的突飞猛进,厨师们意识到只要火候和调味适当,就能化解动物五脏六腑中的腥膻异味,使之成为珍馐。经过不断试验和摸索,唐人诞生出"物无不堪吃,惟在火候,善均五味"的烹饪技术指导思想,也使得家畜"软杂碎"系列的肠、肾、肺、脾等或油腻肥厚,或腥膻干枯、异味较重弃物成为色香味形俱佳的美味,并大受老饕们的欢迎和喜爱。

唐玄宗当朝的两个少数民族大将哥舒翰与安禄山素来不睦,两个人凑到一起就发生口角。

天宝十一年冬天,哥舒翰与安禄山同时来朝,李隆基视这二人为国家栋梁,便摆下御宴,特地命人射杀活鹿,取血煎鹿肠,制作"热洛河"款待他们两人。让骠骑大将军、太监高力士劝二将和解,并以兄弟相称。哥舒翰性情耿直,安禄山却是个嘴上抹油的大滑头。

酒席宴上,安禄山故意和哥舒翰套近乎说:"我的父亲是胡人,母亲是突厥人,你的母亲是胡人,父亲是突厥人,咱们俩的血统一样,应该亲近些才是。"哥舒翰回答说:"古人讲,野狐向自己出生的洞窟嗥叫,是不祥之兆,因为它忘记根本。哥舒翰岂敢不尽心!"安禄山以为这是哥舒翰在骂他,勃然大怒:"你这个突厥野佬竟敢

应山滑肉

主辅料：猪肥膘肉 750 克，猪肉汤 200 克，湿淀粉 25 克，精盐、酱油各 5 克，葱花、味精各 3 克，胡椒粉 2 克，鸡蛋 2 个，姜末 1 克，植物油 1000 克。

制法：1. 猪肉去皮洗净，切成 2 厘米的方块，用清水浸泡 10 分钟取出沥干，盛于碗内，加精盐、味精、姜末、淀粉稍拌，再加入鸡蛋液拌匀上浆。

2. 炒锅置旺火上，下植物油烧七成热，将肉块散开下锅，炸 10 分钟，成金黄色时，倒入漏勺沥去油，稍凉后码在碗内，上笼用旺火蒸 1 小时左右，取出放入汤盘。

3. 炒锅置旺火上，下猪肉汤、酱油、味精烧沸后，勾薄芡端锅离火，加葱花、胡椒粉，起锅浇在肉块上即成。

特点：此菜色鲜香醇，食之滑溜爽口，回味无穷。

如此无礼！"哥舒翰正要对骂，高力士忙将二人劝阻开，总算没有闹出人命。

鹿血软嫩，鹿肠酥香，这锅鲜鹿血煎鹿肠，热气升腾，红艳夺目，香气扑鼻，味道鲜美。只可惜两个将领光吵嘴了，硬是把必须趁热食之的"热洛河"给放凉了。

不仅肠子和血，从唐朝开始，各种家畜的"杂碎"都被打上用于食疗、食补的通行印章。如唐代昝殷《食医心鉴》中列有酿猪肚、羊肺羹、猪肝丸、炮猪肝、猪肝羹、猪肾羹等名目，"杂碎"们"不但烹制精巧，口味爽美，而且可以食补身体，治疗疾病，是唐人烹饪技艺与养生保健的完美结合"。

在满朝武将当中，玄宗最喜欢和重用的人就是安禄山。一次，李隆基用野猪肉来招待这位外表忠厚、内藏奸诈的爱将。其具体制作是将野猪肉剔骨煮熟，晾干切片，用粳米饭相拌，加茱萸子和食盐调和，用泥封入坛中晒一个月，蒸熟后用蒜、姜、醋调食。

唐朝宫廷还有一个"应山滑肉"值得一提，因为"滑肉"的原创作者就是大名鼎鼎的民间第四厨神——詹王！

传说这位詹御厨因为奸相李林甫进谗言，惨遭玄宗斩首。"滑肉"因柔润滑爽，软烂醇香，一滑下肚，满口留香而得名，可惜唐玄宗再也吃不到美味绝伦的"应山滑肉"了，他追悔莫及之际，便封已死的詹厨为"詹王"，农历每年八月十三举行祭祀盛典。

至今在湖北及其他许多地方的饮食行业，仍有"八月十三祭詹王"的民间活动。在鄂北应山（现为湖北省广水），有"无滑肉不成席"之说。人们无论逢年过节还是请客盛宴，都将"应山滑肉"当做头菜献上酒桌。

另外有一种绝顶美食"西施舌"也跟唐玄宗扯得上干系。"西施舌"有两种，一种是点心。

西施故里有一种点心名为"西施舌"，被浙江杭州市当成传统名点。其做法为：通过吊浆技法，先用糯米粉制成水磨粉，然后再由米粉包裹松仁、枣泥、核桃肉、桂花、金橘脯、青梅、蜜饯红瓜、糖佛手等多种果料馅心，放在舌形模具中压制成型，汤煮或油煎均可。这种点心用料讲究，制作精细，颜色如皓月，入口香甜润口。因点心呈"舌"形，粉白如玉，加之在舌尖涂有粉红食色，故美其名曰"西施舌"。

另一种"西施舌"是下酒菜。

这个"西施舌"本是软体动物门双壳纲帘蛤目蛤蜊属的一种水产品，非蚬非蚌，海边人多叫其"沙蛤"，外表呈厚实的三角扇形，小巧可爱，外壳是淡黄褐色的，顶端有点紫，打开外壳，就有一小截白肉吐出来，像是一条小舌头。

传说春秋时，越王勾践借助美女西施之力，行美人计灭了吴国。但越王的王后怕西施回国会受宠，威胁到自己的地位，便暗叫人绑一巨石于西施背上，沉于江底。西施死后化为这贝壳类沙蛤，期待有人找到她，她便吐出丁香小舌，倾述冤情。

西施是历史上子虚乌有的人物，只是一个传说而已。于是宋代人吕居仁曾赋诗道："海上凡鱼不识名，百千生命一杯羹。无端更号西施舌，重与儿童起妄情。"但"西施舌"烹制出来却味道绝美，是真正的"秀色可餐"。"西施舌"有水煮和油炸两种。水煮时，将"舌"放于沸水锅中煮至浮起，连汤盛出食用。油炸，则将舌放沸油锅中炸至色呈淡黄时捞出即成。

"西施舌"本来是东南沿海的一道名菜，宋人胡宗汲的《诗说隽永》载："福州岭口有蛤属，号西施舌，极甘脆。"清代大名人郑板桥在《潍县竹枝词》中这样写道："更有诸城来美味，西施舌进玉盘中。"

看来山东半岛也有"西施舌"。而且不光有"西施舌"，还有山东版的"西施舌"，传说当年西施与范蠡在逃生的路上失散了，她自知孤单而易招不幸，于是故意咬断了自己的舌头吐于河中。舌头恰巧落在一只正张开着壳的河蚌中，具有仙胎的美人之舌当然也不一般，竟然在蚌体内存活了，并由河中进入大海，成为今天的美人舌。

为什么后人都以为"西施舌"是鲁菜中的翘楚呢？

还有一个传说。

相传唐玄宗东游崂山时，当地厨师给他做了这道当地特色——水煮"西施舌"，唐玄宗吃后连声叫绝，誉为"天下第一鲜"。"西施舌"撞到唐玄宗这样的超级大名人做广告，立刻闻名天下，就差火星人不知道了！

为什么说，这也是个传说呢？

其实历史上的唐玄宗只去过泰山，根本没有去过崂山。

籴西施舌

主辅料：西施舌，菠菜，韭黄，香菜。

制法：先将带壳的西施舌用开水籴过，取出除去内脏洗净；准备一些菠菜心用开水烫一下，然后放入汤碗中；将沸汤加盐调好口味，放入西施舌，开锅后撒上韭黄和香菜末，起锅倒入汤碗中即可。

特点：汤清见底，玉舌飘动，肉质白嫩，清鲜可口。

诗仙李白去过崂山，当时的崂山叫劳山，李白曾作《寄王屋山人孟大融》，诗云："我昔东海上，劳山餐紫霞。亲见安期公，食枣大如瓜。中年谒汉主，不惬还归家。朱颜谢春晖，白发见生涯。所期就金液，飞步登云车。愿随夫子天坛上，闲与仙人扫落花。"

李唐皇帝自认是道教创始人李聃的后裔，并把道教奉为国教，尊老子为"太上玄元皇帝"。作为老子的骨灰级粉丝，唐玄宗读过李白的诗后，立马派遣几名道士前往崂山采长生不老之药，还将崂山命名为"辅唐山"。

所以，即使在崂山邂逅"西施舌"，也只能是那几位道士的事儿。

其实沙蛤在中国沿海均有分布，现已进行人工养殖。具有滋阴养血、清热止渴、凉肝明目等功效。

"西施舌"不仅可制汤，还可用于爆、炒、熘等多种吃法；如"油爆西施舌"、"韭白西施舌"等都是传统名菜。但"西施舌"汤煮最宜，其汤汁腻滑，品质爽滑，味道鲜美。鲁菜中"西施舌"讲究个"籴"法，"籴"就是把食物放在开水里稍微煮一下，如籴汤、籴丸子。

沉鱼落雁，闭月羞花。西施是中国古代四大美女之首，既然有"西施舌"做样板，美女杨贵妃也不示弱，轻舒皓腕，亮出自己的招牌菜来。

"贵妃鸡"，这个当然与唐明皇的贵妃杨玉环有关了。说某年某月某日，唐明皇与杨贵妃饮酒取乐，两人都喝得有些醉意，杨贵妃抱住玄宗突然撒娇道："我要飞上天！"面对百媚横生的宠妃，玄宗神魂颠倒，想也不多想，扭脸便命太监传令厨师立即做一道"飞上天"菜献上来。

御厨们从来没听说过这个菜名，不知该怎么个制法，急得团团转。这时一位苏州籍的厨师想到鸡翅含有飞翔之意，且肉较嫩，建议拿它来做"飞上天"。大家立马找来几只童子鸡，斩下翅膀，加足调料，焖煮熟烂，精心装盘，果然是色、香、味、形俱佳。此刻杨贵妃吃着呈在面前的"飞上天"，连声称赞好吃。

那位苏州御厨老年返乡，于是这款色美肉嫩味香的"飞上天"立即在苏州城传了开来，只不过人们都称之为"贵妃鸡"了。今天在烹制这道菜时，讲究色香味俱全，与香菇、青菜、嫩笋焖烧，再加上胡萝卜、青椒配色，成菜后，肉质细腻，香味四溢，令人食欲无限。

鸡翅是活肉，在其软骨或骨头中，有可摄取动物胶的结合组织，含有大量的成胶原及弹性蛋白，对于血管、皮肤及内脏颇具效果。翅膀内含大量的维生素 A，远超过青椒，对视力、生长、上皮组织及骨骼的发育、精子的生成和胎儿的生长发育都是必需的。烹"贵妃鸡"、调翅膀肉时，应以慢火烧煮，才能发出香浓的味道，而成胶原等有效的成分，也必须经过长时间烧煮才可溶化。因其表面产生疙瘩般的小颗粒，有许多人不敢吃。

鸡翅有温中益气、补精添髓、强腰健胃等功效。尤其适合老年人和儿童以及感冒发热、内火偏旺、痰湿偏重之人。但热毒疖肿、高血压、血脂偏高、胆囊炎、胆石症的患者忌食。

美食如果与美女邂逅，顿会令人感受到"秀色可餐"之美妙！

前面说过唐代宫廷宴会的"朝宴"、"上巳节曲江宴",下面再聊聊"樱桃宴"。

樱桃宴也在唐时长安的风光名胜地曲江池畔举行,即"进士曲江宴"。

正值暮春时节,曲江池畔万紫千红,樱桃刚熟,成为尝新食品,红红的樱桃增添了席间的喜庆气氛,故名"樱桃宴"。

可以说,"进士宴"是殿试后朝廷为文武两榜状元和进士举行的宴会,以及皇帝为特擢人才而举行的宴会。"进士宴"虽然历代都有,但均不及"樱桃宴"名气大。

唐代的"进士曲江宴"始于唐中宗神龙年间(705—707年),一直延续到唐僖宗乾符年间(874—879年)才因为社会及政局的动荡而不了了之,不过这也算是唐代历时最长的游宴了。唐皇在赐新进士游宴于曲江时,还将自己喜爱吃的御膳美食赏赐给他们品尝,以示恩宠。

在赐食的众多食物中,以"红绫饼馅"最为著名,如僖宗、昭宗都曾赐新进士每人一枚"红绫饼馅"。而"红绫饼馅"一直红旗不倒,成为后来历朝的进士宴首选赐食,元人马祖常在《贡院次曹子真尚书韵》之二写有:"红绫饼馅出宫闱,赐宴恩荣玉殿西。"在清代,连造反的太平天国也通过"红绫饼馅"来彰示自己是正统的政权,在《世载堂杂忆》就中记有"天王钦点状元"的仪式:"赐红绫饼宴……饼极美,上覆红色绫缎。饼食毕，老师（东王杨秀清）命各人将红绫携归，光宗耀祖。"

自打有了"红绫饼餤"之后，人人以能食其为荣。

举个具体的例子。

宋人叶梦得《避暑录话》卷下有云："唐御膳以红绫饼餤为重。昭宗光化中，放进士榜，得裴格等二十八人，以为得人。会燕曲江，乃令太官特作二十八饼餤赐之。卢延让在其间。后入蜀为学士。既老，颇为蜀人所易。延让诗素平易近俳，乃作诗云：'莫欺零落残牙齿，曾吃红绫饼餤来。'"

这个卢延让就是写过"吟安一个字，拈断数茎须"的那位诗人。

卢延让为布衣出身，没有社会背景，连考了二十五次进士，都落了榜。卢延让总结落榜的经验教训，认为是自己一则名声不够响亮，二则没钱搞运作。于是就写了一些跟猫儿狗儿有关的新写实诗歌四处做宣传，如"狐冲官道过，狗触店门开"，"饿猫临鼠穴，馋犬舐鱼帖"，"栗爆烧毡破，猫跳触鼎翻"，等等。结果这些诗句大受赞赏，卢延让因此成了文化圈名人，进士的门槛也一步跨过去了。他深有感触地说："我老卢平生投谒各位公卿，没想到竟得益于猫儿狗子也。"

后来，一把年纪的卢延让到四川做官，受到当地人的轻慢，卢延让愤而诗云："莫欺零落残牙齿，曾吃红绫饼餤来。"意思

是说，别欺负俺是牙齿不全的糟老头，当年这副牙口可是嚼过"红绫饼餤"的！

"红绫饼餤"为一种宫廷饼饵，据《陕西烹饪大典》称，此饼为唐代长安宫廷面点食品，以面粉为主料，配以高档佐料做成饼坯，经烙烤而成，并以红绫包裹上席。"红绫饼餤"亦名"红绫餤"。如宋人楼钥就曾引用卢延让的典故作诗《齿落戏作》："休忆红绫餤，难吞栗棘蓬。"

也有人考证说"红绫饼"就是唐时的月饼，是今天月饼的老祖宗。

现代的红绫饼为一种径约寸半厚约三分的圆饼，酥皮烤成金黄色，一面正中盖有红色的印记，馅用乌豇豆白砂糖制成细沙，加核桃肉金橘饼，口味酥松香甜。

严格来说，这已不是什么真正意义上的"红绫饼餤"了。

目前的素夹沙月饼都是用素油做出来的，而古代的"红绫饼餤"则用猪油。

唐代宫廷中还有一种名叫"银饼馅"的点心，是用乳酪和面，以膏腴作馅烤制而成，在不是"樱桃宴"的日子里，皇帝有时将此饼赐给大臣食用，品尝到这种饼的大臣都觉得美味无比，齐声夸颂：味道好极了！

这些都是赐食给大臣，属于外姓人。唐朝皇帝赐食给自己家人的美食就更丰厚了。

如唐懿宗李漼的宝贝女儿同昌公主

下嫁时，懿宗出手那叫相当的惊人。

诸如水晶云母、琉璃玳瑁、犀角象牙、装翠宝石等珍宝不计其数，更有世人罕见的金龟、银鹿、金表、银粟、如意枕、鹤鹋枕、龙凤帐、九玉钦、琴瑟幕、文布巾、火蚕衣之物，至于金银钱币、缓罗绸缎和豪华家具器皿等则更不在话下了。嫁妆送到驸马府后，根本没有下脚的地方，只好高价雇民工连夜扩建府第。

唐懿宗所赐的九龙食盘御馔则更令人瞠目结舌，口水流尽。其中尤以"灵消炙"、"逍遥炙"和"红虬脯"最为奇特。

"灵消炙"："一羊之肉，取之四两，虽经暑毒，终不败臭。"

"逍遥炙"：一说是用喜鹊舌、羊心尖烹制而成。又据北宋陶穀的《清异录》载："睿宗闻金仙玉真公主饮素，日令以九龙食轝装逍遥炙赐之。"这么看来，"逍遥炙"又是素馔。"轝"字古同"舆"，"九龙食轝"就是皇家的豪华送餐车，这"逍遥炙"又是可以批量生产制作的。

"红虬脯"："虬健如红丝，高一丈，以箸抑之，无三数分，撤即复如状。"

虬是传说中的天角龙，长须卷曲浓密，红虬脯是将肉制成虬形，仵于盘中，按倒可再弹起来，说明这是一种弹性极强的食品。

脯与脩，都是干肉。《周礼·天官·膳夫》郑玄注曰："脩，脯也。"其实两者是有区别的，唐贾公彦疏："谓加姜桂锻治者谓之脩，不加姜桂以盐干之者谓之脯。"脯为初做成的干肉，脩是做成时间比较久了的，古语所谓的"束脩"就是十条干肉捆在一起为一束脩，是古人馈赠的首选礼物，类似今天的脑白金。

脯、脩的制作可以说历史悠久，《礼记·内则》里有"牛脩鹿脯"之语，《论语·乡党》中有"沽酒市脯不食"的记述。北魏的《齐名要术》上有专门一章《脯腊》，介绍肉脯的制作及品种，有五味脯肉、白脯法、甜脆脯法、脆脯法，等等。

只可惜，由于唐廷御厨的保密工作做得很到家，以致"红虬脯"的制作工艺失传。现在流行的江苏省的"靖江肉脯"是二十世纪二三十年代从新加坡传入的食品技术，虽说鲜香扑鼻，色如玛瑙红玉之艳，干、香、鲜、甜、咸，五味俱呈，越嚼越香，回味无穷，但毕竟不是老祖宗的"红虬脯"。

传统的东西未必全是糟粕，而我们有时恰恰把精华的一部分给弄丢了。

【辽宋时代】

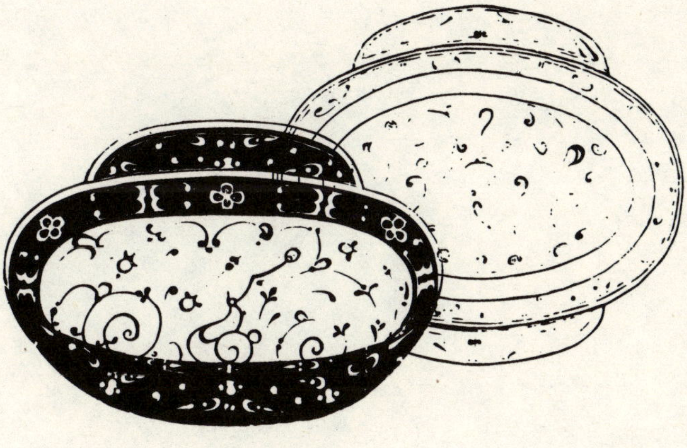

在我国的纪元表上,查不到曾经雄踞高原大漠的匈奴、柔然和突厥,而辽、金赫然在列。

其实匈奴、柔然和突厥也都非常强大,匈奴、突厥均曾多次跃马南下,兵临汉、唐的首都长安,柔然甚至差点攻陷北魏的都城平城(今山西省大同市),能力和表现丝毫不比契丹和女真人逊色。

究其原因,一则是匈奴、柔然和突厥未在中原乃至北方建立起国家行政机构;二则中原的汉民族文化博大精深,融合力超强。而辽、金这两个民族完全被汉化了,为中原汉文明承认是中华民族,关起门来一家亲。

辽国建国比宋朝还早五十多年,从五代建国迄北宋终朝共 219 年历史。

源于东胡后裔鲜卑的柔然部,一直活跃在中国北部。自打被北魏击败后,柔然一分为二,北柔然退到外兴安岭一带,成为蒙古人的祖先室韦。而南柔然散居在今内蒙古的西喇木伦河以南、老哈河以北地区,游牧渔猎,过着落后的氏族社会生活。后来在战事动荡的岁月中,南柔然各部走向联合,形成契丹民族。

公元 916 年,契丹族建立了契丹国,自带头大哥耶律阿保机开国后,处于奴隶制社会的契丹人逐渐向封建制过渡,国力也日趋强盛,灭渤海国,虎视南方,在对中原王朝的攻势中占得上风,与宋、西夏呈三足鼎立之势,成为中国北部一个强盛的少数民族政权。大辽的疆域东北至今日本海黑龙江口,西北至蒙古中部,南以今天津海河、河北霸县、山西雁门关一线与北宋接界。还把位于今北京市西南角从广安门以西、东到宣武门一带的古燕京(唐代幽州)城作为陪都,称为南京,与同时的北宋王朝形成南北对峙的局面。

契丹统一北部各民族建立国家政权后,阿保机因特别仰慕汉高祖刘邦,遂令皇族耶律氏兼姓刘氏。随着契丹大军不断攻掠中原大地,汉族人士大批流入,中原先进的经济和文化促进了契丹社会封建化的进程。随着契丹人对中原花花世界的仰慕,辽国的饮食习俗也开始做起了中原饮食文化的小学生。

契丹人早期主要是靠游牧来养家糊口,饮食上一天也离不开兽肉、奶酪、奶制品及奶茶等。这一点在《辽史·礼志》"岁时杂仪"的记载中写得分明:"正旦,国俗以糯饭和白羊髓为饼……烧地拍鼠,立春日,吃春盘(即春饼);人日(正月初七)吃煎饼;端午节吃艾糕;重阳节设"重九宴……兔肝为臡,鼠舌为酱,又研茱萸酒,洒门户以祈禳";冬至日"屠白羊、白马、白雁"等。

"臡"字古同"胾",指肉酱。

对于契丹人而言,端午节吃艾糕和重阳节设"重九宴"都是中原的舶来品。

大辽的朝廷庆典及皇室、贵族上层社会生活中的礼仪、程式之繁缛,足以与南朝宋国媲美,也明显是受到了汉族文化影响。如宋人使辽时,辽人为之设宴,不仅"阶下列百戏",还"有舞女八佾"。八佾乃周朝天子之乐舞,在高人指点下,契丹人挖掘汉文化算是一下子就挖掘到根子上了。

草原无边,风吹草低见牛羊。游牧民族出身的契丹人无不以食牛羊为主,而肥羊也是大辽皇帝的日常膳食,每日按例有五只羊被投入御厨,供皇帝一人进用。这大辽皇帝的胃口比牛还大啊!

辽宫廷中,有一种用玉版笋与白兔胎做成的羹,唤作"换舌羹",其味道极佳,堪称佳肴。此外,还有馒头、胙肉、鹿脯、饼饵等。馒头,即今天的肉馅包子。

大辽的御厨更是牛得不得了,不仅做菜了得,居然还能将他们的皇帝制作成"木乃伊"。

五代十国时期,四十四岁的后唐将领石敬瑭为了夺取后唐政权,以割让幽云十六州、岁绢三十万匹、认比自己小十岁的耶律德光为父等条件,换得辽国出兵帮他灭后唐。

幽云十六州是中原的北方军事屏障,山麓连绵,易守难攻,为抵御北方民族入侵的战略要地。如果撤去这个屏障,北方民族到中原去掠抢容易得就像过家家一样。

于是石敬瑭在后世人的眼里就成了大汉奸的代名词。

耶律德光是契丹开国皇帝耶律阿保机的次子，契丹的名字为尧骨，曾从父北征于厥里，西讨党项、回鹘，东灭渤海，立下赫赫战功。

老爸耶律阿保机看好耶律德光的果敢多谋，对其重点培养，在二十岁的时候，就让他统领全国的兵马。

耶律德光的老妈述律平也是一位女中豪杰，有勇有谋。耶律阿保机死后，述律平想跟着殉葬。但述律皇后撑得起契丹的半边天，少了她，国家岂不是塌了半边天？

众人百般苦劝，述律皇后就当场砍下自己的右手，装入阿保机的棺木里，作为陪葬。在述律平的力挺下，耶律德光顺利即位，尊老妈为"广德至仁昭烈崇简应天皇太后"。

果然，耶律阿保机没有看走眼，耶律德光继位后，大力吸收汉文化，并仿汉人的制度变革政治；削东丹国，迁渤国遗民，并尊重各民族礼教，不禁各族自由通婚，促进国内民族融和；兴农业生产，整顿赋税制度，重教育，制历法，亲手带领辽国走上强盛之路。

而契丹的太子，也就是耶律德光的大哥耶律倍无法与其争锋，便渡海跑到后唐办了个绿卡住下来，后死于后唐的政变内乱之中。

耶律德光率大军南下，立石敬瑭为大晋皇帝，自己则不费吹灰之力，笑纳下渴望已久的幽云十六州，而且每年还有大批的布帛输入。

石敬瑭死后，义子石重贵继位，可这个孙子辈领导下的后晋只想对耶律德光"称孙不称臣"。这大令耶律德光不爽，凑巧，后晋将领赵延寿、杜重威都想做石敬瑭第二，力劝耶律德光讨伐石重贵。

于是耶律德光果断出兵，三战灭掉后晋。

公元947年，耶律德光用中原皇帝的仪仗进入了后晋都城开封，并穿上汉族皇帝的装束接受文武百官的朝贺。在做了中原皇帝的同时，耶律德光还将契丹国号改为"大辽"。

后晋虽灭，但耶律德光的士兵扰民太重，对中原进行大肆的烧杀抢掠，导致中原的百姓起义不断，各路武装纷纷抗击辽军侵略，令耶律德光发出"中国人难制"的感叹。

这时，五代十国时有名的政坛"不倒翁"冯道请求觐见耶律德光。

耶律德光问冯道："天下百姓如何救得？"

冯道说："现在就是佛祖出世也救不

了,只有皇帝您可以救得。"

耶律德光闻言大喜,就下令停止对中原百姓的杀戮,撤军回国。冯道的话虽然有点讨好的意思,但在一定程度上缓解了契丹的残暴举措,使得许多汉人免遭杀戮。

正是酷暑当头,耶律德光班师走到临城(今河北临城)时染上了热疾,高烧不退,即使在胸口和腹部放了冰块也无法降温。御医就劝耶律德光远离女色,耶律德光反将太医一通臭骂:"你们都是不学无术,我得了热病,正要女色泄火,怎么能远离女色呢!"结果耶律德光因纵欲无度,走到栾城(河北省西南部)杀胡林时,口吐鲜血,呜呼哀哉了。

这时,远在辽国都城上京(今内蒙古巴林左旗)的述律太后获知耶律德光病危的消息,传来懿旨说:"生要见人,死要见尸。"

炎夏时节,古代人保存尸体谈何容易。伴驾的文武大臣和御医们一筹莫展之际,一位御厨挺身而出,他建议:干脆把皇帝做成"羓"吧!

"羓"是一种北方游牧民族腌制牛羊肉的方法。在夏天里,牧民就把一时吃不了牛羊的内脏掏空,用盐卤上,制成不会腐烂的"羓",相当于中原地区的"腊肉"。

这个"羓"的主意虽然有把皇帝当牲畜处理做成菜的意思,但文武大臣和太医们也想不出别的好办法来,只好让御厨们剖开皇帝的肚子,掏空内脏,然后塞满盐粒,制成史载中的中国帝王第一具"木乃伊"。

将帝王当成制菜的原材料,也算是千古奇闻了。想来当年的述律太后在见到这份"羓"菜时,一准哭得一塌糊涂的。

当然，辽代宫廷宴会中还保留着契丹族较鲜明的民族特色。如辽代宫廷宴会的貔狸馔、头鱼宴、头鹅宴、射虎宴、射鹿宴、花宴，等等，大多数都是南朝没有的。

辽代宫廷宴会以貔狸馔、头鱼宴、头鹅宴最为著名，这里简单介绍一下。

貔狸馔："貔狸"乃是大辽皇帝独享的御用头等食品，除皇室及辽国的公、相级别的人物外，一般官吏想都别想。史料记载，此物"北朝恒为玉食之献，置官守其处，人不得挖取"。大辽子民，包括文武百官均不得"私蓄"，否则"杀无赦"。

"貔狸"，为契丹语，在汉文根据译音被写作"毗离"、"琵狸"、"貔黎"、"毗黎"，等等，也有简称为"貔"的。

貔者，猛豹也；狸者，灵猫也。

貔狸又是什么奇特的动物呢？

据周密《齐东野语》卷十六载："契丹国产大鼠曰毗狸，形类大鼠而足短，极肥，其国以为殊味。穴地取之，以供国王之膳。自公、相以下，皆不得尝，常以牛乳饲之。"显然，这种御膳的供物，每年仅可由国王指定的专业民户捕捉一定的数额，交由皇家专人精心饲养。

其味道如何呢？

历史上的一些专家学者考据后，称其"味如豚子(乳猪)而脆"；"味极肥美"；"性能糜肉，一鼎之肉，以貔一脔投之，旋即糜烂"。

其实貔狸并非什么珍贵得要上了天的宝贝，是个俗得不能再俗的东东。据刘清的《霏雪录》说，貔狸就是北方黄鼠，亦称豆鼠、禾鼠、蒙古黄鼠，学名达瑚尔黄鼠。黄鼠喜穴居，多栖息于长城附近及以北广大平原、丘陵、草地、沙地等处。其比一般田鼠壮硕，头大，眼大，耳廓很小，毛色草黄，头额部较深，呈黄褐色。其前肢趾爪发达有力，便于挖洞、采食。夜伏昼出，大白天进行活动。这貔狸够生猛的，而且机警过人，好用后肢直立观察周围动静，好似人"作揖"行礼一样，古人说的"礼鼠拱而立"，应该指的就是这些小家伙。

大概黄鼠体大凶猛，但"五讲四美"懂礼貌，辽国皇室才为视为"神兽"，作为威猛睿智的象征力量。貔狸既然这般神奇，闲杂人等是没资格吃的。于是辽国的御厨将它饲养肥壮之后，或盐渍，或风干，或熏制，或冷炙，以供帝王享用。

如果辽皇帝高兴，偶尔就会叫来看着顺眼的王公卿相，摆上几桌，让大家解解馋。那年头的契丹人能吃上一口黄鼠肉，是无上的荣耀啊！辽宋和解，辽国皇帝还将如同今日大熊猫一样珍贵的貔狸赠送给宋朝皇帝，表示亲善。

当时，一个叫刁约的北宋官员就写下这样的四句诗："押宴移离毕，看房贺跋支。馈行三匹裂，密赐十貔狸。"其中"移离毕"、"贺跋支"都是辽代的官名，"移离

毕"也写作"夷离毕"，是辽国执政的高级官员，相当于今天的国务院第一副总理；"贺跋支"主管皇庭的后勤工作，也算是厅级干部。而"匹裂"是一种装食物的小木坛，"以色绫木为之，加黄漆"，证明出自皇家。"密赐十貔狸"的"密"字通"蜜"，表示亲密友好。

头鱼宴：通观《辽史》所载，自辽圣宗统和元年(983年)起，经兴宗、道宗到天祚帝保大二年(1122年)，在这139年间，就有二百多次凿冰取鱼的记录。

又《辽史·营卫志》载："辽国尽有大漠，浸包长城之境，因宜为治，秋冬违寒，春夏避暑，随水草，就畋渔，岁以为常。四季各有行在之所，谓之捺钵。"

何所谓"捺钵"？即辽代皇帝的"春节百天乐"，史载："皇帝从正月上旬起牙帐，约六十日方至。卓帐冰上，凿冰取鱼。冰泮，乃纵鹰鹘捕鸭雁。晨出暮归，从事弋猎……弋猎网钓，春尽乃还。"

辽帝一年一度的"春捺钵"，要做的主要事情有三：一是从事政务活动，特别是与北方的女真、室韦、五国部(兀惹、渤海、奥里米、越里笃、越里古)修好，二是携皇族、百官，享渔猎之乐；三是过大年，这当是"春捺钵"活动最为主要的春节娱乐节目。

如何凿冰取鱼？《吉林通志》卷一百二十二给出答案："北主与其母皆设次冰

上。先使人于河上、下十里间以毛网截鱼……预开水窍四,名曰冰眼。中间透水,旁三眼环之不透。……鱼虽水中之物,若久闭于冰,遇有出水之处亦必伸首吐气,故透水一眼,必可以致鱼。而薄不透水者将以伺视也。鱼之将至伺者以告北主……用绳钩掷之无不中者。既中,遂纵绳令去。久之,鱼倦,即曳绳出之。谓之得头鱼。头鱼即得,遂相与出冰帐于别帐作乐上寿。契丹主达鲁河钓牛鱼,以其得否岁占好恶。"

达鲁河即松花江,而"牛鱼"是何等鱼类?

清代历史学家曹廷杰认为:"麻特哈鱼,即辽、金史《本纪》所载之牛鱼也。《本草纲目》:'牛鱼生东海,其头似牛。大者长丈余,重三百斤,其肉脂相间,食之味佳。'"

《东海志》载:"今山混同江,大者丈余,重千斤,白肉黄脂。"

《明一统志》称:"巨口细睛,鼻端有角,大者丈余,重可三百斤。"

《辞海》认为:"长达五米。背灰绿色,腹黄白皮。初夏溯江产卵,性成熟迟,约需十二至十七年。"

《汉语大词典》解释说:"鳇鱼,形体与鲟相似,有五行硬甲,口大,半月形,两旁有扁平的须。"

"牛鱼"原来竟是鳇鱼!

于济源在《谫论关东鳇鱼文化》中总结说:"由子鱼长为成鱼需十六七年,体重过千斤的寿命在百年以上","经过实地考察我们可以做这样的描述:鳇鱼鱼体硕大,生活习性类似大马哈鱼,春夏在江中产卵,然后回游鄂霍茨克海,体长可达二三丈,体重三、四百到一千斤,最重的可达两千斤"。

据专家考证,早年的查干湖(位于吉林省松原市前郭尔罗斯蒙古族自治县境内)及松花江、嫩江均曾有过牛鱼(鳇鱼)。自丰满水电站建成,松花江水流量减少,牛鱼已不再到松花江中游及嫩江。查干湖区当然也已早不见牛鱼(鳇鱼)了。

鳇鱼在清代时还存在,见《吉林省志·民族志》:"每年春末夏初,鳇鱼由大海回游,溯江而上,进入松花江中下游产卵繁殖。成鱼体长5米至7米,背灰绿,腹黄白,体形似鲟而大。该鱼体大肉多味鲜,肉白脂黄,卵尤名贵。鳇鱼是清朝宫廷必备的祭品,也是帝王后妃品尝及赏赐臣僚的珍品。鳇鱼数量很少,不易捕捞,渔户往往要耗费许多工日,方能捕到一两尾合乎贡品规格的鳇鱼。捕到后,要由'务户里达'命名造册,记录身长、胸围、花色等数据和特征,上报'打牲乌拉总管衙门'存档,然后将鱼送到利用江岸内凹或河区建成的与江水相通的'鳇鱼圈'里去饲养。迫至隆冬季节,破冰下网捞出鳇鱼,冻挺后用黄绫子裹好,装进特制的桃木小车,运送北京。选定起程日后,护送人员须提前三日沐浴更衣,食宿在衙署。出发时,车上插'贡'字小旗,路上每至驿站,更换镖丁,负责保护贡品不受损坏和押贡人员的安全。沿路府州厅县等地方官员在贡车经过时要有迎送仪式,有的还要捐赠钱物。"

再回头说说辽代的"头鱼宴"。

辽帝钩上"牛鱼"来,即大张酒宴,与文武大臣和来朝的各族酋长同乐,名曰"头鱼宴"。例如天祚皇帝耶律延禧天庆二年(1112 年)就有这样的盛会:"二月丁酉,如春州(长春州,今吉林省长春),幸混同江(混同江是松花江、黑龙江两江合汇之处)钓鱼。界外生女直(女真)酋长在千里内者,以故事皆来朝。适遇头鱼宴,酒半酣,上(皇帝)临轩,命诸酋次第起舞。独阿骨打辞以不能,谕之再三,终不从。"

辽国有五十二个部族和六十个属国,辽帝以"头鱼宴"会集酋长,而席间令"诸酋次第起舞"则是要他们对自己表示臣服之态。"头鱼宴"上,唯有女真酋长完颜阿骨打不肯跳舞,天祚皇帝当时未作雷霆之怒,从此完颜阿骨打认定天祚帝是个软柿子,并于 1114 年春起兵反辽。

瞧这顿"头鱼宴"吃的!

头鹅宴:自古以来,契丹人就有养鹰(海冬青)捕鹅的习俗。每年春天江河解

冻、鹅雁(野生的大雁、天鹅)北归时,皇帝与群臣即来鱼儿泊(又称鸭子河泊、月亮泡,故址在今吉林大安市洮儿河、嫩江、松花江三水合流处附近)捕鹅。捕杀到头鹅后用以祭神、荐庙,君臣欢宴庆贺。

如宋人姜夔的《契丹歌》:"一春浪荡不归家,自有穹庐障风雨。平沙软草天鹅肥,胡儿千骑晓打围。"描述的就是辽帝以海冬青捕鹅的热闹情景。

宫廷侍卫们身穿古代迷彩服——墨绿色猎装,各执连锤一柄、鹰食一器和刺鹅椎一枚,在水泊周围组成人体"围网"。瞭望哨于上风处瞭望,发现鹅群即举旗示意,随后远近四周鸣鼓,惊起鹅群后,侍卫们向一个方向轰赶。这时皇帝放起海冬青追袭,使天鹅力竭坠落。侍卫迅即以椎取出鹅脑,奖赏给海冬青。并以捕获的第一只鹅祭神、荐庙。

据陶宗仪《辍耕录》中记载:"……每岁以所养海青获头鹅者,赏黄金一锭。头鹅,天鹅也。以首得之,又重过三十余斤,且以进御膳,故曰头。"

一般的天鹅体重大约为六千多克。估计辽帝头鹅宴上的应该是大天鹅,大天鹅又叫白天鹅、鸿鹄,是一种大型游禽,体重可超过十千克。古代的计量单位与现在的计量单位换算进制不同,否则没处去找三十余斤的天鹅来。

同"头鱼宴"一样,举办"头鹅宴"也是

辽帝用来讨一年头彩的政治娱乐二加一的混合体行为。

捕不到鹅雁，被视为全国一年内将没有好日子过，开门就不吉利啊！

延误了皇帝、群臣的口福是小事，影响到皇帝的威望，使之难以号令诸侯，导致人心惶惶，国威不振，这可是严重的大事了。辽穆宗耶律述律尤爱食鹅，居然"庚午获鹅，甲申获鹅，皆饮达旦"。如果赶上运气不好，未能打到鹅雁，辽穆宗便迁怒于左右，史载"虞人沙剌迭侦鹅失期，加炮烙、铁梳之刑而死"。这就是对"鹅"情侦查不力的下场！

1125年，辽国被后金女真族所灭。现今的达斡尔族与契丹人有最近的遗传关系，为契丹人后裔；而云南的"本人"与达斡尔族有相似的父系起源，很可能是蒙古军队中契丹官兵的后裔。

第三章　宋朝的御厨使是武官

公元 927 年 3 月 21 日,洛阳夹马营的一个军人家庭中传出一阵婴儿的啼叫,"赤光绕室,异香经宿不散,体有金色,三月不变"。大宋的太祖皇帝赵匡胤就这样带着一种神秘的色彩诞生了。

中国帝王出生都这样神乎传奇,但所谓的赵匡胤"体有金色,三月不变",绝对是今天新生婴儿常见的胎毒黄皮屑。

赵匡胤的父亲赵弘殷,曾是后唐、后晋、后汉、后周四代王朝的禁军将领。这时候,威赫了数百年的大唐帝国早已在世界上蒸发了。人逢乱世,首先得学会自保才能生存下去。赵匡胤自幼就爱好骑射和练武,身强力壮,并志向高远,有一首

《咏日诗》为证:

欲出未出光邋遢,千山万山如火发。

须臾走向天上来,赶却残星赶却月。

严格说来,这诗对仗押韵不是太好,但诗意不凡,颇具气吞山河之势。

对于赵匡胤而言,武功是防身的盾,思想见解是人生事业进取的矛!

在后汉初年,二十一岁的冒险王赵匡胤告别父母与妻子,浪迹天涯,踏上寻找自己未来事业的征途。在漫游了华北、中原及西北大地之后,公元 949 年,赵匡胤投到担任后汉枢密使的郭威旗下当兵。由于作战勇敢,处事得体,赵匡胤很快成为郭威的一员爱将。郭威建立后周时,点

名要赵匡胤担任宫廷禁卫军的统领。

郭威病亡后,义子柴荣即位。赵匡胤在跟随周世宗柴荣南征北讨中战功卓著,深得世宗的信任和重用,一跃成为正规军的大将。

959年,周世宗北征大辽,准备收取幽云十六州,一路势如破竹。可就在这个时候,柴荣得了重病,被迫退军,不久便撒手人寰,帝位由其幼子柴宗训继承。

第二年正月初四,掌握军权的赵匡胤乘"主少国疑"之机,发动"陈桥兵变",夺取了后周政权,建立宋王朝,史称北宋。

作为五代十国的终结者和大宋王朝的开拓者,赵匡胤是中国历史上一个值得大书特书的重要人物。由于担心唐末以来武夫专权的局面重演,宋太祖实行"右文抑武"的基本国策。文官政府的新体制模式推动了宋代文化的空前繁盛,科技的空前发达,并把宋朝打造成"文人的乐园",但也使得国家渐成积贫积弱之势,对外先后受制于强邻契丹、西夏和女真,打起仗来败多胜少,只能靠钱来买和平。

别看宋朝是"文官政府",负责宫廷膳食的头头尚食使、御厨使可都是高级武官!

唐时就有御厨使,五代十国时又改名为御食使、司膳使,到了宋太祖时代,又恢复旧名。北宋的武职大臣在朝参皇帝时于大殿东侧排列,共计二十使,即皇城使、翰林使、尚食使、御厨使、军器库使、仪鸾使、弓箭库使、衣库存使、东绫绵院使、西绫锦院使、东八作使、西八作使、牛羊使、香药库使、榷易使、毡毯使、鞍辔库使、酒教育局使、法酒库使、翰林医官使。

宋朝的御厨使纯属外行领导内行,有时还奉旨出京,作为皇帝特使到地方办本职工作之外的事。

北宋建立不久,江南的吴越国王钱俶生怕有过江湖浪子生涯的赵匡胤发兵灭了自己的小国家,就跑到汴京朝拜宋太祖。

远来都是客,况且钱俶一心向善,曾建造佛塔无数,如著名的雷峰塔、梵天寺塔和灵隐寺经幢,还有六和塔和保俶塔,等等。

据宋人蔡绦在《铁围山丛谈》卷六中记载:"开宝(宋太祖年号)末,吴越王钱俶始来朝。垂至,太祖谓大官:'钱王,浙人也……宜创作南食一二以燕衎之。'於是大官仓卒被命,一夕取羊为醢,以献焉,因号旋鲊。"

宋廷的御厨都是北方人,虽说是仓促上阵,但敢想敢干,他们"取肥羊肉为醢",一夕腌制而成,叫作"旋鲊"。这"旋鲊"一端到帝王宴的餐桌上,大受宋太祖和客人欢迎,对其赞不绝口。因此,宋代皇室大宴"首荐是味,为本朝故事",此后"旋鲊"在宫廷宴会上作为头菜,并形成了制度。

醢是古代的肉酱,"旋鲊"就是将新鲜的鱼片经过食盐或酒糟短暂腌渍,即时食用。南宋名将岳飞的孙子岳珂著《桯史·紫宸廊食》提及:"侑食,首以旋鲊,次暴脯,次羊肉,虽玉食亦然。"

宋廷的御厨的"旋鲊"是受《礼记·内则》的启发,前秦时期的人们吃牛肉、羊肉、猪肉和饭时都要用特制的肉酱拌着吃。如:用螺肉酱吃雕胡米饭和野鸡羹,吃麦米饭时配干肉煮的粥和鸡羹,吃细春稻米饭配狗肉羹和兔肉羹,这些都可以用米粉拌和,不加辛辣的蓼叶。而吃干肉片时要蘸蚁卵酱,吃干肉粥用兔肉酱,吃熟麋肉片蘸鱼酱,吃鱼片蘸芥酱。

宋廷"旋鲊"不过是革新了一下,将吃鱼片蘸的芥酱换成了羊肉酱。现在使劲想想看,也想不出鱼片蘸羊肉酱会是个啥子滋味!

关于赵匡胤与美食的传说也有不少,人所皆知的有三个。

一是赵匡胤在西北流浪时,吃到的"羊肉泡馍"。"羊肉泡馍"香气四溢、肉烂汤鲜,赵匡胤当皇帝后还特意找到当年长安(今西安市)街头的那家小店去"忆苦思甜",结果食后回味无穷,便将这门厨艺带进了皇宫。

"羊肉泡馍"古称"羊羹",与"水盆羊肉"堪称表兄弟,做法大致相同,只是"羊肉泡馍"用的是死面(没有发酵的面)饼,而"水盆羊肉"用的是当地一种发面饼,因篇幅所限,其做法这里不加赘述。

二是赵匡胤浪迹楚地时,尝过楚乡湖北孝感的美味佳肴——"豆油藕卷"。"豆油藕卷"俗叫豆油卷,孝感向以盛产优质莲藕出名,每适年节喜庆之时,当地人素喜烹食各种藕肴,也包括这种用豆油烹制的藕卷。

相传,史上最牛的盲流赵匡胤来至孝感的西湖村时,正值风雪黄昏,饥寒交迫下,他便投宿到湖畔的一家酒家。只是当时正实行禁酒令,赵匡胤看到酒家端上一盘"豆油藕卷"和一壶私人家酿陈酒送上餐桌,心中十分感动,边吃边即赞曰:"豆油藕卷肴,兼备美酒好,落肚体通泰,今朝愁顿消。"就这样,"豆油藕卷"这一佐酒美肴自名人赵匡胤那儿一炮走红饮食界。

据《孝感县志》转引《方舆胜地览》记载:"太祖(赵匡胤)践位后,令宽西湖酒禁,仍置万户酒馆。"今天的孝感城西入口处,还立有"宋太祖沽酒处"一石碑。诗题:"高馆临湖旧业荒,青帝市岸指垂杨,金舆玉辇无消息,犹想当年酒瓮香。"

但细究起来,赵匡胤在孝感喝过酒是真,是否吃过"豆油藕卷"存疑。

首先,赵匡胤读书不多,在史籍中可查到的只存其一首半诗。一是上面提到过的《咏日诗》,二是当了皇帝后作的《咏初日》,只有半首:"未离海底千山墨,才到中天万国明。"

从赵匡胤作诗上来看，赵匡胤不可能与"豆油藕卷"有缘。

接下来再从食用油的豆油角度去探寻，赵匡胤吃"豆油藕卷"也只能是个传说。

"豆油藕卷"是用莲藕做原料，经洗净去皮，切成细丝，略用盐腌渍后，抖入葱、姜、香菇丝等调配料和少许面粉，然后紧紧卷捏成一字条形，再用抹过面糊浆的豆油包牢，以锯刀法切成形似"车轮"一样的筒片，并经油炸烹制而成。

但在五代十国时，中国尚未学会用大豆榨油。宋人宋庄季裕《鸡肋编》中有一节专门记载当时的食用油，并详述了宋代各种植物油的提取方法。在庄季裕的记录中，有大麻油、杏仁油、红蓝花子油、蔓菁子油、仓耳子油、旁昆子油、鱼油等，就是没有大豆油。他还写有"宣和中，京西大歉，人相食"，又"炼脑为油，以食贩于四方莫能辨也"的真实记录。

看看，北宋都以"人脑"炼制食用油了！

也许有专家会说，在北宋苏轼写的《物类相感志》中，就明确写有"豆油煎豆腐，有味"。怎么说宋朝或者五代十国时，豆油没有出现呢？

在这里，不能不提醒这些专家学者，不可望文生义，古代人所说豆油和豆清最初指的是大豆酿制出来的酱油。

在北宋时，价廉物美的豆腐已成为日常食品，当时青阳县的副县长时戬"洁己勤民，肉味不给，日市豆腐数个"，而当地草根们则"呼豆腐为小宰羊"，视为肉类的代用品。

苏东坡喜食豆腐也是出了名的。南宋人林洪在其《山家清供》中记载有两样豆腐名菜。一个是"雪霞羹"，第二个是"东坡豆腐"。"东坡豆腐"做法很简单：一是豆腐用葱油煎，再用酒研小榧子一二十枚，和上酱料同煮；二是豆腐用葱油煎后纯用酒煮即可。

可见人家东坡做"豆腐"用的不是什么真正豆油。

而大豆油的出现还须煎熬等待上三百年。

最后一道与赵匡胤有关的美味佳肴叫"皎月香鸡"，据载，赵匡胤年轻时经常到好友陈平家下棋对弈，随便蹭顿饭吃。一次，两人下罢棋，借着月光对饮，赵匡胤吃得非常香甜，举着手中的鸡腿问："老弟，这菜唤作何名？"陈平回答说："此菜尚未取名，还望大哥赐予。"赵匡胤走到窗前，指着当空的明月说："你看，今晚的月亮又大又圆，美丽皎洁，我看就叫'皎月香鸡'吧。"后来，赵匡胤做了皇帝，喜欢怀旧的他将此菜选入宫中，并一直流传至今。

皎月香鸡

主料：重 2 斤左右嫩母鸡一只和鸡腿 10 只。

辅料：虾仁、蛋清、花生油、淀粉、绍酒、精盐、味精、葱椒泥、面粉、肉桂、白糖、酱油、香油、葱、姜、猪油等。

制法：1. 把鸡由背开膛，取出内脏，洗干净，剁去鸡头和鸡爪，放入锅中煮烫透。

2. 捞出控净水分，抹上糖色，放入油勺中炸成淡黄色，捞出。

3. 和整鸡一同加调料在一锅里焖烂。取出后，拆尽鸡骨。

4. 把虾仁和肥肉剁成细茸，加入调味品和一个半鸡蛋，搅拌成干糊状。

5. 把鸡肉撕碎，放虾茸中拌匀，放盘中压成烧饼形，上屉十分钟取出。

6. 用蛋清、面粉、淀粉搅成雪花糊。

7. 将鸡饼撒上一层面粉，抹一层蛋泡糊。

8. 勺中放宽油，烧四成熟，放入鸡饼慢炸透，捞出，放盘中。

9. 再把鸡腿上火收汁取出，摆虾饼外一圈，浇上汁，淋上香油即可食用。

特点：色鲜味美，肉香浓郁，营养丰富，久吃不厌。且有益肝健脾、滋阴补肾、强身健体之功效。

在《山家清供》书中，记载着这样一个典故：有一天，赵匡胤的弟弟，宋太宗赵光义忽然问他的大臣苏易简："世上哪样食品最珍贵?"苏易简回答："食无定味，适口者珍。"

那么什么食品才是赵宋王朝御宴的饮食风向标呢?

答案在宋代史学家李焘的《续资治通鉴长编》里可以找到。元祐八年（1093年）正月，辅臣吕大防对宋哲宗赵煦讲述"祖宗家法"的传统时说："饮食不贵异品，御厨止（只）用羊肉，此皆祖宗家法所以致太平者。"

在宋人眼里，羊肉与人参一样滋补身体，"人参补气，羊肉补形"。宋徽宗因为属狗，更是下令全国狗屠改杀肥羊，以致闹出"挂羊头卖狗肉"的千古笑谈。据宋代《政和本草》载，食羊肉有"补中益气、安心止惊、开胃健力、壮阳益肾"等良效，这大概是宋徽宗为劝导人们抛弃狗肉，转而专吃羊肉找来的理论支持。

另外值得一说的是，北、南两宋皇室的肉食消费，几乎全用羊肉和牛肉，而从不用猪肉。尚书省所属膳部下设牛羊司，唯一的工作职能就是饲养羔羊，以备御厨房烹宰之用。此外还设有牛羊供应所和乳酪院。而不吃猪肉也是宋朝的"祖宗家法"之一，如《后山丛谈》所言："御厨不登豕肉(猪肉)。"

宋朝所持的和平外交政策极大地促进了各地域饮食业的相互交流和繁荣发展。

在北宋,人们把当时中原地方的饮食称为"北食"、"北馔",长江以南的菜肴称为"南食"、"南珍"。除了盛行这两大地方的风味特色外,长江上游的"川食"、西北少数民族饮食的"虏食"均进入中原乃至京都市场。"虏"当然是当时对胡人的贬称。如北宋、南宋的京城中都有"北食店"、"南食店"和"川食店"。可以说,宋廷的以羊肉为御宴主打菜完全受穆斯林民族饮食风尚的推动和影响。

不仅皇室视羊肉为贵重的食馔,从达官贵人到平民百姓都随后跟风,以食得羊肉为荣。北宋政治家王安石还在《字说》中将"美"字解释为:从羊从大,大羊为美。

食羊肉为荣,更为一种美事。

据《梦粱录》载,北宋京都饮食店的羊肉菜肴有旋煎羊白肠、批切羊头、虚汁垂丝羊头、入炉羊、乳炊羊肫、炖羊、闹厅羊、羊角、羊头签等,南宋临安饮食店有蒸软羊、鼎煮羊、羊四软、绣吹羊、羊蹄笋等。

吃不到羊肉,吃到羊杂也是一种口福哟!

真是:全民总动员,肥羊泪涟涟。万人齐下口,高赞羊美鲜!

可是,究竟得多少只肥羊才能满足全国人民的大胃口呢?

民间的无法统计,但皇室的有账本可查。当时陕西冯翊县出产的羊肉,时称"膏嫩第一",宋真宗时,"御厨岁费羊数万口",就是买于陕西冯翊,食用量之大堪称惊人。

宋仁宗时,皇室中的肥羊食用量达到最高额,竟日宰羊二百八十只,一年即十万余只。

宋仁宗赵祯被誉为中国第一"仁政"天子。在宋朝皇帝的序列中,赵祯的知名度不高,但一提及"狸猫换太子"的故事,大家就知道赵祯一准就是那个苦命的孩儿了。

仁宗在位四十二年,是两宋时期在位时间最长的皇帝。虽在与西夏王朝的长期对峙中表现平平,宋帝国败多胜少,最后还是令西夏向宋称臣,尽管是他以对西夏"岁赐"银、绢、茶妥协,对辽也以增纳岁币买来和平,但有多少宋、夏、辽三国的百姓生命会免于刀兵的杀戮?这是无法计算清楚的!

当时四川有个老秀才,献诗给成都太守:"把断剑门烧栈阁,成都别是一乾坤。"这不是明目张胆地煽动地方领导造反吗?成都太守吓得脸都绿了,立马将他缚送京城,请皇帝处置。

仁宗却摇头说:"这是老秀才急于要出位,想做官想疯了,写首诗泄泄愤而已。

不必治罪，就给他个官做做吧。"就这样，老秀才成了司户参军，虽然是闲职，但毕竟过了把官瘾。

还有一次，出使北方的使者报告说，高丽的贡物越来越少了，要求出兵讨伐。仁宗批复说："这只是国王一人的罪过。如果出兵，国王未必会被杀死，反而有无数百姓会死于非难。"于是一场战云也由此随风而逝。

连千古流芳的包青天包拯也是人家宋仁宗一手捧红的。

包拯在担任监察御史和谏官期间，表现相当活跃，多次当庭犯颜直谏。有一次，包拯在朝堂上坚持要罢免三司使张尧佐的职务，这个职务相当于今天的国家计委主任兼财政部长，地位在老包之上。但老包认为张尧佐才能平庸，必须换人。

其实这张尧佐也不是外人，他是仁宗的宠妃张氏的伯父。看到包拯的奏章，仁宗心头一震，沉吟之下，他想了个变通的办法，想让张尧佐去当节度使。

不料包拯不仅摇头，而且谏诤更加激烈。

赵祯人虽仁厚，可也有脾气，就气急败坏地说："能不能不再说张尧佐的事了？节度使只是武将粗官，为什么争论个没完没了？"包拯更加火冒三丈，冲到龙案前，高声说："节度使，太祖、太宗都曾担任过的，恐怕不是什么粗官！"情绪激昂时甚至连唾沫星子都溅到仁宗的脸上。仁宗在用衣袖擦脸之后，还是无条件地接受了包黑子的建议。

正是仁宗的善于纳谏成全了包青天的大名，也只有在国家政治清明时才能出现产生包青天这样名臣的政治环境。如果摊上秦皇汉武，或者是其他类似崇祯一样的帝王，包拯早被拖出去喂狗了！

仁宗回到后宫后，告知张尧佐最终没能当成节度使。他对张贵妃说了一句这样足以名垂千古的话："你只知要宣徽使、宣徽使（史载，仁宗情急之下把节度使说成了宣徽使），你难道不知道包拯是当朝御史吗？"

赵祯天性宽厚，生活十分简朴，午餐也就经常四菜一汤。有一次，赵祯处理事务直到深夜，又累又冷又饿，怎么也得来碗热腾腾的夜宵啊！

赵祯此刻最想吃的就是一碗烧羊肉，吃下去五腑舒坦，浑身上下暖洋洋，但他硬是没能吃成。

第二天，皇后知道这事，就劝说道："陛下日夜操劳，龙体为重。想吃羊肉汤，随时吩咐御厨一声就成了，怎能忍饥挨饿呢？"仁宗回答说："吩咐一声倒是可以的。可我昨夜如果吃了羊肉汤，御厨以后就会夜夜宰杀活羊，一年下来就要数百只。如果形成定例，日后宰杀之数更不堪想象。仅仅为了我一碗饮食，创此恶例，且又伤

烧羊肉

主辅料：羊肉 1000 克，鸡蛋 2 个，面粉 250 克，湿淀粉 50 克，花椒盐 2～3 克，葱段 15 克，姜片 15 克，精盐 15 克，酱油 200 克，大料一瓣，花生油 750 克。

制法：1. 羊肉洗净放在开水锅中煮出血水和腥味，滗去锅中水。放入葱段、姜片、大料、精盐和清水，在旺火上烧开，再移在微火上约炖一小时。炖烂后捞出晾凉，切成长二寸半、宽一寸半、厚六分的块，上屉蒸热；

2. 鸡蛋磕入碗中，加入湿淀粉、精盐 5 克、清水 150 克和面粉，调成糊；

3. 花生油倒入炒勺内，在旺火上烧到八成热，取出蒸热的羊肉，将两面沾匀鸡蛋糊后下入油中，炸成金黄捞出，横切成四分宽的条，摆在盘中，撒上花椒盐即成。

特点：色泽金黄，羊肉外酥焦，内松软，略有麻油香味，如果用空心饼夹着吃更好。

生害物，实在是于心不忍。因此我甘愿忍一时之饥。"

在一次宫廷内宴时，宋仁宗看到食馔中有一品新蟹，共计二十八枚，便问："我现在还没尝呢，这一枚多少钱买来的？"旁人回称一枚花了一千钱。赵祯生气地说："多次告诫你们不要奢侈浪费，这螃蟹一下筷子就没了二十八千钱，我吃不下去！"把螃蟹推到一旁终而不食。

或许在现代人看来，赵祯这个皇帝当得不值，分明是守着金饭碗当乞丐！

而神宗时代，河北榷场每年从契丹购进羊数万只，上供牛羊司。内地产的供不应求，只能打进口的主意了。其御厨账本上的记录也足够"吓煞人"，一年中"羊肉四十三万四千四百六十三斤四两，常支羊羔儿一十九口。"

及至宋哲宗赵煦登基后，皇室饮宴可吃的肥羊数量短缺，御厨干脆"进羊乳房及羔儿肉"，当时，"同听政"的宣仁太后皱着眉头说："羊羔没有乳吃，会活活地饿死的。羊羔现在就开始烹杀，是夭折啊！"于是下旨"不得宰羔羊为膳"。宋朝皇室因此在很长时间里禁食羊羔。

宋代空前的经济繁荣使得帝王们一个个都飘飘然了，其日常生活简直奢侈到了惊人的程度。后人认为宋代的宫廷饮食，当以穷奢极欲著称于世，皇帝们"常膳百品"，甚至"半夜传餐，即须千数"。

如宋神宗晚年沉溺于深宫宴饮享乐，往往"一宴游之费十余万"。若论奢侈程度，神宗还不算牛，轮到徽宗赵佶上台，才真正让人领教了什么叫强爷胜祖！

哲宗、徽宗时期，宋代的农副业和蔬菜种植业均进入商业性阶段，品种与产量跟市场挂钩，而且发展迅速，肉禽蔬菜，丰富多样。

东京汴梁城（河南省开封）更是人物阜盛，市井骈阗，商贾云集，拥有首都户籍的人口就达百万以上，并荣登当时世界上最繁华的大都市之榜首。饮食业的繁荣程度也独占世界的鳌头，如《东京梦华录》中所说："集天下之奇珍，皆归市易"，"会寰宇之异味，悉在庖厨"。据记载，当时汴京有名的正店（星级大酒楼）七十二家，"脚店"、"分茶"（中小型饭店、酒馆）、"南食店"、"北食店"、"羊饭店"、"川饭店"、"饱店"、"荤素从食店"，数不胜数，从业人员一流水平。此外还有街头练摊的排档及走街串巷叫卖的熟食流动小贩，更是多如牛毛，颇让税收及城管人员头疼。每到华灯初上，街上的夜市人满为患,暴吃痛饮到天明,称得上是真正的"不夜城"。

各般饮食业品种,仅据《东京梦华录》所载,就有二百余种。烹饪技术有烹、烧、炸、炒、爆、熘、蒸、煮、炖、煎、卤、腊、炙、蜜、酒、冻、签、腌、糟、托、兜等三十余种主要技法。

随着馔食技术的发展,一大批名菜、名厨和名店也应运而生。

那时没有什么化工厂,黄河自然没什么污染,开封的黄河鲤鱼最为著名,如豫菜中的"糖醋软熘鲤焙面",就曾被清光绪皇帝誉为"古汴珍馐"。这个"糖醋软熘鲤鱼"就是南宋宋五嫂的"西湖醋鱼"演变过来的,而"西湖醋鱼"的制作工艺则来自东京汴梁的鱼羹。

在汴京还有一种鱼的名吃,叫"鲤鱼脍",擅长此厨艺的却是一位女性。

这位出得厅堂、下得厨房的女性是北宋著名诗人梅芝臣家中的女御厨。许多政坛和文艺圈的名人都曾带着抑制不住的口水来梅家串门。梅芝臣更是得意,写下长诗《设脍示座客》,其中云:"我家少妇磨宝刀,破鳞奋鬐如欲飞。萧萧云叶落盘面,栗栗霜葡为缕衣。楚橙作斋香出屋,宾朋竞至排入扉。"

汴梁城的东华门外,徐、吴家二家的"鲤鱼"也因"落闻天下","夸为珍味",被

周辉写进《清波别志》一书中。

在阊阖门外还有一家饭店也牛气冲天,人呼为"张手美家",水产陆饭,随需而供。清人于潢作《汴宋竹枝词》云:"洪店争投张手美,应时看馔号专家。"汴京这一时期的名厨还有:西安州巷张秀,保康门李庆家,东鸡儿巷郭厨,郑皇后宅宋厨,寺东骰子李家、黄胖家。此外还有王楼包子、曹婆婆肉饼、万家馒头、梅家鹅鸭,等等,都号称"东京第一"。

再简单说说几样古汴的名吃。

麻腐:又称凉粉,是用绿豆粉制成的一种古代夏季凉菜。今天以麻腐作为主料的名肴有:麻腐海参、麻腐鸡皮、麻腐鸭片、麻腐肚片,等等。

烧臆子:用肋条肉烧烤而成。据说20世纪初,"八国联军"进北京的事件平息后,避难于西安的慈禧太后在回京的路上,吃过淇县名厨陈永祥的烧臆子后,大为赞赏。

二色腰子:用猪腰子和鸡腰子分别入油锅炸煎而成,也是北宋开封的美食名馔。

和平年代,吃喝成风。老百姓除去大操大办的红白喜事,在逢年过节之际也都有应市的菜肴,据郑望之《膳夫录》记载:"上元节:油;人日:六上菜;上巳:手里行厨;寒食:冬凌;四月八:指天馅;端午:如

意圆；伏日：绿荷包子；春秋社日：辣鸡脔；中秋：玩月羹；中元：盂兰饼馅；重阳：米锦；腊日：萱草面。"

草根们尚且如此，那些权贵之家的"伙食"就更不得了。

如权臣蔡京家有厨婢数百人，庖子（专职宰杀牲畜的厨师）十五人，每次宴会杀鹌鹑一千余只。一次，留前来拜访的官员吃饭，蔡府中仅蟹黄馒头一项就花费一千三百贯。当时还有一位叫孙承的节度使，"一宴杀物命千数"，这家伙常在酒席上唠叨说："今日座中，南之蠔蜅，北之红羊，东之虾鱼，西之果菜，无不毕备，可谓富有小四海矣。"

比之这些臣子，皇帝的御宴水准自然更上一层楼。

据史载，政和二年（1112年），宋徽宗在太清楼宴请当朝太师蔡京等九名大臣，席上山珍海味堆积如山，令人眼花缭乱。宴后，蔡京在一篇名为《太清楼侍宴记》的日记中写到："出内府酒尊、宝器、琉璃、玛瑙、水精、玻璃、翡翠、玉，曰：'以此加爵。'致四方美味，螺蛤虾鳜白，南海琼枝，东陵玉蕊与海物惟错……"

徽宗的左相王安中也进诗云："……海螯初破壳，江柱乍离渊，宁数披锦雀，休论缩颈鳊。南珍夸玎短，北馔厌烹煎……"

在王安中眼里，"缩颈鳊"已经落伍，好吃当属"披锦雀"！

天长日久，这些寻常的鸡鱼肉蛋已很难入帝王的法眼了，于是"披锦雀"脱颖而出。

中国有个鲜为人知的典故叫"锦雀舍尾"。之所以说是鲜为人知，是因为这种叫锦雀的飞禽现已灭绝，知者甚少。据古书记载，锦雀曾在中国的南方繁衍生息，它的个儿比野鸡大，有更长更美丽的尾巴，与孔雀近似，只是脖子短了些。锦雀视美丽的尾巴为自己的骄傲，无论求偶还是掐架，胜利时都要张扬硕大美丽的尾羽尽情炫耀一番。但每当季节变化需要长途迁徙时，锦雀都会忍痛啄掉最长的几支尾羽，以便轻装远行。

锦雀的灭绝是否与宋徽宗的御宴有关，已无法考证。

在当时与"披锦雀"同样流行的还有"黄雀酢"、"酿黄雀"、"煎麻雀"、"披绵酢"等多种雀馔，其中以"黄雀酢"最为有名。

"黄雀"通称黄鸟或黄雀儿，有些地区也称其为金雀或芦花黄雀。"黄雀酢"是用盐和米粉腌渍麻雀加工后再食用的美食，和腌肉、腌鱼的方法差不多，但味道之香美远非腌肉、腌鱼所能比拟。

大奸臣蔡京有一大嗜好就是喜欢"黄

雀酢"，他倒台后被抄家时，人们发现他家中有三间大屋子里堆满了"黄雀酢"，人根本没有落脚的地方。有好事的当代人用计算机算了一下，得出这样的结论：蔡京即使转世投胎二百个来回也吃不完这么多黄雀酢！

一个奸臣倒下去，无数个奸臣站起来。

取代蔡京的人叫王黼，进士出身，风姿俊美，善于逢迎。他为赢得徽宗的青睐，不惜像孝敬亲爹一样恭敬徽宗身边的大宦官梁师成。为了讨好宋徽宗，王黼在一次宫内秘戏取乐活动中，置其朝中大臣的身份于不顾，毅然决然地加入到倡优侏儒行列之中为徽宗做才艺表演。

只见王黼将上身的衣服全部脱光，露出绣着斑斓花纹的身体，口里还不断呢喃着一些淫秽下流的言语。

宋徽宗可是位品位高雅的人，气得跳了起来，举起一根木棍满场地追打王黼。王黼手脚比较麻利，攀到廊下的梁柱上用娇嗲的声音向宋徽宗求饶，徽宗当场笑得前仰后合，觉得搭上了快乐直通车。

就这样，王黼一脱成名，宋徽宗不但亲笔为王黼题名为"得贤治定"四个大字，让他挂在住宅大门上，还将王黼的官职从任通议大夫连跳八级，直接提拔到少宰（即右相）的位置上，打破了大宋朝官位晋升速度的所有纪录。官职的晋升倒是次要的，问题是滑稽小丑一样的王黼能与匡扶大周、西汉的太公望、张子房这般前贤相提并论吗？

王黼后来还真的给宋徽宗出了个大主意，就是拿出六千二百万缗从金国手里买下燕京等六座空城。从而变成徽宗面前的宠臣，擢升为太傅、楚国公。

从基层一下子爬到中央领导岗位的王黼，随着权势的显赫，生活也开始变得奢靡起来。史料记载，王黼的府邸与一寺庙为邻，每日在王黼家的排水沟中流出许多雪色饭粒，一名僧人捞起洗净晒干，不过几年时间，竟积成一囤。

为了继续讨皇上的欢心，王黼便想方设法寻觅美味"黄雀酢"，向徽宗皇帝进贡。于是朝中那些钻营之徒，争相向王黼孝敬"黄雀酢"，借此扣开仕途的大门。很快，这事就传到了社会上，民间闹得沸沸扬扬，王黼最终还是落了个身首异处的下场。后人在作史时就把王黼列为误国殃民的北宋"六奸"，让他永世不得翻身。

说罢宋徽宗君臣的糗事，再进入正题讲讲美食。

黄雀可以做"酢"，还可以"炸"、"煎"，下面介绍一个"干蒸黄雀酢"的制作方法。

黄雀属雀形目,雀科。其羽色较艳丽,而且体态活跃,灵巧多姿,鸣叫悠扬动听。野生黄雀捕食部分害虫并采食大量杂草种子,有利于农林业生产。该物种早已被列入国家林业局 2000 年 8 月 1 日发布的《国家保护的有益的或者有重要经济、科学研究价值的陆生野生动物名录》。

✿ 干蒸黄雀酢

主辅料:肥嫩黄雀 20 只,酒糟 5 斤,糯米甜酒 250 克,红曲 150 克,花椒、葱姜汁、精盐各适量,橘皮丝 50 克,绍酒 2000 克。

制法:1. 把黄雀宰杀后,煺毛除去内脏剁掉膀尖、雀爪,用绍酒 1000 克洗净(切忌用水洗),再摊开晾去三分之一的水分。

2. 把糯米甜酒、红曲、酒糟、花椒、葱姜汁、精盐、橘皮丝合在一起搅拌成糊状,再把黄雀放入拌匀,装进瓷坛内,封好珐口,焖腌 6～7 日入味。

3. 食用时取出黄雀,用绍酒洗净附着的糟粕,晾干黄雀身上的水。再上笼蒸熟即可食用。

"天上神仙府,人间帝王家。"

可纵然食遍人间的珍味,帝王们也有不合口味的时候。

宋徽宗就是一嘴很刁的宫廷美食家。

在宋人陈郁的《藏一话腴》记载了这样一个故事:

有一天,宫廷的早点不合徽宗的口味,这位超级书法家兼国画大师便随手用笔在小白团扇上写下两行"瘦金体":"造饭朝来不喜餐,御厨空费八珍盘。"侍立在旁的一位学士善揣上意,他看到徽宗的半首诗,就在下面续道:"人间有味俱尝遍,只许江梅一点酸。"徽宗龙颜大悦,当场赐其一所豪宅。

原来这个宋徽宗好酸口!

宋廷节日御膳十分隆重。皇帝举行国宴时,群臣百官一起到场,金銮殿上摆满了御膳筵席。《梦粱录》的卷三记得详细:"其御宴酒盏皆屈卮,如菜碗样,有把手。殿上纯金,殿下纯银。食器皆金棱漆碗碟。御厨制造宴殿食味,并御茶床看食、看菜、匙箸、盐碟、醋樽,及宰臣亲王看食、看菜,并殿下两朵虎看盘、环饼、油饼、枣塔,俱遵国初之礼在,累朝不敢易之。"可见当时御宴的盛大排场。

与前朝相比,宋代的宫廷宴会可谓名目繁多,如"圣节宴"、"春宴"、"秋宴"、朝宴、庆功宴、喜庆宴等。宋代的"圣节宴"

就是万寿宴,即皇帝的生日宴会。有趣的是,宋代每个皇帝几乎都拥有属于自己的生日宴的名称。如太祖的叫"长春节",太宗的称"乾明节",真宗的唤作"承天节",仁宗的名为"乾元节",等等。

每逢皇帝生日宴时,朝中百官依品秩高低在宰执的率领下向皇帝敬上寿之仪,皇帝则赐群臣酒。酒称"寿酒"。这个"圣节"宴会从开始到结束,乐舞不绝,笙曲绵绵,宴席间共进行十九次乐舞,并有各种杂技表演,烘托喜庆气氛,以助君臣雅兴。

十月十日是宋徽宗寿辰,他的生日Party叫"天宁节"。下面以《东京梦华录》记载的宋徽宗的一次寿宴为例,看看其盛况如何:

初十日天宁节。

在前一月,教坊集诸妓阅乐。也就是为宋徽宗的生日Party提前一个月开始文娱节目的排练。

初八这天,枢密院率修武郎以上武职官员提前为宋徽宗集体拜寿。

初十到了宋徽宗的诞辰某某周年之日,尚书省宰执率宣教郎以上文职官员一起前往相国寺为皇上祈祷祝福,顺便吃顿斋筵。寺庙的素食,大家只吃上几口,留着肚子汇集到尚书省都厅接受宋徽宗的赐宴。然后,宰执、亲王率宗室皇族及百官到紫宸殿贺皇帝万寿,面对皇帝行三十三拜礼。

而其他的正式国宴,群臣的朝贺拜礼只有十九拜或十二拜,均低于皇帝寿节之拜。仅从这一点就可以看出,中国是个人情社会的国家。

初十之日,宋徽宗主要是家宴,与嫔妃、皇子的小规模生日Party。

十二日才是盛大的徽宗生日Party。宰执、亲王、宗室、百官并外国使节都要进宫祝寿,大开寿宴。

随着祝寿人员的鱼贯而入,教坊司唱响入场进行曲,集英殿山楼上的歌舞团数百人仿效百鸟朝凤的鸣声,内外肃然,只闻半空和鸣,若鸾凤翔集。

宰相、禁军大将与亲王、宗室、观察使及以上高官,还有大辽、高丽、西夏使臣谢赐座后,都坐在集英殿上,其他文武臣僚则坐在两廊之中。红木桌上围着青色桌布,配着黑漆坐凳。每人面前放置环饼、油饼、枣塔、果子,以及葱、韭、蒜、醋,三五人共一桶美酒。大辽使臣是上宾,对其特别优待,另加猪、羊、鸡、兔、鹅熟肉作为"看盘"。餐具全是金、银、瓷、漆制品,皇帝用玉杯,高级官员用金杯,其他人等用银杯。

服务生都是国家歌舞团百里挑一的长腿美女,立于殿上栏杆边,皆着紫袍金带,负责把盏斟酒。

司仪一声令下,大宴正式开始,皇家

乐队钟鼓齐鸣,琵琶、箜篌、羯鼓、箫、笙、埙、篪、觱篥、龙笛高奏雅乐。

第一杯御酒,宰臣带头,大家都要起舞致敬,恭祝皇上万寿无疆。

第二杯御酒,大家都要起舞致敬,恭祝万岁龙体康泰,声如响雷。

第三杯御酒饮后,京师杂技班开始演出百戏。艺人或男或女,皆红巾彩服。上竿、跳索、倒立、折腰、弄盏注、踢瓶、筋斗、擎戴之类,令人眼花缭乱,目不暇接。御宴呈上佳肴美味:下酒肉、咸豉、爆肉、双下驼峰角子。皇帝的御膳完全是以绣龙袱盖在食盒上。

第四杯御酒毕,上御宴饮食:炙子骨头、索粉、白肉胡饼。文娱节目改为诸般杂剧及大型舞蹈。

第五杯御酒进行时,独弹琵琶表演。然后十二三岁的少年二百余人,载歌载舞,"九韶翔彩凤,八佾舞青鸾",下酒饭菜为:群仙炙、天花饼、太平饆饠、乾饭、缕肉羹、莲花肉饼。

有诗记载当时情形为:"殿侍高高捧盏行,天厨分胾极恩荣。傍筵拜起尝君赐,不请微闻匙箸声。"

这时,中场休息半小时,宋徽宗坐倦,需要稍息片刻,其他的人该上卫生间的上卫生间。

第六杯御酒,伴随笙声,宰臣、百官举杯起舞致敬。大殿前立起球门,约高三丈许,两支国家蹴鞠队登场进行锦标大赛,一队为红锦衫,一队穿青锦衣。胜者赐以银碗、锦彩,输球的一队队长挨鞭子,下酒菜为:假鼋鱼、密浮酥捺花。

第七杯御酒,文艺节目的表演者全是容颜脱俗的青春美少女,足有四百余人,或戴花冠,或仙人髻鸦霞之服,或卷曲花脚幞头,四契红黄生色销金锦绣之衣,简直就是一场古代的时装模特秀。乐队奏《彩莲》曲,美少女做《采莲》舞。主持人还在歌舞与杂戏之间穿插诙谐之语,制作喜庆气氛。下酒菜为:排炊羊胡饼、炙金肠。

第八杯御酒,歌舞团表演"唱踏歌"。下酒菜:假沙鱼、独下馒头、肚羹。

第九杯御酒,左右禁军表演相扑。下酒菜:水饭、簇钉下饭。

帝王生日宴至此结束,估计宋徽宗体能有限,坐不下去了。

一次皇帝寿筵,持请柬赴宴者至少在三百人以上,参加演出的文艺工作者超过千人,厨师以及警卫人员、服务生不下三千,其耗费的银两数目恐怕只有主持宫廷后勤工作的一把手和会计晓得了。

大宴结束后,每位赴宴者发一枝宫花戴在头上,揣着御赐红包,炫耀着打道回府。当时有人赋诗云:"宴罢随班下谢恩,依然骑马出宫门。归来要侈霓云栈,留得天香袖上存。"

当然，京都的老百姓最喜欢看的是美少女们出宫乘骏马游街，而两旁的少年早已等得心焦，争着向心仪的少女赠送礼品，借机拉一下女孩的玉手。

汴京城观看数百名美少女乘马转街的市民如山似海，喧声鼎沸。

只可惜好景不长。

公元1127年，徽、钦二宗和成千妃嫔随从被金兵掳去，中原大地尸堆如山，哀鸿遍野，北宋至此灭亡。

宋徽宗年间，北方辽国的契丹人基本被汉化得差不多了，全无当初跃马中原的野心和剽悍凶猛的狼性。这时，原来附属大辽的女真族迅速崛起于白山黑水之间，称国号为"大金"，起兵反辽，所向披靡。宋徽宗一心要收复幽云十六州，就与金国搞联盟，夹击辽国。

可宋兵都是职业特长兵，平时搞经济建设和文娱演出呱呱叫，一上前线打仗就露了馅。大金国一看宋兵比辽兵还差劲，比软柿子更软，于是在灭了辽国之后，乘胜南下，到中原的花花世界大大地逛上几圈，最后还顺手将徽、钦二宗父子俩及大宋皇族给通通掳走了。

钦宗弟弟赵构是唯一漏网的嫡派皇家子弟，他趁着北方乱成一锅粥之际，撒腿跑到江南，在临安（今浙江杭州）自立门户，后人将赵构建立起来的政权称为"南宋"。

当时中原及江南人民的抗金热情非常高涨，大有"壮志饥餐胡虏肉，笑谈渴饮匈奴血"的架势。但高宗赵构不乐意，他打着自己的小算盘：一是女真人强悍善战，如果真的大打起来，自己赢的希望只有百分之五十。搞不好惹恼了疯牛一样的金国，人家真的要打过长江去、"解放"全中国怎么办？二是即使侥幸灭了金国，臣子们真的迎回徽、钦二帝，自己屁股下面的这张龙椅还不得让还给老爸和哥哥？毕竟咱这个皇帝是自封的，没有经过正常组织提干程序审查手续批准，不是事业单位里在编的。

还是"和为贵"！大家都和和气气过日子，井水不犯河水，这多好啊！

于是赵构力主与金国讲和，三令五申表示，全国上下"莫谈国事"，齐心合力搞经济建设。凡有主张主战抗金的大臣，该杀头的杀头，该降职的降职。就这样，极有希望的一次北定中原、收拾旧山河的机会从赵构的手边溜走了。

江南多年未历战火，经济基础雄厚，南宋很快变得富庶起来，称得上是当时世界最大款的国家。

国家没有战争，经济建设有大臣打理，宋高宗赵构闲着无事，主要工作就是逛逛风景，吃吃美食，带头刺激消费，拉动国民经济的增长。

闲着没事，赵构偶尔也到大臣家串串门，顺便做做组织干部考察工作。当然，一般的臣子是请不动皇上的，赵构在位三十二年，只去过权相秦桧和清河郡王张俊两家府邸。

这二位可都是赵构跟前的大红人。

但凡中国人，都知道秦桧是何许人，可对张俊则陌生得很。其实只要一说这个张俊就是当年曾与秦桧合谋制造岳飞冤案的那个家伙，大家就清楚此人的底细了。

张俊因拥戴宋高宗登基有功，出任御营前军统制，相当于卫戍区警卫团团长。在与金国作战中，首战明州，击溃南犯的金军，虽仅歼敌一二千人，但被南宋官方列为"十三处战功"之首。后来伪齐国刘豫发兵三十万大举侵宋，张俊率主力击败伪齐军，即列入"中兴十三处战功"的"藕塘之战"。尽管这两次大捷含金量都不高，张俊还是成了与岳飞、韩世忠、刘光世并称的"南宋中兴四将"，并当上了枢密使，这个职务类似于美国的参谋长联席会议主席，而岳飞不过是枢密副使。张俊是一个"识时务者为俊杰"的人物，他跟随了赵构几十年，善揣上意。赵构向张俊推荐阅读《郭子仪传》，意在要他不可功高震主。张俊知道宋高宗、秦桧想收大将兵权后，第一个主动交出兵权，遂被赵构封为清河郡王。

因此，宋高宗到张俊府上吃这顿饭主要就是示恩，给懂事的臣子一个大面子。

绍兴二十一年(1511年)十月的一天，宋高宗赵构驾幸张俊府邸。

请皇帝吃饭不是一件小事情，好在张俊最擅长的就是军队中的后勤工作，开过星级饭店，如今杭州市内的太平巷就是因张俊曾在这里设立"太平酒楼"而得名。

当年张俊的部队长期驻扎在京城临安一带。他的士兵大多在腿上刺绣描锦，

"谓之花腿"。在营建"太平酒楼"时,张俊便叫这些花腿军士无偿献工。于是民间有歌谣讽刺唱到:

张家寨里没来由,使他花腿抬石头。

二圣犹自救不得,行在盖起太平楼。

看来,这个张俊足以堪称"军中厨神"了!

张俊热衷于敛财,这一点在南渡的文武群臣里无人可比,且臭名昭著。有一次宫廷内宴,有伶人表演滑稽剧,一伶人拿着铜钱为君臣们打诨逗乐,他从一方钱孔分别看高宗和秦桧、韩世忠等人,说是见到了"帝星"和"相星"、"将星",在看张俊时却说:"不见星,只有张郡王在钱眼里坐!"

有钱自然好办事!

据《都城纪胜》说,南宋"官府贵家置四司六局",即帐设司、厨司、茶酒司、台盘司、果子局、蜜煎局、菜蔬局、油烛局、香药局、排办局。帐设司掌管各种陈设及宾客登记;厨司掌管烹饪;茶酒司掌管茶汤、热酒,安排座次、迎送等;台盘司掌管杯盏碗碟的传送之类;果子局、蜜煎局和菜蔬局负责三种食品的供送;油烛局、香药局和排办局负责灯烛、香料以及卫生打扫等事。

清河郡王府自然也设有这四司六局,专门置办筵席,做官场应酬。

张俊为让领导吃得满意,这次大宴使出了浑身解数,宴会从早到晚,分成六个回合进行,中间穿插送小菜、点心、水果和咸酸。单为赵构一人进奉的一桌筵宴,就计有菜肴一百零二款,点心、水果、干果、雕花蜜煎、香药、咸酸等共一百二十碟。这也是古代历史上留存下来的最大的一桌筵席膳单。

这个餐单被有心人周密记入《武林旧事·高宗幸张府节次略》,现录之如下:

绣花高钉一行八果垒:

香橼、真柑、石榴、柑子、鹅梨、乳梨、溟楂、花木瓜。

乐仙干果子叉袋一行:

荔枝、圆眼、香莲、榧子、榛子、松子、银杏、梨肉、枣圈、莲子肉、林檎旋、大蒸枣。

镂金香药一行:

脑子花儿、甘草花儿、朱砂圆子、木香丁香、水龙脑、史君子、缩砂花儿、官桂花儿、白术人参、橄榄花儿。

雕花蜜煎一行:

雕花梅递儿、红消花、雕花笋、蜜冬瓜鱼儿、雕花红团花、木瓜大段儿、雕花金橘、青梅荷叶儿、雕花姜、蜜笋花儿、雕花柑子、木瓜方花儿。

砌香咸酸一行:

香药木瓜、椒梅、香药藤花、砌香樱桃、紫苏柰香、砌香萱花柳儿、砌香葡萄、甘草花儿、姜丝梅、梅肉饼儿、水红姜、杂丝梅饼儿。

脯腊一行：

肉线条子、皂角梃子、云梦粑儿、虾腊、肉腊、奶房、旋鲊、金山咸豉、酒腊肉、肉瓜齑。

垂手八盘子：

拣蜂儿、番葡萄、香莲事件念珠、巴榄子、大金橘、新椰子象牙板、小橄榄、榆柑子。

再坐。

切时果一行：

春藕、鹅梨饼子、甘蔗、乳梨月儿、红柿子、切枨子、切绿橘、生藕梃子。

时新果子一行：

金橘、咸杨梅、新罗葛、切蜜蕈、切脆枨、榆柑子、新椰子、切宜母子、藕梃儿、甘蔗柰香、新柑子、梨五花子。

雕花蜜煎一行：(同前)

砌香咸酸一行：(同前)

珑缠果子一行：

荔枝甘露饼、荔枝蓼花、荔枝好郎君、珑缠桃条、酥胡桃、缠枣圈、缠梨肉、香莲事件、香药葡萄、缠松子、糖霜玉蜂儿、白缠桃条。

脯腊一行：(同前)

下酒十五盏：

第一盏：花炊鹌子、荔枝白腰子。

第二盏：奶房签、三脆羹。

第三盏：羊舌签、萌芽肚。

第四盏：饨掌签、鹌子羹。

第五盏：肚胘脍、鸳鸯炸肚。

第六盏：沙鱼脍、炒沙鱼衬汤。

第七盏：鳝鱼炒鲎、鹅饨掌汤齑。

第八盏：螃蟹酿枨、奶房玉蕊羹。

第九盏：鲜虾蹄子脍、南炒鳝。

第十盏：洗手蟹、鯚鱼假蛤蜊。

第十一盏：五珍脍、螃蟹清羹。

第十二盏：鹌子水晶脍、猪肚假江䱾。

第十三盏：虾枨脍、虾鱼汤齑。

第十四盏：水母脍、二色茧儿羹。

第十五盏：蛤蜊生、白粉羹。

插食：

炒白腰子、炙肚胘、炙鹌子脯、润鸡、润兔、炙炊饼、炙炊饼脔骨。

劝酒果子库十番：

砌番果子、雕花蜜煎、时新果子、独装巴榄子、咸酸蜜煎、装大金橘小橄榄、独装新椰子、四时果四色、对装拣松番葡萄、对装春藕陈公梨。

厨劝酒十味：

江䱾炸肚、江䱾生、蝤蛑签、姜醋生螺、香螺炸肚、姜醋假公权、煨牡蛎、牡蛎炸肚、假公权炸肚、蟑蚷炸肚。

准备上细垒四桌：

又次细垒二桌(内蜜煎咸酸时新脯腊等料)

对食十盏二十分：

莲花鸭签、茧儿羹、三珍脍、南炒鳝、

水母脍、鹌子羹、鲟鱼脍、三脆羹、洗手蟹、炸肚胘。

对展每分时果子盘儿：（略）

晚食五十分各件：

二色茧儿、肚子羹、笑靥儿、小头羹饭、脯腊鸡、脯鸭。

这个菜单中的"签"是羹的另一种叫法，吴越一带至今仍将制羹称作"签羹"。蝤蛑即梭子蟹，"蝤蛑签"自然就是梭子蟹的羹了。

此外，"签"在古代也专指一种锅的蒸肉蒸屉。这种炊具为圆筒状，竹篾编成，底端封死，顶端开口，可与锅和甑配套使用。

"洗手蟹"亦称蟹生，《吴氏中馈录》记其制法道："用生蟹剁碎，以麻油先熬熟，冷，并草果、茴香、砂仁、花椒末、水姜、胡椒，俱为末，再加葱、盐、醋共十味，入蟹内拌匀，即时可食。""螃蟹酿橙"酸咸宜人，其做法在《山家清供》里可以查到："橙用黄熟大者，截顶剜去穰，留少液。以蟹膏肉实其内，仍以带枝顶覆之。入小甑，用酒、醋、水蒸熟。用醋、盐供食，使人有新酒、菊花、香橙、螃蟹之兴。"

无论是谁，对着这么一桌饕餮盛宴，都会忍不住垂涎三尺，顿兴秋风之叹的。

高宗跟班的那些官员的伙食也不错。

陪同宋高宗的秦桧等官员们是按照级别高低依次另外设席的，席上的菜肴有：

鸭签、水母脍、鲜蹄子羹、糟蟹、野鸭、红生水晶脍、鲟鱼脍、七宝脍、洗手蟹、五珍脍、蛤蜊羹、脯鸡、油饱儿、野鸭、二色姜豉、杂爊、入糙鸡、库鱼、麻脯鸡脏、炙焦、片羊头、菜羹一葫芦、烧全羊、烧羊头、双下大陈刻"火"膀子、三脆羹、羊舌脱胎羹、铺羊羹饭、蜜炙鹌鹑、蜜笋花儿、姜醋香螺、小鸡两色莲子羹、鲊糕鹌子等诸多美味菜馔。

这次御宴究竟耗资多少，谁也无法计算得出来。如"蝤蛑签"的制作，仅取梭子蟹两螯上的肉，余悉弃之地，谓非贵人食。宋人陈世崇为此感慨地说："噫，其可一日不知菜味哉！"

就在两年前，浙东发生大灾荒，高宗在所颁诏书中写有"饥民在次求乞，日有饥死者"、"庖有肥肉，野有饿殍"之语。而张俊还顶着一个"安民靖难功臣"的荣誉称号。

在举箸之际，面对着眼花缭乱的美食，君臣们及时行乐，真的把世间所有的烦恼都抛到爪哇国去了！

水光潋滟晴方好，山色空蒙雨亦奇。

欲把西湖比西子，淡妆浓抹总相宜。

杭州西湖的美景秀美绝伦，天下驰名，而称道西湖的诗词更是数不胜数，其中最著名的莫过于苏轼的这首《饮湖上初晴后雨》了。

草根百姓愿意逛西湖，文人骚客喜欢品西湖，帝国天子也一样乐于浏览西湖的湖光山色。

西湖离皇宫近在咫尺，宋高宗自然免不了常到湖边去逛逛弯。

但贪嘴爱吃的赵构多半是冲着湖边小店"宋嫂鱼羹"去的。

大家不要对此联想太多，赵构干不出什么"鱼羹门"的事情来。当年金兵南下突袭，赵构正在龙榻与嫔妃共赴巫山云雨，结果吓得魂飞天外，从此再也无法过上夫妻间的幸福生活，并彻底绝了后。

据《枫窗小牍》记载，高宗皇帝经常派人到苏堤附近的鱼店买"宋嫂鱼羹"，有时还买"李婆婆杂菜羹、贺四酪面脏、三猪胡饼、戈家甜食"等。

北宋灭亡，南宋的都城定在临安（今杭州），大批不愿做亡国奴的北方臣民也随之南移。《宋史》卷一七八《食货志》载："高宗南渡，民之从者如市归。"这种人口的大迁移、大流动，促进了中原地区与江南地区饮食技艺的大交流、大融合和烹调技术的进一步提高。

后世出现的中国几大菜系，在宋代都已具雏形。而代表着当时中国烹饪最高水平的宫廷御膳更是汇聚百川，兼收并蓄。"宋嫂鱼羹"就是其中的典型范例。

自北宋的国都汴梁沦陷后，汴梁人宋五嫂也随着宋室南迁来到临安，和小叔一起在西湖以捕鱼为生。一天，小叔得了重感冒，宋五嫂就拿来一尾新鲜的鳜鱼，用汴京做鱼技法，佐以椒、姜、酒、醋烧了一碗鱼羹，小叔喝下这鲜美可口的鱼羹后，很快就病愈了。

宋五嫂这个鱼羹味道独特，小叔对此赞不绝口，于是二人索性在钱塘门外开起菜馆来，生意那叫一个相当火爆啊！

而这南宋朝廷甘于偏安，上行下效，达官显贵们也一味地纵情声色，留恋美食，游山玩水，寻欢作乐，那真是：

> 山外青山楼外楼，
>
> 西湖歌舞几时休。
>
> 暖风熏得游人醉，
>
> 直把杭州作汴州！

南宋淳熙六年（1179年）三月十五日，已是太上皇的赵构登御舟闲游西湖，来到钱塘门外，已时近中午，跟班的侍从指着岸边宋五嫂的菜馆说，这家菜馆的鱼羹味道很好，何不品尝一下？

赵构正觉得有些饥肠辘辘，就命人下船去菜馆买鱼羹。

宋五嫂早看到了这艘豪华级游艇，船上扈从如云，料知船上必是皇亲国戚之类人物，就亲自将烹制的鱼羹送到御舟上。这香气扑鼻的鱼羹端到赵构的面前，赵构看到鲜红的火腿丝、雪白的笋丝、金黄的蛋丝、碧绿的小葱丝铺在糖醋蜜汁裹着的尺许长的桂鱼之上，不由胃口大开。再用筷子去夹那雪白的鱼肉，感觉竟比豆腐还嫩，待吃到嘴里，白嫩热鲜，香气盈口，真是爽极了！

宋高宗对宋五嫂所做的鱼羹大加赞赏，再看宋五嫂举止大方，又说着一口汴京口音，赵构更是倍感亲切，便与她聊了几句，宋五嫂说："小奴本是东京人氏，是随着御驾来到这里的。"赵构闻听此言，十分激动，顿觉连宋五嫂这样的草民，都能够跟随自己南迁到临安，民心所向，这不是大宋江山的希望是什么？当即便赏赐给宋五嫂"金钱十文，银钱一百文，绢十匹，仍令后苑供应泛索"。从此，这道特贡菜就称作"宋嫂鱼羹"。

这个消息传开，缙绅豪门以及皇家贵戚纷纷眷顾，并将"宋嫂鱼羹"誉为杭州"楼外楼"、"山外山"的美味佳肴，宋嫂的菜馆门前每日车水马龙，遂成巨富。

故俞平伯先生在《略谈杭州北京的饮食》中指出："西湖鱼羹之美，口碑流传已千载矣。"

如果说宋嫂是赵构的编外女御厨的

话，人家宋高宗身边还真的有一位大名鼎鼎的女御厨。

据《春渚纪闻》载：宋高宗宫中有位名为刘娘子的女厨师，在赵构没当皇帝之前，她就在藩府里做菜了。无论主人想吃什么菜，她都能很快烹制成熟端到餐桌上，而且色香味俱佳。

赵构登基后，就让刘娘子主管自己的膳食。但按照宫廷规定，主管皇帝御食的负责官员叫尚食，是五品大官，只能由男人担任。刘娘子也以身为女流之由，拒绝担当此官。虽然刘娘子没有任何官职，可依然是御厨房的大姐大，皇宫里的人都尊称她为"尚食刘娘子"。这也是中国历史上第一位著名的宫廷女厨师。

南宋流行女厨师。

在南宋后期，某知府雇用一位来自京都临安的"厨娘"，京都来的人派头都大，上下班时须以"回轿接取"。一次，这位"厨娘"为知府烹制五份"羊头签"，合用羊头十个，只剔留羊脸上肉，剩下的全部抛在地上，还振振有词地说："这都不是贵人所吃的。"五斤葱则仅"取条心之似韭黄者，以淡酒、醯浸喷，余弃置了不惜"。这位厨娘做出的"羊头签"等菜肴，"馨香脆美，济楚细腻，难以尽其形容，食者举箸无赢馀，相顾称好"。但"厨娘"薪水太高，这个官员雇用不到两月，便借故解除了雇用合同。

刘娘子年纪大了，不能事必躬亲。有一天，一位御厨馄饨没煮熟就给赵构端了上来，高宗勃然大怒，当即就把他打入了大理寺。大理寺掌刑狱案件审理，相当于现代的国家最高法院。

生馄饨竟然闹成大事了。

不久，高宗在宫中看戏，两个伶人上场说噱逗哏，彼此互问年庚。一伶人说甲子(谐音饺子)生，一伶人说丙子(谐音饼子)生，并叹道："我们都该下大理寺。"头一个伶人问为什么，对方回答道："饺子生，饼子生，应和馄饨不熟同罪啊!"赵构不由捧腹大笑，下令大理寺放人。

↓ 宋嫂鱼羹

主料：桂鱼1条(约重600克)。

配料：熟火腿10克，熟笋25克，水发香菇25克，鸡蛋黄3个。

调料：葱段25克，姜块5克(拍松)，姜丝1克，胡椒粉1克，绍酒30克，酱油25克，精盐2.5克，醋25克，清汤250克，湿淀粉30克，熟猪油50克。

制法：1. 将桂鱼剖洗干净，去头，沿脊背片成两爿，去掉脊骨及腹腔，将鱼肉皮朝下放在盆中，加入葱段(10克)、姜块、绍酒(15克)、精盐(1克)稍渍后，上蒸笼用旺火蒸 6 分钟取出,拣去葱段、姜块,卤汁滗在碗中。把鱼肉拨碎,除去皮、骨,倒回原卤汁碗中。

2. 将熟火腿、熟笋、香菇均切成 1.5 厘米长的细丝,鸡蛋黄打散,待用。

3. 将炒锅置旺火上,下入熟猪油(15 克),投入葱段(15 克)煸出香味,舀入清汤煮沸,拣去葱段,加入绍酒(15 克)、笋丝、香菇丝。再煮沸后,将鱼肉连同原汁落锅,加入酱油、精盐(1.5 克),烧沸后用湿淀粉勾薄芡,然后,将鸡蛋黄液倒入锅内搅匀,待羹汁再沸时,加入醋,并洒上八成热的熟猪油(35 克),起锅装盆,撒上熟火腿丝、姜丝和胡椒粉即成。

特点:色泽金黄,鲜嫩润滑,味似蟹羹,故又称"赛蟹羹"。

宋高宗无后，帝位传给了太祖赵匡胤的直系后代赵昚。当年，赵匡胤死后，龙椅一直被弟弟赵光义霸占着并代代相传。

赵昚对高宗赵构自然是感恩戴德，百般孝敬，是为宋孝宗。

赵昚的身上还有赵匡胤的血性，登基之后，定年号"隆兴"，立志光复中原，重振雄风，他为名将岳飞平冤昭雪，谥号"武穆"，并剥夺秦桧的官爵。接着命令老将张浚北伐中原，但在符离遭遇金军顽强抗击，大败南返。金军乘胜追击，南宋军队损失惨重。

宋孝宗见难以战胜女真，只好于隆兴二年（1164年）和金国签订"隆兴和议"，从此专心治国理政，搞经济建设，让天下百姓一起奔小康。

赵昚执政期间，严惩腐败，打造出一个"乾淳之治"的富裕太平局面。

孝宗对美食的态度更为生猛，还曾因贪恋美食差点闹出人命。

江南为水乡，海鲜及各种水产品应有尽有。

赵昚爱吃螃蟹。吃蟹作为一种闲情逸致的文化享受是从魏晋时期开始的。

毕卓是两晋时名人，少年时豁达豪放，很有才华，官至吏部郎。这人嗜酒如命，曾夜间醉后到邻居家盗酒，结果被当场拿下缚于酒瓮边。天亮时，主人见是毕吏部,大惊失色,忙解缚谢罪。而毕卓却大笑:"让我闻一夜的酒香,多谢了。"并让其打酒再饮,大醉而归。至今民间仍有"瓮边醉倒毕吏部,马上扶归李太白"的劝酒对联。国画大师齐白石还画有《毕卓盗酒》,并题:"宰相归田,囊中无钱。宁可为盗,不肯伤廉。"

据《世说新语》记载,毕卓说:"得酒数满百斛船,四时甘味置两头。右手执酒杯,左手持蟹螯,拍浮酒船中,便足了一生矣。"毕卓的这种人生观和饮食观着实影响了后世许多人。从此,人们把吃蟹、饮酒,作为人生的一大快事。

毕卓嗜酒,赵昚嗜蟹。宫廷御膳中以蟹为菜的品种有:持螯供、蟹羹、洗手蟹、蟹生、酒蟹、醉蟹、糖蟹、蟹酿枨、蝤蛑签、炸蟹、醋赤蟹、五味酒酱蟹等数十种。

这赵昚无疑比毕卓更有口福,可赵昚见到好吃的就不肯撂筷子。一次,他吃下无数只螃蟹,头晕恶心,腹痛如刀割,每日上吐下泻达十余次,众御医调治不愈。高宗深为忧虑,亲自遍访民间名医秘方,请来一位住在杭州的药铺严郎中,用"新鲜藕节细研,以热酒调服"才治愈了赵昚的痢疾。为此高宗还搭上一枚金杵臼,从此这位姓严的郎中誉满京城,人称"金杵臼严防御家药店"。

除螃蟹外,孝宗特别爱吃的一道菜是"坑羊"。

据《经筵玉音答问》载,宋孝宗曾为他的老师胡铨在宫中摆过两次小宴,第一次以"鼎煮羊羔"为首菜,第二次为"胡椒醋羊头"与"坑羊炮饭",赵昚一边吃,一边赞道:"坑羊甚美。"

"坑羊"其实就是今天的烤全羊,但做法更为特别。首先每次做"坑羊"都要选择一片清洁的土地,挖地三尺,做一个坑,再用砖垒成一个灶,上面架铁锅,锅的上方放一个铁架,把宰杀好的,经过盐、花椒、香料、葱等腌三五个小时之后的整羊倒挂在架子上。然后开始加柴火烧,把空锅烧得通红。这样,肥沃泥土的气味、铁锅气味和水气,加上腌制的调料,汇合在一起,渗透到整个羊身,如此热烤七八个小时,羊肉完全熟透,即可切割食用,味道当然是鲜美异常。

元代大画家倪瓒根据宋孝宗的"坑羊"做法,创造出"云林鸭",这是后世"北京烤鸭"的老祖宗。只是倪瓒的烤鸭是用炉子和果木烧烤,其法为:把鸭子先用佐料码好,然后横挂在铁杆上,架在一口大锅里,锅里面放上一杯酒,也是把锅烧红,这样酒的香气就会散发到鸭肉里面。

但宋孝宗时期,江南产羊有限,"吴中羊价绝高,肉一斤为钱九百",只能"中宫内膳,日供一羊"保持赵宋宫廷以食羊为主的老传统。一天只能吃到一只羊,如何能满足帝王对美食的欲望。

宫廷御厨的食料只能在南方盛产的鱼虾水产中来找替补了。

这下鱼类自然就成为御厨的首选。

鱼有刺，食客时常会被扎到嘴或刺到喉。

而鲥鱼在鱼类分类学上属于鲱形目、鲱科、鲥属，曾与黄河鲤鱼、太湖银鱼、松江鲈鱼并称中国历史上的"四大名鱼"，驰誉千百年。早在汉代，鲥鱼就已成为美味珍馐，东汉名士严光（子陵）以难舍鲥鱼美味为由拒绝了老同学光武帝刘秀的入仕之召，更使鲥鱼名满天下，严子陵钓鱼台至今仍是富春江上的第一名胜。宋代大文学家苏轼也对鲥鱼赞赏有加，称其为"惜鳞鱼"、"南国绝色之佳"，并作诗赞曰："尚有桃花春气在，此中风味胜鲈鱼。"

宋朝学者彭渊材曾经说过他平生有五恨：第一恨鲥鱼多骨，第二恨金橘太酸，第三恨莼菜性冷，第四恨海棠无香，第五恨曾子固不能诗。现代著名女作家张爱玲也说出自己的人生三大恨：鲥鱼多刺，海棠无香，《红楼梦》未完。

这些平头百姓被鱼刺扎到就扎到了，没处找替罪羊泄愤去，可如果皇上被鱼刺卡了喉，那岂不是杀头的罪过？

这时，一位御厨提出，太祖年间有过一道"圣旨骨酥鱼"，其"骨酥刺烂，鱼形完整"，无论头、骨、刺、鳍、尾、翅、鳞，想吃哪儿就吃哪儿。

可此道菜已在皇宫失传多年。于是御厨尚食发动"御厨房读书月"活动，让众人都翻看前朝杂记，查"骨酥鱼"的做法。

功夫不负有心人，这个"圣旨骨酥鱼"制作方子终于被御厨们找到了。大家凑到一起，通过多次烹制试验，完美调味，辅以28种名贵中药材和专用砂锅文火煨制鲥鱼，最终做出了"骨酥味绝、滋补保健"的骨酥鱼。

赵构虽说是太上皇，但对御膳的要求依旧很高。一次孝宗为他摆祝寿御膳，他却为这席御膳不够丰盛而大发光火。

如今"骨酥鱼"克隆成功，孝宗忙先送给太上皇品尝。

这"骨酥鱼"不仅做鱼时隔街闻香，而且用料的营养和味道能渗透到每一根骨刺，看起来是一条完整的鱼，但吃起来却骨酥刺烂，鱼肉鲜香，可以从头吃到尾。宋高宗食后大为赞赏，并赐名为"宋皇探艺骨酥鱼"。

鲥鱼还具有如下营养价值及药用价值：

1. 鲥鱼味鲜肉细，营养价值极高，其含蛋白质、脂肪、核黄素、尼克酸及钙、磷、铁均十分丰富。

2. 鲥鱼的脂肪含量很高，几乎居鱼类之首，它富含不饱和脂肪酸，具有降低胆固醇的作用，对防止血管硬化、高血压和冠心病等大有益处。

3. 鲥鱼鳞有清热解毒之功效,能治疗疮、下疳、水火烫伤等症。

从明代万历年间起,鲥鱼成为贡品,进入了紫禁皇城。到清代康熙年间,首批捕捞的鲥鱼一上岸,便快马日夜兼程,递送到京城。

今天的鲥鱼烹饪方法很多,如清蒸、红烧、生吃、红汤等。鲥鱼以新鲜肥重、鱼鳞白亮如雪、鱼鳃红色鲜艳、鱼体较肥、体重 1.5 斤以上为佳。但注意,千万不能食用变质的鲥鱼。古语云"变质的鲥鱼狗都不吃",以形容其腐坏和恶臭。

↓ 圣旨骨酥鱼

主料:野生鲜活鲫鱼 450 克(为家常取料之便,以鲫鱼代替鲥鱼)。

调料:豆豉 10 克,白糖 5 克,白葱段 150 克,红泡椒 5 克,蒜仔、姜片少许,鸡精 3 克,十三香 3 克,料酒 5 克,精盐 2 克,花椒、八角适量,高汤 250 克。

制法:1. 将活鲫鱼开膛去内脏、鳃,洗净,沥干水分,用十三香、料酒、精盐、花椒、八角腌制 15 分钟。

2. 将腌好的鲫鱼放置在通风的地方晾干皮后备用。

3. 锅内放油烧至八成热,放入晾干皮的鲫鱼浸炸 5 分钟(控制好油温),炸至内外酥脆,捞出沥油。

4. 取出蒸盘,把 10 厘米长的白葱段均匀地铺在盘底,将炸好的小鲫鱼整齐地摆放在葱段上备用。

5. 炒锅上火,放油 50 克,将豆豉、八角、花椒放入锅内炸出香味后,加蒜仔、红椒、姜片煸炒 3 分钟,加入 250 克高汤,最后加入白糖、鸡精调成鱼汁,浇在炸好的鲫鱼上,然后用保鲜膜密封好,上笼蒸 30 分钟后取出装盘加以点缀即可。

特点:骨酥刺烂,浓香宜人。

注意事项:一定要把杀好的鲫鱼晾干皮后再炸,否则浸炸的时候,容易把鲫鱼炸烂,不成型。

宫廷饮食一向是保密的,怕的就是这种穷奢极欲的生活大白于天下,引发老百姓的反感和愤怒。

宋理宗赵昀年间,宫廷的司膳内人(管理御膳的官员)撰写了一本御厨内部食谱《玉食批》,供皇家使用。理宗每日赐太子几篇《玉食批》,指导太子赵禥如何吃嘛嘛香。不想太子宫保密工作没做好,这数纸《玉食批》流传到了民间。

于是陈世崇在《随隐漫录》贴上所得到的宫廷食谱,愤愤地说:"呜呼!受天下之奉,必先天下之忧。不然,素餐有愧,不特是贵家之暴殄。略举一二,如羊头签,止取两翼;土步鱼,止取两鳃;以蝤蛑为

签、为馄饨、为枨瓮,止取两螯。余悉弃之地,谓非贵人食。有取之,则曰:'若辈真狗子也。'噫,其可一日不知菜味哉!"

谁要是勤俭持家,捡起御厨里的"下脚料",就会被讥笑成像农家狗一样没见过世面!

1234年,称雄漠北高原的蒙古人向南拓展疆土,攻击金国。女真人的贵族们早已汉化,早把盘马弯弓的本事弄丢了,抵挡不住蒙古人的猛烈攻击,向南宋朝廷示好求援。

宋理宗赵昀一心收复北方的失地,反与蒙古结盟,联合攻打金国。他忘了唇亡齿寒的道理,更记不起当年北宋徽宗联金

现在的新会古井烧鹅，依然沿用南宋御厨传承下来的烧鹅制作工艺，共有五大特色：

一、选取生长期不超过 60 天的本地"乌鬃鹅"，尤以鹅的翼毛长出后还未平之时的成鹅最佳。

二、以上好的汾酒或曲酒浸泡多种药材，作为腌制烧鹅的酒料，这些酒料芬芳无比，大大增添了烧鹅的特殊香味。

三、特别调配的涂料和调味料，烧制的时候，在鹅的表皮反复用冬蜜为主配制的涂料涂抹，然后采用传统的生抽王混合砂糖、盐、酒、蒜茸、五香粉和其他不得外传的独门秘方为酱料，塞入鹅肚内，用绳扎紧，并以麦芽糖涂抹鹅身后才挂入热炉内烧。这样一来，烧熟的鹅身不但表皮红黄闪闪泛金，特别脆甜，而且鹅腹内的调味料渗入鹅身，肉骨奇香。

四、选取荔枝干柴用作烤鹅的燃料，这种干柴耐火少烟，烧出来的烧鹅表皮成色特好，还带着隐约的荔枝的香味。

五、加工全过程均使用清纯的地下深井水，绝无污染。

特点：荔枝木的微香，皮薄酥脆，肉嫩汁多，没有丝毫的肥腻感。

灭辽而遭亡国的惨痛教训，金国灭亡后，蒙军长驱南下。1259 年，指挥前线作战的南宋宰相贾似道被蒙军打败，竟私下以宋理宗的名义向蒙古称臣，并将长江以北的土地拱手送给蒙古。

理宗无后，侄子赵禥即位，是为宋度宗。赵禥是个只知享乐的皇帝，将所有朝政大事都交给贾似道打理，而自己以只争朝夕的态度及时行乐。公元 1271 年，蒙古忽必烈汗称皇帝，定国号为元朝。面对元军的频繁进攻，赵禥只顾吃喝玩乐，终于死在酒色之中。两年后，元朝大军攻占临安，五岁的小皇帝宋恭宗赵显成为阶下囚。

趁元军攻破临安城大乱之际，恭宗的兄长益王赵昰出逃到福建。国不可一日无主，逃难的大臣拥戴赵昰称帝，也就是宋端宗。

赵昰时年只有七岁，在元军的紧紧追杀下，疲于奔命，几个月后便惊恐而亡。群臣又拥立赵昰的弟弟卫王赵昺做了皇帝，继续抗元。

但蜗居在厓山的赵昺小朝廷此时已无力回天，屡战屡败，直至崖门(今广东新会崖门)大海战中，全军覆灭。1279 年，丞相陆秀夫背着这位刚满八岁的小皇帝赵昺跳海而死，大宋帝国正式宣告结束。

乱世之中，宋廷的御厨流落凡尘，于是民间出现一道传世的美味佳肴——"奇香烧鹅"！

为躲避元军的搜捕，这位皇宫御厨一直在新会银洲湖西岸的仙洞村隐姓埋名，以制卖烧鹅为生计。因其烧鹅色香味特佳，多肉汁而甘香脆，甜中带咸，回味无穷，而名扬远近数十里，被当地人称为"奇香烧鹅"。

后来御厨的女儿长大了，嫁到银洲湖东岸的古井，并把父亲秘制烧鹅的手艺带到了古井，"奇香烧鹅"也就在古井镇一代一代传了下来，成为今日新会地区最负盛名的"古井烧鹅"。

正因为如此,"古井烧鹅"最高峰时一天可卖两千多只,一只售价高达百元以上,好货不便宜嘛!尽管如此,还是有许多内地及港澳的美食家慕名前来品尝,而且多是食过之后返寻美味。近年来,广东及港澳地区甚至京津沪和东南亚一些国家的餐馆店档,也纷纷亮出"古井烧鹅"的招牌,以招徕食客。但人们还是更愿意到新会古井去品尝正宗的烧鹅。

如今新会古井镇还开发出"全鹅宴",有名的菜肴有:

"XO 酱焗月近花":鹅肾切成花状,与红椒、芹菜一起爆炒,爽脆弹牙,有嚼头。

"豉椒炒月近带":主料是鹅的喉咙到胃部的一条管道,香而耐嚼,数十只鹅才能做成一份菜,可谓相当"珍稀"了。

"子带炒鹅肠":做好鹅肠绝非易事,必须取新鲜宰杀的鹅,不经腌制,口感爽脆甘腴。

"卤水鹅掌":与丁香、桂皮、甘草、陈皮等多种原料配制而成,熟而不烂,留香之余有韧性。

此外,古井的卤鹅肝鹅肾的味道也非常好,很值得点上两样佐酒微醺。

下面再说说"护国菜"。

相传南宋最后一任小皇帝赵昺在陆秀夫等大臣护卫下出逃到广东潮州时,人困马乏,饥肠辘辘。当地一个寺庙的穷和尚忠君爱国,便在后园里摘了一筐鲜嫩的野菜叶子,精心烹制出一锅汤,为皇帝赵昺进食。

赵昺大概是两天没吃到食物了,连野菜汤也吃得津津有味。饱餐之后将和尚所献的野菜汤赐名为"护国菜",以示恩典。

这款"护国菜"后经当地名师创新改进,竟打造成了一道闻名全国的潮州风味菜。

↓ **护国菜**

主辅料:新鲜野菜叶(苋菜、菠菜、通菜、君达菜叶均可)500 克,湿草菇片 150 克,火腿片 25 克,猪油 150 克,鸡油 50 克,精盐 5 克,苏打粉(或食碱)适量,鸡汤 1100 克,肉汤 200 克,生粉 30 克,麻油 10 克。

制法:1. 将番薯叶去掉筋络洗净,用 2500 克开水加小苏打粉(或食碱)少量,下野菜叶烫 2 分钟捞起,清水过 4 次,然后榨干水分,除去苦味,用刀横切几下待用。

2. 草菇洗净放碗内,加鸡油、火腿片、200 克鸡汤、2.5 克精盐,上笼蒸 20 分钟取出。拣出火腿片备用。

3. 炒锅烧热,下猪油 75 克,放入番薯叶略炒,倒入草菇及原汁,加鸡汤 900 克,精盐 2.5 克,烧开后用湿生粉勾芡,加熟猪油 75 克、麻油 10 克,八成倒入汤碗内,两成留锅内。往锅内再加肉汤 200 克,放入火腿片,将汤汁淋在汤菜上面即成。

特点:汤色绿如翡玉,汤汁润滑适口。

野菜不仅含人体所必需的蛋白质、脂肪、碳水化合物、维生素、矿物质等营养成分,而且植物纤维更为丰富,有的野菜维生素、矿物质含量比栽种的普通蔬菜高几倍甚至几十倍。

而且适当食用野菜,还有减肥和美容的功效。真正的美食应该是健康养生无极限!

【元明时代】

五十六个民族五十六朵花。中华民族是个大家庭，以蒙古族为主体建立的元朝，虽然只有将近一个世纪的时间，但元代蒙古族人民还是创造出了独具特色的民族饮食文化，而元代的宫廷御膳无疑更是元代蒙古族饮食文化皇冠上的明珠。

说到元代的宫廷御膳，就不能不说说"诈马宴"。

关于"诈马宴"的来历，也是各有说辞。

百度词条称："诈马宴"是蒙古族特有的庆典宴飨整牛席或整羊席。"诈马"，蒙语是指煺掉毛的整畜，意思是把牛、羊家畜宰杀后，用热水煺毛，去掉内脏，烤制或煮制上席。

又说："诈马宴"始于元代。这一古朴的分食整牛整羊的民俗，由圣主诺颜秉政发展为奢华的宫廷宴。

而《蒙古食谱》一书记载说："在蒙古族的历史上，喜庆大典或隆重祭祀，都要摆放诈马宴，它是蒙古族全羊席之一种，全称为'绵羯羊整羊诈马宴'。"

《蒙古风俗录》一书则提出："蒙古食谱中最为贵重的膳食是整羊、整牛宴席（普通是以羊为主菜的蒙古全羊席，有烤全羊、整羊、羊五叉），蒙古人统称'诈马宴'。"

"诈马宴"，又称诈马筵、奢马宴、簇马

宴、质孙宴、只孙宴和衣宴。

一些专家学者认为，"诈马"是波斯语"jaman"——"外衣"的音译，有节日、庆典和御赐服饰之意，实质上是一种成因复杂的高规格的宫廷统一着装宴会。它由蒙古、元朝宫廷及宗王斡耳朵设置，与宴者必须着一色的服饰，故名。

也有人考据出，"诈马"是蒙语"jisun"译音，意为颜色。元代宫廷大宴，与宴者服装都是同样颜色，称"质孙"。《元史·舆服志》："质孙，汉言一色服也，内庭大宴则服之。冬夏之服不同，然无定制。凡勋戚大臣近侍，赐则服之，下至于乐工卫士，皆有其服。精粗之制，上下之别，虽不同，总谓之质孙云。"

元代著名书画家、文物鉴藏家柯九思作《宫词》吟诵道："万里名王尽入朝，法官置酒奏箫韶。千官一色真珠祆，宝带攒装稳称腰。"他在诗下自注说："凡诸侯王及外番来朝，必赐宴以见之，国语谓之质孙宴。质孙，汉言一色，言其衣服皆一色也。"

清代诗人查慎行在《渡山酒海歌》中也有这样的诗句："侍臣多着质孙衣，天子亲临诈马宴。"再如大学问家章炳麟在《訄书·订礼俗》中写有："蒙古朝祭以冠幪，私燕以质孙。"

"只孙宴"一说见于元代国史院编修周伯琦的《诈马行》诗序："国家之制，乘舆北幸上京，岁以六月吉日，命宿卫大臣及近侍，服所赐只孙珠翠金宝衣冠腰带，盛饰名马，清晨自城外各持彩仗，列队驰入禁中；于是上（皇帝）盛服御殿临观，乃大张宴为乐。惟宗王、戚里、宿卫大臣前列行酒，余各以所职叙坐合饮。诸坊奏大乐，陈百戏，如是者三日而罢。其佩服日一易，太官用羊二千，马三匹，他费称是。名之曰只孙宴。只孙，华言一色衣也。俗呼为'诈马宴'。"

明代皇甫庸于《近峰闻略》中云："元亲王及功臣侍宴者，则赐冠衣，谓之只孙。今仪从所服团花只孙，当是也。"明朝周宪王的《元宫词》这样写道："健儿千队足如飞，随从南郊露未晞。鼓吹声中春色晓，御前咸著只孙衣。"

以上可以看出，盛大的"诈马宴"上，与宴者必须穿戴皇上赐的"只孙服"盛装赴宴，要连续欢宴三天，而且服饰要一天一换。

而"簸马宴"没有找到确切的出处。新近出版的《蒙古族饮食图鉴》一书由众多蒙古族饮食专家、文化学者整理编纂而成，其书认为"诈马宴"，又名"质孙宴"、"簸马宴"，指出："诈马宴"是大蒙古国和元朝时期最为隆重的"内廷大宴"，是融宴饮、歌舞、游戏和竞技于一体的娱乐型宴会形式。

书中描述说，参加宴会者穿着皇帝颁

赐的金织纹衣，着珠翠金宝衣冠腰带，这些高档服饰都是穆斯林工匠织造的织金锦缎缝制而成的。

根据蒙古族崇九尚白的习俗，质孙服的颜色应为白、黄和蓝等色。其中以天子质孙的形制最为丰富，计冬服十一种，夏服十五种。着时衣、帽、鞋履各相配。如穿纳石失（金锦）、怯绵里（翦茸）衣，则戴金锦暖帽；穿红、黄粉皮衣，则戴红金答子暖帽；穿白毛子金丝斓袍，则戴白藤宝贝帽，等等。

文武百官的质孙服也有定制，计冬服九种，夏服十四种，以衣料、色彩为别，服时各按级别。冬季着质孙时，一般多在领肩加以皮毛披肩。

但"诈马宴"的"诈马"二字本意绝非时装秀"衣宴"，而是秀金鞍的"马宴"。

蒙古族是马背上的民族，无论征伐、狩猎，还是草原牧羊，都无法离开马这个重要生存工具。

元代诗人杨允孚曾对此宴做出如下描绘："千官万骑到山椒，个个金鞍雉尾高。下马一齐催入宴，玉阑干外换官袍。"下面自注云："每年六月三日诈马筵席，所以喻其盛事也。千官以雉尾饰马入宴。"

此外，曾奉旨修撰《元史》的著名明代史学家王袆的《王忠文集》卷六《上京大宴诗序》中记载："故凡预宴者同冠服，异鞍马，穷极华丽，振耀仪采而后就列，世因称曰诈马宴，又曰济逊宴。"

"奓"字，古同"奢"，字义通"侈"，为打开、张扬、嚣张的意思。

元末明初大学者叶子奇在史料笔记《草木子》卷三下云："北方有诈马筵席，最具筵之盛也。诸王公贵戚子弟，竞以衣马华侈相高。"

如果说，王袆、叶子奇都是元末明初的人，以上说法或许出于猜测和推断，那么我们再看看亲临过元代"诈马宴"的著名学者郑泳是怎么说的。

郑泳曾被元朝丞相脱脱辟为三公府掾。三公府掾的主要职责是收集民间歌谣，分析民间舆论，整理出各地方行政长官的年度评估报告，然后对官员政绩进行评议。

作为三公府掾，首先要文字功夫了得，其次是刚直不阿，

脱脱带着郑泳赴上京参加诈马宴，宴后便请他作一篇《诈马赋》。

《诈马赋》赋首云："皇上清暑上京，岁以季夏六月大会亲王，宴于棕王之殿三日。百官五品之上赐只孙之衣，皆乘诈马入宴。富盛之极，为数万亿，林林戢戢，若山拥而云集。"由"皆乘诈马入宴"一句可见，这个"诈马"是可乘坐的。

文中还有一段对"诈马"的近镜头描写："前数里之左右兮，有两山之对峙；矧诈马之聚此兮，易葱芊之绮丽。额镜贴而

曜明兮,尾银铺而插雉;雉丛身而□袅兮,铃和鸾而合清徵。镫钻铁而金嵌兮,鞍砌玉而珠比;□□鬈靶,亦皆重宝。"

"诈马"应为镂金织翠、盛装打扮的马,而"诈马宴"本义当为"饰马入宴"。

元代的诗咏涉及"诈马"也颇多,下面举几个例子:

贡师泰的《上都诈马大宴五首》之一云:"紫云扶日上璇题,万骑来朝队仗齐。织翠鬈长攒孔雀,镂金鞍重嵌文犀。"

程文的《和伯防观诈马》之一云:"龙盘虎踞抱重冈,宫殿岌峣禁籞长。今日天门呈诈马,高牙大纛是侯王。"

廼贤的《失剌斡耳朵观诈马宴奉次贡泰甫授经先生韵》之一云:"诏下天门御墨题,龙冈开宴百官齐。路通禁籞联文石,幔隔香尘镇水犀。象辇时从黄道出,龙驹牵向赤墀嘶。绣衣珠帽佳公子,千骑扬镳过柳堤。"之二有句云:"珊瑚小带佩豪曹,压鬈铃铛雉尾高。"

宋褧的《诈马宴》一诗有句云:"宝马珠衣乐事深,只宜晴景不宜阴。"

其他元人文学作品中也有提及"诈马"的诗句,如王士熙的《寄上都分省僚友二首》之一有:"白鹅海水生鹰猎,红药山冈诈马朝。"郑潜的《奉寄宣政院使士廉公》中有:"诈马晓嘶趋内苑,香车晴碾过西城。"

"诈"字当形容词时,有体面、俊俏之意,如元代著名杂剧作家王实甫的《西厢记》:"打扮的身子儿诈,准备着云雨会巫峡。"另外还有矜夸、神气的蕴意,如元代郑廷玉的剧作《看钱奴买冤家债主》:"只待要弄柳拈花,马儿上扭捏着身子儿诈。"

满蒙一家亲。清人谈迁在《北游录记闻》一书中提及大清早期的宫宴时这样说:"元至正九年宴上京。凡预宴必丽鞍饰。号奢马宴。"

"诈马宴"也好,"质孙宴"也罢,其实说白了,玩的都是人靠衣衫马靠鞍的花活。

下面进入正题,说说"诈马宴"上的招牌菜。

整个"诈马宴"耗资巨大,主要菜肴是整羊、整牛,有时仅用羊就达三千只,羊肉除手扒肉外,还有"秀斯"(煮制成的全羊)、"昭术"(烤全羊)等。诈马宴上的饮料主要有马奶酒、白酒和葡萄酒,其他饮料、食物也非常丰盛。除美酒肥羊外,还要上蒙古宫廷的名肴——八珍:元玉浆、紫驼蹄、麋鹿脯、軒肉、熊掌,飞龙汤、白蘑、黄羊腿。元代诗人这样讲述诈马宴的美食盛况:"酮官庭前列千斛,万瓮蒲萄凝紫玉。驼峰熊掌翠斧珍,碧实冰盘行陆续。"

在《口北·三厅志·诈马行》一文中,记载了元世祖忽必烈在上都城(内蒙古今锡林郭勒盟正蓝旗境内)举行"诈马宴"时的情景："大宴三日醉群宗,万羊脔炙万瓮浓;九州水千宫供,曼延角抵呈巧雄;紫衣妙舞衣细蜂,钧天合奏春融融。""诈马宴"上,皇帝和群臣喝着美酒,吃着羊肉和美味佳肴,席间摔跤手角斗、舞女轻歌曼舞,场面好不热闹啊!

元代的"诈马宴",不仅气氛隆重,而且礼仪特繁缛,据《蒙古食谱》记载:"制作诈马宴时,以蒙古人宰杀羊的传统方法宰好,把整羊用开水煺毛,拉开胸腔部位,去掉内脏,清理干净,用盐和五香调料腌制腹腔内,然后将开腔处缝好,放入有盖的大海锅或特制的烤炉中蒸制或烤制。上席前要弃其角、直肠、四蹄,再用大木盘或大铜盘把诈马做成站立式或卧式上席摆宴,头朝主客位(一般是年高的长者)献于席面。"

宴会清晨,彩幡缤纷。在一派马头琴悠扬声中,大汗率先走进金碧辉煌的失剌斡耳朵(黄色的宫帐),坐在帐中高台上的七宝云龙御塌上,余者按尊卑贵贱,各就其位。当然唯王公诺颜才能持有入场券。"诺颜"是蒙古语音的译词,指一方领主、部族首领。

宴会的第一个仪式是宣读祖训,意于笼络宗亲。宴会开始时,先有"喝盏"之俗,意为"进酒"。其时大汗将进酒,侍者执酒近前半跪进献,退三步全跪,全场同跪,司仪高喊"哈!",鼓乐齐鸣。大汗饮

毕,乐止,众人归座,随后君臣开怀畅饮,欣赏娱乐表演。

而女服务人员必须用美丽的面纱或绸布遮住鼻子和嘴,防止呼出的气息触及食物。另外,严禁践踏宫帐中的门槛,因为他们视踏门槛为不祥之兆。如有违反,立刻会被秒杀。

"诈马宴"的规模前所未见,彰显出了蒙元大帝国的宏大气派。

如今,被视为蒙古族筵饮第一宴的"诈马宴"再度被开发出来,不过,烤全羊变成了烤全牛。

现将现代版的"诈马宴"中的御膳珍肴全部菜品简单介绍一下。

第一道菜为"天赐乳香",主要是蒙古族的奶豆腐、奶酪、奶皮等特色奶制品。

第二道是"可汗赐福",指的是烤全牛,能品尝到牛的肝、脏、肉、肠等,各部位用不同的方法烹饪制成,口感也各有不同,烤制的牛肉肉质较干且硬,吃到嘴里虽然不容易咀嚼,但在细细的品味中,却能感受到肉质所特有的浓香。由于烹饪方法不同,肝、肠比较软嫩,比之平时所吃到的肝肠,更为细腻。

第三道叫"蒙古八珍",是用草原上生长的绿色无污染的草原蘑菇、沙葱、枸杞、黄花、山野菜等原料制作而成的,看上去色泽鲜艳,吃起来野味十足,口感清新不腻。

"诈马宴"烤全牛

制法：1. 首先要备好烤炉。在地上挖一个一米多宽、二米长、一点五米深的长方形坑，挖出五个烟筒槽，用砖从内壁砌好，下面用砖倒立一层，以便通风和储灰，前方砌好炉膛，压上炉条，留好加煤口。

2. 备好烤炉，便以蒙古族传统方式宰牛。选一头膘肥体壮的四岁牛，用刀从脑门上扎进去，牛即刻倒地而死。

3. 接着，切开胸膛，去掉内脏，清洗干净，把盐和五香调料放置腹腔内，将开膛处缝好。

4. 把牛拴在一个专用铁架的两根铁管子上，再抬起铁管将牛放进烤炉，铁管架在烤炉的砖壁上，牛背朝下，四肢冲上，悬吊在烤炉中，四周不能与炉壁接触。

5. 然后将炉顶用一块铁板盖住，除烟筒外，用泥将缝隙封严，将炉膛用煤点燃，进行烤制。熊熊火苗离牛背约一尺左右，视火势情况加煤。经过六个小时的焖烤，整牛即被烤熟。

第四道叫"塞外三宝"，主要是黄金炸糕、莜面饺饺等以粗粮为主的食物，有浓郁的地方特色，炸糕外表金黄，里面嫩黄，色泽靓丽。

第五道是"盛宴惜别"，要喝色泽淡黄的黄金茶。

到内蒙古大草原品尝"诈马宴"，不仅可以与神奇的美食零距离接触，还可以倾听到"诈马宴"上蒙古族最为神奇的天籁之音——"呼麦"！

呼麦又称"蒙古喉音"，是一种借由喉咙紧缩而唱出"双声"的泛音咏唱技法，在全世界独一无二。当代声乐专家形容这种唱法是"高如登苍穹之巅，低如下瀚海之底，宽如于大地之边"。

在大草原上，高贵的芍药花与美艳的山丹花争奇斗艳，片片白云在无尽的蓝天上飘游，牧人策马，牛羊游动，还有蒙古包缕缕的炊烟与缓缓行驶的勒勒车，风景这边独好啊！

看到这一切，所有美食家都会心醉神迷，乐不思蜀。

"涮羊肉"是北方地区一道著名的冬季时令美食。

"涮羊肉"最早叫"羊肉涮锅"，在南北朝北魏时期，出现了用铜锅煮汤，当时的吃法相当简单，只不过是"煮"羊肉而已。

真正盛行"涮羊肉"的吃法，即把羊肉切成薄片放沸锅里烫一下取出，蘸以佐料来吃，则始于元代初，而领导这种美味新时尚的则是元世祖忽必烈。

据传，在七百年前，元世祖忽必烈率军南征途中，很想吃上一口草原美味"清炖羊肉"。

随军厨师立马宰杀肥羊，支上锅灶，准备开炖，就在这时，敌情突变，必须尽快拔营起寨，让部队投入征战。

厨师还正忙着挥刀砍骨切肉，可做"炖羊肉"显然是来不及了。

饥肠作响的忽必烈来到军中厨房，他是个性子急躁的人，伸手从厨师手中抢过驳刀，快速切下十几片羊肉，往铁锅沸水中一抛，待到羊肉随着水花浮起，便用勺子捞出来，这时顿觉羊肉香味扑鼻。

美味当前，忽必烈可不管不顾了，在羊肉片上撒了些盐花，就大口大口吃了起来。当下吃得忽必烈满口留香，眉飞色舞。

忽必烈吃罢"涮肉"，率军迎敌，很快

大获全胜。

待忽必烈登上了元朝开国皇帝的宝座后,一日突思起吃"涮肉"的旧事,他下令宫廷御厨如法炮制当时的美味羊馔,并建议多放些佐料,请群臣一起分享美食。

于是,厨师们将羊肉精心切成特薄的片,在开水中烫熟后,拌上鲜美的佐料,将热腾腾的"涮肉"端上大殿。

由于锅底投放了原料,再加佐以上好的调味料,忽必烈吃了,觉得味道似比以前的"涮肉"更加鲜美爽口。群臣吃后也是赞口不绝,忽必烈便赐名为"涮羊肉"。

此后这道美味又从宫廷传到了民间,"涮羊肉"竟成中国美食苑中的一个重要品类,受到人们的广泛喜爱和追捧。

特别是在寒风刺骨的冬天,屋外朔风呼啸,大雪纷飞,室内却温暖如春,人们围坐在火锅旁,用筷子夹起又嫩又鲜的薄羊肉片,边涮边吃,举杯换盏,吃得满头热汗,唇齿留香,喝得豪情奔放,恣意开怀,那真是大快朵颐,惬意无比。

元代宫廷饮馔的特征是以蒙古族传统食俗为主,兼有回、汉及域外风味,习嗜肉食,禽兽兼用,而以羊肉比重最大。

在元代饮膳太医忽思慧所著《饮膳正要》一书中,卷一的"聚珍异馔"收集宫廷御膳食谱九十四方,其中有七十多种就是完全用羊肉或羊的脏器制成的,如羊皮、羊肝、羊肚、羊心、羊肺、羊尾子、羊胸、羊舌、羊腱子、羊腰子、羊苦肠、羊头、羊蹄、羊血、羊脂、羊髓、羊辟膝骨、羊肾、羊骨等。

除了羊毛、羊角以外,羊身上的一切,都被用来制作元廷美馔。

较有特色的是用羊皮制作的"盏蒸"、"羊皮面",用羊肝制作的"肝生",用羊血制作的"血丝"等。

"盏蒸"是"将羊背皮或肉,加草果、良姜、陈皮、小椒、杏泥等物同炒,五味调匀,入盏内蒸,令软熟,对经卷儿食之"。

"羊皮面"并不是什么面条,而是以"羊皮二个捋洗净煮软",加羊舌、羊腰子、蘑菇、糟姜,"用好肉酽汤或清汁下,胡椒一两、盐、醋调和"的羊杂汤。

"血丝"是以"羊血同白面依法煮熟",加生姜、萝卜、香菜、蓼子,"用盐、醋、芥末调和"。

"肝生"实际上是炝拌生肝,以"羊肝一个水浸切细丝",生姜、萝卜、香菜、蓼子各切细丝,"用盐、醋、芥末调和"。

在对羊的深加工制作工艺上,元代宫廷御厨广纳众家所长,"颇儿必(即羊辟膝骨)汤"、"米哈纳关列孙"(由羊后脚制作)属于自家的传统食品,另外像什么"炙羊心"、"炙羊腰",都是以玫瑰水浸咱夫兰(阿魏)汁,"入盐少许",将羊心或腰子

"于火上炙,将咱夫兰汁徐徐涂之,汁尽为度"。这些厨艺应来自西亚,当是从波斯人或阿拉伯人处学来的复制品。如"马思答吉汤"、"沙乞某儿汤",都应是西北回回食品。再例如回回豆子与羊肉同熬,无疑出于回回传统;而添加羊肉烹制过程中添加某些蔬菜、调料,则当是向汉族食品制作手法的致敬。

元宫廷帝王宴上还有一种美味叫"河西肺",制法是:"羊肺一个;韭六斤,取汁;面二斤,打糊;酥油半斤;胡椒二两;生姜汁二合。右件用盐调和匀,灌肺,煮熟,用汁浇食之。"这个应是西夏人的传统食品。此外还有打上"系西天茶饭名"标记的"八不儿汤"和"撒速汤",中国古代的"西天"一般指的是印度次大陆。这两种用异域调料制成的"西天茶饭",无疑是印度次大陆的舶来食品。

当然,大元帝王也不能仅仅盯着羊儿不放。在宫廷御膳中,其他家畜制品还有豕头姜豉、攒牛蹄、马肚盘、牛肉脯、驴头羹、驴肉汤、乌驴皮汤等数种。家禽制品则有攒鸡、炒鹌鹑、芙蓉鸡、生地黄鸡、乌鸡汤、炙黄鸡、黄雌鸡、青鸭羹等。以野生动物制作的菜肴有鹿头汤、熊汤、炒狼汤、盘兔、攒雁、烧雁、烧水札、鹿肾羹、狐肉汤、狡肉羹、野鸡羹、鹁鸽羹、狐肉羹、熊肉羹、野猪肉、獭肝羹等。以鱼类制作的菜肴有团鱼汤、鲤鱼汤、鱼弹儿、姜黄鱼、鱼脍、鲫鱼羹等。

野味一直是蒙古人心目中的上上美馔。

如辽阳行省必须年年进贡的当地的土特产品——阿八儿忽鱼、乞里麻鱼。

而且元朝皇帝每年初春都要踏青,跑到大都东南柳林"飞放",捕捉野生天鹅,叫御厨制作成下酒菜。

熊肉也是元代帝王宴的保留食谱,忽必烈在宴请南宋亡国小皇帝宋恭宗赵㬎时有"杏浆新沃烧熊肉",用杏浆来烧"熊肉"、"熊肉羹",分明是照顾到宋恭宗的汉人饮食习惯。

涮羊肉

主辅料:羊腿肉或五花肉 750 克,芝麻酱 100 克,绍酒、酱油、醋、葱花、辣椒油、香菜末、卤虾油、腌韭菜花各 50 克,粉丝、白菜或菠菜各 250 克,压成汁腐乳 1 块。

制法:1. 先把羊肉清洗干净,剔骨去皮,除去板筋,切成长 10 厘米、宽 1.5 厘米的薄片,每盘装 150 克备用。

2. 将芝麻酱、绍酒、醋、辣椒油、葱花、酱油、卤虾油、香菜末、腌韭菜花、腐乳汁等调料,都分别盛在小碟子里。

3. 火锅用炭生着,烧开汤水,先把少量羊肉片放进汤里煮烫二三分钟,等肉片呈灰白色时,用筷子夹出,蘸着配好的调料吃,边烫边吃。羊肉吃完后,放进粉丝和白菜烫煮,然后连菜带汤一块吃。汤既鲜又烫,粉丝和白菜能和胃解腻。

剪花馒头

制法：羊肉、羊脂、羊尾子、葱、陈皮各细切。右件(以上)依法(按顺序)入料物(调味料)、盐、酱拌馅，包馒头。用剪子剪诸般花样，蒸，用胭脂染花。

鸡头粉馄饨

制法：羊肉一脚子(一个腿儿)，卸成事件(切成块)；草果五个；回回豆子半升，捣碎去皮。右件同熬成汤，滤净。用羊肉切馅，下陈皮一钱、去白生姜一钱，细切；五味和匀。次用鸡头粉二斤、豆粉一斤，作枕头馄饨。汤内下香粳米一升，熟回回豆子二合，生姜汁二合，木瓜汁一合同炒，葱、盐匀调和。

元廷御宴菜肴中的蔬菜用得有限，也就是胡萝卜、萝卜、蘑菇、葱，以及蔓菁、韭菜、黄瓜、瓠、苔菜、芫荽这些少得可怜的品种。而且没有一样是纯素菜，像"葵菜"、"瓠子汤"、"台苗羹"，都有羊肉掺和在里面。以肉食为主，本来就是蒙古人游牧生活的饮食特色，蔬菜能够在宫廷饮食中出现并有一定比重，也标志着蒙古人的饮食生活开始趋向汉化了。

《饮膳正要》是中国历史上第一部宫廷御膳食谱。作者忽思慧，也有译作和思辉或和斯辉的。有人说他是地地道道的蒙古族人，另外还有人考据称他是回族人，至今一直没有定论。

忽思慧曾任元仁宗宫中的饮膳太医，主要负责宫廷中的饮膳调配工作，尤其是对饮食营养卫生的研究，堪称营养学家。

经过十几年的实践工作，忽思慧一日忽然萌发写书的念头，于是在参阅诸家本草、名医方术、民间饮食的基础上，总结工作经验，终于在元至顺元年(1330年)出版了《饮膳正要》。

《饮膳正要》的内容涉猎十分广泛，第一卷分"养生避忌"、"妊娠食忌"、"饮酒避忌"、"聚珍异馔"等六部分；第二卷分"诸般汤煎"、"神仙服食"、"食疗诸病"、"食物利害"、"食物相反"、"食物中毒"等十一部分；第三卷分"米谷品"、"兽品"、"鱼品"、"果品"、"菜品"、"料物性味"等七部分，特点相当显著。

忽思慧强调营养学的医疗作用，他认为最好少吃药，平时注意营养调剂；而且靠食疗也能治病。在书中，忽思慧对春、夏、秋、冬四时最适宜吃什么都有独到的论述。《饮膳正要》中还附有许多插图，如每种食物的性状、对人身体有什么好处、可以治什么疾病等,都分别加以说明,体现出忽思慧严谨的治学态度。

所以,《饮膳正要》一问世,便成为御厨们的作业指南、操作手册。

后人评价《饮膳正要》具有三大特点:

第一,理论联系实际。

忽思慧认为,人的"保养之道"重在"摄生"和"养性"。"摄生"要"薄滋味,省思虑,节嗜欲,戒喜怒,借元气……",而"养性"则要"充饥而食,食勿令饱,先渴而饮,饮勿令过……"。类似论述,书中还有很多,均是古人养生食疗方面经验的总结。更重要的是,作者没有停留在理论的阐述上,在书中,他收录了近二百五十种汤饮、面点、菜肴方面的食疗方。如用羊肉、草果、官桂、回回豆子制作的具有"补气、温中、顺气"作用的"马思答吉汤";用鹿腰子、豆豉等制作的"治肾虚耳聋"的"鹿肾羹";传说曾治愈唐太宗痢疾的"牛奶子煎荜拨法";补中益气的"经带面";治心气惊悸、郁结不乐的"炙羊心",等等,实用性很强。

第二,对民族饮食交融的研究。

书中收录了上百种回、蒙、汉等民族的菜点,如在"聚珍异馔"中收有"春盘面"。立着吃"春盘"原是汉族的习俗。春盘多由薄饼、生菜组成。而在此书中,"春盘面"已改由面条、羊肉、羊肚肺、鸡蛋煎饼、生姜、蘑菇、蓼芽、胭脂等十多种原料

构成,由此可以看出春盘在少数民族中间的变化、发展。书中一些少数民族的看馔制法颇为独特,如"以酥油、水和面,包水札(一种水鸟),入炉内烤熟"的"烧(即烤)水札",将羊放在地坑中烤熟的"柳蒸羊",均能给人以启发。此外,如"豉儿签子"、"带花羊头"、"芙蓉鸡"、"三下锅"、"盏蒸"、"水龙其子"、"秃秃麻食"、"水晶角儿"……,亦富民族特色。

第三,为饮食文化积累了重要资料,有较高的史料价值。

如"回回豆子"、"赤赤哈纳"等原料均由本书第一次收录。而新疆产的"哈昔泥",来自西番的"咱夫兰"等,也是在其他书中所罕见的。更为重要的是,该书卷三中记有"阿剌吉酒":"味甘辣,大热,有大毒。主消冷坚积,去寒气。用好酒蒸熬取露,成阿剌吉。"这是关于我国烧酒——蒸馏酒的迄今已知的最早的文字记载,对于研究中国酒史具有重要的参考价值。

忽思慧事无巨细,悉究本末。他首倡讲究个人卫生,在《饮膳正要》中第一次记载了"食物中毒"这一术语,主张不食不洁或变质食物,防止病从口入。强调"烂煮面,软煮肉,少饮酒,独自宿"的养生主张,连对饭后漱口、早晚刷牙、晚上洗脚一些事都写到了,确实是一位可以打120分的帝王保健医生。

一部皇皇《饮膳正要》,不仅是宫廷食谱,更是古代食疗专著,在阐述各种饮馔的烹调方法外,还特别注重各种饮馔的性味与滋补作用。忽思慧对元代宫廷中的饮料都作了记述,如:桂浆、桂沉浆、五味子汤、人参汤、仙术汤、杏霜汤、四和汤、橘皮醒醒汤、醍醐油、枸杞茶、玉磨茶、金字茶、范殿帅茶、紫笋雀舌茶、女须儿、西番茶、川茶、藤茶、燕尾茶、孩儿茶、温桑茶、清茶、炒茶、兰膏、酥签、建汤等。其中将近五十种饮料都是用药材、香料、茶叶、果品、奶油等制成的,具有生津止渴的功能,有的还有滋补作用。

最值得称奇的是忽思慧用一剂食疗粥治好了元仁宗爱育黎拔力八达的阳痿症。

忽思慧知道仁宗的"难言之隐"后,即用"羊肾韭菜粥"为仁宗调治。

元仁宗食用这个"羊肾韭菜粥"不到三个月,阳痿症便痊愈了,还使皇妃怀了孕。

现代营养学研究发现,羊肾确实含有丰富的蛋白质、脂肪、维生素 A、维生素 E、维生素 C、钙、铁、磷等,这些营养素对提高男性性功能功不可没。

羊肉,有疗虚劳、补肺肾、养心肺、解热毒、润皮肤之效。而韭菜,性温味甘,微酸温涩,除胃热,安五脏。韭菜因温补肝肾、助阳固精作用突出,所以在药典上有"起阳草"之名,可用来治疗阳痿、早泄、遗精、多尿、腰膝酸软冷痛以及妇女赤白带下等症。

在《饮膳正要》中所列的九十五款"聚珍异馔"中只有一味"鱼脍",可以说是御厨的保留菜谱:取新鲜鲤鱼 5 个,去掉皮、骨、头、尾。生姜 100 克,萝卜 2 个,葱 50 克,香菜、蓼子各切成丝,用胭脂糁上色。上述各菜放芥末一起炒,再放葱、盐、醋作调和。具体制作"鱼脍"的方法和步骤为:"鱼不拘大小,鲜活为佳。去头尾、肚皮,薄切,摊白纸上晾片时,

羊肾韭菜粥

主辅料:羊肾 1 对、羊肉 100 克、韭菜 150 克、枸杞子 30 克、粳米 100 克。

制法:1. 将羊肾对半切开,切成丁状;羊肉、韭菜洗净切碎。

2. 先将羊肾、羊肉、枸杞子、粳米放锅内。加水适量,文火煮熬,待快煮熟时放入韭菜,再煮二、三沸。

细切如丝。以萝卜细剁,布扭做汁,姜丝少许,鱼脍入碟。簇生香菜,以荆辣醋浇。"所用辅料如生姜、萝卜、葱及芥末醋等,不仅可以去腥增鲜,而且有一定的杀菌保健作用。

这个食谱到了明代还在流行,只是多加了酒、蒜、糖,拌脍食之。

有专家认为,"《饮膳正要》中保存的宫廷食谱是元代蒙古民族饮食生活的一面镜子,既有历史特色,更有民族特色,对于发掘我国传统的名菜名点有重要的参考价值"。

这话说得一点也不过分。

第四章 明太祖一生只有一个御厨

元朝地域广阔，高高在上的统治者在中原这个大染缸里腐败落马，朝政失策，加之民族等级的歧视，很快把自己淹没在人民战争的海洋之中。

元末时，群雄并起，逐鹿天下。朱元璋原本是寺庙的和尚，可在战乱和饥荒的大环境中，唯有铤而走险或可求得一条生路。在儿时伙伴汤和的介绍下，朱元璋加入了反抗蒙元暴政的红巾军。

朱元璋坚忍果断，在暗算顶头上司和翦灭争霸的对手后，成为义军的唯一带头大哥，接着派大军北伐中原，将蒙古人打回了漠北老家，建立起中国最后一个汉族统治的封建王朝——明朝。

经过二十多年的奋斗，朱元璋完成了从一个僧人到义军将领再到国家元首的升职记华丽蜕变。一朝权在手，便把令来行。朱元璋猜忌心理严重，几乎对谁都不放心，他废丞相制，亲理朝政，废寝忘食，成为中国帝王序列中第一号工作狂。

朱元璋当政后，将君主专制制度推到了登峰造极的地步，杖杀大臣，禁谈国事，还建立配套工程——锦衣卫特务，不仅灭贪官、抓富豪，更主要是肃清一切诽谤朝廷或疑似谋逆分子。

有道是："敬人者人恒敬之。杀人者人恒杀之。"

双手沾满了无数人鲜血的朱皇帝最

怕的就是被仇家袭杀暗算，所以出则铁甲簇拥，宿则警卫森严，就连吃饭也搞得神经兮兮的。

当了皇帝以后，明太祖朱元璋的饮食安全交由帝王办公室主任大脚马皇后亲自负责，马氏是朱皇帝的发妻，大概是世上他唯一信得过的知近人了。

即使是这样，马皇后若稍有失误，朱元璋也会大发雷霆，史载"太祖御膳，必太后亲调以进，深以防闲隐微。一日，进羹微寒，帝怒举杯掷之，羹污狼藉，后耳畔微有伤，后热羹重进，颜色自若"。

瞧瞧，当朱皇帝的媳妇多么不易啊！

一次，朱元璋听说三子晋王朱㭎回封地途中责罚厨师的事情，大吃一惊，立马传谕教诲他说："世之有血气者，未尝不以饮食为命……惟操膳者小过释之，大过详审而议之，若非犯分则又赦之，果犯分则罪而弃之弗用。若罪而复用之，则祸矣。盖为保命之要也，故不轻易。……吾平昔甚不忍于事，于操膳切记忍之，保命也。尔当蹈吾所为，勿轻易。"

别看朱元璋一生谁的面子都不给，但对御厨那可是相当的客气，他的跟班厨师只有一个，叫徐兴祖，而且一用就用了二十三年，月月发奖金，年底给红包，待遇极高，"轻易不辱之"，就怕饭菜中会吃出夺命的毒药来。

从明朝开始，宫廷的御膳由宦官机构主办。明代宦官十二监中的尚膳监是负责御膳造办的，而实际上御膳由司礼监掌印、秉笔、掌东厂者轮流按月率属造办，只是在崇祯年间一度由尚膳监负责，意在省事，然而崇祯十三年后仍回到以前的做法，让尚膳监继续管理宫眷和典礼上的食品。

豆腐始创于西汉，诞生于安徽，独享"中国国菜"之殊荣。

安徽凤阳人朱元璋则是以好吃豆腐出了名。

在中国民间一直流传朱皇帝与"珍珠翡翠白玉汤"的故事。

朱元璋年幼家贫，十七岁时就在安徽钟离县（后改凤阳）的玉皇寺（后改皇觉寺）出家混饭吃，偏巧连年灾荒，寺庙田租难收，僧多粥少。朱元璋刚到寺里两个月，方丈就作出封闭粮仓、疏散低等僧人出寺求食的决定。就这样，朱元璋被变相扫地出门，当起了云游僧人，四处流浪化缘，天天过着丐帮一样的生活。

连年动乱，灾荒频频，数十里没有人烟，讨饭也不好讨。

这一天，朱元璋饿得头昏眼花，实在无力行走。一个来自盱眙的讨饭婆看他可怜，便将手中的瓦罐汤给他倒了一碗。朱元璋吃得狼吞虎咽，深感滋味极佳，便问妇人这是什么汤。讨饭婆也十分幽默，随口胡侃一句"珍珠翡翠白玉汤"。

朱元璋便将这美食牢牢记在心里。当了皇帝后，朱元璋便点名要御厨给自己做"珍珠翡翠白玉汤"，但御厨哪里知道此菜的做法，前后端上几道"珍珠翡翠白玉汤"，朱元璋始终吃不出当年的味道来。

皇帝的权力大无边，朱元璋在盱眙找到了当年的老婆子，才知道这仅是一道用烂白菜叶、豆腐和玉米剩饭混在一起的"杂烩汤"。

不过，朱元璋还是把"珍珠翡翠白玉汤"指定为明朝御膳里的保留菜。当然，宫廷里的"珍珠翡翠白玉汤"，就不能再用烂白菜叶、豆腐和玉米剩饭来做了。

应该说，朱元璋的御膳饮食还是比较节俭的，因为如今的"四菜一汤"就是人家朱元璋发明出来的。

明朝洪武年间，刚刚结束战乱，天下百业待兴，民间百姓的生活依旧很困苦，而一些达官贵人却过着花天酒地的日子。草根出身的朱元璋决心狠狠整治这种奢侈的风气。

时值大脚马皇后过生日，满朝文武官员都赶来祝贺，大家围坐在酒席旁等候宫廷招牌菜。可随着朱元璋一声"上菜"，端上来的却是清汤寡水的四菜一汤：

第一道菜是炝拌萝卜，第二道菜是炒韭菜，第三道第四道连着都是大碗的焖烧青菜，最后一道是葱花豆腐汤。

众臣面面相觑，不知皇上何意。朱元璋微笑着解释说："萝卜进了城，药铺关了门"、"韭菜青又青，长治久安定人心"、"两碗青菜一样香，两袖清风好丞相"、"小葱豆腐青又白，公正廉洁如日月"。并当众郑重宣布："今后众卿请客，最多只能'四菜一汤'，这次皇后的寿筵即是榜样，谁若违反，定严惩不贷。"

这个也是传说，但朱元璋当上皇帝后，除了正旦、皇帝万寿节、冬至或其他吉庆大事需大宴群臣外，其日常的饮食并非天天大鱼大肉、山珍海味倒是真的。如朱元璋十分喜欢的一道宫廷名菜竟是"烧香菇"，其具体做法就是把干香菇用水发了之后拿来烧。

在南京市东郊紫金山南麓独龙阜玩珠峰下，有明代开国皇帝朱元璋和皇后马氏的合葬陵墓。此陵居茅山西侧，东毗中山陵，南临梅花山，因马皇后谥"孝慈"得名孝陵。

从明朝《南京太常寺条》祭祀孝陵的祭品单中看，韭菜、荠菜、芹菜、茄子、苔菜、竹笋、芋苗这些农家菜赫然在目，这些应该都是朱元璋和马皇后生前常吃之物。

只是朱元璋身后的子孙们并未继承这种艰苦朴素的光荣传统，反倒比赛似的荒淫奢侈，最后导致宦官干政，陷入内忧外患不能自拔，屡为鞑靼、倭寇、后金所扰。明代的宫廷御膳也由最初的质朴迅速走向奢华铺张乃至糜烂的程度。

❀ 凤阳酿豆腐

主辅料：嫩豆腐 500 克，肥瘦猪肉 100 克，虾仁 25 克，鸡蛋 4 个，肉汤 150 克，熟猪油 1000 克。

制法：1. 猪肉切末，虾仁剁碎加精盐，湿淀粉拌匀，和葱、姜、肉末煸至松散，烹入料酒、肉清汤、精盐炒和后，用湿淀粉勾芡成馅。

2. 豆腐切厚片，将馅分成 12 份，分别放在豆腐片上拌匀，盖一片豆腐制成豆腐生坯，鸡蛋清搅成泡沫状，加干淀粉调匀成糊。

3. 油烧至五成热，将豆腐坯沾匀蛋泡糊，逐个炸至变色捞起。

4. 油温升至七成热时，将豆腐二次下锅炸至金黄色捞出。

5. 肉清汤中加入豆腐、精盐、白糖，以小火烧开加醋勾芡即可。

特点：色泽奶黄，外脆里嫩，酸甜可口。

在中国各大菜系中，徽菜讲究就地取材，选料严谨，浓淡适宜，讲究食补，注重文化。

而豆腐是世界公认的绿色健康食品，其营养丰富，含有铁、钙、磷、镁等人体必需的多种微量元素，还含有糖类、植物油和丰富的优质蛋白，素有"植物肉"之美称。豆腐的消化吸收率达 95% 以上。两小块豆腐，即可满足一个人一天钙的需要量。

豆腐为补益清热养生食品，常食之，可补中益气、清热润燥、生津止渴、清洁肠胃。更适于热性体质、口臭口渴、肠胃不清、热病后调养者食用。现代医学证实，豆腐除有增加营养、帮助消化、增进食欲的功能外，对齿、骨骼的生长发育也颇为有益，在造血功能中可增加血液中铁的含量。豆腐不含胆固醇，为高血压、高血脂、高胆固醇症及动脉硬化、冠心病患者的药膳佳肴，也是儿童、病弱者及老年人补充营养的食疗佳品。豆腐含有丰富的植物雌激素，对防治骨质疏松症有良好的作用。还有抑制乳腺癌、前列腺癌及血癌的功能，豆腐中的甾固醇、豆甾醇，均是抑癌的有效成分。

徽菜之中，就有水豆腐、毛豆腐、臭豆腐、观音豆腐、腊八豆腐以及橡子豆腐等。

在朱元璋的家乡安徽凤阳县，有一道美食名吃"凤阳酿豆腐"，就是当年明太祖的御膳师传下来的。

凤阳当地方言称"凤阳酿豆腐"为"瓢豆腐"（"瓢"发第三声，意内有馅料）。其成菜色泽红润，馅料咸鲜，豆腐球整体形味似樱桃。

今天的"北京烤鸭"可谓是声名在外，誉满全球，老外到中国北京必办的三件乐事就是"逛故宫，吃烤鸭，登长城"。

不过，"北京烤鸭"却来自于南京。

洪武元年(1368年)，朱元璋把明朝的首都建于金陵，也就是今天的南京。

南京又叫"鸭都"，南京附近地区出产的鸭子膘肥色白，肉质鲜嫩，宋朝时就闻名全省。南京人也一直以吃鸭子闻名天下，有"无鸭不成席"的说法。而明朝初期的南京城里即盛行以鸭制作菜肴，朱元璋当上帝王后，御厨们便取用南京肥厚多肉的湖鸭制作菜肴，为了增加鸭菜的风味，采用炭火烘烤，使鸭子入口酥香，肥而不

腻，受到人们称赞，即被皇宫取名为"烤鸭"。"金陵鸭馔甲天下"之说也从此流传开来。

中国的"烤鸭"历史悠久，早在南北朝的《食珍录》中已记有"炙鸭"。元朝天历年间的御医忽思慧所著《饮膳正要》中有"烧鸭子"的记载，烧鸭子就是"叉烧鸭"，是较早的一种烤鸭。

南京濒临长江，北通淮海，南接苏杭，所处之地河汉纵横，湖泊众多，乃鱼米之乡。南京的周围地区盛产麻鸭，每年可以大量供应南京。

据金陵野史记载，皖南繁昌芜湖和江苏湖熟高淳一带的农民，在七月份便纷纷

赶鸭上南京,数以万计的鸭群沿长江支流,也有的沿着长江边顺流而下,浩浩荡荡地赶往汇聚地点——南京。但见江面上、河面上,鸭军团绵延数十里,鸭声呱呱,赶鸭的人驾着小舟,持长竹竿,鸭群随着号令,进退栖止十分有序。

当鸭群赶到南京时正是八月桂花开放,一路吃得肥壮的鸭群在南京水西门上岸,形成金陵一景。南京人还专门为此作诗道:"八月中秋桂花黄,百万雄鸭过大江;鸭子味美远胜鸡,金陵男女恺而慷;盐水炉烤满街巷,居家待客特便当;最喜时髦靓女子,爱啃鸭头油光光。"

南京号称六朝古都,地处南北要冲,长期以来不仅是商业重镇,也是政治中心,不仅拥有繁华如梦的十里秦淮,更是江南商贾云集、菁英荟萃的所在,而金陵的权贵富豪更是珠服玉馔,讲究饮食。有着如此丰厚饮食文化底蕴的南京遂集周围地区烹调之大成,延续了淮扬菜的烹调风格,名为"南京菜",也称"金陵菜"、"京苏大菜"。

南京菜之中最特别的当属"金陵鸭馔",这不是一道菜,而是南京菜之中所有以鸭子为主料的菜肴的总称。南京人"吃鸭"的花样百出,变化多端:烤鸭、板鸭、酱鸭、水晶鸭、盐水鸭、琵琶鸭、香酥鸭、黄焖鸭、裹炸鸭、料烧鸭、加汁鸭、八宝珍珠鸭,都是各具特色的珍馐美味。

清人陈作霖在所撰《金陵琐志》中记有:"鸭非金陵所产也。率于邵伯、高邮间取之。么凫稚鹜千百成群,渡江而南,阑池塘以畜之。约以十旬肥美可食。杀而去其毛,生鬻诸市,谓之'水晶鸭';举叉火炙,皮红不焦,谓之'烧鸭';涂酱于肤,煮使味透,谓之'酱鸭';而皆不及'盐水鸭'之为无上品也,淡而旨,肥而不浓;至冬则盐渍,日久呼为板鸭,远方人喜购之,以为馈献。市肆诸鸭,除'水晶鸭'外,皆截其翼足,探其肫,肝零售之,名为'四件'。"

而鸭肫、鸭心、鸭肝、鸭舌、鸭四件、鸭血汤均可入馔,各呈奇妙。如"鸭四件"(俗称飞跳),用鸭子的双翅和双掌,配上好酱与猪肉一起红烧,口感极佳;鸭心配时令蔬菜做出的小炒,鲜嫩无比,远胜于炒牛肝和炒牛肉丝;用酱油单烧的鸭心肝,切成薄片,清热开胃;鸭舌具有清热的功效,富有营养,用来做菜,可烧可烩,也可炖汤泡饭吃;鸭血汤滋补营养,美味可口,又不含高脂肪,深受时尚女子的喜爱。两块鸭血放入炖鸭子的清汤,与豆腐同煮,再加上鸭肠、鸭肝、粉丝等配料同食,吃时唇齿留香;连不起眼的鸭胰脏也能做出享誉金陵的名菜"美人肝",鸭胰柔软鲜嫩,佐菜冬笋、冬菇味美爽口,让食客爱不释"口",欲罢不能。

鸭肉营养丰富,蛋白质含量高,富含

钙、铁、磷、硒等矿物质及维生素 A、硫胺素、核黄素等营养元素。传统中医理论认为：鸭肉味甘、咸,性凉,具有补肾健脾、滋补营养之功效,特别适合脾肾两虚、阴血不足、形体瘦弱之人食用。健康人食用则精力充沛,食欲旺盛,增强记忆力和抵抗力。南京是夏季漫长而炎热的地方,每到这时,人们便会觉得食欲不振,神疲力乏,鸭肉自然也就成了南京市民夏季开胃健脾、秋后营养滋补的首选食物。

南京人吃鸭子是真正吃出了瘾,春天里吃"春板鸭"和"烧鸭",夏季以琵琶鸭煨汤祛暑清热,秋天吃盐水鸭,到了冬季则吃腊板鸭。

在各式各样的鸭肴之中,板鸭的烹制工艺要求严格,有腌制、复卤、吊坯、汤锅抽丝焖煮等多道工序。有口诀云："熟盐腌,清卤复,烘得干,焐得透,皮白肉红香味足。"板鸭选用当年成长的仔鸭,四季可制。煮熟的板鸭须等到冷却后方可改刀

装盘,冷却后鸭皮下的脂肪不易流失。成品表皮洁白,肥而不腻,香酥滑嫩,吃起来肉质紧密,口味咸香,而且耐久藏。在明代初年,南京就流传一首这样的民谣："古书院,琉璃塔,玄色缎子,咸板鸭。"据说明清时期南京官员均以板鸭作为伴手礼,即彼此问候串门始终带着一只板鸭,所以有"官礼板鸭"之称。

不过,"金陵鸭馔"最精致的并不是板鸭,"盐水鸭"才是南京鸭肴的代表作。

盐水鸭讲究新鲜,现做现吃,有口诀曰："热盐擦、清卤复、吹得干、焐得透,皮白肉嫩香味足。"除卤水火候考究外,盐水鸭首先必须是放养在江河湖泊,吃活食长活肉的江南水鸭。特别是每年秋风初起时的"桂花鸭",一身精肉中有少许过冬油脂,肥瘦老嫩,恰到好处,为金陵八大名菜之一。清朝南京人张通之的《白门食谱》中记载："金陵八月时节,盐水鸭最著名,人人以为肉内有桂花香也。"

↓ 盐水鸭

主辅料：活肥鸭 1 只(重约 2000 克),精盐 225 克,香醋 5 克,葱结 25 克,姜块 25 克,五香粉、花椒各少许,八角 10 只。

制法：1. 将鸭宰杀后,煺净毛,剁去小翅和脚爪,在右翅窝下开约 7 厘米长的小口,取出内脏,挖出气管、食管,放入清水中浸泡,去掉血水,洗净沥干。

2. 炒锅上中火烧热,放入精盐 100 克和花椒、五香粉,炒热后倒入碗中,将 50 克热盐从翅窝下刀口处填入鸭腹,晃匀。用 25 克热盐擦遍鸭身,再用 25 克热盐从颈的刀口和鸭嘴塞入鸭颈。然后,将鸭放入缸盆内腌制 1.5 小时

取出,再放入清卤(清水 2000 克、盐 125 克、葱姜各 15 克、八角 5 只,微火烧开,使盐溶化,捞出葱、姜、八角,倒入腌鸭的血卤,烧至 70℃,用纱布过滤干净,冷却即成)缸内浸渍 4 小时左右(夏季 2 小时)。

3. 炒锅加清水 2000 克,旺火烧沸,放入姜块和葱结各 10 克、八角 5 只和香醋,将鸭腿朝上、头朝下放入锅中,盖上锅盖,焖烧 20 分钟,待四周起水泡时揭起锅盖,提起鸭腿,将鸭腹中的汤汁沥出。接着再把鸭子放入汤中,使腹中灌满汤汁。此操作反复三四次后,再将鸭子放入锅中,盖上锅盖,焖约 20 分钟,取出沥去汤汁,冷却即成,食用时改刀装盘。

特点:用肥鸭腌、煮而成。成菜皮色玉白油润,鸭肉微红鲜嫩,肥而不腻,入口幽香扑鼻,鲜美柔韧,愈嚼愈出味,令人百食不厌,具有香、酥、嫩的特点。

注意事项:必须选用肥瘦适中、肉嫩味鲜的湖鸭为原料,过大过肥者不宜烹制。腌制时必须用炒热的花椒盐,擦遍全身腌透,使其肉质韧硬、味道鲜香、回味深厚。

再说说"金陵烤鸭"变成"北京烤鸭"的由来。

当年的明太祖朱元璋这家伙挺能活,大儿子懿文太子朱标竟先他而去。朱元璋有二十多个儿子,但他按着嫡派子孙相传的规律将印把子传给了孙子朱允炆,于是朱允炆就成了建文帝,也叫明惠帝。

建文帝本性善良,许多叔叔手中都握有雄兵,他便很和气地开始削藩,以巩固自己的地位。朱元璋的四子燕王朱棣桀骜不驯,能征好战。这个野心家借"清君侧"之名发动"靖难之役",结束了建文帝的四年帝王之旅,并将国都迁到北京。

就这样,烤鸭的烹饪技艺随着明都的迁移而传至北京,如明万历年间的太监刘若遇在其撰的《胆宫史·饮食好尚》中曾写道:"……本地则烧鹅、鸡、鸭。"后竟成为北京风味名菜,"京师美馔,莫过于鸭,而炙者成佳"。在二十世纪三十年代,北京著名的烤鸭店——"便宜坊",还挂着"金陵烤鸭"的牌子。

"不到长城非好汉,不吃烤鸭真遗憾。"如果桂花鸭时节到了南京,则一定不要忘了品尝一下"金陵盐水鸭"!

永乐二十二年(1424 年),六十五岁的明成祖朱棣第五次远征蒙古,这也是他的最后一次戎马经历,后因病重班师,七月十八日,病逝于返京途中。皇太子朱高炽即位,是为明仁宗。

朱高炽是明成祖的长子,早年由于他的儒雅与仁爱深得皇祖朱元璋的喜爱,在1395 年就被立为燕王世子。他识大体,好读书,但患有肥胖症,没有两个人搀扶就走不了路。

明成祖朱棣并不喜欢这个长子。次子朱高煦与成祖颇有几分相像,在"靖难之役"中冲锋陷阵,几次将成祖在危难之际解救出来,成祖也曾许愿说"你大哥多病,将来皇位就是你的了"。朱高煦听了这话,杀敌更加勇猛,屡建大功。

朱高炽虽手无缚鸡之力,可表现得并不比弟弟差。以区区一万人坚守北京孤城,成功阻挡建文帝大将李景隆五十万大军的疯狂进攻。此役对朱棣夺取天下无疑具有极其重要的意义,也是"靖难之役"篇章中最亮丽传奇的一页。

朱高炽尽管仁爱、儒雅,深得文臣们的拥戴,成祖还是想换朱高煦做自己的继承人,最后终因群臣强烈反对,加上明朝皇位的嫡长子继承制度约束,成祖才把朱高炽立为太子。

成了汉王的朱高煦不肯就此罢休,私

养了许多武士打算图谋不轨,可未等下手就被老爸朱棣撵出了北京城。老大高煦夺权失利,老三赵王朱高燧胆子更大,居然在皇上得病期间密谋杀死他,然后矫诏即位,不料被人告密,一场血腥的政变才宣告流产。

成祖勃然大怒,要朱高燧当面对质,幸亏朱高炽在旁为三弟找辙解脱,总算没有再追究下去。

朱高燧雄心一落千丈,从此在封地彰德(今河南安阳)寄情酒色,闭门不出。

注定与帝王无缘的朱高燧也因此因祸得福,并流下一道传世的名菜——"紫酥肉"!

话说朱高燧在彰德建起了豪宅赵王府,广纳美女,每天靠着奢华无度的生活打发寂寥岁月。

赵王府内此时灯红酒绿,夜夜笙歌,虽说美女如云,但朱高燧最宠爱的却是一个贫苦出身的侍女。

此女不仅姿容出众,更兼歌舞弹唱样样精通,只需回眸一笑,便把朱高燧的魂给勾去了。

木秀于林,风必摧之。一个出身低贱的女人想在深宫里熬出名堂来实在是难于上青天。

看到此女被专宠,赵王的许多嫔妃醋意大发,秘密凑到一处,组成联合统一战线。她们对侍女展开围追堵截的持久战,当面跟她讥讽发难,并逮空便向赵王进谗言。

人言可畏,偏赶上朱高燧又是个耳根子比较软的人,没过多久,就有意无意地开始疏远这个侍女。

这个侍女意志力很强,轻易不认输,下定决心要设法再赢得赵王的欢心。

偶尔一天,侍女听到了别人说起赵王小时候最喜欢吃烤肉的闲话,心中一动。于是她便跑到厨房找厨师帮忙购进一些新鲜的猪肋条肉,要亲手给赵王烹制美食。

美女的杀伤力指数是不可估量的。有美女在身侧,厨师大哥主动言传身教,点拨厨艺。这侍女确实心灵手巧,聪慧过人,将猪肋条肉一番细心地烹制,其间还别出心裁地加了紫酥佐味,上笼蒸透,再经油炸后果然色形味皆佳。这时,厨师大哥在现场提议说,再配一些甜面酱和大葱,可以提味。侍女便依法炮制,亲手将美馔端上赵王的餐桌。

朱高燧看到新版烤肉,不由胃口大开,在侍女殷勤喂食下,吃得有滋有味,兴高采烈。

赵王此时的心情好得没边了,便问起美馔的名字。侍女嫣然一笑,回答说:"紫酥肉。"朱高燧看得情荡神迷,也笑着说:"以后本王每天都要吃你亲手制作的'紫酥肉',如何?"就这样,侍女重新获得了赵王的百般宠幸,欢乐如初。

后来,这位侍女竟然从赵王府神秘消失了。到底是被别人胁迫逼走,还是另有什么别情,谁也没个准确说法。朱高燧经此打击,变得烦闷焦躁,郁郁寡欢。纵然府内其他美女争相献媚,赵王也总提不起什么兴趣来。

还是那位厨师大哥想出个好办法,他仿照侍女亲手烹制的"紫酥肉",将其进献给赵王。朱高燧看到"紫酥肉",便犹如看到了心爱的侍女一般,眼前一亮,心情也立马变得开朗了许多。此后这位厨师大哥每隔几天便上"紫酥肉",朱高燧的精神也渐渐振作起来,高兴之余,还提高了厨师的年终奖。

明仁宗朱高炽只当了一年的皇帝便撒手人寰,长子朱瞻基即位,是为明宣宗。

汉王朱高煦以为朱瞻基这个侄子像当年的建文帝一样好欺负,便起兵造反。在大臣支持下,明宣宗御驾亲征,只一战便生擒孤军作战的朱高煦,结束战斗。

朱瞻基挟得胜之威,捎信给皇叔朱高燧,暗示他交出兵权。朱高燧对一切早已心灰意冷,痛快地交出了三卫兵马。

至此,困扰明初近半个世纪的削藩问题终于得到了彻底的解决。

明仁宗和明宣宗这父子俩可算是明代的明君,功绩斐然,国泰民安,史称"仁宣之治"。

宣德六年,朱高燧病逝。那位厨师大哥由赵王府退休,"紫酥肉"也随之传到了民间。时至今日,"紫酥肉"一直都是豫菜谱上的知名菜馔。

"紫酥肉"得名于使用紫苏叶,而紫苏的叶子和果实对于止咳、镇静及止痛确实具有很强的药效,传说中国古代的名医

紫酥肉

主辅料: 带皮硬肋猪肉 750 克,花椒 5 粒,八角 1 个,绍酒 10 克,醋 15 克,甜面酱 50 克,精盐 10 克,葱片 10 克,姜片 10 克,葱段 50 克,花生油 500 克(约耗 50 克)。

制法: 1. 将硬肋猪肉切成 6.6 厘米宽的条,放在汤锅内旺火煮透捞出,把皮上的鬃眼片净后放盆中,用葱片、姜片、花椒、八角(掰碎)、精盐、绍酒,加水适量,浸腌 2 小时,上笼用旺火蒸至八成熟取出,晾凉。

2. 炒锅放旺火上,加花生油,烧至五成熟时,肉皮朝下放入锅内,将锅移到微火上,10 分钟后捞出,在皮上抹一层醋,下锅内炸制,反复 3 次,炸至肉透,皮呈柿黄色捞出。切成 0.6 厘米厚的片,皮朝下整齐码盘。上菜时外带葱段、甜面酱。

特点: 色美而油亮,外酥里嫩,肥而不腻。若配以甜面酱及葱段佐食,味道更佳。

华佗,曾救治一名吃螃蟹中毒致死的少年。他所用的草药颜色为紫色,又因它使少年由死而苏活,故因而命名"紫苏"。

紫苏不仅能够中和鱼或螃蟹的毒性,还能预防食物中毒。当代人食用生鱼片以紫苏为佐菜的目的也在于此。

紫苏菜对身心都极有益处,是一种很好的蔬菜。紫苏加上可提高维生素 B_1 效果的葱,做成葱紫苏汤,可消除焦躁,稳定精神,对于更年期障碍引起的精神不宁也有效。

只是,作为河南历史名菜,现在的"紫酥肉"已不再放紫苏了。

明正德十六年(1521年),武宗朱厚照驾崩。

正德皇帝一生无厘头,不着正调,总喜欢在战场上冲锋陷阵,耀武扬威。

最令朱厚照苦恼的是他虽然阅女无数,甚至传出与民女李凤姐的八卦绯闻来,也没有子嗣,为此不得不亲自导演一出迎娶孕妇的闹剧,结果由于群臣的强烈反对,只好悻悻收场。

朱厚照在咽气前,按照"兄终弟及"的祖训,只能遗诏十四岁的堂弟兴王朱厚熜继位了。

相传当时孝皇张太后还传出懿旨,在将武宗的遗诏发给朱厚熜的同时,也给居住在德安的寿定王朱佑搘、卫辉的汝安王朱佑梈发了遗诏。三诏齐发,太后命三人"先到为君,后到为臣"。

朱厚熜此刻身在安陆州(今湖北钟祥),他接到遗诏后,悲喜交加。但更担心的是安陆州距京城三千多里,而卫辉距京城仅数百里,无论如何是无法赶在汝安王朱佑梈之前到京城报到的!

他的授业恩师是一位足智多谋的人。他认为汝安王朱佑梈自以为离京城最近,当皇帝是板上钉钉的事,进京时必定大张旗鼓,而沿途的各府、各县官员为了能够巴结到准皇帝,也一定小宴、大宴地迎送,少不得会耽搁时日。而朱厚熜若轻骑兼程日夜北上,则有可能出奇制胜,抢到汝安王的前头。

为保证朱厚熜路途上的伙食营养,老师便请来几位当地有名的厨师商议,决定做一道"吃肉不见肉"的菜:采用瘦猪肉和鲜鱼剁肉馅,拌入肥肉丝条,加上上等淀粉、鸡蛋清、葱姜末、食盐等拌成馅料裹熟鸡蛋皮之内做成长约30公分,口径约5公分的扁卷筒形,置于蒸笼内蒸熟,然后将其切成薄片,摆成龙形于盘中间回笼蒸热,就成了色、味、香、形俱佳的上等菜肴。

朱厚熜品尝后赞不绝口,亲自取名为"蟠龙菜"。

当下朱厚熜带着"蟠龙菜",风雨兼程,一路快马加鞭,终于捷足先登,顺利登基,也就是后来的嘉靖皇帝。不久,朱厚熜思念美味,就把做出"蟠龙菜"的那位厨师召入宫中当御厨,从此"蟠龙菜"成了宫廷御宴上的一道"招牌菜"。

在今天,"蟠龙菜"还被湖北省列入省级非物质文化遗产项目呢!

有诗为证:"山珍海味不须供,富水春香酒味浓,满座宾客呼上菜,装成卷切号蟠龙。"

↓|蟠龙菜

主辅料:瘦猪肉450克,肥猪肉200克,鱼肉300克,鸡蛋3个,姜5克,盐7克,鸡蛋清4个,葱花5克,熟猪油10克,淀粉150克,香油75克,鸡汤100克。

制法:1. 将猪肉剁成茸放入钵内,加清水搅拌,浸泡30分钟,滗去水,加入淀粉、精盐、鸡蛋清、葱花、姜粉,搅成肉糊。

2. 将净鱼肉剁成茸,加淀粉、精盐、葱花、姜粉,搅成糊。

3. 将鸡蛋摊成蛋皮,将鱼茸和肉茸合在一起用蛋皮卷成蛋卷,上笼蒸熟,切成3毫米厚的蛋卷片,相互衔接地码在碗中,旺火蒸15分钟扣入盘内,淋上热猪油,点缀一些装饰花。

食法:一蒸:切薄片装碗,上笼蒸半小时,吃时另酌酱油、醋。(用碗蒸的时候,碗内要抹油,方便成盘,盘卷成形,入笼时火要大,水要沸,笼满气。)

二炸:即将蒸好的肉卷切成二分厚的块盛碗,用鸡蛋、淀粉、面粉和适量的清水拌匀上浆,下锅炸,呈现金黄色时捞出,每块相互衔接盘旋地摆入盘内即可。

三熘：切薄片，油温热后下锅，起锅时下少量勾好的芡即可。

四烩：配上虾仁、木耳、香菇做汤羹。饮一口，美味嘴里留三天；喝一碗，三年吃鱼吃肉不香甜。

特点：红黄相间，肥而不腻，柔滑油润，味香绵长。

"蟠龙菜"又称钟祥盘龙菜、卷切、卷切子、剁菜、压桌。因色美味鲜，香嫩可口，油而不腻，蒸、炸、熘、炒、烩，不同的烹调方法皆宜，具有不同的特色而深受人们的欢迎。

嘉靖皇帝有一公主，不仅长得十分美丽，而且活泼顽皮，深得嘉靖的钟爱。相传嘉靖到钟祥视察时，把这个公主也带来一路游玩。钟祥的大小官员们设盛宴迎接嘉靖皇帝。

当一道"蟠龙菜"端上酒席间时，当地官员介绍说："此乃皇上最爱吃的吃肉不见肉的菜。"公主听罢，眼睫毛一闪，便给他出了一道难题说："今日是'吃肉不见肉'，明朝我要'吃鱼不见鱼'。"

当地官员不敢不接公主的招，不过他转身就把这个球踢给了钟祥的几大名厨。厨师们折腾了半夜，终于想出了个好办法。

第二天，宴席上出现了一道新式菜肴，公主吃后，顿觉鱼香满口，但又不见鱼。公主十分惊诧，问道："这是什么菜？"那位官员躬身答道："此乃按公主之意制作的'吃鱼不见鱼'的'鱼茸卷'。"公主大悦，对此菜赞不绝口，称道不已。后来这道"鱼茸卷"流传到了民间，并一直深受人们喜爱。

↓ 鱼茸卷

主辅料：净鱼肉 500 克，熟鸡脯肉 100 克，熟火腿 100 克，熟香菇 150 克，青椒 100 克，蛋皮 200 克，葱姜汁 50 克，淀粉 50 克，鸡蛋清 150 克，红椒、葱丝、姜丝、精盐、白醋、鸡汤、化猪油各适量。

制法：1. 净鱼肉剁成茸，放入盆中，加精盐、葱姜汁、味精、淀粉 30 克及适量化猪油搅匀成馅；熟鸡脯肉、熟火腿、熟香菇 100 克，切成细丝；鸡蛋清打泡后，加入 15 克淀粉，搅打成蛋泡糊。

2. 取蛋皮半张，先抹上一层鱼茸馅，再放上鸡丝、火腿丝、香菇丝和葱姜丝卷裹成筒状,依法逐一制完后,入笼用旺火蒸约 10 分钟,取出,将鱼茸卷切成 0.5 厘米厚的片。

3. 将切成片的鱼茸卷码入盘中成扇形,上面抹上蛋泡糊;将余下的香菇修切成梅花树干和树枝状,摆入盘中;余下的蛋皮和红椒均修切成小圆片,5 个 1 组,呈梅花状摆在梅枝旁;将青椒修切成竹子的枝叶埋入盘中,即成梅竹图。然后入笼蒸约 1～2 分钟取出。

4. 炒锅置火上,掺入鸡汤烧沸,调入精盐、味精和葱姜汁,用 5 克水淀粉勾薄芡,再淋入少许烧热的猪油,起锅浇在盘中菜肴上,即成。

特点:造型雅致,质地鲜嫩,味道鲜美。

"蟠龙菜"虽然美味,但嘉靖帝更渴望寿与天齐。

朱厚熜对道教崇拜得五体投地,迷信丹药方术,一心想求道成仙。严嵩投其所好,把一个高价淘来的益寿延年秘方献给皇上。这味药以烧汤饮之,美味无穷,真可谓"群仙蜂拥至,争尝一勺鲜"。嘉靖帝龙颜大悦,亲自命名为"御汤",意思是说这汤今后只准朕一人喝了!

明朝灭亡后,御厨赵纪携带此秘方逃至河南省东部的逍遥(今周口市西华县逍遥镇),将此方传到了该地百姓。该地人因此汤辣味俱全,遂改其名为"胡辣汤"。该汤具有消食开胃、化痰止咳、祛风祛寒、活血化淤、清热解毒、行气解疟、祛虫滞泄、利尿通淋、除湿疹、祛瘙痒等功效。且其味美价廉,很受群众欢迎。

"胡辣汤",又名"糊辣汤",其实是中国北方早餐中常见的汤类食品。

↓ 胡辣汤

主辅料:(制 10 碗)熟羊肉 500 克,羊肉鲜汤 350 克,面粉 500 克,粉皮(或粉条)160 克,海带 40 克,油炸豆腐 50 克,菠菜 80 克,胡椒粉 5 克,五香粉 3 克,鲜姜 7 克,盐 4 克,香醋 160 克,芝麻油 50 克。

制法:1. 原料加工。熟羊肉切成小骰子丁(也可切片);粉皮泡软后切成丝;海带胀发后洗净切成丝,用开水煮熟淘去黏液,再用清水浸泡;油炸豆腐切成丝;菠菜拣去黄叶,削根,洗净切成约 2 厘米长的段;鲜姜洗净切成或剁成米粒状。

2. 洗面筋。将面粉放入盆内,用清水调成软面团,用手蘸上水把面团揉上劲;饧几分钟,再揉上劲,然后兑入清水轻轻压揉,至面水呈稠状时换上清水再洗。如此反复几次,直到将面团中的粉汁全部洗出,再将面筋用手拢在一起取出,浸泡在清水盆内。

3. 制汤。锅内加水约 350 克,加入鲜羊肉汤,再依次放入粉皮丝、海带丝、油炸豆腐丝和盐,用大火烧沸,然后添些凉水使汤锅呈微沸状。将面筋拿起,双手抖成大薄片,慢慢地在盆内涮成面筋穗(大片的面筋用擀杖搅散)。锅内烧沸后,将洗面筋沉淀的面芡(将上面的清水沥去)搅成稀糊,徐徐勾入锅内,边勾边用擀杖搅动,待其稀稠均匀,放入五香粉、胡椒粉,搅匀,再撒入菠菜,汤烧开后即成。食用时淋入香醋、芝麻香油。

特点:酸辣鲜香,风味浓郁,营养丰富,味道上口。

明神宗万历年间，宫中有个叫刘若愚的太监，因长于文墨，被大太监魏忠贤的心腹李永贞派到内直房做秘书。刘若愚从此有了与大内生活，特别是宫廷饮食零距离接触的机会。

后来魏忠贤被崇祯皇帝打倒，李永贞获罪问斩，刘若愚也受到殃及，被处斩监候，囚入牢狱。刘若愚感到自己比窦娥还冤枉，于是在狱中拿起笔，写下了二十四卷的《酌中志》，列举许多宫中事实，证明自己忠于职守，而绝非魏、李阉党的黑分子。刘若愚凭借《酌中志》一书得以洗刷冤情，不久，刘若愚被无罪释放。

刘若愚在《酌中志》中真实地记述了明代宫中皇帝、皇后、嫔妃、太监、宫女的宫中活动以及明宫宫殿、内廷职掌、饮食好尚、内宫书籍等，是一部极具史料价值的反映明代宫廷生活的著作。

书中从明宫饮食好尚说起，一年十二个月，逐月进行叙述，生动翔实，令人信服和叹服。

农历正月是一年的开始，也是一年之中节日最多的月份，有元旦、立春、上元、填仓等四个节日。

其中元旦是岁时节日中最重要的活动。节令食品有椒柏酒、扁食（就是今天人们常吃的饺子）。水点心中个别的包一二个银钱，吃到的人被认为来年一年吉利。新年时，宫中通常吃"百事大吉盒儿"，盒内装有柿饼、圆眼、栗子、熟枣等。还要吃驴头肉，用小盒盛装，名曰"嚼鬼"，这是由于俗称驴为鬼的缘故。

在立春的前一天，顺天府东直门外举行"迎春"仪式，勋戚、内臣、达官、武士都要前去春场进行跑马比赛。

立春日，宫中无论贵贱都要嚼吃萝卜，名为"咬春"，彼此互相宴请，并吃春饼"和菜"。

初七是"人日"，宫内也吃春饼"和菜"。

正月十五日元宵节，宫中帝后勋贵通过吃元宵、赏灯等活动，使正月的节庆活动达到了高潮。明代宫廷中的元宵制作十分精细，将糯米磨成细面，再用核桃仁、白糖、玫瑰做馅，然后洒水滚成，大小如核桃般，味道香甜。

元宵节期间，万历皇帝最喜欢吃的肴馔是炙蛤蜊、炒鲜虾、田鸡腿、笋鸡脯以及名叫"三事"的菜肴。明代宫廷御膳风味自仁宗以后，北味在明宫御膳中逐渐增多，羊肉成为宫中美味，主要用于养生保健，且多在冬季食用。正月十五，如果遇到天降大雪，无法外出，帝后则在暖室赏腊梅，享用炙羊肉、羊肉包，喝浑酒、牛乳、乳皮，吃蒸熟的乳油窝卷。

十六日，宫中赏灯活动更盛，"天下繁华，咸萃于此"。

正月十九日是"燕九"节，届时勋戚内臣，凡好黄白之术者，都要到白云观游览，企求访得"丹诀"，相传这里是全真教大名人丘处机成道之处。在此期间，御前安设的各种彩灯要收撤，表示喧阗热闹的元宵节接近尾声。

到了正月二十五为"填仓节"，又一个"醉饱酒肉之期"来了，宫中进行相应的祭祀活动，然后放开肚皮，尽情大吃大喝。

正月明宫所尚珍味，包括：冬笋、银鱼、鸽蛋、麻辣活兔、塞外黄鼠、冰下活虾、烧鹅、烧鸡、烧鸭、烧猪肉、冷片羊尾、爆灼羊肚、猪灌肠、大小套肠、带油腰子、羊双肠、猪膂肉、黄颡管耳、脆团子、烧笋鹅、烧笋鸡、爆酶鹅、柳蒸煎攒鱼、煤铁脚雀、卤煮鹌鹑、鸡醢汤、米烂汤、八宝攒汤、羊肉包、猪肉包、枣泥卷、糊油蒸饼、乳饼、奶皮、烩羊头、糟腌猪蹄、糟腌猪耳、糟腌猪舌、糟腌猪尾、鹅肫掌。素食珍味包括：滇南枞、五台山天花羊肚菜、鸡腿银盘麻姑、东海石花海白菜、龙须、海带、鹿角、紫菜、江南蒿笋、糟笋、香菌、辽东松子、蓟北黄花、金针、都中山药、土豆、南部苔菜、武当山鲨嘴笋、黄精、北山榛、栗、梨、枣、核桃、黄莲茶、虎丘茶、江南蜜柑、凤尾橘、漳州橘、橄榄、小金橘、凤菱、腊藕、西山苹果、软子石榴。

二月初二日，各宫门都尽行撤去元日佳节的各种彩妆。各宫各室用黍面枣糕油煎进食，十分可口。有的将面和得很稀，摊成煎饼，称"薰虫"。

这个时期，宫中讲究吃河豚，饮芦芽汤。

三月初四日，宫眷内臣们换穿罗衣。皇帝驾临回龙观行宫，欣赏海棠。

三月十八日，到东岳庙进香。宫人吃烧笋鸡，吃凉糕。宫中还做一种美食，将糯米面蒸熟，加糖，加碎芝麻，称为"糍巴"。宫监们尤好吃雄鸭腰子，为的是壮阳补虚。当时，雄鸭腰子十分值钱，大的一对可值五六分银子。

四月里春季到来，百花盛开。宫眷内臣换穿纱衣，云集在宫院内进食美味佳肴，观赏芍药、牡丹。四月初八日，进食不落夹，就是用苇叶方包糯米，长的可三四寸，阔一寸，滋味很美。樱桃灿烂，红艳艳的诱人，宫中竞吃樱桃。这是品尝新的一年水果新味的开始。

这个月主要流行吃笋鸡，吃白煮猪肉。各宫室还常做美味可口的包儿饭：选出各样精肉、肥肉；将姜、蒜、葱剁成豆子大；拌饭，再用莴苣叶子包裹而食。宫室自造甜酱豆豉。饮白酒，吃冰水酪。宫中还取新麦穗煮熟，剥掉芒壳，磨成细条进食，美味可口，称为"稔转"。进食"稔转"是品尝一年五谷新味的开始。

从五月初一至十三日，宫中俱穿"五毒艾虎补子蟒衣"，以防各种毒气上升，染侵肌体。各宫各室大门两旁安菖蒲，放艾盆。大门上悬挂吊屏，上面画天师、仙子、仙女执剑，降伏五毒。

初五日，喝朱砂、雄黄、菖蒲酒，吃粽子，吃加蒜过水的温淘面。帝后除有斗龙舟、划船、驾幸万寿山前插柳、看御马监勇士跑马等节日活动外，皇帝这时还要赏赐大臣粽子，夏至伏日时，戴蓖麻子叶，吃"长命菜"，也就是马齿菜，即马齿苋。

六月六日"天贶节"、初伏、中伏、末伏日，宫中要吃过水面和"银苗菜"。立夏日，宫中通过戴楸叶，吃莲蓬、藕，喝莲子汤来消暑。

八月中秋月圆，金桂飘香，宫中要赏月、拜月，聚吃月饼、瓜果，吃肥蟹，饮苏叶汤。此时宫中享用的鲜果为石榴和玛瑙葡萄等美品。宫中先将瓷缸内放少许水，然后将大串的葡萄枝悬封之，葡萄可以保鲜到正月。

九月重阳节时，宫中要吃花糕，皇帝要驾幸万岁山或兔儿山登高望远，并品尝迎霜麻辣兔和菊花酒。

十月皇宫中享用的时令食品主要有羊肉、爆炒羊肚、麻辣兔以及虎眼糖等各样细糖；并吃牛乳、乳饼、奶皮、奶窝、酥糕、鲍螺等。

十一月冬至节以后，进入一年之中最为寒冷的"数九"寒天，这一季节皇室的食品除美味外，主要是进行冬季食补，御寒养生。主要看馔有：糟腌猪蹄尾、鹅饨掌、炙羊肉、羊肉包和扁食馄饨等。

腊月里，宫中有吃腊八粥、祭灶的习俗。节令吃食主要有灌肠、油渣卤煮猪头、烩羊头、爆炒羊肚、炸铁脚小雀加鸡子、清蒸牛乳白、酒糟蚶、糟蟹、炸银鱼、醋熘鲜鲫鱼鲤鱼等。

讲完了宫廷十二个月中的看馔，再回头来看看前面说的万历皇帝在元宵节最爱吃的"三事"究竟是个啥菜。

刘若愚这样写道："又海参、鳆鱼、鲨鱼筋、肥鸡、猪蹄共烩一处，名曰'三事'，恒喜用焉。"

鳆鱼即鲍鱼，鲨鱼筋就是今天的鱼翅。

海参、鲍鱼、鲨鱼翅都是极其名贵的食品。

海参又名沙噀、海鼠、海男子，在生物学上属于棘皮动物海参纲。中国所产海参约有20余种可供食用，主要有刺参、方刺参、梅花参、乌参、黄玉参等。古人区别海参种类仅以刺参和光参作为分别，如《本草从新》这样解释："有刺者名刺参，无刺者名光参。"无论是古人还是今人，都视海参中的刺参为高档烹饪原料。

明人谢肇淛《五杂组》卷五中说："海参，辽东海滨有之，一名海男子，其状如男子势，然淡菜之对也。其性温补，足敌人参，故曰海参。"

清代栖霞学者郝懿行曾对海参进行过深层次的考察，他认为李善《文选》中《江赋》注释条所引《临海水土异物志》中记载的"土肉"就是海参无疑。李善的原文为："土肉正黑，如小儿臂状，长五寸，有腹无口目，有三十足，炙食。"郝氏认为"三十足"应指海参身上的刺。

如果郝懿行这种考证说法站得住脚，那么中国人食用海参的历史则可上溯到汉晋时代。

海参真正出现在食书中是在元朝，贾铭在《饮食须知》卷六这样记载："海参味甘咸，性寒滑，患泄泻痢下者勿食。"

到了明代，海参因其自身的美食价值一跃进入中国山珍海味中的首列，如明人姚可成《食物本草》卷中说："海参，生东南海中，其形如蚕，色黑，身多瘭癌。一种长五六寸者，表里俱洁，味极鲜美，功擅补益，肴品中之最珍贵者也。"

而中国人鱼翅的吃法则是跟着三宝太监郑和下西洋的福建人借的光。相传当年郑和下西洋时，船队行至东南亚海域，粮食供给掉了链子，船员们便在途经的海岛上拣拾当地土人丢弃的鲨鱼翅，煮熟后用以充饥，谁知一吃颇为爽口，就把这种新发现的美食方式带回中国大陆，从此鱼翅就成了华人饮食的重要组成部分。

烩"三事"

主辅料：母鸡一只，鱼翅，猪蹄筋，鲍鱼，海参，葱、姜、醋、花椒、盐、豆豉、鸡汤若干。

制法：1. 将肥壮母鸡宰杀，沿脊背处剖开，去除内脏，洗净，入沸水锅中略焯取出，洗去血污，入锅煮熟待用。

2. 将鱼翅和蹄筋洗净，分别放入盛器，加酒、葱、姜、清水少许，上笼蒸酥取出，滗去汤汁。鲍鱼洗净，入锅，加酒、清水，煮软取出切成圆形片状。

3. 海参去除泥沙，用清水洗净，入沸水锅中略焯，去除腥味。

4. 最后，将肥鸡、猪蹄筋、海参、鲍鱼、鱼翅全部放入大砂锅或陶罐内，加酒、葱、姜、醋、花椒、盐、豆豉、鸡汤和清汤（以淹没原料为度），上火烧沸后，转用小火烩煮一二小时，至食物酥烂，汤汁浓稠即成。食用时，另用餐具盛装上席。

特点：成菜汤浓，鸡肉肥鲜，香味浓郁，蹄筋和鱼翅、鲍鱼软烂而有弹性，汤肉共食，滋味异常鲜洁肥美。

而李时珍《本草纲目》中称鱼翅"味并肥美，南人珍之"。这里所谓"南人"，实际上就是指经常出海的福建人。

总而言之，明代御膳中的所谓"三事"，是指海味（海参、鲍鱼和鱼翅）为"一事"；肥鸡为"一事"；猪蹄筋为"一事"。这里的"事"，即"事件"，也就是烹饪材料的意思。"三事"混合，用小火烩煮成一道汤汁醇浓、滋味鲜厚的汤菜。

将海参、鲍鱼、鲨鱼翅这三样顶级名贵的食品，再加上肥鸡、猪蹄一锅烩了，其中的美妙滋味怕只有万历皇帝知道了。今天的你我无法重复昨天的故事，也只能在想象中饕餮一番了。

先说说明宫尚食九月所吃的"迎霜麻辣兔"。

在清人童岳荐的《调鼎集》中记载着一个"麻辣兔丝"的做法："切丝,鸡汤煨,加黄酒、酱油、葱、姜汁、花椒末,豆粉收汤。"就是将兔子宰杀,剥洗干净,去骨切丝,用鸡汤小火煨制,加黄酒、酱油、葱、姜汁、花椒末调味,当汤汁煨靠将尽时,用绿豆淀粉勾芡即成。

这个"麻辣兔丝"的"麻辣",并不是今天所言的辣味料,而完全靠姜汁和花椒末来拿活儿的。

最后唠一唠河豚。

河豚属硬骨鱼纲、鲀形目、鲀亚目、鲀科。古名鯸鮐,也称鈍鱼、赤鲑、吹肚鱼、气泡鱼、胡夷鱼、辣头鱼,在江浙一带称小玉斑、大玉斑、乌狼等,在广东一带称乘鱼、鸡泡、龟鱼,在广东的潮汕地区称乖鱼,而在河北附近则称腊头。

河豚的身体短而肥厚,身上生有很细的小刺,有的有美丽的斑纹,有些则没有斑纹。河豚的上下颌的牙齿都是连接在一起的,好像一块锋利的刀片,其牙齿咬合力可以一口咬断6号铁丝!

此外,河豚的内部器官含有一种能致人死命的神经性毒素。有人测定过河豚毒素的毒性。它的毒性相当于剧毒药品氰化钠的1250倍,只需要0.48毫克就能让食者死翘翘。但河豚的肌肉中并不含毒素。河豚最毒的部分是卵巢、肝脏，其次是肾脏、血液、眼、鳃和皮肤。而以晚春初夏时节怀卵的河豚毒性最大。这种毒素能使人神经麻痹、呕吐、四肢发冷，进而心跳和呼吸停止。

河豚虽然有剧毒，但其肉鲜美柔嫩无比，特别当品尝河豚精巢时，其洁白如乳、丰腴鲜美、入口即化、美妙绝伦的感觉，以致产生了"食得一口河豚肉，从此不闻天下鱼"及"拼死吃河豚"之说。宋代著名诗人梅尧臣在范仲淹席上谈及河豚时，忍不住即兴赋诗道："春州生荻芽，春岸飞杨花。河豚当是时，贵不数鱼虾……"

吃河豚最传神的当推宋人孙奕所撰的《示儿编》中载有的一则苏轼吃河豚的轶事。

当年苏轼谪居常州（今江苏省常熟、武进、阳湖、靖江一带），风闻当地一士大夫烹制河豚之法绝妙，便冒着中毒的危险登门品尝河豚。

待苏轼吃河豚时，只闻吞食声，不见"苏学士"有任何赞美之语。这家人相顾失望之际，苏轼终于抬起头来，打了一通饱嗝，复又将筷子伸向盘中说："也值得一死！"

这家人听到天下第一号饕餮如此点评美食河豚，表情幸福得就像中了头彩。

神奇的造物主竟把至毒极鲜二物融于一体，真让人又爱又恨，欲罢不能啊！

在美食家眼里，河豚之美，其一美于西施乳，即雄鱼之白，其嫩胜于乳酪。其二美于鱼皮，其软糯超过鳖裙。鱼皮要反过来卷着吃，因为正面有细刺。其三才是鱼肉。

中国人食河豚的年头比较久，根据《山海经·北山经》记载，早在距今四千多年前的大禹治水时代，长江下游沿岸的人们就品尝过河豚，知其有剧毒了。

那么，古人对河豚有什么解毒方法吗？

宋人严有翼在《艺苑雌黄》中说："河豚，水族之奇味，世传其杀人，余守丹阳、宣城，见土人户户食之。但用菘菜、蒌蒿、荻芽三物煮之，亦未见死者。"

菘菜是大白菜，蒌蒿即芦蒿，荻芽为荻的幼芽。

"荻"是禾本科多年生的禾草，在《诗经》中叫"菼"，在古书中，菼、薍、荻、蘆均为一物。开花前称"菼"，开花结实后叫"荻"。荻在春季所萌之芽为"荻芽"，可供食用。欧阳修在《六一诗话》中说："河豚鱼白与荻芽为羹最美。"

人们往往把荻和芦苇混淆，吴其濬曾在《植物名实图考》中解释说："强脆而心实者为荻，矛纤而中虚者为苇……"

曾任吴江县医官的明代人吴禄在《食品集·解诸毒》中表示："河豚毒以芦苇、

扁豆汁解之。"

而明宫中的御厨就深得此法，在尚食河豚时，必饮芦芽汤，以去河豚之毒。

古人食河豚的主流烹法为"红烧河豚"及以河豚和荻芽做羹，皆肥鲜无比，酥醇不腻，食后回味悠长。

"红烧河豚"法据说本为常熟的"牙行"经纪人李子宁原创，味之佳美，天下难寻。

这种"红烧河豚"食法须先制酱。其法为："前一年取上好黄豆数斗，凡发黑、酱色、紫荤、微有黑点者，皆拣去不用；豆已纯黄，犹须逐粒细拣；然后煮烂，用淮麦面拌作'酱黄'，加洁白细盐，覆纱罩在烈日中晒熟，收入磁瓮，上覆磁盖，用油火封口，藏到第二年内，名之为'河豚酱'。"

用极洁净的江水数缸，凡漂洗及入锅，皆用江水。俟整治河豚时，先割其眼，再夹出腹中鱼子，自背脊下刀剖开，洗净血迹，其肥厚处，一见血丝，则用银簪细细挑剔净尽。

接着是剥河豚皮，皮不可弃去，下沸水中余，一滚即捞起，以镊子箝去芒刺，随即切剁成方块，再连同肉与骨，一起用猪油爆炒，然后下"河豚酱"入锅烹煮。

红烧河豚，必须烧透。其试验之法，只消用一根纸捻蘸汁，如能点燃，便是透了；否则未熟。换句话说，要烧到水分都

已蒸发，仅剩下一层油，一点即燃，才算火候正点，可以举箸大嚼，目不斜视地吃个痛快了。

河豚具有祛寒除湿、降血压等功效，对治疗腰酸腿痛及恢复精气也有一定功效。河豚的毒素对治疗皮肤炎、百日咳、气喘、破伤风痉挛、胃痉挛、遗尿、阳痿等病症功效显著。河豚的毒素也可用来制作止痛剂，如用其制成的强镇痛剂，对癌症病人的止痛就有明显效果。

明代的烹河豚之法又是怎么样的呢？

据《宋氏养生部》载："烹河豚：二月用（食用）。河豚剖治，去眼、去子、去尾鬐（尾鳍）、血等，务涤甚洁（务必要洗得特别洁净），切为轩（条状）。先入少水，投鱼，烹。过熟（熟透），次用甘蔗、芦根制其毒，荔枝壳制其刺软。续水，又同烹。过熟，胡椒、川椒、葱白、酱、醋调和。忌埃墨荆芥（忌与炒黑的荆芥放在一起）。"注："修治不如法，有大毒，谚云：眼酸子胀血麻人。"

一尝河豚，则百菜无味，河豚虽拥有压倒一切美味佳肴的魅力，但有大毒，老饕们食之一定要慎之又慎，非专业人士不可操勺！

在中国，为了保障人们的生命安全，国家是明文规定不准饭店供应河豚鱼的。

故当代版的"红烧河豚"制作方法不做录入。

明中叶后，宫廷御膳的品种更加丰富，面食成为主食的重头戏。明代宫廷设有甜食房，甜食房所制作的丝窝、虎眼糖、裁松饼，据说都相当可口好吃，但因谢绝参观，制作过程严格保密，有些朝中大臣得到赐赏也只能尝到美味而不知其秘方，所以这些美食只剩下名称躺在史册里睡大觉了。

而肉食类与前代相比，不论是品种还是烹饪方法都有很大突破。据《事物绀珠》载，"国朝御肉食略：凤天鹅、烧鹅、白炸鹅、锦缠鹅、清蒸鹅、暴腌鹅、锦缠鸡、清蒸鸡、暴腌鸡、川炒鸡、白炸鸡、烧肉、白煮肉、清蒸肉、猪肉骨、暴腌肉、荔枝猪肉、燥

子肉、麦饼鲊、菱角鲊、煮鲜肫肝、五丝肚丝、蒸羊"。

可以说，明宫御膳能够不断出新，是皇家对各地美味的网罗及其御厨自身烹调技术提高的结果。

明代皇帝对宫中美味习以为常，总根据自己的偏好，搞些不伦不类的吃法。如明熹宗朱由校喜吃大杂烩。御厨按着旨意立马将炙蛤、鲜虾、鲨翅、燕菜等十几种海味烩在一起，进呈到明熹宗的餐桌上，谁知皇上竟吃得有滋有味，乐不可支。

朱由校1620年即位，第二年改年号为天启(1621—1627年)，故又称天启帝。

这位天启帝在位七年，估计智商也相

当于七岁的孩童，他将政事交给大太监魏忠贤全权处理，自己则一门心思去干木匠活。而且这人一干起活来，"膳饮可忘，寒暑罔觉"。

史载熹宗性喜"椎凿髹漆"之事，技艺之高超俨然鲁班再世，故后人戏称之为"木匠皇帝"。

朱由校亲手打造木床，床板可以折叠，携带移动都很方便，床架上还雕镂着各种花纹，美观大方，连当时的八级老工匠也自叹不如。他所制作的十座护灯沉香木屏上，雕刻着《寒雀争梅图》，形象逼真。《明宫杂咏》上有诗吟道："御制十灯屏，司农不患贫。沈香刻寒雀，论价十万缗。"这东西流传到今日，那可是价值连城了！

天启皇帝在位期间，宦官专权达到顶峰。而北方女真人威胁日大，边境形势紧张。朝廷党争更趋恶劣，大坏朝政。内忧外患，江山摇摇欲坠，准确地说，大明王朝实是断送在朱由校的这双巧手上的。

还是说说天启皇帝的御宴招牌菜吧。

其实明熹宗朱由校最喜爱吃的是一种土特名产——"鸡枞"。

"鸡枞"又名鸡宗、鸡松、鸡脚菇、鸡菌、伞把菇、鸡肉丝菇、鸡枞蕈、白蚁菇、蚁枞等，属白蘑科植物鸡枞的子实体。中国的西南和广东、广西、福建、江苏、台湾等地均有分布。夏、秋季采收，除去泥沙，洗净鲜用，也可干燥备用。

鸡枞是云南、四川的著名特产，因肥硕壮实、质细丝白、鲜甜脆嫩、清香可口，可与鸡肉相媲美，因其美味，被称之为菌中之王。鸡枞雨季时多生于山野的白蚂蚁窝上，刚出土时菌盖呈圆锥形，色黑褐或微黄，菌褶呈白色，老熟时微黄，有独朵生，大者可达几两，也有成片生。鸡枞产季为每年的六至九月，多半生长在未受污染的红壤山林的半山坡上。

成书于嘉靖五年（1526年）的《南园漫录》记载说："鸡枞，菌类也。惟永昌所产为美，且多。……镇守索之，动百斤。果得，洗去土，量以盐煮烘干，少有烟即不堪食。采后过夜，则香味俱尽，所以为珍。"

为什么会叫鸡枞？

有两种不同的答案。

一说西南地区，每当雨季到来，山坡上便到处长满了野生菌类。鸡枞也在此时悄然破土而出，菌顶像钝锥，直挺挺地屹立在向阳之处，活像一顶顶漂亮的伞盖，棕灰一片，十分好看。但是两三天过后，伞盖披落，又像极了公鸡身上的华丽羽毛，所以当地人称它为"鸡"，进而称之为"鸡枞"。

另一说是其在烹制食用时，切片肉质酷似鸡白肉，且有鸡肉的清香，故而得名"鸡枞"。

火腿蒸鸡枞

主辅料：鲜鸡枞 1250 克，中筒云腿 200 克，精盐 5 克，胡椒少许，鸡汤 400 克，芝麻油适量。

制法：1. 选粗壮的鸡枞摘下帽头，削去根部泥土并洗净。切 7 厘米长，3 厘米厚的长片状。中筒云腿也切与鸡枞大小相似的长方片状备用。

2. 把一片云腿片夹在两片鸡枞中间。边夹边理成砖头形状，直至夹完为止。取扣碗一个，用鸡枞帽头垫底，将鸡枞片和云腿片整齐地码入碗内，倒上鸡汤 50 克及精盐 2 克。上笼用大火蒸熟后，取出翻扣在汤碗内。

3. 将鸡汤 350 克下锅，放入精盐和胡椒粉。用锅烧好后浇入汤碗内，淋上芝麻油即成。

特点：气味浓香，味道鲜美，且能健脾和胃，令人食欲大增。

鸡枞含有钙、镁、铁、磷、蛋白质、碳水化合物、热量、灰分、核黄素、尼克酸等多种营养成分，鸡枞中的氨基酸含量多达 16 种，含磷量高更是鸡枞的一大特点。人体需要补充磷时，可常吃鸡枞。

此外，鸡枞还有养血润燥功能，对于妇女也很适合。它还具有提高机体免疫力、抑制癌细胞的作用，并含有治疗糖尿病的有效成分，并对降低血糖有明显效果。

传统中医认为鸡枞性甘味寒，有健脾益气、开胃提神、止痛消肿之功效，是治疗痔疮的极理想食物。

现代医学发现，鸡枞除对痔疮有特效外，还能预防肠癌，降低血压，增强人体免疫力，是防治久泄不止、食欲不振、水肿不适的理想佳品，同时也是美食家们所需要的集香鲜、脆嫩、滑爽于一体的美食佳品和保健品。

鸡枞吃法有很多种，生熟炒煮做煲汤皆宜，清香四溢、鲜甜可口；油炸更为香脆爽口、回味无穷。用鸡枞可以制作多种名菜，成为鸡枞宴席。鸡枞经过晾晒、盐渍或用植物油煎制而成为干鸡枞、腌鸡枞或油鸡枞，可以贮存较长时间，以备常年食用。

鲜鸡枞味道鲜美，清香中透着甘甜。清乾隆年间著名文人赵翼到云南品尝鸡枞后，当场感叹道："老饕惊叹应未得，异者此鸡是何族？无骨乃有皮，无血乃有肉。鲜于锦雉膏，腴于锦雀腹。只有婴儿肤比嫩，转觉妇子乳犹俗。"实是将鸡枞的色、香、味、型夸赞得面面俱到。

但遗憾的是鸡枞至今未成功实现人工栽培。

当年每年雨季未到，明熹宗的亲信大臣便提前到云南落实御贡品鸡枞的采运工作。每天将现采集的鲜鸡枞收在一起，交由专人通过各地的驿站，飞马向北京城传送。一路尘埃飞扬，疾似御风，这架式足以跟为向杨贵妃进贡鲜荔枝跑死马相提并论。

明太祖朱元璋执政期间，一直以整肃贪官为己任，尽管抓到贪官就"剥皮实草"，可贪官不仅抓不尽，反而越抓越多，真是一个贪官倒下去，千万个贪官站起来。搞得老朱最后彻底没了脾气——服了！

贪婪是人的最大欲望根源。

明代的帝王也是一个赛一个奢欲难当，宫廷御膳的食物档次之高、排场之大，听来令人咋舌。

明朝从嘉靖皇帝开始，御膳由司礼监等处大太监承办，而帝王的每日伙食钱相当于一所豪宅的价格。

当时的北京城已有了"早蔬"，也就是今天的暖棚菜，其葱、韭、黄瓜等菜蔬专门供应皇室及权贵富甲尝鲜。

明人曾这样记载说："盖明朝内竖（太监），不惜厚值以供御庖。尝闻除夕市中有卖王瓜（黄瓜）二枚者，内官过问其价，索百金，许以五十金，市者大笑，故唼其一，内官亟止之，所余一枚，竟售五十金而去。"

物以稀为贵。"早蔬"是不可以议价的，而一根黄瓜竟然卖得五十金！

明代宫廷御膳的原料来源主要有两个渠道：一是从光禄寺、户部等处支银采办，一是地方进贡。光禄寺派出的采购员多是太监，那时太监的势力如日中天，得罪了宦官比得罪皇上还要命,所以有油水的工作自然先由太监来。所以太监往往带着现金到集市、店铺乃至近郊庄户直接购买皇宫的必需品——柴米油盐酱醋茶。

据《养吉斋丛录》载:御膳房每年"实销三万数千两,为鸡、鸭、猪、鱼、蔬菜诸物之需",当然若按实际的市场价计价,御膳房的开销远没这么大,是经办者从中"抄肥"了。

天下是皇帝的,有权也有钱消费一切。可宫中的嫔妃以及皇子们没皇帝的派头,伙食费也是有限的,就不能不另想高招了。《酌中志·饮食好尚记略》记载说:"宫眷所重者,善烹调之内官;而各衙门内官所最喜者,又手段高之厨役也。"

意思就是说,贫困户后妃皇子们只能找会厨艺的太监直接开小灶。而腰缠万贯的太监们则直接到宫外挑技艺高超的厨师,为自己烹制精美的菜肴。

世界竟颠了个个儿,主子的派头反不如侍候人的奴才了!

最搞笑的是明穆宗隆庆皇帝朱载垕。

朱载垕特别喜欢吃果饼,在没当皇帝前,还生活在藩邸时,他就经常派侍从到东长安街去买新出锅的果饼。做了皇帝以后,果饼吃得上了瘾的朱载垕仍旧还是好这一口,总是念叨果饼的好。

负责皇帝饮食的尚食监一听,立马拉着甜食房的主管和大厨到街上炸果饼那儿现场学艺。

炸果饼的技艺并不复杂,御厨很快学得通通透透。尚食太监开价几十两银子到宫外置办炸果饼的原料,连夜和面烹炸。

吃到御厨精心制作出来的炸果饼,隆庆皇帝十分开心,仿佛又找回了当年的快乐。

听到尚食太监的报价,穆宗很得意地举着果饼告诉他们:"这种果饼只需用五钱就可以买到一大盒。"

这一句话吓得内臣和御厨们个个心虚地缩着头,慌忙向穆宗认罪。

朱载垕是个好脾气的人,他只是宽怀地一笑,并不把这事当事看。

明代的崇祯皇帝朱由检最爱燕窝羹,每日喝羹不辍。

但朱由检生性多疑,杀起大臣来连眼睛都不眨,御厨与大臣相比,更是个可以被皇上一脚踩死的蚂蚁。所以御厨在调制燕窝羹时必须一万个小心,除了细致精到地调制,还要五六个人一起品尝,直到咸淡合适,滋味美妙,才敢进献给皇帝。

崇祯皇帝吃得舒坦时就会不做声,因为尚食监和御厨就是干好侍候皇帝的活儿的,属于分内工作和职责。一旦燕窝羹凉热或口味不合意,崇祯皇帝便会大发雷霆之怒,倒霉的尚食太监和御厨们轻则有皮肉之苦,若是赶上朱由检为政事不爽快时,这些人可就要脑袋搬家了。

燕窝就是燕子做的巢,但并不是我们常见的在屋檐下的燕子窝。

燕窝又称燕菜、燕根、燕蔬菜,为雨燕科动物金丝燕及多种同属燕类用唾液与绒羽等混合凝结所筑成的巢窝,主要产于我国南海诸岛及东南亚各国。

金丝燕的窝多建在热带、亚热带海岛的悬崖绝壁上,它的口腔里能分泌出一种胶质唾液,吐出后经海风吹干,就变成半透明而略带浅黄色的物质,这是燕窝的主要成分。

燕窝既是珍贵的佳肴,又是名贵药材,有补肺养阴、壮脾健胃之功效,主治虚劳咳嗽、咳血等症。此外,由于燕窝是天然增津液的食品,含多种氨基酸,对食道癌、咽喉癌、胃癌、肝癌、直肠癌等有抑止和抗衡作用。

但燕窝虽好,食用或服用也须有个讲究,要少食多餐,保持定期进食才行。干燕窝每次 3～5 克,即食燕窝每次 20～30 克,早晚各一次或每天或隔天一次。燕窝配食讲究“以清配清,以柔配柔”。一般食用燕窝期间少吃辛辣油腻食物,不抽或少抽烟。感冒期间由于人体不能很好吸收燕窝营养,以不食用燕窝为宜。

燕窝的烹制方法多种,因篇幅所限,这里只介绍一个名吃“冰糖燕菜”。

《随园食单》中说:“此物至清,不可以油腻杂之;此物至文,不可以武物串之”,“以柔配柔,以清配清”,是烹制燕窝时一定要遵循的。

首先讲一下燕窝如何涨发,其方法有碱发、蒸发和泡发。泡发法比较简单,将干燕窝放入清水浸泡 3～4 小时(根据质地软硬程度而定),在水中用夹子拣去细毛和杂质,用手抖松剔整后,放入沸水锅稍泡,捞出后再放进清水中浸 3～4 小时,最后再下沸水锅余一下,捞起即成。

↓ 冰糖燕菜

主辅料:水发燕窝 250 克,甜樱桃 25 克,冰糖 250 克。

制法:1. 将干燕窝放清水中浸泡三、四小时后去毛,除去杂质后,用沸水稍泡,捞出放入凉水中浸四小时,最后经沸水锅余一下,捞起即成,用温水冲泡后,滗去原汁,再用温开水冲泡,滗去原汁,甜樱桃切片。

2. 将冰糖加清水 500 克入锅,微火煮至糖化汁粘时,用纱布滤去杂质,然后将净糖汁 150 克,冲入燕窝的小盆里,滗去糖汁,再将剩余的净糖汁冲入燕窝,上笼屉用旺火蒸 5 分钟取出,撒上樱桃片即成。

特点："冰糖燕窝"是久负盛誉的营养甜食,它以注重泡发、入味而著称,色泽洁白,软润滑爽,甘洌清甜。

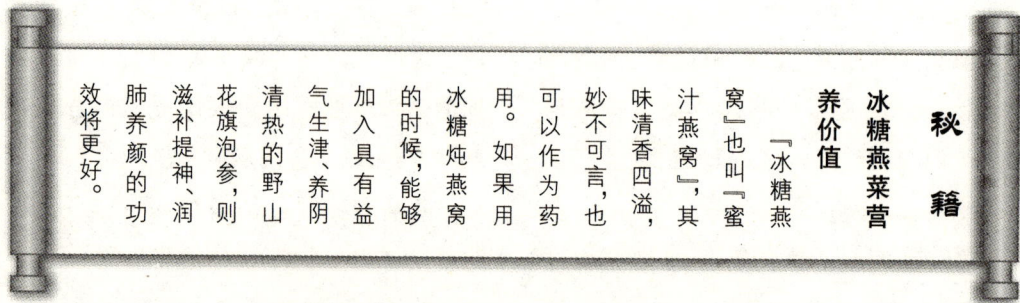

秘籍

冰糖燕菜营养价值

"冰糖燕窝"也叫"蜜汁燕窝",其味清香四溢,妙不可言,也可以作为药用。如果用冰糖炖燕窝的时候,能够加入具有益气生津、养阴清热的野山花旗泡参,则滋补提神、润肺养颜的功效将更好。

真正的上等燕窝价格不菲,因此不能不怀疑大明江山是被崇祯皇帝吃燕窝吃垮的。

崇祯末年,满洲的女真铁骑屡屡南下,经常打得大明防不胜防,有一次还蹂躏了北京皇家十三陵。

朱由检很生气,就找来兵部尚书问兵部的侦察兵都是吃干饭的,为什么搞不来女真人南下偷袭的情报。兵部尚书回答说,兵部衙门里没钱,养不起侦察兵。

这样糟糕的王朝不灭亡,真是有点天理难容了!

可明朝的宫廷倒挺注重内部机密问题的。其宫中美味制作过程不许外人观看,宫廷的食单也是秘不示人。清初学者阮葵生写《茶余客话》,书中录下了一份明宫漏传到民间的大内食单,名字取得十分古怪,叫"一了百当"!

"一了百当"不仅名字奇特,制作过程也很奇特:猪、牛、羊各一斤剁烂成馅;虾米半斤捣成碎末;马芹、茴香、川椒、胡椒、杏仁、红豆各半两,捣成末;十两细丝生姜;腊糟一斤半;麦酱一斤半;葱白一斤;盐一斤;芜荑细切二两。先用好香油一斤炼热后,将肉料一齐下锅炒熟,然后都下锅。放冷以后,装入瓷器,封贮收藏,随时食用。吃时有时可以调以汤汁。

这份食单怎么会漏传到民间的?

答案只有一个:被宫内的人拿着食单换了钱!

真是腐败无处不在,无时不在啊!

最后需要说上一说的是,明末时出现了压榨的豆油。

公元 1637 年(崇祯十年),著名科学家宋应星的综合性的科学技术巨著《天工开物》出版。这部《天工开物》被欧洲学者称为"17 世纪的工艺百科全书",书中对中国古代的各项技术进行了系统的总结，全面反映了明末工艺技术的巨大成就。

据《天工开物》记：“凡油供馔食用者，胡麻、莱菔子（莱菔即萝卜）、黄豆、菘菜子为上；苏麻、芸台子次之；茶子次之，苋菜子次之；大麻仁为下。”根据《天工开物》记载的当时榨法，胡麻每石得油四十斤，莱菔子每石得油二十七斤，芸台子每石得三十斤，菘菜、苋菜子每石得三十斤，茶子得一十五斤，黄豆得九斤。

至此，中国人终于有了用豆油炒菜和烹调佳肴美味的历史！

【大清时代】

女真不满万，满万不可战。

女真是中国古代生活于东北地区的古老民族，源自中国史书中三千多年前的"肃慎"，公元2—4世纪时期称"挹娄"，公元5世纪时期称"勿吉"（读音"莫吉"），公元6—7世纪称"黑水靺鞨"，公元9世纪起始更名"女真"。

当时大辽国是北方的老大，人在屋檐下不得不低头，因避辽兴宗耶律宗真的名讳，女真一度改名为"女直"。可没过多久，女真族出了一位杰出领袖，叫完颜阿骨打，带着来自白山黑水的猛男盟誓立国："大辽以镔铁为国号，镔铁虽坚，最终也会腐蚀变坏，唯有黄金不变不坏。我们的国号就叫大金！"

女真人果然生猛，以区区一两万人合资建国，不仅扫平纵横北方两百年、不可一世的辽国，又灭了当时先进文明的世界典范国家——北宋，并第一个在北京这个虎踞龙盘之地建立首都。

但强中自有强中手，随后崛起的蒙古人又将大金国踏在脚下。

这下子女真人消停了好几百年。

直至17世纪初，在大明辖区内的建州（今辽宁新宾）女真满洲部逐渐强大起来。

这回女真族的一哥叫努尔哈赤。

努尔哈赤原姓夹古氏,后来改姓为爱新觉罗。在未发迹之前,努尔哈赤还是个盲流,流落辽宁抚顺地方,在当时的女真部落首领家的厨房里打零杂。

这位部落首领对吃喝非常讲究,每顿饭必须八菜一汤,金盘细绘,精心烹制。有一次,他宴请宾客,不料司厨的女厨娘做完第七道菜时突然晕倒。

而此时,大厅的主客正等着上最后一道菜,真是救场如救火啊!

一直给大厨打下手的努尔哈赤见状,忙将女厨娘搀扶到一旁,回身将刚切好的里脊肉片,在蛋黄液里蘸了蘸,裹上一层糊,入油锅迅速颠炒几下,装盘送到大厅。

首领第一次尝到这种新烹制的里脊肉,觉得味道特别爽口,颇与往日不同。宴会结束后,才知道这道菜是出自厨房里的小伙计努尔哈赤之手,首领十分高兴,便传来询问此菜的名字,努尔哈赤为讨吉利,就灵机一动,回答说:"黄金肉。"

这位女真首领听了很开心,从此对努尔哈赤青睐有加,并提擢他进入干部阶层。

明万历十一年(1583年),努尔哈赤成为明朝建州左卫都指挥使,他以祖、父遗甲十三副起兵,对建州女真各部展开了兼并战争。经过二十余年的征伐,努尔哈赤统一了松花江流域和长白山以北的诸部女真。

1616年,努尔哈赤在赫图阿拉(今辽宁新宾西南)建立"大金"国,史称后金。两年后,努尔哈赤起兵反明。在萨尔浒之战中,以少胜多,大败明军。1625年,后金迁都沈阳,改沈阳为盛京,占领了辽东大部分地区,开始敲响大明王朝的丧钟。

尽管身居要职,但每逢国家大典,努尔哈赤必令先上"黄金肉",并当众讲述这段故事。

1635年农历10月13日,努尔哈赤的接班人清太宗皇太极颁布谕旨,改女真族号为满洲,女真一词就此停止使用,后来满洲人又融纳了蒙古、汉、朝鲜等民族,逐渐形成了今天的满族。

而此后,清朝历代皇帝都把"黄金肉"列为满族珍馐第一味,每临大典盛会,席宴的第一道菜必是"黄金肉",以示不忘祖上恩典与赏赐。

但其实,这个"黄金肉"就是今天的"油塌肉片"。

↓ 黄金肉

主辅料：瘦嫩猪肉250克，香菜10克，葱10克，姜10克，猪油50克，香油15克，绍酒10克，醋20克，酱油20克，淀粉25克，鸡蛋1个，精盐、白糖、花椒各少许。

制法：1. 将肉切成片，加入少量精盐、味精，用鸡蛋和适量淀粉将肉片抓浆。

2. 香菜切段，葱姜切丝。

3. 将上浆的肉片放入油中过油，炸至四成熟捞起，将锅中的油倒出只留少许，再将肉片倒入锅中煎到金黄。

4. 放入葱丝、姜丝、香菜段，炒几下，再放入事先用绍酒、香醋、酱油、味精兑好的汁，最后加入香油即成。

特点：颜色金黄，清香酥嫩，滋味醇美，营养丰富。

还有一道"火燎葱香羊排"相传也是因努尔哈赤的大力倡导才流传至今的。

在萨尔浒战役中，努尔哈赤集中兵力，"凭尔几路来，我只一路去"，此役歼灭明军约六万人。

后金虽大败明军，但杀敌一万，自损八千，自己也是死伤累累。这努尔哈赤爱兵如子，便命卫队将当地民众慰劳军队的羊只全部宰杀，剔出骨头，将羊肉炖给伤员和士兵吃，又叫御厨雅喀穆将羊排骨炖煨了，自己与八旗诸将共食。

努尔哈赤对众将说："萨尔浒一役，我军大获全胜，众将劳苦功高，本应盛宴款待，可一时间找不到那么多的好吃的，而这些羊肉要留给伤员和士兵们吃，咱们就啃些骨头吧，也算是我们尽了爱兵如子的情分。"众将听后深受感动，有的嗅到飘散着的淡淡炖羊排香气，就说道："罕王英明，其实羊排骨的肉更香！"

雅喀穆是个尽职尽责的厨师，他见努尔哈赤和众将仅啃羊骨头吃，心中很是不忍，就想出一个调剂的好法子。他将前骨头剁成小块，卤煨一番后，捞出来盛到另一大锅中，再投入辣椒、葱叶和白酒，继续在火上拌炒，直至将羊骨头中的水分炒干，使得辣椒、葱叶和白酒的香味完全沁入羊骨头之中。

这个"火燎葱香羊排"，风格粗犷，制法细腻，果然吃得八旗诸将连声叫绝，雅喀穆为此博得努尔哈赤的夸奖。后来，每逢后金有军事大捷，努尔哈赤都命雅喀穆烹制这道菜，以示庆贺。

到了今天，这道"火燎葱香羊排"，依然是北方人的餐饮至爱。

↓ 火燎葱香羊排

主料：带肉净羊脊排 4000 克。

配料：嫩青葱叶 150 克，白酒 150 克。

卤煮调料：生抽、精盐、绍酒、冰糖、葱段、姜片、花椒、大料(八角)、砂仁、豆蔻、草果、丁香、白芷、甘草。

烹制调料：孜然、洋葱茸、蒜茸、辣椒末、生抽、上汤、绍酒、精盐、鸡精粉、色拉油、香油。

制法：1. 羊脊排剁成 5 厘米长的段，先用沸水焯透，捞出用清水洗净。

2. 煮锅中添足清水，待沸时依次放入卤煮调料(花椒、大料、砂仁、豆蔻、草果、丁香、白芷、甘草需用纱布包扎，投入煮锅中)，再放入羊脊排，沸后转小火煮至九成熟(煮时，咸口要调至五成)，捞出沥净汤水。

3. 长方形窝盘中放入白酒，架上不锈钢丝网筛；青葱叶洗净，切修整齐，排列在不锈钢网筛上待用。

4. 卤煮好的羊脊排，先用烧热的色拉油炸制一下，将其表面的水分炸干。

5. 另起炒锅，放入底油，温热时放入洋葱茸、蒜茸和辣椒末炸出香味，再放入过油的羊脊排翻拌几下，随即泼入用烹制调料兑成的清汁，翻锅使羊脊排受味均匀，最后淋少许香油。

6. 烹制羊脊排时，需将盛器中的白酒燃起；羊脊排烹制好后，盛在铺了青葱叶的不锈钢丝网筛上即成。

特点：红润，形状大体整齐，咸香微辣口，羊脊排脱骨不散，滋浓味厚。

清代是中国最后一个封建专制王朝。

但此时的宫廷御膳也发展到了登峰造极的地步，成为中国烹饪史上的一项极其重要的成就。

"王者食所以有乐何？食天下之太平富积之饶也。"

古代君主的膳食及其烹饪从来就不是一件可以敷衍的事。在世界范围内，恐怕也只有中国宫廷把吃饭当成天大的事情来搞，并附加众多苛繁的讲究。

说清朝帝后的饮食是中国宫廷御膳之最，那是因为当时宫廷食物在色、香、味、美观及数量上都达到了空前绝后的高度。宫廷饮膳在"悦目、福口、怡神、示尊、健身、益寿"的帝王饮食原则指导下，向着"更高、更快、更强"的饮食文化境界发展，富丽典雅，华贵尊荣，以其无与伦比的精美肴馔，创造出了帝王饮食的恢弘气象。

首先，清代皇帝管吃饭不再叫吃饭，而专称为传膳、进膳或用膳。

清宫皇帝的日常膳食由御膳房承办，后妃的膳食由各宫廷膳房承办。筵宴则由光禄寺、礼部的精膳清吏司及御茶膳房共同承办。御膳房设官员及厨役等三百七十多人，御茶房及清茶房一百二十多人。两处还有太监一百五十至一百六十人。光禄寺、精膳清吏司仅管理干部就有一百六十至一百七十人。

清代皇帝没有吃饭的固定地点，太监天天背着饭桌子跟在皇上的屁股后转。

每到传膳的时候，太监先在传膳的地点布好膳桌。膳食从膳房运来后，迅速按规定在膳桌上摆好。

清帝都喜欢吃独食，如果没有特别吩咐，任何人都不得与皇帝同桌用膳。而皇太后、皇后及妃嫔，一般都在本宫廷用膳。

皇帝每天有早、晚两膳。早膳多在卯正，有时推迟到辰正（早6点至8点前后）；晚膳则在午、未两个时辰（12点到午后2点）。此外，每天还有酒膳和各种小吃，一般在下午和晚上，这个也没有固定时间，完全得听皇帝传唤，随叫随到。

据乾隆初年的记载，乾隆每天起床后，通常是先进一碗冰糖炖燕窝，然后在乾清宫西暖阁或弘德殿或养心殿暖阁，翻阅以前各朝实录或圣训中的一册。早膳时阅王公大臣要求陛见的名牌。进膳毕，披览内外臣工的奏折，然后召见庶僚。到下午2点左右进晚膳，再阅内阁所进各部院及各督抚的本章。晚间再随意进夜宵。

每日为皇帝准备什么饭菜，某菜指定由某御厨烹调，一天一开菜单，交给内务府大臣签字后再由御厨房落实，责任明确，丝毫不能疏忽。

清代的帝王两餐都吃些什么？

清宫的《膳底档》有记载。且看乾隆皇帝的一顿正餐：

乾隆三十年正月十六日，卯初二刻，请驾伺候，冰糖炖燕窝一品，用春寿宝盖钟盖。

卯正一刻，养心殿东暖阁进早膳，用填漆花膳桌摆：燕窝红白鸭子南鲜热锅一品，酒炖肉炖豆腐一品（五福珐琅碗），清蒸鸭子糊猪肉鹿尾攒盘一品，竹节卷小馒首一品（黄盘），舒妃、颖妃、愉妃、豫妃进菜四品，饽饽二品，珐琅葵花盒小菜一品，珐琅银碟小菜四品。随送面一品（系里面伺候），老米水膳一品（汤膳碗五谷丰登珐琅碗金钟盖）。额食四桌：二号黄碗菜四品，羊肉丝一品（五福碗），奶子八品，共十三品一桌；饽饽十五品一桌；盘肉八品一桌；羊肉二方一桌。上进毕，赏舒妃等位祭神糕一品，包子一品，小饽饽一品，热锅一品，攒盒肉一品，菜三品。

再看乾隆皇帝的晚膳如何：

乾隆十二年十月初一未正，皇帝在重华宫正谊明道东暖阁进晚膳，所摆的食品有：燕窝鸡丝香蕈丝火熏丝白菜丝镶平安果一品（红潮水碗），三仙一品，燕窝鸭子火熏片镶管子、白菜镶鸡翅肚子香蕈（合此二品，张安官造），肥鸡白菜一品（此二品五福大珐琅碗），炖吊子一品，苏脍一品，托汤烂鸭子一品，野鸡丝酸菜丝一品（此四品铜胎珐琅碗），芽韭炒鹿脯丝（四号黄碗）、烧狍子、锅塌鸡晾羊肉攒盘一品，祭祀猪羊肉一品（此二品银盘），糗饵粉粢一品（银碗），烤祭神糕一品（银盘），酥油豆面一品（银碗），蜂蜜一品（紫龙碟），豆泥拉拉一品（二号金碗），小菜一品（珐琅葵花盒），南小菜一品，菠菜一品，桂花萝卜一品（此三品，五福捧寿铜胎珐琅碟）。匙、箸、手布。

清朝的御膳标准有定制，每顿饭必须有一百二十道菜，这些菜至少要摆满三张大桌。此外还有主食、点心、果品等。

后来，有的皇帝觉得这样既浪费又麻烦，就将菜谱减至六十四道。六十四道菜一个人也吃不下，有的甚至看一眼就让太监端走了。到慈禧太后的老公咸丰皇帝奕詝执政时，干脆减少为三十二道。奕詝死后，慈安太后垂帘听政时，懿令减为二十四道。

可提倡艰苦朴素的慈安太后一死，慈禧太后独揽了朝政大权，这娘们喜欢摆谱，下令恢复了每顿饭百道大菜的老规矩，而这一顿饭至少要花费二百两银子。

清代帝后的摆谱不仅体现在饮食多样化，同样也表现在餐具上。

宫廷的御膳餐具以金银器为主，兼有由专门的工匠精工制作的玉石、象牙和瓷器餐具。即使最普通的瓷器，也是由指定的江西景德镇官窑烧造，这些食器上一般都有专名，如"大金盘"、"青白玉无盖花盒"、"上交萨那阳开泰碗"、"双凤金碗盖"、"绿龙白竹金碗盖"、"大紫龙碟金

盖"。充分体现出皇家的"尊"、"荣"、"富"、"贵"、"典"、"威"等独有的气派和权势。

下面说说帝后们最喜爱的金银食器。

因为金质的碗、碟、盘等器皿才能显示出皇家的气派来，金餐具也就成了皇宫内的抢手货，估计"金饭碗"一词便是打清朝传开的。而且如果谁改用其他质地的器皿来盛饭菜，主子会很生气，后果会很严重。

在顺治皇帝御制的《端敬皇后行状》中可以看到这样的一行文字："且朕素慕简朴，废后则癖嗜奢侈，凡诸服御，莫不以珠玉绮秀缀饰，无益暴殄，少不知惜。尝膳时，有一器非金者，辄怫然不悦。"这个废后就是皇后博尔济吉特氏。皇后对食器的档次不满，竟成了顺治废掉端敬皇后的一大借口，那是因为顺治的眼里只有董鄂妃一人。

在皇帝的餐具中，银器比之金器使用率更高。如乾隆二十一年（1756 年）十一月初三日《御膳房金银玉器底档》所记的餐具如下：

金羹匙一件、金匙一件、金叉子一件、金镶牙箸一双、银西洋热水锅二口、有盖银热锅二十三口、有盖小银热锅六口、无盖银热锅十口、银锅一口、银锅盖一个、银饭罐四件、有盖银銚子六件、银镟子四件、有盖银暖碗二十四件、银盖碗六件、银钟

盖五件、银鳌花碗盖二件、银匙二件、银羹匙十三件、半边黑漆葫芦一个、内盛银碗六件、银桶一件、内盛金镶牙箸二双、银匙二件、乌木筷十双、高丽布三块、白纺丝一块、黑漆葫芦一个、内盛皮七寸碗二件、皮五寸碗二件、银镶里皮茶碗十件、银镶里五寸无分皮碗一件、银镶里磬口三寸六分皮碗九件、银镶里三寸皮碗二十二件、银镶里皮碟十件、银镶里皮套杯六件、皮三寸五分碟十件、汉玉镶嵌紫檀银羹匙、商丝银匙、商丝银叉子二件、商丝银筷二双、银镶里葫芦碗四十八件、银镶红彩漆碗十六件。

这倒不是皇家用不起金器，而是银器比金器更具有实用功能。

汉惠帝司马衷就是被人在饭中下毒，导致身亡。所以，皇王们为了保证食品安全，一般的土办法是在帝王用膳前让别人先尝尝，后来又祭起银器这个法宝，在餐前直接验毒。

清宫盛装御膳的器皿外都挂着一个小银牌，太监在皇帝用膳前，先拿开盖罩后，把银牌放进汤菜里试一下。如果饭菜中有毒，银牌立刻就会变黑。

现代科学已证明，这种用银器验毒的方法是比较科学的。因为银碰到硫化物会起化学反应，生成黑色的硫化银。过去常用的毒药，如砒霜，也就是三氧化二砷，内含硫化物，所以用银器一试便会黑白分明，灵验得很。

另外，每道菜名叫什么，以及掌勺的大厨名字，都要在盘子边标得一清二楚。如果饭菜出了质量问题，或是有毒，便可一查到底，直接抓人。

第三章 皇宫过大年却吃素馅饺子

中国的春节大年三十的子时,也就是正月初一到来了,以前春节的大名叫"元旦",意即新年伊始的第一天。

这个节日的历史源远流长,而辞旧迎新的那顿年夜饭也是不遑多让,根据宋懔《荆楚岁时记》的记载,至少在南北朝时已有吃年夜饭的习俗了。

吃年夜饭是为了守岁,在嘀嘀嗒嗒的时光流逝中,人们既有对昨天的依依惜别,又有对来临的新年寄以美好希望之意。大诗人苏轼在《守岁》一诗中这样写道:"明年岂无年,心事恐蹉跎;努力尽今夕,少年犹可夸!"原来除夕守岁中还深藏积极的人生励志意义。

如今中华民族的除夕年夜饭则代表着全家的团圆与幸福,因此这顿饭一定要慢慢地吃,有的从掌灯时分入席,一直要吃到深夜。

除此之外,在过年的时候,千家万户还要放鞭炮、贴对联,彼此问候祝愿。

而清代皇家过年的方式大致与民间相似,只不过是更加讲究了。

大年初一的子时一到,家家户户响的是一个声音,外面放鞭炮,屋内忙着将饺子煮下锅,取"岁更交子"之意吃上热气腾腾的饺子。

清代宫廷也很注重这一辞旧迎新的岁更"饺子",而且吃的是素馅饺子!

据说大清皇帝过年吃素馅饺子是清太祖努尔哈赤传下来的。当年努尔哈赤因为夺取统治权时杀人过多,所以在登上皇位的那年元旦,对天起誓,每年除夕以吃素馅饺子的方式祭奠那些死者。于是这就成了大清一条不成文的规矩。

皇帝吃的饺子馅并无特别之处,也就是些长寿菜(马齿苋)、金针菜、木耳、蘑菇,等等,剁碎搅拌在一起。但他们吃饺子用的食器却非常讲究,用的是木胎描金漆的大吉宝案。

这个大吉宝案其实就是饭桌子。宝案面四周绘有葫芦万代花纹,案的正中分别书有"一人有庆"、"万国咸宁"、"甲子重新"、"吉祥如意"等吉语,吃饺子时用的四个珐琅佐料盘,各装酱小菜、南小菜、姜汁、醋,须分别压在四句吉祥语上。在靠近皇帝宝座的这面宝案边,分左、右摆放象牙三镶的金筷(金质筷箸的顶端、中腰、底部镶象牙)、金叉、金勺、擦手布、渣斗(唾盂)。

史载,嘉庆四年(1799年)元旦,嘉庆帝吃饺子时,用了两只"三羊开泰"纹饰的珐琅大碗,一只碗盛素馅饺子六个,另一碗盛放"乾隆通宝"、"嘉庆通宝"各一件,意在讨彩"钱(前)途无量"。首领太监将两只珐琅碗放在大吉宝案的"吉"字上,然后恭声道:"请万岁爷进煮饺子。"这时,嘉庆帝才开始操起筷子,独自一人吃这素馅饺子。

清代中前期的皇帝一般都能自觉遵守祖宗的遗训,在除夕晚上的辞旧迎新瞻拜礼仪之后,到乾清宫左侧的昭仁殿东小屋吃煮饺子。

御膳房煮饺子以鞭炮声为行动指令。按清宫规制,自腊月底至正月间,皇帝每过一座门槛,随侍太监就要放一挂鞭炮。当皇帝一行人登上乾清宫台阶时,第一通鞭炮响起。御膳房开始下饺子。所以当皇帝走到昭仁殿东小屋坐稳时,饺子正好出锅装碗,时间拿捏得毫厘不差。

清朝最初的春节是看重阖族共欢、上下同庆。据《建州纪程图记》中记载:"元旦"上午,努尔哈赤把兄弟子侄、姻亲、心腹将领及一些外来宾客召集到自家院落客厅,众人都穿着最漂亮的服装,举行宴会。酒过数巡之后,海西女真乌喇部部长布占泰首先离席起舞。随后努尔哈赤也离开座位,操起琵琶,边奏边舞,众贝勒、旗主也一起涌入舞池,翩然起舞。屋内外乐队弹琵琶、吹洞箫、刮柳箕来伴奏,室内其他参宴者环立四周,拍手唱和。载歌载舞,其乐融融。

到皇太极时期开始,宫廷春节典礼更加注重的是政治性和等级差别很强的"宫廷礼仪"。元旦当日清晨,皇帝与诸王大臣们在天亮前就云集在大政殿广场上,一起到建在都城东门外的堂子祭天,祭祀天神"阿布凯恩都哩",和许多其他神祇,祈求在新的一年里能赐福于大清皇帝和他的臣民。

元旦宴会所用的食品,以野猪、鹿等兽肉为主,堪称"百兽宴"。如《满文老档》中记载皇太极天聪六年(1632 年)元旦大政殿筵宴的规模是:每旗各设席十桌,用鹅五只,八旗共设八十桌、鹅四十只,加上总兵官以上的高级官员另设二十桌、鹅二十只,总共一百桌。每桌备烧酒一大坛,共一百坛。当然,皇帝、王公和蒙古贵族宴桌上的东东要比这些多。另一件档案中记载,皇太极崇德四年(1639 年)元旦时,大宴用母野猪八头、鹿二十二只、狍子七十只、酸奶烧酒二十瓶、平常酒八十瓶、茶二十四桶,算起来恰好也是一百只兽、一百瓶酒。

年夜饭就是全家人一年一度的团圆饭。清朝皇帝一家平日里是难得在一起用膳的,到了年节,皇帝才特许后妃们陪宴。除夕早上,皇帝与皇后、妃嫔们在重华宫共进早膳。早膳一般有拉拉(黄米饭)、饽饽、年糕等,花样多至十品到二十品,但这只是垫垫肚子,正式的除夕大宴要于申正(下午 4 时)举行。这顿宫廷年夜饭从中午 12 点就开始张罗,摆桌布置凉菜、点心。晚宴摆在保和殿或乾清宫,皇帝还是孤家寡人,一人占据一张长几,皇帝的年夜饭菜放在一个名为"金龙大宴桌"的巨型桌子上,桌边围上黄金绣的桌围子。皇帝吃什么,再由专人端到长几上。

宫廷过年的宴饮,也讲究个气氛和谐,图的是喜庆和吉祥。康熙帝曾于乾清宫与后妃们一起,在佳节之时行宴,欢聚一堂,他这样赋诗道:"今夕丹帷宴,联翩集懿亲。传柑宜令节,行苇乐芳春。香泛红螺重,光摇绛蜡新。不须歌湛露,明月足留人。"

清朝的帝王一般在腊月二十六日就"封笔"、"封玺",停止办公,直至正月初一那天的大典上才重新"开笔"、"开玺"。

"康乾盛世"之际,清宫的春节就更加体现出帝王的威仪及国家的富庶。

据《清史稿·礼志》记载,正月初一早晨天刚亮,百官要齐集太和殿广场搞团拜,主要是给乾隆皇帝拜年。而乾隆通常在他的寝宫养心殿里先饮上一杯屠苏酒。他专用的酒杯重达 1 斤,用黄金镶嵌珠宝特制而成,称为"金瓯永固杯"。金瓯寓意江山,"金瓯永固"意即"江山永固"。

辰时(7 点)时分,午门上鸣钟击鼓,乐队奏响音乐,乾隆登上太和殿宝座。百官依照品级序列列队下跪。两名大学士跪捧贺表,由宣表官宣读。读毕,百官行三跪九叩大礼。礼毕,皇帝赐座赐茶,百官又要叩头谢恩。茶毕,静鞭再鸣,乐队再奏,皇帝下殿,百官退朝,贺岁拜年的大典就算完成了。

这时,乾隆皇帝便将早已备好的装有"如意"的荷包,赐给身边的八旗子弟、宫女、太监们。而荷包里的"如意"通常有金如意、银如意、玉如意和银钱几种。

接受百官拜年之后,乾隆皇帝还要赶往北海阐福寺,到大佛楼进香敛福。

据清宫的膳食档案《膳底档》记载,乾隆时代的年夜饭备办的烹饪原料主要是满族传统食物。如乾隆四十九年举办除夕筵宴,其中乾隆皇帝御桌酒宴所用的物料数额为:猪肉六十五斤,肥鸭一只,菜鸭三只,肥鸡三只,菜鸡七只,猪肘子三个,猪肚二个,小肚子八个,膳子十五根,野猪肉二十五斤,关东鹅五只,羊肉二十斤,鹿肉十五斤,野鸡六只,鱼二十斤,鹿尾四个,大小猪肠各三根。另外,制点心用白面五斤四两、白糖六两。

大宴桌上的菜点也是种类众多,有各式荤素甜咸点心,有冷膳,有热膳,共六十三品,大菜之外,还有两副雕漆果盒,四座苏糕、鲍螺等果品、面食,其中"敖尔布哈"系一种满族油炸的面食。而所谓"鲍螺"并非今日宴席所吃的鲍鱼、海螺,而是一种海产品晾干后磨成粉做成的点心。清朝皇帝是北方人,前期的几位帝王对吃生猛海鲜不甚感冒,偶尔吃鱼,也仅享用松花江进贡来的银鱼、鲟鳇鱼。

可以看出,以上这些物料大多是"关东"所产,反映出满族的固有食俗。

清皇宫中的规矩,各个皇子、嫔妃都有自己的饮食标准,平时单独开伙。但到了年夜饭,大家才有蹭饭局的机会。除了皇帝的家室之外,还有六桌大臣和亲王、郡王们充当陪客,陪客的饭桌上冷热菜点一共二十四品,比皇上少多了,而且盛菜的不再是金碗,而是降格为瓷碗了。

随着年夜饭进行曲的鼓乐声,皇帝和妃嫔入座。太监们先给乾隆进汤膳。汤膳用对盒盛装,"对盒"即两盒合一,取成双成对吉祥之意。皇上的对盒是两副,左一盒为"燕窝红白鸭子腰烫膳"一品、"粳米乾膳"一品。右一盒为"燕窝鸭腰汤"一品、"鸭子豆腐汤"一品。

接下来,太监们按嫔妃的等级给她们送汤,虽然也用对盒,但数量减半,每人一副,内装"粳米膳"一品,"羊肉卧蛋粉汤"一品。

汤品用过后,奏乐停止,开始进入转宴环节。所谓转宴,就是将宴席上的各类膳品,从皇帝桌前开始,在陪桌上转一遍,意为大家有福共享。

转宴结束,正式酒宴开始。皇帝酒膳一桌分五路共四十品,后妃酒膳每桌十五品。皇帝在丹升大东乐声中进第一杯酒,后妃接次一一进酒。酒后进果茶,接着后妃起座,皇帝离宴,祝颂之乐奏起,年夜饭宴始告结束。

这时,皇上下令把自己吃过的饭甚至连盘子、碗、碟子、勺子、筷子一块儿都赏给亲近的大臣和亲王、郡王们,然后与大家一起观看"庆隆舞"。

"庆隆舞"又称"马虎舞",是满族早期的民族舞蹈,作为最具满族风味的节目,一直都是清代春节联欢晚会上的保留节目。该舞蹈分两方阵营,一方舞者头戴兽面具,身披兽皮,扮作动物;另一方舞者身着满族八旗的服装,扮作狩猎者。"庆隆舞"的最后当然是以狩猎者猎取动物胜利告终,以示大清所向披靡,战无不胜。

世间无人不希冀能够益寿延年，其中表现得最为迫切的莫过于古代封建帝王，有的甚至利用无上的权力来延长自己的寿命，并把这活儿当成一生中最重要的大事之一。

从秦皇汉武开始，帝王奔向长生不老之路的求仙客熙熙攘攘。汉朝、明朝和清朝各有一位皇帝因吞食炼丹师炼的金丹而驾崩，至于自称是道教始祖老子后代的唐朝天子更是中了求仙的蛊，留下一大串金丹牺牲品。

康熙帝玄烨打小就是一聪慧过人的孩子，即位后在维护疆域统一、领土完整，勤政爱民等方面都颇有建树，被誉为"千古一帝"。康熙帝不仅知识广博，学贯中西，还深通医理，讲究养生。

在养生方面，康熙皇帝主张：

"凡人饮食之类，当各择其宜于身者。"

——美味不可多得，适宜自己身体的食物才是好食物！

"个人所不宜之物，知之即当永戒。"

——千万不能贪嘴，否则只会用性命来换那一口美味！

"食不可夜饭，遇晚则寝。"

——早饭要吃好，午饭要吃饱，晚饭要吃少！

"每兼菜蔬食之则少病，于体有益，所

以农夫身体强壮，至老犹健者，皆此故也。"

——即使是蔬菜也要饮食多样化，尤其生命在于运动！

"诸样可食果品，于正当成熟时食之，气味甘美，亦且宜人。如我为大君，下人各欲尽其微诚，故争进所得初出鲜果及蔬菜等类，朕只略尝而已，未尝食一次也。必待成熟之时始食之，此亦养身之要也。"

——青果子不仅酸涩难咽，而且对人体有害哟！

康熙还是第一位对卫生饮水发出指示的古代帝王。"饮食对养身重要，因此用水必须注意"，"最好的水，其分量最重"。清廷就以北京西郊玉泉的水作为皇帝指定饮用水。每天，一辆毛驴拉的水车，上插小黄旗，夜间通过西直门，所有人遇到水车都得让路。

康熙对自己的饮膳生活严戒奢华，大力倡导节俭，他曾说："朕每食仅一味，如食鸡则鸡，食羊则羊，不食兼味，余以赏人。"正由于康熙帝以身垂范，当时宫廷中每年的生活消费仅为明代宫廷伙食开销的八分之一。

说起康熙最爱吃的菜肴，恐怕就属豆腐了。

康熙二十三年(1684年)，康熙皇帝第一次南巡来到苏州，其心腹，管理江宁织造的曹寅，深知主子旅途劳顿，便日夜殷勤侍候，还特地找来当地得月楼名厨的张东官主灶，让他做出清淡鲜爽的江南风味，满足康熙皇帝的饮食需求。

张东官便以江南的时鲜菜果，做出八道色、香、味俱优的佳肴。其中尤以虾仁、火腿、鸡肉、香菇等配料与豆腐一起做成的"八宝豆腐羹"质地软熟、口味鲜美，吃得康熙皇帝胃口大开，倍觉惬意。

康熙认为此菜具有两大特点：一是取用豆腐、鸡肉、香菇等物为原料，可使人延年益寿；二是豆腐烹调得法，鲜美绝嫩，滋味胜过燕窝，遂御封为"八珍豆腐"。

南巡结束时，康熙把张东官带进北京城，安排到御膳房掌大勺，让他专门为自己做"八宝豆腐羹"等江南风味的佳肴。

为此这位张大厨还捞到康熙赏赐的五品顶戴，够荣耀的了。

豆腐含有高蛋白，但低脂肪，具有降血压、降血脂、降胆固醇的功效，称得上是生熟皆可、老幼皆宜、养生摄生、益寿延年的第一物美价廉美食佳品。而"八珍豆腐"不仅能令食者胃口大开，更有滋补营养、温中理气、止痛补虚之效，尤为适宜中老年人、营养缺乏者以及孕妇食用。

因以上这种种好处，康熙对从苏州淘来的"八珍豆腐"极是偏爱，御膳上一般少不了这道菜，还将做法赏赐给大臣们，以奖赏这些老臣对朝廷的一生的辛勤工作，希望他们能够健康长寿,颐养天年。宋牧仲《西坡类稿》中有"恭记苏抚任内迎銮盛事"记载了康熙帝赐给他"八珍豆腐"方的佳话:某日,有内臣颁赐食品,并传谕云:"宋荦是老臣,与众巡抚不同。着照将军、总督一样颁赐。"计活羊四只、糟鸡八只、糟鹿尾八个、糟鹿舌六个、鹿肉干二十四束、鲟鳇鱼干四束、野鸡干一束。并传旨云:"朕有日用豆腐一品,与寻常不同。因巡抚是有年纪的人,可令御厨太监传授于巡抚厨子,为后半世受用。"

御膳房还从中揸油,特地印制了一批"八珍豆腐"的配方,当受赏大臣交上一笔价格不菲的宫廷秘方知情费后才发给他们一份。就这样,"八珍豆腐"随着致仕官吏走出了宫廷。

后来,杭州有个王太守,把他祖辈上得到的"八珍豆腐"配方改名为"八宝豆腐羹"亮出来炫耀,经常把这道菜摆上公款酒宴的餐桌,于是本来是苏州名菜的"八珍豆腐"竟摇身一变,成了杭州的地方名菜——"太守豆腐"!

↓ 八宝豆腐羹

主料:豆腐 50 克,鸡胸脯肉 40 克,虾仁 40 克,火腿 25 克,蘑菇(鲜蘑)25 克,豌豆 25 克,干贝 25 克,冬笋 25 克

调料:鸡蛋清 40 克,盐 10 克,淀粉(豌豆)20 克,大葱 15 克,胡椒粉 1 克。

制法: 1. 鸡脯肉剔去筋,切成小指头大的丁。

2. 虾仁洗净,按干水分和鸡脯肉一起,用鸡蛋清加精盐和干淀粉调匀,将鸡脯肉和虾仁浆好。

3. 火腿、蘑菇、冬笋都切成小指甲大的薄片,葱切成花。

4. 白豆腐片去表面和粗皮,切成小指头大的丁,放入汤锅加精盐烧开一下,用碗装上。

5. 锅置火上,添鸡汤 700 克,放入火腿、蘑菇、冬笋、蒸发干贝、豌豆和豆腐丁,加精盐、味精、胡椒粉烧开,调好味,撇去浮沫。

6. 用湿淀粉 20 克(淀粉 10 克加水)调稀,勾流芡汁,装入汤碗内。

7. 锅内放入清水烧开,放入鸡脯丁和虾仁氽熟,捞入豆腐羹内,放葱花,淋入鸡油即成。

特点:色泽艳丽,汤鲜味浓,鲜嫩滑润,异香扑鼻,红、白、青、褐四色相衬,色彩极其美观。豆腐滑嫩,荤料柔软,素菜香脆,口感鲜香。

注意事项：洗、切豆腐时，动作一定要轻，否则易把豆腐弄碎，影响"色相"；豆腐会出水，上碟蒸前要把多余的水分吸掉，蒸出来的豆腐才不会水汪汪一盘；在碟子内抹上熟油，可令豆腐的口感更加滑嫩；高汤本身已有咸味，因此调芡汁时无需另外放盐。

秘籍

豆腐饮食宜忌

饮酒时宜多食豆腐，因其含有半胱氨酸，能加速酒精在身体中的代谢，减少酒精对肝脏的毒害。

豆腐中含嘌呤较多，那些对嘌呤代谢失常的痛风病人和血尿酸浓度增高的患者，应忌食豆腐。虾仁忌与某些水果同吃。虾含有比较丰富的蛋白质和钙等营养物质。如果把它们与含有鞣酸的水果，如葡萄、石榴、山楂、柿子等同食，不仅会降低蛋白质的营养价值，而且鞣酸和钙离子结合形成不溶性结合物刺激肠胃，会引起人体不适，出现呕吐、头晕、恶心和腹痛腹泻等症状。海鲜与这些水果同吃至少应间隔2小时。

康熙帝食不兼味，提倡饮食节俭，他的接班人雍正也是一位珍惜五谷、克己俭朴的帝王。

一次，军机大臣张廷玉到内廷值班，眼见到了中午，雍正皇帝便叫他陪侍用餐。

雍正看到饭粒饼屑掉在桌案上时，也不讲什么忌讳，当着张廷玉的面捡起来就吃。张廷玉对此颇有感触，后来还将这件事记到《澄怀园语》里："世宗宪皇帝时，(张)廷玉日直内廷，上进膳，当承命侍食。见上于饭颗饼屑，未尝弃置纤毫。每宴见臣工，必以珍惜五谷、暴殄天物为戒。又尝语廷玉曰：朕藩邸时，与人同行，从不以足履其头影，亦从不践踏虫蚁。"

似这般饮食节俭的皇帝应该长寿才是，可雍正帝却偏偏喜好长生不老之术，结果英年早逝，因服丹丸而暴亡。

夺取了天下政权的满族人不过几十万，而此刻天下的汉人有几千万。想牢牢把握住来之不易的胜利果实，满族人唯有向汉人的管理体制学习，向汉人的先进文化致敬。

饮食美味更不例外，可以说：天下美馔尽入帝王宴。

在清康熙、乾隆年间，清宫的膳房已具相当规模，皇帝、太后、后妃等都各有膳房，分别称为御膳房、寿膳房等。御膳房下又设荤局、素局、点心局、饭局，以及专做烤鸭、烤猪等的包哈局。其主打菜有：白肉（祭神肉）、羊肉片火锅（涮羊肉）、挂炉烤鸭、烤乳猪，等等。

随着清政权的逐步稳固，全国各地风味名菜名点也相继被引进清宫，或是上了御宴的大席。

如"官烧目鱼"本是津菜，是天津卫"聚庆成饭庄"招揽顾客的保留菜目，原名"烧目鱼条"，乾隆帝在下江南巡访途经天津时品尝上一口后，聚庆成的"目鱼"就成了"官烧"。

目鱼，只因体扁平，两只眼睛长在一侧，也叫比目鱼，学名半滑舌鳎，属鱼纲、鲽形目。它栖息于附近的浅海底层中，为渤海湾特产之一，也能存活于淡水中。晚清学者徐珂编辑撰《清稗类钞》称："比目鱼幼鱼两侧各有一眼，渐长，两眼移向一侧。比连于左侧者,如鲽或鞋底鱼;比连于右侧者,如王馀鱼。"天津人习惯把目鱼俗称为"鳎目"或"大鳎目",即舌鳎,其实,鳎目只是比目鱼的一个直系分类,两眼均在右侧。在夏季,咸、淡水鱼类大多体瘦肉消,唯独目鱼鱼体肥大、肉质鲜美,故津门有"伏天吃鳎目"之说。

"烧目鱼条",是天津名厨取用半滑舌塌目鱼条加蛋液糊,经油炸后烧制而成。鳎目鱼肉质细嫩,刺少味鲜。适于干煎、干烧、红烧、清蒸多种技法烹制,或丁或片或条,均可入馔。

据传乾隆帝下江南途经天津,地方官为了邀宠,当然要进献当地的美食,恰好乾隆行宫与"聚庆成饭庄"仅有一街之隔,也为地方官供奉御膳提供了大大的便利。

在丰美肴馔之中,嘴巴很刁的乾隆唯对"烧目鱼条"赞不绝口。放下筷子后,乾隆亲切地召见了"聚庆成"的厨师,钦赐黄马褂和五品顶戴花翎。而这款"烧目鱼条"经由乾隆亲口御赐封为"官烧目鱼"。

目鱼富含蛋白质、维生素 A、钙、镁、硒等营养元素,具有滋养肝肾、补阴血之功效,可用于治疗水肿、湿痹、痔疮、脚气和妇女经血不调等症。

↓ 官烧目鱼

主料:净目鱼肉 250 克。

辅料:笋 25 克,冬菇 25 克,黄瓜 25 克,水发木耳 4 片,鸡蛋 1 个,淀粉 50 克。

调料:料酒 15 克,姜汁 15 克,白糖 25 克,醋 20 克,酱油 5 克,盐 2 克,高汤 50 克,花生油 1000 克,炸好的花椒油 15 克。

制法:1. 将目鱼肉切成 6 厘米长、1 厘米见方的长条,笋和黄瓜切成 4 厘米长、1 厘米见方的条。

2. 把鸡蛋、淀粉调和成糊,放少许盐、食用油搅拌均匀,将目鱼条蘸上脆糊。

3. 坐油勺,把目鱼条用五六成热的油炸成金黄色。

4. 勺内留底油,炝勺后烹调料,放少许高汤后下笋、冬菇、黄瓜条及木耳,再挂芡下主料,打花椒油出勺装盘。

特点:色泽淡黄,外脆里嫩,酸甜适口。

油泼豆芽

主辅料：绿豆芽 400 克，花生油 500 克，花椒 2 克，精盐少许。

制法：1. 将鲜嫩的绿豆芽掐去根和芽，清洗干净待用。

2. 炒锅放在火上，加入花生油烧至九成热，放入花椒油炸。

3. 将豆芽放在密孔的漏勺中。左手拿住漏勺搁置油锅之上，右手拿着炒菜的手勺，不停地用手勺舀滚热的油往豆芽上浇。等绿豆芽烫得断生时，倒入平盘之中。

4. 再往菜上撒些精盐，稍拌即可。

特点：绿豆芽洁白生脆，花椒味香开胃，色香味俱全。

在乾隆年代，鲁菜的代表孔府菜正式进军清宫廷。

虽说大清朝有"满汉不通婚"的规矩，但要看通婚的对象是谁。

儒教和孔府在汉人的心中地位崇高，摇不可撼。

为加强与高层汉人的亲密关系，乾隆将女儿下嫁给衍圣公孔子的后代当媳妇。可亲家上门做客，又贵为天子，孔府的供膳便不能不煞费苦心。

圣人家的厨师确实不同凡响，别出心裁，亮出绝活，用豆芽入馔，立时把见多识广的乾隆惊倒，对其备加赞赏。

这菜唤作"油泼豆莛"，"豆莛"就是绿豆芽摘去芽和根须后的梗，先将豆芽掐头去尾，再放漏勺里，用炸过花椒的热油淋浇绿豆芽梗，撒盐和调料后入盘，那是又嫩又脆，格外的好吃。

此后，孔府的名厨再接再厉，开发出成系列的豆芽高级菜肴。如"翡翠银针"，就是用绿豆芽的嫩梗和鲜芹菜一起炒，烹制后入盘，绿白相映，煞是美观。另一种"酿豆莛"，将绿豆芽梗掏空，用竹签向梗里面装鸡肉泥、火腿泥，酿成红白两种，清炒入盘，色、形、味、香均属绝佳。

豆芽菜虽味美，可是制作起来颇费工夫。为此，孔府专门建立了一个名为"掐豆芽户"的组织，专门为厨房"掐豆芽"。

接下来，孔府的豆芽名菜就跟着乾隆走进北京城，成为宫廷显贵们的最爱，并一直盛行不衰。

绿豆芽不仅便宜，而且营养丰富，故成为当代自然食用主义者推崇的食品之一。绿豆在发芽过程中，维生素 C 会增加很多，而且部分蛋白质也会分解为各种人体所需的氨基酸，可达到绿豆原含量的七倍。绿豆芽中还含有核黄素及纤维素，很适合口腔溃疡的人和便秘患者食用。此外，还具有清除血管壁中胆固醇和脂肪的堆积、防止心血管病变的作用。

而且多嗜烟酒肥腻者，如果常吃绿豆芽，就可以起到清肠胃、解热毒、洁牙齿的作用。

说罢山东孔府菜，再聊聊江南"苏造肉"。

据爱新觉罗·溥杰先生的夫人嵯峨浩所著《食在宫廷》一书记载，乾隆四十五年（1780年），清高宗乾隆巡视南方，曾下榻扬州安澜园陈元龙的府上。

陈元龙也就是金庸的小说《书剑恩仇录》里的陈阁老，乾隆六下江南，曾四次入住陈家安澜园，那里有一石碑名为"漾月"（当地人称隐喻"养育"），还有乾隆的赐书"双清草堂"（谐音"双亲"），因此当地人对陈元龙是乾隆生父的事情一直深信不疑，并耿耿于怀。

陈元龙是雍正的大红人，官至文渊阁大学士兼礼部尚书，以太子太傅离休，这等显赫的人物，其府上的大厨自然厨艺高超，其中厨师张东官所烹制的许多菜肴，令乾隆的消化系统亢奋不已。乾隆索性把张东官带到宫里，一度让他在热河行宫主料御膳事。这个乾隆喜食味厚之物，张东官就用香料（分四季不同数量配制）烹制猪肉，因张御厨是苏州人，故这道肉菜就称"苏造肉"，而四季配料称"苏造汤卤"，后传入民间，今天有名的北京小吃"卤煮小肠"，即由"苏造肉"演变而来。"卤煮小肠"研发者"小肠陈"的祖上就以卖"苏造肉"为营生。

"苏造肉"的名气极大。清宫曾专门设立苏造局。此菜重回民间以后，北京城的制售者每天早晨于东华门外设摊，其法将猪肉加药料煨熟，肉质酥软，滋味香浓，十分适合与煮火烧同食，是当时朝廷官员吃早点的首选摊位之一，人称"南府苏造肉"。

《燕都小食品杂咏》中写道："苏造肥鲜饱老馋，火烧汤渍肉来嵌。纵然饕餮人称腻，一脔膏油已满衫。"并有注云："苏造肉者，以长条肥肉，酱汁炖之极烂，其味极厚，并将火烧同煮锅中，买者多以肉嵌火烧内食之。"

此外，老北京以"苏造肉"而闻名的高档菜馆有"景泉居"。

清末时，在紫禁城外西北角城隍庙内，有一个专门卖"苏造肉"和火烧的铺子，掌柜姓周，其"苏造肉"肉烂汤醇，香气扑鼻。宣统皇帝溥仪和宫中后妃等都爱吃"苏造肉"，想吃的时候就派人去铺子端。

《清稗类钞》却对"苏造肉"的来源另有记载："又有苏造糕、苏造酱诸物，相传孝全后生长吴中，亲自仿造，故以名之。"

这位孝全后就是清宣宗道光帝的第二任皇后，其谥号全称为：孝全慈敬宽仁端悫安惠诚敏符天笃圣成皇后。孝全皇后为钮祜禄氏，是二等侍卫、世袭二等男、赠一等承恩侯、晋赠三等承恩公颐龄的女儿。早年随父在吴中长大,颇好饮食烹制,《清稗类钞》之说其为"苏造肉"的传播者也有道理。

↓ | 苏造肉

主辅料:猪肉,猪内脏,猪骨,丁香、肉桂、砂仁、甘草、豆蔻、广皮若干,花椒,料酒,酱油。

制法:1. 用各具特色的老汤煮肉是做"苏造肉"的第一道工序。

2."苏造汤"是第二道工序,也是成品工序。调汤时用一定比例的水和酱油、盐,开锅后,把需用的中药碾成粉末,用布袋缝好放入汤中同煮,汤中发出药料及调料的香味时,即成为"苏造汤",用以煨肉。用后,剩下的"苏造汤",其贮藏、保管和增加的方法,全与老汤相同,也是更迭使用。

3. 中药配方有九味。配方按春夏秋冬四季而有所不同。品种不外丁香、肉桂、砂仁、甘草、豆蔻、广皮之类。按季不同即如肉桂、桂皮等燥热之剂冬季用量多,夏季用量减少。

4."苏造肉"主要材料除猪肉外,内脏包括心肝肚肺以及大肠。关键要漂洗干净,然后下清水锅煮几分钟,放柴花椒,撇去血沫捞起备用。再同肉放在老汤中煮。煮时要根据某些多煮易烂的材料,分先后放入。

5. 老汤开锅后肉色变红,煮十几分钟就起锅。只有肺最后出锅。其次是将以上已煮到八分熟的材料,移到苏造汤中煨。

6."苏造汤"锅内先放一张大小适当的竹箅子,然后在箅上平放一些猪骨头。倒上汤,分类把肉和内脏有次序地排列在骨头上。使材料不沾锅底,以免烧焦。只有肉改切长条,其他用时再改刀。汤烧开后,改用文火煨。锅中的汤只把材料浸到一半,起着气泡,这样煨2~3小时即成。

特点:"苏造肉"由于用多种中药和香料配合,有开胃健脾之功。汤鲜鲜,肉酥烂,无论佐酒还是就着烧饼火烧吃,都别有一番风味。

注意事项:"苏造肉"的关键在于老汤,以大棒骨为主料,长时间煨煮,使骨髓全部凝聚其中。再另用一锅,锅底铺上铲子骨,将五花肉切长条,置于骨上,以防止糊锅。再加香料与清水,旺火至沸腾,撇沫后改中火,至七成熟,兑入老汤、盐、料酒、酱油等,转小火至肉烂。此菜虽费时费火,但味道醇厚,令人垂涎欲滴。

最后,再介绍一道从民间传入宫廷的美馔"游龙绣金钱"的做法。

↓ 游龙绣金钱

主辅料:黄鳝 300 克,大虾肉 200 克,鳜鱼肉 100 克,肥膘 50 克,香菇 25 克,绍酒、酱油各 15 克,蛋清 20 克,葱、姜、盐各少许,白胡椒面、醋各 10 克,蒜 5 克,清汤 100 克,淀粉 50 克。

制法:1. 活黄鳝用竹片划成鳝丝。大虾肉破开制成圆形片,用绍酒、盐略腌渍。鳜鱼肉、肥膘剁成茸,调入绍酒、葱、姜、盐等,蛋清打成蛋泡,搅在鱼茸中。

2. 虾片平摆在盘中,将调好味的鱼泥抹在上面。香菇丝摆成古钱状蒸 8 分钟,摆在盘子四边。用清汤调好味,勾上淀粉,淋在金钱虾上。

3. 油锅上旺火,油八成热时投入鳝鱼丝滑开,控油。

4. 调料(除蛋清)兑成碗芡。抄勺上火,葱、姜丝略煸,把划好的鳝丝倒入,烹入碗芡,翻炒成熟,淋入葱油,装在盘子中间即可。

特点:造型美观,鲜咸味醇,独具风味。

清朝是中国历史上最后一个封建王朝，虽说它总结并汲取了所有中国饮食文化的光辉成就，宫廷筵宴规模膨胀般扩大，烹调技艺水平也有了空前的提高，可以说，中国古代皇室宫廷饮食至此发展到了登峰造极、叹为观止的地步。但清朝压根儿就没有什么"满汉全席"。

所谓的"满汉全席"只是老北京的相声演员编的一段大"贯口"词，罗列大量的菜名，名字就叫"报菜名"。

"贯口"是相声术语，又称"趟子"，为将一段篇幅较长的说词节奏明快地一气道出，似一串珠玉一贯到底，演员事先把词背得熟练拱口，以起到渲染书情、展示技巧乃至产生笑料的作用。

这个"报菜名"为二十世纪二十年代在北京献艺的著名相声演员万人迷所创，当时颇受听众欢迎。三十年代的民间老艺人戴少埔也擅长说这个段子的相声，当年的老北京人对此都有记忆，只是后来传来传去竟被讹称为"满汉全席"。

相声"报菜名"里面的"满汉全席"包括：

蒸羊羔、蒸熊掌、蒸鹿尾儿。

烧花鸭、烧雏鸡儿、烧子鹅。

卤煮咸鸭、酱鸡、腊肉、松花、小肚儿、晾肉、香肠。

什锦苏盘、熏鸡、白肚儿、清蒸八宝

猪、江米酿鸭子。

罐儿野鸡、罐儿鹌鹑、卤什锦、卤子鹅、卤虾、烩虾、炝虾仁儿。

山鸡、兔脯、菜蟒、银鱼、清蒸哈什蚂。

烩鸭腰儿、烩鸭条儿、清拌鸭丝儿、黄心管儿。

焖白鳝、焖黄鳝、豆豉鲇鱼、锅烧鲇鱼、烀皮甲鱼、锅烧鲤鱼、抓炒鲤鱼。

软炸里脊、软炸鸡、什锦套肠、麻酥油卷儿。

熘鲜蘑、熘鱼脯儿、熘鱼片儿、熘鱼肚儿、醋熘肉片儿、熘白蘑。

烩三鲜、炒银鱼、烩鳗鱼、清蒸火腿、炒白虾、炝青蛤、炒面鱼。

炝芦笋、芙蓉燕菜、炒肝尖儿、南炒肝关儿、油爆肚仁儿、汤爆肚领儿。

炒金丝、烩银丝、糖熘饹炸儿、糖熘荸荠、蜜丝山药、拔丝鲜桃。

熘南贝、炒南贝、烩鸭丝、烩散丹。

清蒸鸡、黄焖鸡、大炒鸡、熘碎鸡、香酥鸡、炒鸡丁儿、熘鸡块儿。

三鲜丁儿、八宝丁儿、清蒸玉兰片。

炒虾仁儿、炒腰花儿、炒蹄筋儿、锅烧海参、锅烧白菜。

炸海耳、浇田鸡、桂花翅子、清蒸翅子、炸飞禽、炸葱、炸排骨。

烩鸡肠肚儿、烩南荠、盐水肘花儿、拌瓢子、炖吊子、锅烧猪蹄儿。

烧鸳鸯、烧百合、烧苹果、酿果藕、酿

江米、炒螃蟹、汆大甲。

什锦葛仙米、石鱼、带鱼、黄花鱼、油泼肉、酱泼肉。

红肉锅子、白肉锅子、菊花锅子、野鸡锅子、元宵锅子、杂面锅子、荸荠一品锅子。

软炸飞禽、龙虎鸡蛋、猩唇、驼峰、鹿茸、熊掌、奶猪、奶鸭子。

杠猪、挂炉羊、清蒸江瑶柱、糖熘鸡头米、拌鸡丝儿、拌肚丝儿。

什锦豆腐、什锦丁儿、精虾、精蟹、精鱼、精熘鱼片儿。

熘蟹肉、炒蟹肉、清拌蟹肉、蒸南瓜、酿倭瓜、炒丝瓜、焖冬瓜。

焖鸡掌、焖鸭掌、焖笋、熘茭白、茄干儿晒卤肉、鸭羹、蟹肉羹、三鲜木樨汤。

红丸子、白丸子、熘丸子、炸丸子、三鲜丸子、四喜丸子、汆丸子、葵花丸子、饹炸丸子、豆腐丸子。

红炖肉、白炖肉、松肉、扣肉、烤肉、酱肉、荷叶卤、一品肉、樱桃肉、马牙肉、酱豆腐肉、坛子肉、罐儿肉、元宝肉、福禄肉。

红肘子、白肘子、水晶肘、蜜蜡肘子、烧烀肘子、扒肘条儿。

蒸羊肉、烧羊肉、五香羊肉、酱羊肉、汆三样儿、爆三样儿。

烧紫盖儿、炖鸭杂儿、熘白杂碎、三鲜鱼翅、果子鸡、尖汆活鲤鱼、板鸭、筒子鸡。

民国初期,特别是首都南迁之后,北

京城的老百姓生活水平日益低下，花上一个铜子只是图个乐，算是过会子耳瘾，在意淫的想象中搓一顿"满汉全席"的饭局。

不久，学术界的人有好事的，就据此自作聪明地整理出一套"满汉全席"来，这个版本的"满汉全席"开始以北京、山东、江浙菜为主，后来闽粤等地的菜肴也依次亮相在巨型宫廷宴席之上。其中，南菜五十四道：三十道江浙菜，十二道福建菜，十二道广东菜。北菜五十四道：十二道满族菜，十二道北京菜，三十道山东菜。可惜的是，那时川菜还未全国流行，没能闯进"满汉全席"。

清廷御宴从来就没有"满汉全席"，其大型酒宴有为招待与皇室联姻的蒙古亲族所设的"蒙古亲番宴"、施恩来笼络属臣的"廷臣宴"、庆祝清朝帝王寿诞的"万寿宴"、全国长寿老人团聚会的"千叟宴"、招待蒙古外萨克等四部落进贡使臣的"九白宴"，及清宫内廷按固定的年节时令而设的一些筵宴，如：元日宴、元会宴、春耕宴、端午宴、乞巧宴、中秋宴、重阳宴、冬至宴、除夕宴等节令宴。

如果说有"满汉全席"，也不是真正的宫廷御宴，而是江南的官场菜。

据乾隆甲申年间李斗所著的《扬州画舫录》说：

上买卖街前后寺观，皆为大厨房，以备六司百官食次：第一份，头号五簋碗十件：燕窝鸡丝汤、海参烩猪筋、鲜蛏萝卜丝羹、海带猪肚丝羹、鲍鱼烩珍珠菜、淡菜虾子汤、鱼翅螃蟹羹、蘑菇煨鸡、辘轳锤、鱼肚煨火腿、鲨鱼皮鸡汁羹、血粉汤、一品级汤饭碗。第二份，二号五簋碗十件：卿鱼舌烩熊掌、米糟猩唇、猪脑、假豹胎、蒸驼峰、梨片伴蒸果子狸、蒸鹿尾、野鸡片汤、风猪片子、风羊片子、兔脯奶房签、一品级汤饭碗。第三份，细白羹碗十件：猪肚、假江瑶、鸭舌羹、鸡笋粥、猪脑羹、芙蓉蛋、鹅肫掌羹、糟蒸鲥鱼、假斑鱼肝、西施乳、文思豆腐羹、甲鱼肉肉片子汤、茧儿羹、一品级汤饭碗。第四份，毛血盘二十件：炙、哈尔巴、小猪子、油炸猪羊肉、挂炉走油鸡、鹅、鸭、鸽、猪杂什、羊杂什、燎毛猪羊肉、白煮猪羊肉、白蒸小猪子、小羊子、鸡、鸭、鹅、白面饽饽卷子、什锦火烧、梅花包子。第五份，洋碟二十件，热吃劝酒二十味，小菜碟二十件，枯果十彻桌，鲜果十彻桌。所谓满汉席也。

并注明这是当时扬州"大厨房"专为到扬州巡视的京官——"六司百官"办的欢迎招待会宴席，跟大清宫廷御宴根本八竿子打不着的。

说了这么多的菜名，下面不来点实际的交代不过去，就介绍两道真正的大清宫廷菜。

第一道"龙凤呈祥"，出自清廷的"蒙古亲番宴食谱"。

↓ 龙凤呈祥

主料：对虾 450 克，鸡胸脯肉 200 克，胡萝卜 30 克。

调料：淀粉(豌豆)20 克，鸡蛋清 40 克，番茄酱 10 克，白砂糖 25 克，盐 3 克，葱汁 10 克，姜汁 10 克，醋 5 克，料酒 20 克，猪油(炼制)80 克。

制法：1. 将大虾收拾干净，勺内猪油烧热，放入大虾煎至呈微红色时，放入白糖 5 克、料酒 10 克、精盐 3 克、葱姜汁、鸡汤 140 克用小火烧透。

2. 将鸡脯肉洗净切成细丝，用蛋清、淀粉 15 克，上浆，入四成热油中滑透，放入胡萝卜丝，滑一下和鸡丝一起倒入漏勺。

3. 将番茄酱、白糖、醋、精盐、味精、料酒、鸡汤、淀粉调成芡汁。

4. 勺内留油 15 克烧热，放入葱姜丝炝锅，放入鸡丝、胡萝卜丝，烹入碗芡汁，颠翻至匀，出勺盛入盘中心。

5. 将大虾焖干汤汁出勺，虾头朝里围在盘边即成。

特点：形态美观，大虾咸鲜干香，鸡丝甜酸味美。

注意事项：因有过油炸制过程，需准备猪油约 500 克。

第二道"龙抱凤蛋"，出自清廷的"万寿宴"食谱。

↓ 龙抱凤蛋

主辅料：鲜鱼肉 250 克，鳝鱼 2 条(重约 300 克)，鸡蛋 5 个，猪油 50 克，鸡蛋清 2 个，淀粉 30 克，葱姜汁、料酒、白糖、精盐、胡椒粉、葱片、姜片、蒜子、湿淀粉各适量。

制法：1. 将鳝鱼除去内脏，冲洗干净，剔去刺骨，在鱼身上划成麦穗形花刀，切成 4.5 厘米长的段，留头尾，用开水烫透捞出，洗净黏液。

2. 把鲜鱼肉剁成鱼茸，放在碗里，加入水和料酒、葱姜汁、精盐、味精、鸡蛋清、猪油，搅和成糊。

3. 将烫好的鳝鱼段，在有皮的一边抹上淀粉，酿上鱼茸，排成两条龙形状。

4. 把鸡蛋煮剥壳，两头切平，横剖荷花状，中间装上鱼茸，做小花头，放在龙的中间，再加入蒜子、料酒、精盐、味精、葱片、姜片、猪油，上笼蒸约 10 分钟出笼。原汁滗入炒锅上火，用湿淀粉勾成流芡，淋浇在鳝鱼上面，撒入胡椒粉即可。

特点：造型优美，质地鲜嫩，风味独特。

第七章 乾隆皇帝吃出来的长寿

每个人都希望自己能够"多福多寿"，尽量避开"多灾多难"的人生直通车。

儒家认为"福"字有五个含义：一是长寿，二是富有，三是康宁，四是具有美德，五是老有善终。

多福支撑着长寿，长寿是多福的第一张面孔。

清代乾隆皇帝寿达八十九岁，儿孙五代同堂，在历代帝王之中罕有人能与之比肩。所以人家乾隆晚年就有了骄傲的资本，自称占尽五福，是"五福五代古稀天子"。

乾隆帝能长寿，主要在于合理膳食，换句话说，也就是长寿是吃出来的！

在饮食上，乾隆帝很有规律，讲究个定时、定量、定质。

如每天起床前，乾隆先喝粥，早膳前要吃一碗冰糖炖燕窝。日常的菜肴以鸡、鸭、鱼、猪、羊、鹿、鹅等为主，这是满族祖先狩猎食肉的老习惯、老规矩，必须遵守，否则有违祖制。

其实，乾隆对这些大鱼大肉早已吃得腻烦了，时不时地要换换口味。

而吃杂粮和多吃蔬菜对人体益处最多。

每到春天，看到榆树发了绿芽，乾隆就命御厨制作榆钱饽饽、榆钱糕、榆钱饼。乾隆为此专门作过一首《榆钱饼》的诗：

新榆小于钱，为饼脆且甘。寻宫羞时物，佐餐六珍参。偶谈有所思，所思在闾里。鸠形鹄面人，此味尤难兼。草根与树皮，辣舌充饥谱。幸不问肉糜，玉食能无饥！

吃惯了这一口，乾隆还将这些食物供奉神佛，宣旨："宫内、圆明园等处佛堂供榆钱饽饽、榆钱糕。"此外有据可查的还有，二月二那天，乾隆帝一定吃用黄米、黄豆、绿豆磨成汁沫摊成的煎饼，到初夏时吃嫩麦制成的"碾转儿"。

至于应季的时令蔬菜，乾隆对它们就更亲了，像什么黄瓜蘸面酱、炒鲜豌豆、蒜茄子、摊瓠潽子、春不老、芥菜缨、酸黄瓜、酸韭菜、秕子米饭、粘馓团子……这些粗食统统笑纳。

那么，什么是合理的膳食结构？

就八个字：粗细搭配、肉菜互补！

乾隆帝的嘴既刁，也很贪。

清人欧阳昱在《见闻琐录》中记载云："纯皇（乾隆帝）出入圆明园，见市间油灼麦面如饺条油果之类，食之颇可口，命膳夫作此以佐茶饮，取其价廉而工省也。及岁终，户部计帑出（经费超支）数千金。上曰：'不过食少许耳，何浮滥至此！'内府奏曰：'为此少许，敬造御膳房若干金，新制器皿若干金，采买某地麦料若干金，添设监造官工役食用若干金。积而成款，本非浮滥。'上颔之（点头），谓：'人君嗜欲不可不慎也。'"

草根有草根的忧愁，皇家有皇家的烦恼。身为"九五之尊"的皇帝，连吃油炸面饼都觉得有点奢侈，如果说出去还真不会有人相信。

乾隆帝另一长寿饮食秘诀是节制饮酒。他主张饮酒以健身为本，因时而宜，适度适量。

中国老传统认为，白酒有活血通脉、助药力、增进食欲、消除疲劳、杀毒消肿、御寒提神的功能。故有"酒以治病，酒以养老，酒以成礼"之说。

当然，饮者更看重的是借此张扬个性，追求酒神精神。

中国古人中的第一"醉鬼"刘伶在《酒德颂》中有言："兀然而醉，豁尔而醒。静听不闻雷霆之声，孰视不睹泰山之形。不觉寒暑之切肌、利欲之感情。俯观万物，扰扰焉如江汉之载浮萍。"

现代医学认为，饮用少量低度白酒可以扩张小血管，促进血液循环，延缓胆固醇等脂质在血管壁的沉积，对循环系统及心脑血管有利。

但清代那会儿的白酒还不叫白酒，白酒是新中国成立后，对全国各地的"烧酒"或"高粱酒"等统一规范的叫法。

如果赶上重大喜庆节日，乾隆帝在筵宴上饮酒也只限三巡。清廷筵宴原定每桌备八两玉泉酒,后被乾隆改为五两。在乾隆三十五年,皇帝办公室又明文规定:宫廷筵宴每桌用玉泉酒四两。

在乾隆年代的御宴上,君臣们一律是少喝酒,多吃菜,够不着站起来!

中国两大长寿皇帝,一位是梁武帝萧衍,他认为:色是刮骨钢刀。而清高宗弘历(乾隆)的看法是:酒是穿肠毒药。

清宫在个别节日,如在元旦饮屠苏酒、端午饮雄黄酒、中秋饮桂花酒、重阳饮菊花酒之外,平时还备了不少的滋补药酒:"龟龄酒"、"松苓太平春酒"、"椿龄益酒"、"健脾滋肾壮元酒"。

据《乾隆医案》记载,乾隆帝最爱喝的是"龟龄酒"和"松龄太平春酒",这两种养生药酒,前者可祛病、壮阳补肾、养气、健身,而后者则是活血行气、健脾安神的良药。

但无论什么酒,酒大伤身,药多成毒。晚年的乾隆谨遵医嘱,每次只饮一小杯。颇有"弱水三千,只取一瓢饮"的佛家意味。

说罢酒,不能不提提菜。

乾隆跟他爷爷康熙帝饮食嗜好差不多,也好豆腐。他在下江南时,就品了不少南方的豆腐菜。

在江南一家饭店吃了"菠菜豆腐"后,乾隆赞叹不已,欣然赋诗云:"金镶白玉版,红嘴绿鹦哥。"其实,豆腐不宜与菠菜、香葱一起烹调,这样会生成形成结石的草酸钙,对人体无益,但清朝哪有人知道这道理,只管好吃就是了。

据传,当年乾隆皇帝下江南路过淮安山阳县平桥镇时,当地大地主林百万,为了加封受赏,一路张灯结彩,红毡铺地,把圣驾接到了自家庄园,又叫厨师用鲫鱼脑子加老母鸡原汁汤烩豆腐,进献给万岁爷吃。

这豆腐烩制得那叫相当考究:先选择盐卤点浆的细嫩豆腐放在冷水锅里煮透,取出后略微压一压,去掉水分,再切成瓜子大小的薄薄碎片,然后浸放在清水中备用。烩制时,将鸡汤或肉汤放入锅内,佐以猪油、葱姜、鲫鱼脑、蟹黄等配料,煮沸后,将豆腐片、熟肉丁、虾米等放进汤内,再煮沸,加以适量豆粉后上盘。食用时,如放点小磨麻油、胡椒粉之类,其味道更加香美。

林百万亲自端着热腾腾的豆腐呈上酒桌,顿时满屋鲜香扑鼻。乾隆看到豆腐鲜嫩油润,汤汁醇厚,油封汤面,不禁舌底生津,而入口后,更觉豆质细嫩,口味鲜咸,当场对其滋味之鲜美,赞不绝口。从此,独具一格的"平桥豆腐"便传开了。

在1984年,"平桥豆腐"再次成为国

宴招牌菜,北京人民大会堂特派两名厨师专程来淮安山阳县平桥镇学习"平桥豆腐"的制作技艺。

此外,还有杭州民间的"鱼头豆腐"也被乾隆相中,回京城后,他命御厨模仿杭州的制法做"砂锅鱼头豆腐"一菜。就这样,"鱼头豆腐"也借着乾隆皇帝的光名闻天下了。

↓ 鱼头豆腐

主料:鳙鱼 2500 克,豆腐 700 克。

辅料:冬笋(75 克),香菇(鲜)25 克,青蒜 25 克。

调料:姜 2 克,豆瓣酱 25 克,黄酒 25 克,酱油 20 克,白砂糖 10 克,猪油(炼制)10 克,菜籽油 25 克。

制法:1. 将鱼宰杀治净,取其鱼头连带一截鱼肉,洗净,近头部厚肉处深刻一刀,鳃盖肉上剐一刀,鳃旁的胡桃肉上切一刀,放入沸水一烫;

2. 鱼头剖面抹上辗碎的豆瓣酱,上面涂上酱油;

3. 豆腐批成厚约 1 厘米的长方片,入沸水锅汆一下,去掉豆腥味;

4. 冬笋削皮,洗净,切片;

5. 香菇去蒂,洗净,切片;

6. 炒锅置旺火上烤热,滑锅后下熟菜油,至七成热时,将鱼头正面下锅煎黄,滗去油,烹入黄酒,加酱油和白糖略烧,将鱼头翻身,加水 750 毫升,放入豆腐、笋片、香菇、姜末,同烧;

7. 待烧沸后倒入砂锅,置小火上炖 15 分钟,移至中火上再炖 2 分钟左右;

8. 撇去浮沫,加入洗净的青蒜段、味精,淋上熟猪油,连同砂锅一起上桌即成。

特点:此菜油润、滑嫩、鲜美,汤纯味厚,清香四溢,是杭州传统名菜中的冬令时菜。

注意事项:第一,选用 2500 克左右的新鲜大花鲢鱼头,切取鱼头时要连一截鱼肉;第二,鱼头和豆腐炖烧前均应用沸水汆过,以除去腥味,鱼头下锅要热锅旺油,煎时掌握好火候,防止煎焦;第三,倒入砂锅动作要轻巧,要鱼头在下,配料在上,保持形状的完整;最后,因有过油煎制鱼头过程,需准备菜籽油 300 克。

秘籍

鱼头的营养价值

花鲢又名鳙鱼，俗称胖头鱼、包头鱼。属高蛋白、低脂肪、低胆固醇鱼类，其肉对心血管系统有保护作用；鱼头豆腐具有补虚弱、暖脾胃的功效，对咳嗽、水肿、肝炎、眩晕、肾炎和身体虚弱者有很好的食疗作用。鱼脑营养丰富，其中含有一种人体所需的鱼油，而鱼油中富含多不饱和脂肪酸，它的主要成分是一种人体必需的营养素，主要存在于大脑的磷脂中，可以起到维持、提高、改善大脑机能的作用。因此，有多吃鱼头能使人更加聪明的说法。另外，鱼鳃下边的肉呈透明的胶状，里面富含胶原蛋白，能够对抗人体老化及修补身体细胞组织：……所含水分充足，所以口感很好。

其实，东北盛产大豆，所谓近水楼台，满族先祖一直有以豆入馔的饮食传统。清帝们的御膳虽然每日山珍海味，但餐桌上的豆类食品从来没断过档，像什么豆面饽饽、豆面卷子、豆腐、豆粥等都是他们常吃的食品。以豆腐为主要原料的菜肴更是花样百出，如火熏白菜豆腐、厢子豆腐、肥鸡豆腐、三鲜豆腐、鸭子豆腐、卤虾油炖豆腐、盐水豆腐、烩红白豆腐、锅塌豆腐、豆豉豆腐、羊肉豆腐、菠菜豆腐、小葱拌豆腐、豆腐泡、干豆腐、猪肉酸菜炖冻豆腐，等等，均是清代帝后每日不可或缺的宫廷菜肴。

第八章
喜欢杀厨师的嘉庆皇帝

公元 1796 年正月,中国皇帝中的第一长寿明星乾隆在皇帝宝座上坐满了六十年,考虑到不能超越爷爷康熙帝的执政期限,才恋恋不舍地将位子禅让给了儿子颙琰。

乾隆看好的就是颙琰比较听话。在他当太上皇的日子里,依然是威风八面,干预朝政。颙琰天天早请示,晚汇报,十分守规矩,一刻也不敢怠慢。

待到乾隆驾鹤西去,颙琰,也就是嘉庆帝,立马扬眉吐气起来,亲政后不久,就下旨逮捕父皇的第一宠臣和珅,历数其二十大罪,责令自尽。

嘉庆是清朝第七个皇帝,除了抓贪官和珅露了一下脸,政绩远不及老爸乾隆。虽然嘉庆多次减免各地赋税、整顿吏治,但由于土地都集中于大官僚、大地主手中,导致无地可耕的农民大量破产、流亡,甚至拿起刀枪造政府的反。在嘉庆管理国家的二十五年间,大清帝国由盛转衰,开始走上了下坡路,并且惯性十足。

虽说嘉庆政治上不出彩,可吃起美味来一点也不差劲。

嘉庆十年(1805 年),当时,有一名新科状元叫王学志,不仅有才能,也非常会讨嘉庆皇帝的欢心,后来被封为大学士、兵部尚书等职。嘉庆跟这位王爱卿说话对撇子,经常把他留在宫里,共进午餐。

骨酥香味鱼

主料：鲫鱼。

辅料：水发香菇、肥猪肉。

调料：葱段、姜片、糖、盐、料酒、醋、酱油、高汤。

制法：1. 将鱼去内脏洗净控干水，水发香菇去蒂，肥猪肉切成丁，葱、姜洗净切成段和片；

2. 坐蒸锅点火，先放一个小盘，摆入一层葱段、姜片、香菇，放入一层鱼（头朝里、尾朝外），再放入一层葱段、姜片、香菇，放入糖、盐、料酒、醋、酱油、高汤（没过鱼身）。

3. 待锅开后，将大火改为小火炖1～2个小时，至鱼酥烂即可食用。

特点：鲜酥可口，甜咸兼有，香味浓郁。

有一天，嘉庆满脸怒色地对王学志说："寡人最喜欢吃鱼，可这几天也不想吃了，那些厨师都该杀了。"王学志忙给万岁爷做思想工作："万岁，您要是把厨师都杀了，谁还敢来给您做饭吃不是？"这话说得嘉庆频频点头，颜色转缓。王学志趁机又建议说："常言道：饭后百步走，活到九十九。依臣看，万岁您一日六餐，应该多散散步遛溜弯，就能胃口大开了。"

嘉庆觉得王学志所说得有道理，就天天散步遛弯，并将每天六餐改为三餐。过了一段时间，嘉庆的食欲果然大增。

这时，王学志叫自己府内的厨师做了四个菜，送进宫来，请皇上品尝。其中有一个鱼，叫"骨酥香脆鱼"，嘉庆吃后，连连叫好，亲自把"骨酥香脆鱼"改为"骨酥香味鱼"。从此这道"骨酥香味鱼"就频频摆在颙琰的餐桌上了。

清宫廷皇室吃的鲫鱼必须是富春江的鲫鱼。为了能够吃到保鲜的富春江鲫鱼，清廷不惜劳民伤财，专门在从杭州到北京的万里驿道上，每隔三十里修建一处水塘。每年鲫鱼季节（春末夏初），塘边竖起旗杆，晚上点着灯笼，等候日夜兼程的贡鱼濡湿保鲜，动用快马三千多匹，民夫数千人专送。如此劳民伤财，以致有人兴叹说："金樽美酒千人血，桌上佳肴万姓膏！"

可以说，帝王们吃的不是美味，而是气派。

颙琰是个气派很大，气量却不大的人，一次仅因为看到米饭中一粒稻谷，就不动声色地要了御厨的命。

嘉庆帝杀的不止是一个御厨。

清朝倒台后，社会上特流行宫廷揭秘的八卦。1917年，在民国时期的《春声》第六卷上，载有醉侬写的一篇《清仁宗被刺》的文章，全文如下：

嘉庆时有成德者，内务府厨役也。有胆略，勇力过人。尝与御前侍卫某额驸角艺。相约各以长二尺许木桩十余株，列为一行，植其半于地，四围坚以泥土。额驸与德各卧于地，以足横扫之，木桩应足而倒。德一举足，能扫十二桩；额驸仅七桩而已。一日仁宗幸圆明园，正瞻眺间，欻见一人手持匕首，突前行刺。适某额驸侍卫在侧，立擒之。视之成德也。上命诸王大臣及六部九卿会讯之。成德默无一言，严鞫之，但云事若成，尔等皆须屈膝稽颡北面事我而已。上宽厚，不欲穷诘，兴大狱，遂命并其二子诛之。临刑时，先牵其两子至。一年十六，一年十四，貌皆清秀。监刑者促其向德叩首，先就刑。德瞑目不视。刑既竣，复命将德凌迟处死。上体商割毕，德忽张目视行刑者曰：快些。自是不复言，迄不知其受何人主使也。

而其他史料记载，这位行刺嘉庆皇帝的御厨姓陈名德。救驾有功的那个额驸侍卫叫丹巴多尔济，死后葬于喀喇沁左翼蒙古族自治县南公营乡七间房村后坟屯北一百米的旗杆梁山南坡。当日在案发现场，"侍卫"丹巴多尔济以身遮护嘉庆，身中三刀，仍带伤将行刺的御厨抓住，嘉庆皇帝因此赐丹巴多尔济"贝勒"、"御前行走"，称赞丹巴多尔济"胆大"。于是丹巴多尔济家乡的老百姓至今流传丹巴多尔济救驾的故事，称他为"胆大人"。

御厨行刺嘉庆，是否与当时的白莲教造反有关，有待考据。

嘉庆七年（1802 年）十二月，川、楚两地的白莲教起义大部分已被镇压。但直至嘉庆九年，清廷才彻底镇压了白莲教起义余部，此战事迁延九年，清廷耗军费白银二亿两。

大规模的民变让嘉庆和他的政府元气大伤，史学家称之为"清帝国由盛转衰的重要标志"。

白莲教虽被镇压下去，白莲教的一个分支天理教的人又来找嘉庆讨要天理。

嘉庆十八年（1813 年）九月，天理教起义，其中首领林清联络宫中太监，分别从东、西华门冲入皇宫中，与官兵交战，但终因势单力孤，杀入紫禁城的天理教徒全部遇难。

太平年间，造反派的尖刀排能杀进皇宫大殿，"酿成汉唐宋明未有之事"，而且这还是绝无仅有的一次"斩首行动"。惊魂未定的嘉庆帝为此下"罪己诏"。平变之后，混战中射在隆宗门上的一个箭镞，一直被保留了下来，嘉庆希望这个箭镞能够对爱新觉罗皇室的子孙有所警示，并在临终前告诫群臣，"永不忘十八年之变"。

在嘉庆一朝，还有一道美食——"道口烧鸡"，足以与"金华火腿"、"高邮鸭蛋"、"北京烤鸭"相提并论，饮誉海内外。

豫北滑县道口镇，素称烧鸡之乡。清

顺治十八年(1616年),"道口烧鸡"就诞生在这里,其创始人叫张炳。他在道口镇大集街开了个小烧鸡店,因制作不得法,门可罗雀。有一天,一位曾在清宫御膳房当过御厨的老朋友来访,在对饮畅谈间,传授给他一个秘方:"要想烧鸡香,八料加老汤。"八料就是陈皮、肉桂、豆蔻、良姜、丁香、砂仁、草果和白芷八种佐料;老汤就是煮鸡的陈汤。每煮一锅鸡,必须加上头锅的老汤,如此沿袭,越老越好。张炳如法炮制,从此生意大火,张炳还把他的烧鸡店定名为"义兴张"。

此后,张家烧鸡便一代一代地传下来,既传家珍绝技,又传百年老汤。

嘉庆二十五年,皇帝颙琰路过道口镇,忽闻奇香而振奋,问左右人道:"何物发出此香?"左右答道:"张家烧鸡。"随从将烧鸡献上,嘉庆尝后大喜说道:"色、香、味三绝。""道口烧鸡"易名为"宫廷烤鸡",随即进入宫廷,成为御膳。当时的皇亲国戚"隔数日,必食之,以壮阳身"。清宫的烤鸡系选用1.5公斤上下的新鲜鸡,用二十四种中草药和调味品加工烤制而成。不经药膳脱脂,含脂肪少,胆固醇低,从皮到骨,味道如一。

"道口烧鸡"具有五味佳、酥香软烂、咸淡适口、肥而不腻的特点。食用不需要刀切,用手一抖,骨肉即自行分离,无论凉热,食之均余香满口,令人馋涎欲滴,食后无不交口称赞。

如今的"道口烧鸡"不仅红遍中国,而且名播世界。

↓ │道口烧鸡

主料:选用生长7~24个月,重2~2.5斤的嫩鸡或肥母鸡。

制法:1. 屠宰和开剥:屠宰后放净血,趁鸡体尚温时,放到58~60℃的热水里浸烫。煺净羽毛,用凉水洗净浮毛和浮皮,切去鸡爪。在鸡颈上方割一小口,露出食管和气管,再将其臀部和两腿间各切开7~8厘米长口,割断食、气管,掏出内脏、割下肛门后,用清水冲去腹内的残血和污物。

2. 选型和炸鸡:将洗净的白条鸡腹部向上放在案上,左手稳住鸡体,右手用刮刀将肋骨中间处切断,并用手按折。根据鸡的大小,选取高直一段放置腹内把鸡撑开,再在下腹脯尖处切一小口,将双腿变叉插入腔内,两翅也交叉插入口腔内,造型成为两头尖的半圆形,再用清水漂洗干净后挂晾,待晾掉表皮水分即可炸鸡。将晾好的白条鸡全身涂匀蜂蜜水,其比例为水60%、蜜40%。将油(豆油、花生油均可)加热到150~160℃,把鸡放入油内翻炸半分钟,炸成柿红色即可捞出。

3. 煮鸡:(其配料按 100 只鸡计算)砂仁、豆各 15 克,丁香近 5 克,草果、陈皮各 0.06 斤,内桂、良姜、白芷各 0.18 斤,海盐 4～6 斤,陈年老汤适量。

4. 已炸好的鸡按顺序平摆在锅内,兑入陈年老汤和化开的盐水后,再放入砂仁等 8 味配料,用竹篦压住鸡体,使老汤浸住最上一层鸡体的一半。先用大火将汤烧开,然后把 12～18 克火硝放入鸡汤沸入溶化,将汤煮开后再用文火焖煮,直到煮熟为止,从开锅算起,一鸡须煮 3～5 个小时。捞出时要注意保持造型美观。

特点:鸡身呈浅红色,鸡皮不破不裂,鸡肉完整,鸡味鲜美,肥而不腻。

都说帝王富有四海，可以尽享人间的富贵荣华。但清朝的道光帝旻宁可不是这个样子，窝囊得没饭吃。

道光帝处于大清国历史转折的关键时刻，后人给他的点评是"守其常而不知其变"。

此时的西方正轰轰烈烈地搞工业革命，道光却抱残守缺，关起门来过死日子。

当海外的鸦片源源不断地流入中国，道光为之辗转反侧，寝食不安，最后在道光十九年（1839年）初，派林则徐为钦差大臣，到广东禁烟。

林则徐敢想敢干，将总计两千零二百箱的鸦片悉数在虎门销毁。当初与英国商人有协议，收缴一箱鸦片补偿给对方五斤茶叶，结果一扒拉算盘，得支付给英商八百万两白银。

道光过惯了节俭持家的日子，一直拖着不掏钱给英国商人。结果第二年，战争爆发。道光自以为清军天下无敌，灭英军跟吃一碟小菜一样简单，但英军的坚船利炮很快打破了道光这一厢情愿的美梦，围困珠江口、攻占浙江定海、直逼天津大沽，使得道光乱了方寸，忙派琦善等人与英军谈判。

但签下的《穿鼻草约》答应割让香港给英国并赔款六百万元及恢复广州为通商口岸，道光帝认为赔款是剜他的心头肉,于是宣布对英国重开战火,结果败北。在与英国订立的《广州和约》中,规定要向英军缴纳六百万元"赎城费"。道光帝又觉得痛心起来,遂再派兵点将,与英军死磕,还是落了个惨败的下场。道光彻底变怂了,跟英国签订丧权辱国的《中英南京条约》。随后又与法、美签订了《黄埔条约》和《望厦条约》。自道光起,中国被钉在了半殖民地的耻辱柱上。

按理说,崇尚节俭是一种美德,尤其贵为一国之君,后世应该对其褒奖才对,但在史学家的眼里,道光帝的节俭更近似于吝啬和抠门,这就让节俭变得荒唐和滑稽了。

道光落下这个"抠门"的病根完全拜其父皇嘉庆的教育所赐。

在旻宁还是皇子的时候,老爸嘉庆带着全家人到盛京,也就是今天辽宁省的省会沈阳祭奠先祖。

不知有意还是无意,嘉庆皇帝从仓库里拿来了太祖努尔哈赤、太宗皇太极用过的遗物:已经落后于时代的糠灯、牛皮制成的蠢笨的乌拉鞋等物,给儿子讲述祖先创业的艰难历程。

嘉庆说完,就把这事忘了,可旻宁心眼实诚,彻底入了戏,心中立誓要做个节俭律己的红色接班人。

回到北京城后,旻宁立即将房间里华丽的家具陈设统统搬走,只剩下一张床铺和一套桌椅,而且停止小厨房的晚餐制作,每天在太阳未下山时,让小太监一路小跑,到宫外买几个烧饼回来吃。就这样,旻宁开始了中国帝王史上最早的低碳生活,和妃子在掌灯之前就着一壶热茶,啃完烧饼,在夜幕降临时上床睡觉。

呵呵,连灯油也免了。

道光皇帝登上皇位之后,就召集新闻记者,公开发表了一篇事关国家节俭的宣言书——《御制声色货利谕》,主要内容有三:第一,重义轻利,不蓄私财。第二,停止各省进贡。第三,不再增建宫殿楼阁。

道光皇帝说到做到,并带头作出垂范的样板,他使用的都是十块钱一堆的毛笔、砚台;道光帝即使在最热的三伏天里,还觉得吃西瓜浪费,下令说:"明日取消西瓜,只供水。"一年四季的御膳食都是"五品",即每日早晚两膳菜肴、饽饽各五样,伙食之差连七品县令也不如。平时的便装一个月才换一套,并且是穿破打上补丁再穿。

在皇宫内,太后、皇帝、皇后以外,非节庆日不得食肉,嫔妃平时严禁使用化妆品,更不得穿花枝招展的衣服。

即使是皇后过生日,道光帝觉得这个老婆十分贤惠,一直支持自己搞节俭运动,一咬牙一狠心之下才特批御膳房宰了两头猪。而赶来为皇后祝寿的满朝文武及皇族亲友每人才吃到一碗打卤面。

道光十一年(1831年),道光帝又发表内部文章:《御制慎德堂记》,告诫皇子皇孙切勿"视富贵为己所应有",应该做到"饮食勿尚珍异,冠裳勿求华美,耳目勿为物欲所诱,居处勿为淫巧所惑……不作无益害有益,不贵异物贱用物,一丝一粟,皆出于民脂民膏,思及此,又岂容逞欲妄为哉"。

俗话说,上有政策,下有对策。

表面上,朝中百官和各省官员都认真学习并贯彻《御制声色货利谕》,学习心得更是贴满了墙,但暗地里,平时该怎么做还怎么做,而且是全国上下只糊弄皇帝一人。

如地方进贡问题,开始道光帝说什么也不允许内务府收贡品,但送贡品的官员会说:"您看这些东西都属于生活必需品,万岁您不收,内务府也得上市场买去不是?"

内务府是一个主管宫廷事务的重要机构,而内务府大臣就是皇帝的大管家。内务府主持皇室家务,事涉宫闱,连国家监察体制也不能对其进行监管。

别看内务府大臣是皇帝的奴才,可皇帝也奈何不了这些人。一者内务府负责皇宫的后勤工作,如果一日停摆,皇宫内院的几万口人就得喝西北风;二者内务府

的官员个个都是社会老油条,经验丰富,皇帝有一句话问,他会有十句话从容应对。帝王无不是宫墙内养大的孩子,没见过什么世面,说话办事方面哪里是这些奴才的对手;三者内务府大臣都是皇帝较为亲近贴心的人,不好撕破脸皮,凡事只能睁一只眼闭一只眼。

听人劝,吃饱饭,就这样道光帝才下令"赏收"贡品。各省的差官于是也就顺利地完成了进贡任务,欢天喜地回家去了。

尽管是皇帝直接管着内务府,可内务府一样玩转万岁爷。

清末何德刚所撰的《春明梦录》里记载了这样一件事:一次曹振镛军机大臣跪奏军国大事,道光帝看到他的裤子膝盖部位打了补丁,便询问补这个补丁花了多少银子。曹振镛考虑到内务府经常报假账,当时脑筋急转弯,回答说是三两。

在皇宫外,三两银子足能做好几条裤子了。

道光听后却龙颜大怒,立马召来内务府大臣,先是痛骂一顿,最后才责问他:"为什么朕的裤子补一块补丁报销了上千两银子?"

谁知内务府大臣的回复理直气壮:"万岁爷裤子上的补丁是派人专程在苏州打的,苏州工匠的手艺好,工费也自然高。而且,您的裤子还是湖绉的,是浙江湖州

产的一种最有名的丝织品，为了对上花纹和颜色，足足剪了几百匹湖绉才大功告成，补得天衣无缝。此外，还有保镖押运的费用也得支付……"

道光帝大吃一惊："什么？补一条裤子还带上了保镖！"

内务府大臣的应答越发从容："大运河鲁西南段儿治安不好，万一御裤弄丢了，奴才们怕皇上怪罪，所以不得不防，不怕一万就怕万一啊……"

道光皇帝听得两眼发了直。

内务府大臣接着拱手说："皇上如果嫌贵，以后咱就在北京城里补，不再去苏州了。本来内务府的织造处也能补，只是最近这几天内务府快成清水衙门了，织造处的好工匠早跳槽了，所以日后再补御裤时，您老可得迁就点儿。"

道光帝一听，连忙摆手，打发内务府大臣走人。以后道光再有缝缝补补的活儿，就找后宫的嫔妃操刀，虽说她们女红是差劲点儿，可不用再花银子了。

据《见闻琐录》载："道光时，潘文恭公在政府（内阁），宣宗（道光帝）偶问之曰：'外间鸡卵一枚，所值几何？'文恭不敢直对，游移其词曰：'价昂则七八十枚，价贱则八九枚（铜钱）。'宣宗大笑曰：'朕食一鸡卵，需钱一千二百枚。'后值端阳，宣宗问周文勤曰：'卿等佳节所食何物？'对曰：'不过粽子诸物。'曰：'有白糖否？'曰：

'有。''其价若何？'曰：'一斤约百枚。'宣宗复大笑，以两手将指、食指合而示式曰：'朕食此一小盘白糖，需银十二两。'岁终，内务府奏销上，宣宗每览之，必怒形于色，然不能逐物问外价，即问，几人肯直对？一怒后，仍置之而已。"

就为了厉行节俭，道光成天与内务府斗智斗勇，没完没了。

在《春冰室野乘》一书中就记有这样一件趣事：

有一天，道光突然想吃上一碗"片儿汤"，这只是民间一种最普通的面食，只要在厨房干过几天的厨师都会做。

不料御膳房的厨师竟一口回绝：不会做！

胆小的帝王一般都害怕御厨下毒，轻易不敢得罪他们。

道光虽说没能吃上"片儿汤"，也没深究下去。第二天早上，内务府大臣来请示工作，呈上内务府奏请增设专制"片儿汤膳房"一所的计划，并提出了近万两白银的前期投资预算。

道光帝一听笑了，回答说："前门外饭馆一碗'片儿汤'不过四十文制钱，何必增设专门的膳房。那就让太监去买吧！"

内务府大臣见借机敲竹杠的打算落空，只好灰溜溜地告退。

事情还没完。

到了下午，道光打发去前门买"片儿

汤"的太监拎着空食盒回来了,原因是前门外的饭馆倒闭了,没倒闭的根本不卖"片儿汤"。

道光不知这话是真是假,但他又不肯为了一碗"片儿汤"搭上好几万两银子,所以,"片儿汤膳房"最终没开张,这碗"片儿汤",道光到了最后也硬是没能吃成。

其实,话说回来,节俭节流是件好事,但开源开发更重要!

道光十一年(1850年),道光皇帝在内忧外困煎熬中,抱恨而逝。第四子奕詝继位,即是大名鼎鼎的咸丰帝。

说奕詝大名鼎鼎,莫如说他是跟他大名鼎鼎的老婆——慈禧太后沾了光。

但细说起来,奕詝的老妈也很有名,就是前文提到的道光帝第二任皇后孝全皇后。

孝全皇后才貌双全,挥笔成诗,又精于饮食烹制,可偏偏道光帝厉行节俭,纵然厨艺再好也有力气使不出来。

道光十九年(1839年),孝全皇后表现的机会来了。

这位孝全皇后当年为全贵妃时就因"明慧绝时",再加上生下奕詝,帝眷日隆。道光帝第一任皇后孝慎皇后仙逝后,全贵妃晋升皇贵妃,先是"摄六宫事",总管内廷里的妃嫔事务,随即又被立为皇后。

而皇六子奕䜣在各方面的表现都比奕詝优秀,古人今人均认为:奕䜣当立!

如果奕䜣成为新帝,大清国至少不会出现慈禧太后这个祸害。

孝全皇后望子成龙心理极端迫切,眼看形势对儿子奕詝不利,她便利用自己得天独厚的权势,要为儿子即位称帝扫平一切障碍。

当然,主要打击的对象就是皇六子奕䜣。

不过，孝全皇后施展的手段已不属于打击范畴，而是升格为要置奕䜣于死地！

有史料说："宣宗爱恭王（奕䜣），欲立之。孝全后欲鸩杀诸子。"

孝全皇后特别设筵，搞周末 Party，烹制江南美味鱼肴招待诸位皇子。皇长子奕纬、皇次子奕纲、皇三子奕继、皇四子奕䜣、皇五子奕誴、皇六子奕䜣一个不落，全部请到。

而孝全皇后早已在鱼中暗投了剧毒，她悄悄对奕䜣一再叮嘱，万万不可吃鱼。

可结果是，"文宗（奕䜣）殊友爱，阴告诸弟勿食此鱼，诸弟得不死"。

奕䜣心肠太软，不忍看朝夕相处的手足兄弟就这样离他而去。

孝全皇后的"毒"计落空，可阴谋也随之暴露了。当时的孝和太后素与这个儿媳不和，因为孝全皇后恃帝宠，平时根本不把她这个老婆子放在眼里。孝和太后当即拍案而起，搬出家法要道光将毒妇"赐死"，母命难违，况且皇后做得确实令人齿寒。就这样，全皇后被迫"投缳"而死。

另有一说，称孝和太后派人送了一瓶酒给皇后，皇后喝过后当天就暴崩归天。

道光皇帝平生最宠爱的就是奕䜣的生母，痛定思痛，他决意还是要把帝位传给奕䜣，以告慰孝全皇后的在天之灵。

对此，学界同仁同声共讨，认为旻宁立奕䜣而不立奕䜣，是大清帝国的悲剧，是导致晚清历史走向积弱腐败的重大原因。

说过这些烦心的事，得聊一聊美食了。

按清廷祖训，皇子贝勒们必须做到能骑善射，精通武艺。可是，奕䜣对什么诗文和骑射刀枪并不感兴趣，当皇子时，每日就只知吃喝玩乐，东游西逛。

一次趁着父皇要出外巡视，无人约束，奕䜣便带着一个小太监溜出了宫院，到京城街上闲逛。

前门外，做买卖的、卖唱的、练艺的无所不有，奕䜣看了半天的热闹，正觉得口干舌燥，四顾后看到不远处有一个茶店，主仆二人就径直走了进去。

茶店的老妈妈见来了气度不凡的贵客，忙殷勤招待，并让其女嫦娥端茶待客。

嫦娥生得俊俏，眼含秋水，奕䜣一坐下便挪不动腿了。喝过茶后，奕䜣便嚷着肚子饿，问老妈妈要饭菜。

这茶店终日卖茶，从来没卖过什么饭菜。老妈妈又不敢得罪眼前这位不速之客，无奈只好让女儿给做了一个菜端上来。

奕䜣举箸尝上一口，连连叫绝，忍不住赞道："民间竟有这等好菜，御厨该杀！"老妈妈一听吓得面如土色，忙跪倒请罪。奕䜣这才知道自己说走了嘴，便告诉嫦娥母女不准传出此事,临走掏出一锭银子赏给嫦娥。从此,奕詝经常溜出皇宫,跑到这里喝茶,每次必要嫦娥照前样给他做菜。天长日久,两人眉来眼去,心生情愫。

但好景不长,道光因国事整日忧心忡忡,最后终于病倒了,奕詝不得不每日守护在父皇的左右,无法出宫私会嫦娥了。

直到道光帝驾崩,奕詝即位称帝,改年号咸丰。这时,奕詝又想起了嫦娥,忙派旧日跟班的太监去找人。不料带回来的消息却是,嫦娥姑娘在半年前就得病死了,只有她老娘还在。

奕詝伤心不已,又派御厨去向嫦娥老母学习炒菜技术,可御厨照样炮制出来的菜,吃得奕詝一个劲地摇头说:"没有嫦娥做的好吃,还是嫦娥知情啊!"

后来嫦娥的老母亲也离世而去,奕詝闻讯,传旨命御膳房烹制"嫦娥知情"这道菜。奕詝吃着吃着,忽然间生出无限叹息:"只有嫦娥理解我的心情呀!"

↓ ┃嫦娥知情

主料:虾仁 250 克,荸荠 250 克,猪里脊肉 200 克,芹菜 200 克,火腿 150 克。

辅料:肥膘肉 100 克,鸡蛋清 150 克,淀粉(蚕豆)30 克,香菇(干)40 克。

调料:黄酒 100 克,盐 10 克,醋 15 克,猪油(炼制)60 克,姜 15 克,小葱 20 克。

制法:1. 先把虾仁和猪肉剁成细茸,收在小盆里。

2. 虾仁和猪肉茸内加入黄酒、盐、味精、姜葱、鸡蛋清、淀粉、荸荠末搅和成稠糊状。

3. 用一个大平盘,在盘里抹上一层油,把虾茸挤成二十四个丸子备用。

4. 把猪肉切成 5 厘米长、2 厘米粗的条,用蛋清和少许淀粉浆拌好。

5. 芹菜摘去叶,撕去筋皮,切 4.5 厘米长的段。

6. 熟瘦火腿、水发香菇全切细条。

7. 勺内放入底油,并用小勺将虾球压扁用小火煎,煎时不断往里加热油,采用半煎半炸法,将油温保持在三四成热,炸成浅黄色即可。

8. 另用勺倒入油,油热倒入猪肉条,而后把芹菜心、火腿、香菇一起倒入勺内,同猪肉条一起炒透,倒出。

9. 勺内少留底油,烧热后下葱丝略炸一下,再将炒好的配料倒入勺中,先用醋烹一下,再加入盐、味素和少许汤,炒制。

10. 炒入味后,用水芡粉勾芡,加鸡油,出勺堆在盘中心,再把煎好的虾饼码在四周即可上桌。

特点：此菜红、白、黑、浅黄四色相映，虾饼外酥里嫩，主菜鲜嫩滑润，清爽可口，咸鲜味美，明汁抱芡。

注意事项：1. 剁虾茸时，不宜过于细腻，这是因为鲜虾肌肉组织非常松软柔嫩，剁得过于细腻，会失去鲜嫩爽口的特色，变得柴老发硬，真味有所走失。

2. 煸炒时要热锅冷油，不然易扒锅。

3. 菜肴汤汁适当再勾芡。汤汁少，抱不住，显得干巴巴，无润色，不丰满，达不到明油亮芡；汤多，黏度大，成浆子状。

秘 籍

『嫦娥知情』饮食禁忌

虾仁：虾忌与某些水果同吃。

虾含有比较丰富的蛋白质和钙等营养物质。如果把它们与含有鞣酸的水果，如葡萄、石榴、山楂、柿子等同食，不仅会降低蛋白质的营养价值，而且鞣酸和钙离子结合形成不溶性结合物刺激肠胃，会引起人体不适，出现呕吐、头晕、恶心和腹痛腹泻等症状。海鲜与这些水果同吃至少应间隔 2 小时。

肥膘肉：猪肉不宜与乌梅、甘草、鲫鱼、虾、鸽肉、田螺、杏仁、驴肉、羊肝、香菜、甲鱼、菱角、荞麦、鹌鹑肉、牛肉同食。食用猪肉后不宜大量饮茶。

鸡蛋清：鸡蛋清不能与糖精、豆浆、兔肉同食。

淀粉（蚕豆）：蚕豆不宜与田螺同食。

奕詝二十岁登基,担任国家领导人伊始,南方就爆发了"拜上帝教"造反,并建立太平天国,其势如燎原烈火,一度占有中国半壁江山,全盛时期的兵力超过一百万。幸亏后来出了曾国藩等几位"中兴大臣",力挽狂澜,扑灭了太平天国。

可有道是祸不单行,太平天国之乱未平,又有英法联军杀进北京,火烧了圆明园。咸丰帝在重大事件面前无所决策,只知沉湎酒色,朝政荒废,遇事就鞋底子抹油,于是后人称他为无远见、无胆识、无才能、无作为的"四无"皇帝。

咸丰在位仅十一年,终因酒色戕身,把一片残破的江山丢给了六岁的儿子载淳,而野心勃勃的慈禧太后勾结恭亲王奕訢紧紧抓住了这窃柄弄权的大好机会,发动宫廷政变,粉碎了辅政八大朝臣的势力,垂帘听政,从此天下"凤在上来龙在下"。

慈禧太后,即孝钦显皇后,本名:叶赫那拉·杏贞。又称"西太后"、"那拉太后"、"老佛爷",徽号"慈禧端佑康颐昭豫庄诚寿恭钦献崇熙"。死后清朝上谥号为"孝钦慈禧端佑康颐昭豫庄诚寿恭钦献崇熙配天兴圣显皇后"。她是咸丰帝奕詝的妃子,同治帝载淳的生母,光绪帝载湉的养母。

从清末遗留下来的照片看,慈禧的姿

色算不得什么国色天香，艳冠天下。可慈禧博学多才，能书善画，特别是智商和情商在后宫无人能与之抗衡。慈禧一生中两次发动宫廷政变；两次指定幼儿为帝；两次归政，又两次重夺垂帘听政大权。这个吉尼斯世界纪录无人能破！

虽说慈禧见识愚蠢，严重阻碍了洋务运动的进行，但执政初期，整饬吏治，重用汉臣，镇压了太平天国等反抗朝廷力量，缓解了清王朝的统治危机，使清王朝得到暂时稳定，以致被清朝统治阶级称为"同治中兴"。

慈禧功劳如此显赫，逢上六十大寿，岂能不大大地热闹上一番！

当时已是光绪当皇帝。

为庆贺皇太后的寿诞，宫里宫外满朝文武早就忙活开了，谁不想趁这个机会向权倾天下的慈禧邀宠献媚？

相传慈禧的六十大寿寿宴定在大报恩寺举办，可还没到日子，一向静寂的大报恩寺上空突然飞来许多珍禽异鸟，时而凌空飞翔，时而盘旋庙宇之间，还不时发出悦耳的鸣叫之音。这个前所未有的奇特现象引来过往行人的驻足观赏。

这事传到了光绪皇帝的耳中，他立刻派人到御厨房，指令他们一定要设法在太后寿诞之日，做出一道"百鸟朝凤"的寿菜，让老佛爷高兴。

难道是百鸟得知"老佛爷"慈禧要过大寿，专程赶来祝贺？

当然不是。这是后宫内务府主管为讨主子欢心，不惜重金从民间搜罗来许多珍贵名鸟，以制造出吉祥和喜庆的气氛，让老太后高兴。行人所看到的一幕只不过是内务府的人在指挥百鸟搞彩排而已。

寿诞之日说到就到。这一日，大报恩寺内珍禽汇集，斑斓炫目，百鸟鸣啾，回荡碧空。在"百鸟朝凤"的欢鸣声中，慈禧太后果然乐得眉开眼笑，高高在上接受文武百官的拜寿献礼。寿宴开始了，一道鲜香四溢的美馔"百鸟朝凤"首先进献到慈禧的面前。只见一只雍容华贵的凤凰昂首稳坐在食盘中央，它的四周围着许多振翅欲飞的玲珑小鸟。整个造型尽善尽美，十分好看。老佛爷更加高兴起来，让皇上一定要重赏御厨。后宫主管非常满意，便立即将试制情况禀报了光绪皇帝。皇上大喜，他为能给母后献上一份独特的寿菜而分外高兴。

真实的"百鸟朝凤"美馔早在乾隆年间就横空出世了。当时乾隆皇帝为了给太后钮祜禄氏做六十大寿，早晨在大报恩延寿寺内举行隆重的祝寿仪式时，将关在笼子里一百只不同种小鸟同时放出，百鸟在寺院上空飞翔鸣叫，好似有意来朝拜皇太后一样。皇太后看到这一情景，十分开心。于是御厨受命在制作庆寿宴会菜肴时,便取用母鸡、鸽蛋、蟹黄等原料,做成了形如百鸟朝凤、色泽美观、口味鲜美的菜肴,并取名为"百鸟朝凤"。这才是"百鸟朝凤"的真正源头。大概是因为乾隆母不及慈禧太后的名气大,民间传说便把故事主角换成了"老佛爷"。

↓|百鸟朝凤

主辅料:活嫩母鸡 1 只 1000 克,鸽蛋 10 只,菜心 10 棵,熟火腿、绍酒各 50 克,蟹黄、猪油各 100 克,水发香菇、鸭肫各 5 只,精盐、白糖各 10 克,姜 3 片,葱半根,淀粉 15 克,胡椒粉少许。

制法:1. 先把活鸡宰杀、煺毛、除去内脏后,放在砧板上,把鸡胸向下,用刀把鸡背骨拍平,鸡胸的龙骨也拍平,别起鸡翅膀,盘好鸡腿,使鸡成为卧趴状,放到开水锅里稍烫,捞出用清水洗净。

2. 用半张荷叶,垫进砂锅底,把鸡和洗好的鸭肫放进砂锅,倒入绍酒、葱段、姜片,然后倒入清水没过鸡为好,用中火烧开后,移小火煨煮 2 小时。

3. 炒锅置火上烧热,加入猪油 50 克,烧到五六成热时,放进蟹黄,煸出香味和蟹黄油倒进砂锅,撒上盐和胡椒粉,继续用小火煨。

4. 拿出 10 只小酒盅,每只酒盅里都抹上一层猪油,盅内用香菇条和火腿条,摆成小鸟的翅膀和尾形,再将每盅里打进一只鸽蛋,浇上一滴盐水,放笼里蒸约 5 分钟取出,趁热扣出鸽蛋即成小鸟形,放到大汤盘周围,把砂锅里鸡取出,背朝上放到盘中央,把鸭肫插在鸽蛋的空隙处。

5. 再将汤汁倒入锅里烧开,放进味精,用湿淀粉勾芡,淋在鸡和鸽蛋上便可食用。

特点:菜形美观,鲜香味美,鸡肉肥嫩,软烂香酥。

清朝自乾隆起,才对官宴饮馔做出明令定制:皇帝进膳是一百零八品;老娘皇太后同样也是一百零八品;皇后九十六品;皇贵妃六十四品;妃嫔贵人,成年分宫的阿哥、格格,用餐也都有档次不同的规定品数。

可后来,这些明令规定在慈禧的眼里只不过是一张废纸。

慈禧的晚年膏腴竞进,恣意妄为。一位曾经伺候过慈禧太后的宫女揭秘说,老佛爷的一顿晚餐,水陆珍异,多达一百二十八品。进膳时例用髹漆金绘乌木大方桌五张接连,每张餐桌都排满了杯盘盆盏,总有二十多样一桌。

一百二十八品,比皇帝还多出十道菜肴,真个是"凤在上来龙在下"了!

而慈禧年轻时还不敢这样铺张奢靡。同治元年十月初九穆宗即位,恰逢慈禧生日,大概因为东太后慈安也在世,压着慈禧一头,当年一桌寿筵的菜单上写明,餐桌为海屋添寿大膳桌,铺黄膳单(印黄餐巾桌布),计火锅二品:清肉丝炒菠菜、野味酸菜;大盘菜四品:燕窝"寿"字红白鸭丝、燕窝"年"字三鲜肥鸡、燕窝"如"字八仙鸭子、燕窝"意"字十锦鸡丝;中盘菜四品:燕窝鸭条、鲜虾丸子、烩鸭腰、烩海参;碟菜六品:燕窝炒烧鸭丝鸡泥、萝卜酱、肉丝炒翅子、酱鸭子、咸菜炒菱白、肉丝炒鸡蛋。

从这个桌寿筵菜单来看,不过十六品菜肴,勉强算御宴的中下等水准。

据一位在清末御膳房当差的老年人回忆说,内廷的厨房原本叫御膳房,到了慈禧六十大庆,才把御膳房改名寿膳房。寿宴所有杯盘盆盏、匙箸盅碟,全部指定由景德镇烧制,数量高达二万九千一百七十余件。并且一律以"寿"字为主,用的全是什么"万寿无疆"、"寿山福海"、"五福捧寿"、"延年益寿"之类,称得上龙纹凤彩,华缛重丽;甚至连瓷瓯镙盒、金扉朱牖也要漆上"五福捧寿"的图案。之所以处处都用寿字,图的就是一个吉利吉祥,企盼能够长生不老,享乐永年。

只是这样一闹腾,整个庆典耗费白银近一千万两,不知会填满多少办差官员的私囊!

东北人喜欢吃猪肉，走在东北城镇的大街上，像什么"杀猪菜"、"咕嘟炖"的饭店招牌比比皆是，离饭店尚远就能嗅到从里面飘出的猪肉香味。

而满族人的菜肴就是以猪肉为主，时时处处以吃猪肉为美，甚至连皇宫的祭神肉也不放过。

清廷祭神肉又称白煮肉。煮肉时用清水，不加任何佐料，是真正的原汁原味。猪肉熟后清香四溢，切成片即蘸盐水吃，酥软可口。祭罢神灵祖宗后则上下同吃"祭余"。而且清宫帝王后妃都好这一口，大家一见到祭神肉，那神情就跟老虎看到了兔子、毛驴撞见胡萝卜似的。如果祭神肉当日吃不完，妃子们还可以每人分一份带到自己的宫内吃。

这个确实解馋啊！

除了吃猪肉，清宫的后妃们对猪肉皮也是情有独钟。传统的猪肉皮叫猪肉冻，其做法是将猪皮剁碎熬成浓汁，再配上各种佐料，晾凉后就成了肉皮冻。据《御膳房档案》记载，白煮肉皮冻称为"水晶冻"，加上佐料、调料的叫"红冻"。为展示厨艺，撩拨妃后们的食欲，御厨们还别出心裁，加入虾片、鱼片、鸡块等辅料，制成"花冻"、"彩冻"、"虎皮冻"等不同类型，光泽悦目，晶莹透亮，令人欲罢不能。

櫻桃肉

主辅料：1 斤上好猪外脊肉，1 斤新鲜樱桃，3 两白糖。

制法：1. 猪外脊肉剔掉白筋，切成棋子般大小的肉丁，用沸水焯透捞出，漂净血沫杂质。

2. 将新鲜樱桃洗净（如果没有新鲜樱桃，也可用蜜饯樱桃或其他方式加工成的樱桃制品，放入温水里浸透），放入一个耐温小瓷罐里，加入 3 斤清水，置旺火上，水沸时加入用沸水焯过的肉丁，同时加入白糖和适量的精盐。

3. 水再次沸时，盖上罐盖，用小火慢煨 3 小时后，用小勺撇去汤中的浮沫。

特点：肉丁、樱桃酥烂，汤液金红。

猪皮中含有大量的胶原蛋白质，它在烹调过程中可转化成明胶，明胶具有网状空间结构，它能结合许多水，增强细胞生理代谢，有效地改善机体生理功能和皮肤组织细胞的储水功能，使细胞得到滋润，保持湿润状态，防止皮肤过早褶皱，延缓皮肤的衰老过程。

猪皮还有滋阴补虚、养血益气之功效。难怪东北女孩个个皮肤白嫩，面容姣好，这与她们常吃猪肉、猪肉皮绝对是大有关系的。

慈禧太后也属于"食肉一族"，不过这老娘们绝对吃出品味、吃出档次，称得上是"肉盯"大师！

慈禧年轻时最爱吃的菜肴中，有一道叫"炸响铃"，就是将肉皮先煮一番后，再放在猪油里煎炸，吃起来嚼得"嘎嘎"脆响，慈禧特赐名为"炸响铃"。

"响铃"的滋味就着实够人垂涎，慈禧太后年纪大了还好一阵叹气说："现在牙齿残缺，只得望着它叹气了。"

慈禧的一餐食品中，仅猪肉类就有十余种。正因为她常食膏粱厚味，导致肠胃消化不好，可她偏偏一天也离不开肉腥。为此还给膳房大师傅下了一道谕旨，做出的菜肴要眼睛看不到肉，吃在口中要有肉。

这道菜肴委实难做。但难不倒久经考验的膳房大厨，通过精心烹制，他们终于端出了让老佛爷一见面就喜欢上的美味。

这道深受慈禧喜爱的菜肴名唤"醋烹掐菜"，用料很简单，就是费工夫。主料是新鲜的绿豆芽和猪肉馅。制作时先要挑选长短粗细一致的绿豆芽掐去头尾，再用细铜丝将豆芽穿透掏空，将肉茸塞进绿豆芽中，然后烹制。

慈禧晚年，又喜好上了"樱桃肉"。

据慈禧太后身边的女官德龄回忆："到了太后暮年的时候，樱桃肉便夺取了'响铃'的位置，一变而为太后特别中意的一味菜了。"

慈禧太后号称"老佛爷",每日斋供佛祖,香火不断。而且这位"女佛爷"还自充民间的观世音菩萨,留下的观世音"玉照"颇多,偶尔大太监李莲英也扮装饰演善财童子之类的角色,紧站在老佛爷的身边,主仆一同成"仙"。

既然崇佛,就避免不了初一十五的要吃回素斋。

素斋里面最有名气的是"罗汉全斋",也称"罗汉菜"。

自南北朝时期以后,传入中土的印度佛教日盛。随着皈依佛门的善男信女越来越多,寺庙遍及名山胜地、都市乡镇。而素饭斋菜也应运而生,并且逐渐演化成一个足以与中国四大菜系抗衡的庞大菜系。

在民间,草根有简朴的素菜,在宫廷,帝后们自有高档的斋菜。

"罗汉全斋"就是一些显贵施主的保留食谱,其用料高级,烹制精细,每用一种原料时,均用名气大的、信仰者人数众多的罗汉命名。一般的罗汉菜制作,至少选用十种原料,高级别的罗汉菜则达十八种,正好凑与"十八罗汉"相映生辉。

慈禧贵为晚清第一女人,对所吃的"罗汉全斋"当然就有更严格的要求了。

后宫的御厨们为讨老佛爷欢心,在制作斋食中无不使尽了浑身解数。只为满足老佛爷的口味,但凡天下罕见的山珍名产,没有一样不入馔的,而且他们还开发出了宫廷素菜大系列。

像什么"罗汉全斋"、"罗汉菜心"、"罗汉大虾"、"罗汉豆腐"、"罗汉面筋"等素菜素斋,都是宫廷"罗汉菜系"的招牌菜,慈禧样样都喜欢吃,百吃不厌。

即使八国联军打入北京,慈禧带着光绪逃亡西安期间,她也照样倒驴不倒架,不忘吃素斋。据当时的"随銮"侍卫岳超回忆:"就饮食一项而言,即由总管大臣继禄管理,精益求精,俨然大内作风。行宫逼仄,远不若北京后宫之恢弘,然御膳房之规模,仍分为荤局、素局、菜局、饭局、粥局、茶局、酪局、点心局等,每局设管事太监一人,厨司数人至十数人不等。"

天塌下来,也得吃饭,而且档次丝毫不能差。

"罗汉菜"就真的那么诱人吗?

清人薛宝辰在撰写的《素食略说》中记载说:"罗汉菜,菜蔬瓜之类,与豆腐、豆腐皮、面筋、粉条等,俱以香油炸过,加汤一锅同焖。甚有山家风味。太乙诸寿,恒用此法,鲜于枢有句云'童炒罗汉菜',其名盖已古矣。"

即使是土豆条用香油炸过,也一样好吃,何况加以其他佐料又精心烹制的?

罗汉全斋

主辅料：发菜40克，熟栗子、素鸡、鲜蘑、熟冬笋、水发冬菇各50克，黄花菜、白果、菜花、胡萝卜、木耳、麻油各25克，绍酒、姜末各1.5克，湿淀粉10克，熟花生油75克，酱油35克，鲜汤150克，白糖2克。

制法：1. 先把发菜用凉水清洗干净，控干水分。冬菇、蘑菇、冬笋、胡萝卜分别切成骨牌块。菜花切成栗子块。白果拍碎。黄花菜用刀改成3.3厘米长的段。素鸡切成薄片。菜花、白果、胡萝卜放开水中焯熟，沥干水分。

2. 炒锅放在旺火上，倒进油75克，烧到八成热，除发菜之外剩余的原料全部入锅煸炒，放入酱油、姜末、白糖、绍酒、鲜汤等调料，炒拌均匀后下发菜，见沥汁起滚，用湿淀粉勾芡，浇上麻油，出锅装盘。

注意事项：大火烧开，小火慢焖，烧透入味，方是上品。

特点：咸鲜适口，健脾开胃。

最后说一说发菜和素鸡都是什么东东。

发菜是名贵山珍之一，但发菜并不是菜，而是菌，属蓝菌门念珠藻目的一种细菌。发菜贴于荒漠植物的下面，因其形如乱发，颜色乌黑，才得名"发菜"，也被人称之为"地毛"。

发菜含蛋白质极为丰富，每100克发菜含蛋白质20克，是鸡蛋的1.5倍、枸杞的4倍，含碳水化合物56克、钙高达2560毫克、铁20毫克，均高于猪、牛、羊肉类及蛋类。

作为宴席上的珍奇佳肴，发菜在食用前须用温水浸泡，呈黑色细粉丝状，然后拌、炒、蒸、炖均美味可口，是延年益寿的保健食品。

发菜在医药上用途更为广泛，民间常用发菜来治疗佝偻、妇科、痢疾、高血压、气管炎、鼻出血、营养不良等病，尤其手术后食用，对促进伤口愈合有特殊效果。所以发菜又是一种名贵珍稀的保健蔬菜。

素鸡是一种豆制食品。素鸡具有以素仿荤的特色，风味独特，经过烹制，其口感与味道与肉难以分辨，北方人称其为"人造肉"。素鸡也可做成鱼形、虾形等其他形状。

现代医学认为：素鸡中含有丰富的蛋白质，而且豆腐蛋白属完全蛋白，不仅含有人体必需的8种氨基酸，而且其比例也接近人体需要,营养价值较高;素鸡含有的卵磷脂可除掉附在血管壁上的胆固醇,防止血管硬化,预防心血管疾病,保护心脏;此外还含有多种矿物质,补充钙质,防止因缺钙引起的骨质疏松,促进骨骼发育,对小儿、老人的骨骼生长极为有利。

清廷美食秀绝一时,清宫御厨更是人才辈出。

帝王每天的膳食都提前下膳单,御膳房照此抢在用餐时间先搞定御膳。随着御前侍卫传膳的一声令下,御膳房的太监就会排好队,个个头戴白帽、白套袖,将每一品菜装进食盒,外面再包上黄缎子,然后以竞走的姿势一路传膳。

传到皇帝面前后,先用银牌试试饭菜是否有毒,然后还须由太监来"尝膳",当确定菜饭中没有异常后,皇上才会举箸用膳。

清代御膳房的大厨因为都是男人,必须住在离御膳房较近的宫外,以便随时听传炒菜。

在膳房里,御厨们也分成若干小组,每个炉灶都有负责掌勺、配菜和杂役的领班。每道工序都有交接记录,一旦某个环节出了问题则便于追查,如果皇上喜欢吃哪道菜也会很快知道出自哪个大厨之手,奖赏当天就可以落实到个人头上。

清宫的御膳菜肴以满族菜、山东菜以及苏杭菜三种菜系为主,而御厨则以皇上钦点自己烧制的某道菜为荣。

乾隆时期,御厨中以张东官的名气最大,也最受宠爱。据《清朝野史大观》记载,乾隆南巡时就把他带入宫中当了御厨,经常会在膳单上指定由他做某道菜。

张东官不仅擅长烹制"苏造肉",他做的"冬笋炒鸡"也是呱呱叫,颇受当朝第一美食家乾隆帝的好评。

在乾隆年间,宫廷御厨景启以善作鸡菜而得名。相传乾隆皇帝一次下江南回京后,因旅途劳顿而体瘦憔悴。景启便选用鸡脯肉、海参、黄鳝为主料,另用鸡蛋、黄酒、酱油、白糖、食盐等调料制成一种鸡菜让皇帝品尝。当时香气扑鼻,乾隆再看那盘子四周都用雪白的鸡肉片围边,黄红相间、亮灿灿的海参和鳝段居中,相互衬映,煞是好看,便找来景启询问是何菜名。景启不仅做鸡菜是一绝,智商也达到了120,他笑着回禀说:"回皇上,这道菜唤作'鸡米锁双龙'。鸡丁又称鸡米,海参和黄鳝俗称双龙,天子乃真龙下界,年号又带龙音,中间用锁以求大清朝江山万万年。"乾隆顿时龙颜大悦,连声夸赞名字取得好。在吃了这道"鸡米锁双龙"后,当即赐与景御厨三品貂羽顶戴,赏银五百两。后来景启离休,又被聘请出宫到前门"致美楼"做大厨,"鸡米锁双龙"从此走进民间。至今,北京城的"致美楼"饭店仍把"鸡米锁双龙"作为招牌菜来应市。

慈禧吃起美食来比乾隆帝还拉风,故"老佛爷"时代宫廷名厨的数量要远远超过乾隆时代。

许多人都知道,鲥鱼细嫩肥美,味鲜醇厚。

这天,一向不怎么吃鱼的慈禧太后突然心血来潮,对身边的人念叨说自己想吃鲥鱼了。慈禧太后打个喷嚏都是命令,慈禧太后的每一句话都是最高指示,寿应房的御厨立刻全员忙活起来,积极投入到为"老佛爷"服好务的行动之中。

可忙活归忙活,鲥鱼却难以在片刻间端上餐桌。

首先鲥鱼的特有鲜味必须要保持,其次是绝不能让太后在饭桌子旁干等。谁都知道老佛爷脾气大,说翻脸就翻脸,说杀人就杀人。

为什么说给慈禧做鲥鱼难呢?

因为鲥鱼鲜美的味道要依靠它身上的细小鱼鳞。正常烹调时一般不去鳞的,只是在吃鲥鱼时有些吐鳞的麻烦。

慈禧此时年迈,牙口不利落,再让她边吃鲥鱼边吐鱼鳞,岂不是找抽?

有道是:危急时刻显身手。

寿应房有位从苏州高薪聘来的王阿坤师傅,他想出一个巧妙的办法,先把鲥鱼的鱼鳞刮下来,漂洗过后,装在一只纱袋里。再在灶台的蒸笼盖顶加一个钩,挂上纱袋。当盖严盖子时,纱袋正好对准蒸笼内的鱼盘,这时再用文火蒸熟,鱼鳞上的油质就会全部滴进盘里。吃的时候,既保住了鲥鱼鲜味,又看不到半点鳞片。

就这样,清蒸鲥鱼很快送上了御膳桌,但见一条鲥鱼横卧在青花细瓷海碗中间,乳白色美的鱼汤上,浮着一层淡黄色鱼油,再加上火红的火腿肉丁、绿油油的葱叶、淡紫色的嫩姜片的衬托,这般雪白肥嫩、香气缭绕的鲥鱼,谁看到都要狂喷口水。

慈禧太后大饱口福之后,点名召见巧烹美味的王阿坤,除口头表扬外,力荐他当选年度先进生产工作者,还当场赏赐许多银子。

王阿坤此前还有一个成名菜,以鱼肉、羊肉为主,配上虾仁、香菇、冬笋和各种佐料,拌和在一起,放在笼屉里蒸熟;然后用网油包成像一只一只鸡腿的形状,再滚上一层蛋粉,下入油锅里一氽,再将每一只的细头插上熟笋。此菜外表可以与鸡腿乱真,而且味道鲜美,干中有卤,脆中有柔。慈禧品尝后大悦,亲自赐名为"龙凤腿"。

慈禧的寿膳房还有许多名厨,如"抓炒王"王玉山,其经典拿手菜为"四大抓"——抓炒里脊、抓炒鱼片、抓炒腰花、抓炒虾。

下面就逐一介绍名厨的经典名馔制作工艺。

↓ 冬笋炒鸡

主料:鸡肉 250 克,冬笋 150 克。

调料:鸡蛋清 30 克,黄酒 10 克,白砂糖 5 克,鸡精 2 克,姜 5 克,大葱 5 克,盐 2 克,淀粉(豌豆)5 克,花生油 50 克。

制法:1. 鸡肉洗净批切成薄片,置碗内,加精盐、蛋清、味精、干苋粉、少许水拌匀上浆;姜切丝、葱切段。

2. 冬笋洗净,切成与鸡片大小的薄片待用。

3. 炒锅置旺火上倒进花生油,烧至四成热,下鸡片划散即倒入漏勺,沥干油。

4. 原锅留少许余油置旺火上,下姜丝、葱段和笋片炒香,倒入绍酒,溅些滚水,加白糖、鸡精粉、盐,随放入鸡片翻匀,淋上些熟油和匀,装碟即成。

特点:色泽淡黄,肉滑鲜嫩,香味浓郁。

注意事项:因有过油炸制过程,需准备花生油 100 克左右。

↓ 清蒸鲥鱼

主辅料:鲥鱼(750 克左右),水发玉兰片 25 克,水发冬菇 25 克,猪肥肉 25 克,火腿 15 克,香菜 10 克,熟猪油 25 克,料酒 25 克,葱丝 15 克,姜丝 10 克,盐 7 克,花椒 1 克,清汤适量。

制法：1. 将鲥鱼去鳃(不去鳞)，开膛除去内脏和腹内黑膜，洗干净，投入开水锅焯烫一下去腥，捞出，控净水；玉兰片、冬菇(去蒂)、猪肥肉、火腿均洗净，切成细丝；香菜择洗干净，消毒，切末。

2. 先将鱼摆在盘中，在鱼体上分层摆放玉兰片丝、冬菇丝、猪肥肉丝、火腿丝和葱姜丝，撒上盐和花椒，放入熟猪油、料酒、味精和适量清汤，上屉，用旺火、沸水、足气蒸15分钟左右，见鱼珠突出、鱼肉嫩熟后取出，拣去花椒；滗出汤汁于另一锅中，上火烧开，加入味精，调好口味，淋入少许明油，浇到鱼体上，再撒入香菜末即成。

特点：鳞白如银，油润肥鲜，肉嫩清香。

↓ 鸡米锁双龙

主辅料：鸡脯肉20克，黄鳝200克，水发大乌参150克，鸡蛋1个，酱油15克，黄酒20克，精盐1克，葱结5克，姜末10克，蒜泥3克，干淀粉1克，湿淀粉15克，熟猪油450克，浓鲜汤500克。

制法：1. 将鸡脯肉切丁备用，亦可预先加入蛋清、味精、干淀粉、少许食盐拌和上浆；鳝鱼切成5厘米长的小段；海参去肚腹白衣冲净，亦切为5厘米长的小段待炒。

2. 炒锅上火，倒猪油12克烧沸，下姜末、葱子煸香，再下蒜泥煎炒几下，倒黄鳝煸炒，投入酱油、黄酒、味精、白糖、浓鲜汤400克大火烧开，改成小火焖烧约20分钟。另用一炒锅倒少许油烧热，下海参稍炒，加入姜末、酱油、黄酒、白糖、味精、浓鲜汤50克，烧开之后倒入鳝段再烧20分钟。

3. 待鳝鱼熟用旺火收汁，用湿淀粉勾芡，浇入熟猪油约5克出锅装盘。

4. 炒锅再上火，倒入猪油烧到五成热，投入鸡米滑熟，取出，沥干油分。

5. 锅内加入鲜汤40克，放精盐少许，烧开后以湿淀粉勾芡，倒入鸡丁翻炒，淋入少许熟油出锅，放于盘四周围边。

特点：鸡丁清白鲜嫩，美若莲花；鳝片、海参鲜浓爽口，滋润入味，美不胜收。

↓ | 抓炒腰花

主辅料：猪腰 300 克，糖 30 克，醋 10 克，水淀粉 10 克，盐 2 克，料酒 10 克，酱油 2 克，葱 2 克，姜 2 克，猪油、香油各少许，花生油 1000 克(实耗 100 克)。

制法：1. 猪腰从当中剖开，去掉腰心，改刀成长 3 厘米、宽 1.5 厘米的抹刀片，用湿淀粉上浆。

2. 炒勺上火，注入花生油，至冒烟时将腰片一个个下勺，避免粘连。改小火炸 1～2 分钟，待起成焦黄色，出勺控油。

3. 用糖、醋、盐、料酒、葱姜末、水淀粉调成味汁。

4. 炒勺上火，加猪油少许，油热倒入味汁，汁稠后倒入腰花，也可加入少许柿椒，颠炒几下，淋数滴油即出勺。

特点：外焦里嫩，味道鲜美。腰花壮肾补气，强腰膝，尤适合孕妇怀孕前食用。

注意事项：要先倒味汁，后下腰花，以保持腰花脆嫩。

第十四章
末代皇帝溥仪对御膳的
『三个讲究』

　　都说皇帝拥有至高无上的权威，人间百般的奇珍佳肴，"万岁爷"想吃什么就来什么。可万物有盛必有衰，有生必有灭。大清王朝统治中国近三百年，到宣统皇帝溥仪这儿算是走到了国祚的尽头。

　　尽管是江河日下，风雨飘摇，但帝王的御膳饮食不能凑合。

　　宣统冲龄入承大统，要是按祖制一百零八品传膳，则未免过分靡费了，毕竟他还是个娃娃，一个小孩一顿能吃下多少美食？于是减为二十六品，再加上隆裕太后跟四位太妃每餐的例赏，也有四五十品，伙食蛮不错了。

　　溥仪尤其喜欢吃点心。这样一来，御膳房就有了荤局、素局、点心局等部门的明确分工。在正常的日子里，溥仪的进膳情况是：一顿早膳，一顿午膳，一顿晚膳，下午4点左右，再吃一次点心。

　　据溥仪的胞弟溥杰介绍，溥仪进膳时，面前竖摆着一个小红炕桌，下面用高凳支着，再接一个大八仙桌，上面摆着各种菜肴，靠溥仪左侧有个摆咸菜的小桌，右前方是三桌主食，有点心、米饭、粥等，到了冬天还要加一桌火锅。

　　溥仪年纪小，每餐离不开点心，这些点心当然都是名品。如北京的"豌豆黄"，因慈禧喜食而出名，是用上等白豌豆为原料，做出成品色泽浅黄，细腻、纯净，入口即化,味道香甜,清凉爽口。其制法是,将豌豆磨碎、去皮、洗净、煮烂、糖炒、凝结、切块而成。传统做法还要嵌以红枣肉。广东的"酥皮点心",是用油酥面团折叠做皮,包入莲蓉等不同馅料,制成圆形,皮色洁白,层次分明,松散而爽韧,香甜可口。还有满族人自己研发出来的"萨其玛",据《燕京岁时记》载:"萨其玛乃满族饽饽,以冰糖、奶油合白面为之,形如糯米,用石灰木烘炉烤熟,遂成方块,甜腻可食。"

那么,此时皇宫的每月伙食费是多少呢?

且看溥仪后来在回忆录《我的前半生》一书中的记载:

我找到了一本《宣统二年九月初一至三十日内外膳房及各等处每日分例肉斤鸡鸭清册》,那上面的记载如下:皇上前分例菜肉二十二斤计三十日分例共六百六十斤。详录如下:

汤肉五斤　共一百五十斤

猪油一斤　共三十斤

肥鸡二只　共六十只

肥鸭三只　共九十只

蒸鸡三只　共九十只

下面还有太后和几位妃的分例,为省目力,现在把它并成一个统计表(皆全月分例)如下:

后妃名	肉斤	鸡只	鸭只
太后	1860	30	30
瑾贵妃	285	7	7
瑜皇贵妃	360	15	15
珣皇贵妃	360	15	15
瑨贵妃	285	7	7
合计	3150	74	74

我这一家六口,总计一个月要用三千九百六十斤肉,三百八十八只鸡鸭,其中八百一十斤肉和二百四十只鸡鸭是我这五岁孩子用的。此外,宫中每天还有大批为这六口之家效劳的军机大臣、御前侍卫、师傅、翰林、画师、勾字匠、有身份的太监,以及每天来祭神的萨满,等等,也各有分例。连我们六口之家共吃猪肉一万四千六百四十二斤,合计用银二千三百四十二两七钱二分。除此之外,每日还要添菜,添的比分例还要多得多。这个月添的肉是三万一千八百四十四斤,猪油八百十四斤,鸡鸭四千七百八十六只,连什么鱼虾蛋品,用银一万一千六百四十一两七分,加上杂费支出三百四十八两,连同分例一共是一万四千七百九十四两一钱九分。显而易见,这些银子除了贪污中饱之外,差不多全为了表示帝王之尊而糟蹋了。这还不算一年到头不断的点心、果品、糖食、饮料这些消耗。

以上是在新中国重新做人的末代皇帝的自述。但在当时,溥仪对饮食还是蛮挑剔蛮讲究的。

宣统帝溥仪的饮食要求"三个讲究":

讲究营养,讲究滋味,讲究式样;还有提出"两不":顿顿不得重样,每天不能重复。

宣统三年(1911年),辛亥革命爆发,次年2月12日,隆裕太后被迫代娃娃皇帝溥仪颁布了《退位诏书》,宣告了清王朝的灭亡和延续了两千多年的封建帝制的结束。

清宣统皇帝溥仪被窃国大盗袁世凯及革命党"共和"之后,虽然退位,但根据优待条件,"皇帝"尊号仍存不废;仍在紫禁城和大清的遗老遗少们过着小朝廷生活。

纵然这样,逊帝溥仪的饮食生活仍然奢华铺张。反正民国政府答应每年都会拿出一大笔钱供溥仪消费,不愁等米下锅的事儿。

当时掌管皇帝的饮食机构御膳房下设有荤局、素局、挂炉局、点心局、饭局等五局。荤局主管鱼、肉、海味菜;素局主管青菜、干菜、植物油料等,挂炉局主管烧、烤菜点;点心局主管包子、饺子、烧饼、饼类,以及宫中独特糕点等;饭局则主管粥、饭。

以上各局分为两班作业,各班一名主任领班,下辖六名厨师。各局还设内监七名(监视和防卫投毒)。另外还有五名官吏任采购员,负责供应材料。总计七十五人。

七十五人专为皇帝一个人吃饭问题服务,比之民国政府的高官也是够豪华高贵的了。

御膳的味道如何呢?

溥仪在《我的前半生》中这样写道:

隆裕太后每餐的菜肴有百样左右,要用六张膳桌陈放,这是她从慈禧那里继承下来的排场,我的比她少,按例也有三十种上下。我现在找到了一份"宣统四年二月糙卷单"(即民国元年三月的一份菜单草稿),上面记载的一次"早膳"的内容如下:

口蘑肥鸡、三鲜鸭子、五绺鸡丝、炖肉、炖肚肺、肉片炖白菜、黄焖羊肉、羊肉炖菠菜豆腐、樱桃肉山药、炉肉炖白菜、羊肉片川小萝卜、鸭条溜海参、鸭丁溜葛仙米、烧茨菇、肉片焖玉兰片、羊肉丝焖跑跶丝、炸春卷、黄韭菜炒肉、熏肘花小肚、卤煮豆腐、熏干丝、烹掐菜、花椒油炒白菜丝、五香干、祭神肉片汤、白煮塞勒、烹白内。

而在溥仪眼里,这些菜肴"除了表示排场之外,并无任何用处"。溥仪吃的菜肴都是太后或太妃们送的,她们各有属于自己的膳房,而且用的都是高级厨师,做的菜肴味美可口,每餐总有二十来样。

每逢年节或太妃的生日,也就是"千秋节",溥仪的膳房也要做出一批菜肴送给太妃。溥仪给这些菜肴下的鉴定是:华而不实,费而不惠,营而不养,淡而无味。

看来,大清帝国传到溥仪这儿,皇宫御膳房只是个生产饭菜垃圾的地方了。

1922年,溥仪大婚之后,在妃子婉容的一再怂恿下,他先是在北平著名山东饭馆东与楼签下包租合同,由饭馆把做好的菜肴直接送进宫里去吃,后来又摩登起来,改吃撷英香菜馆的西餐,而紫禁城内的御膳房则成了摆设。

1924年11月5日,国民革命军将领冯玉祥派手下鹿钟麟带兵入紫禁城,逼迫溥仪离开紫禁城,历史上称"逼宫事件"。

御膳房从此成为历史名词。御厨们也各奔他乡,各找各妈,自谋生路去了。

后来,溥仪在日本军国主义者的扶植下,于1932年3月1日在东北建立"满洲国",后来,溥仪虽改"满洲国"执政为"满洲国"皇帝,改年号为"康德"。但这个"满洲国"终难脱一个"伪"字,是完全由日本人指手画脚的傀儡政权,无法进入历史的正册。

往事如风,万事成空。

废除帝制后,昔日宫廷御宴上的招牌菜也逐渐成为今日百姓餐桌上的美食。

而挖掘和研究贯穿古今的饮食文化和烹饪技艺,其意义就在于为新时代餐饮业的健康发展提供可借鉴的第一手资料。

当年的紫禁城已成为故宫博物院,当人们参观游览时,看到永寿宫玻璃柜里陈列宣统出宫前的一张午膳菜单,心中不免会涌起一种历史的沧桑感。

青山依旧在,几度夕阳红。

美食依旧香醇,只是白云苍狗!